科学出版社"十四五"普通高等教育本科规划教材

家蚕病理学

万永继　主编

科学出版社

北京

内 容 简 介

本书系统阐述家蚕病害的致病机理和防治原理。全书共十章,包括绪论(第一章),传染性蚕病和非传染性蚕病(第二章至第七章),流行病学与消毒防病(第八章至第十章)三大板块。详细介绍家蚕病原(病毒、细菌、真菌、微孢子虫、寄生性动物等)的生物学特征及对蚕有毒有害的化学物质的毒理学特征;阐明各种病原的传染(危害)途径、病征与病变、致病机理、发病规律及诊断与防治技术;揭示病原、寄主、环境因素在疾病发生过程中的相互影响和蚕病发生流行的一般规律,以及蚕病防治的基本理论和技术等。本书尽量反映了 21 世纪以来蚕学研究的新成果和新进展。

本书可作为大专院校蚕学专业的本科生教材,也可供从事蚕丝业生产、研究及昆虫学与生物学等相关专业人员参考。

图书在版编目(CIP)数据

家蚕病理学 / 万永继主编. —北京:科学出版社,2023.6
科学出版社"十四五"普通高等教育本科规划教材

ISBN 978-7-03-075505-6

Ⅰ.①家… Ⅱ.①万… Ⅲ.①蚕病-病理学-高等学校-教材 Ⅳ.①S884
中国国家版本馆 CIP 数据核字(2023)第 080614 号

责任编辑:张静秋 马程迪/责任校对:严 娜
责任印制:吴兆东/封面设计:蓝正设计

斜 学 出 版 社 出版

北京东黄城根北街 16 号
邮政编码:100717
http://www.sciencep.com

北京虎彩文化传播有限公司 印刷
科学出版社发行 各地新华书店经销

*

2023 年 6 月第 一 版 开本:787×1092 1/16
2023 年 11 月第二次印刷 印张:16 1/2 插页:2
字数:429 000

定价:79.80 元
(如有印装质量问题,我社负责调换)

《家蚕病理学》编委会

主　　编　万永继

副 主 编　贡成良　侯成香　徐升胜
　　　　　邵勇奇　孙京臣　徐家萍

编　　委
　　　　　万永继（西南大学）
　　　　　贡成良（苏州大学）
　　　　　侯成香（江苏科技大学）
　　　　　徐升胜（云南农业大学）
　　　　　孙京臣（华南农业大学）
　　　　　邵勇奇（浙江大学）
　　　　　徐家萍（安徽农业大学）
　　　　　向庭婷（西南大学）
　　　　　莫晓欣（西南大学）
　　　　　胡小龙（苏州大学）
　　　　　王　欢（沈阳农业大学）
　　　　　周　围（西南大学）
　　　　　张　军（安徽农业大学）

前　言

　　"家蚕病理学"是高等农业院校蚕学专业的一门应用基础课程，既研究生命科学的基础理论，又涉及蚕病防治的应用问题。21世纪以来我国养蚕业生产规模化、集约化不断提升，省力化、机械化、智能化及人工饲料饲育的研究和实践不断推进，对家蚕病理学发展及蚕病防治技术的研究提出了新的要求。随着现代生命科学和生物技术等领域研究手段的进步，家蚕病理学研究在蚕体的免疫机制、病原分子生物学、分子病理学及流行病学等许多方面均取得了长足的进步。为了适应学科专业发展和人才培养的需要，我们组织了蚕学专业相关教学及科研一线人员编写了这本《家蚕病理学》教材。

　　本书共分十章，包括绪论，传染性蚕病和非传染性蚕病，流行病学与消毒防病三大板块。第一章由万永继编写；第二章由贡成良和胡小龙编写；第三章由孙京臣和邵勇奇编写；第四章由候成香、王欢和万永继编写；第五章由万永继编写；第六章由万永继、周围和莫晓欣编写；第七章由徐升胜编写；第八章由万永继和向庭婷编写；第九章由邵勇奇编写；第十章由徐家萍和张军编写；附录和彩色插图由向庭婷、莫晓欣和万永继收集、整理，文中一些图片的绘制和处理，以及相关英文图表的翻译由莫晓欣、向庭婷和万永继完成。本书由万永继统稿。

　　本书的编写借鉴了1980年华南农业大学主编的《蚕病学》和2001年浙江大学主编的《家蚕病理学》，在此表示特别感谢！根据学科最新的研究进展及教材科学性、先进性、适用性的要求，本书在架构上进行了调整和变化：①将蚕病的基本概念融入了各相关章节；②系统生物学的最新研究揭示了微孢子虫归类于真菌，但本书未将微孢子虫病与真菌病合并，而是将微孢子虫病独立成章阐述，特别是对家蚕微粒子病的内容给了充分的篇幅进行论述；③在《家蚕病理学》教材中首次增加了"蚕的流行病学"章节，介绍了蚕的免疫特征、流行病发生的特点及蚕流行病发生的诊断和预防等。另外，在内容的编写上：①尽力做到系统、全面、深入且重点突出；②尽量将本学科最新的研究成果和进展融入其中，提高本书的科学性、先进性和新颖性，以全面提高人才自主培养质量，着力造就拔尖创新人才；③力求内容表达文字简练、逻辑清晰，以及采用了一些问题式、比较与启发式的陈述等。

　　本书的编写工作得到了西南大学及西南大学蚕桑纺织与生物质科学学院的大力支持和帮助；学院生命科学实验中心史文超博士在本书编写工作中给予了蚕病理学素材的支持；学院家蚕病理生理及应用微生物学研究室研究生凌梓琦及学院本科生王春霞、郭子健等参与了部分参考文献的整理及检索工作；本书的编写得到全国相关高等学校同行的积极支持。在此一并致以衷心的感谢！

　　本书在编写过程中虽然进行了多次不同形式的讨论交流，但由于我们的水平有限，难免有不妥之处，敬请读者提出宝贵意见。

编　者

2023年5月

目　录

第一章 绪 论

第一节 疾病的基本概念

何谓疾病？疾病一词的英文"disease"是由表示否定的前缀"dis"和意为"舒适"的英文单词"ease"复合而成，连起来的词义为不舒适、不正常或不健康，直接指出了疾病的核心要义。然而，生物有机体的不健康状态或疾病要怎样来科学界定呢？通常将疾病的概念定义为：生物有机体在外部或内部的病因条件影响下，正常的生理状态和过程被干扰并超过了自身的调节能力，这一异常生命活动的状态或过程，即称为疾病。

疾病的表现包括病变和病征，在病理学上两者的概念和含义有明显的区别。生物有机体发病时首先是发生病变，其后才出现相应的病征。病变是指生物有机体被病原微生物感染或受其他致病因素影响后，发生的生理病变、细胞病变和组织器官病变，即在生理功能、细胞或组织器官形态上的异常变化；病征则是指生物有机体在致病因素作用下其外观形态、行为和机能上的异常变化。致病因素侵袭后到出现病征及病死的时间称为病程，根据病程长短可将疾病分为急性病、亚急性病和慢性病，病程的长短主要与致病因子的性质及对生物有机体的毒力和作用剂量有关。

疾病发生的进程一般分为潜伏期、发病期和转归期：潜伏期是指致病因素作用于生物机体后尚未表现出病变或病征的时期，疾病潜伏期的长短与致病因素的性质和生物机体的免疫能力有关；一旦致病因素突破和扰乱了生物有机体的免疫机制即引起病理变化则进入发病期，生物有机体渐次出现明显的病变和病征；转归期是疾病发展到最后的阶段，即疾病的结局，存在痊愈、维持病态和死亡三种可能性，疾病的最终结局取决于生物有机体自身的免疫作用与致病因素抗争的结果。脊椎动物和无脊椎动物的免疫机能存在明显的差异，无脊椎动物主要为先天性免疫，一旦致病因素突破先天性免疫屏障，疾病痊愈的机会将变小，结局多转归于维持病态或死亡。

疾病是生物有机体普遍存在的一种异常生命现象，无论是动物、植物还是微生物均存在疾病的困扰或危害。各种生物不仅会遭到病原微生物的袭击，也会受到机体内外环境异常因素的影响，即使是低等的微生物包括病原体也不例外，如细菌、真菌等本身也有可能遭到如噬菌体及病毒性因子的侵害。生物有机体生活方式的变化及环境条件的变化会带来疾病种类和流行病发生的变化。在自然界中，疾病是一种重要的生态平衡因子，可以调节生物种群数量的消长，维持生态平衡；但是，疾病的发生对人类生活和农业生产也会带来严重的影响和危害。为有效控制疾病对健康的影响和对经济的危害，各生物类别的病理学及特定生物体的病理学学科应运而生，对动物疾病或植物疾病的比较病理学研究方兴未艾。

第二节 家蚕病理学的定义及学科特点

家蚕又名桑蚕（*Bombyx mori*），在生物学分类上属于无脊椎动物中节肢动物门的成员，是一种最具有经济价值的泌丝昆虫，由我国古代劳动人民从野蚕（*Bombyx mandarina*）驯化而来,其泌丝能力被显著强化。英文"silkworm"最早就是指蚕或桑蚕,广义上指泌丝昆虫。根据历史文献和出土文物考证,我国栽桑养蚕、缫丝织绸已有 5000 年以上的历史,并通过丝绸之路将养蚕业传到了中亚、欧洲及日本等地区和国家。在历史长河中,家蚕的生活环境已完全从野外环境迁入良好的室内空间,迄今已构建起完整的蚕桑种养殖体系和疾病控制技术体系。但蚕桑生态系统仍然是一个开放的生态系统,家蚕被各种致病因子危害的风险和威胁至今依然存在。我国古代曾有唐诗:"去年蚕恶绫帛贵,官急无丝织红泪……今年蚕好缫白丝,鸟鲜花活人不知。"意思是:去年蚕不好,绸缎卖得贵,官府着急要丝,养蚕人望蚕兴叹,只能以泪洗面;今年蚕长得好,缫出了白丝,面对如此丰收的年景养蚕人很高兴,甚至不知连鸟儿和鲜花都高兴了起来。这一诗句形象地说明了蚕病对养蚕业的危害性及蚕病防治的重要性。

家蚕病理学(silkworm pathology)是以家蚕为对象,研究家蚕个体及群体疾病发生的病因、致病机理、病理变化、发病流行规律、诊断技术及防治原理和方法的科学。家蚕病理学的目标是阐明家蚕疾病的发生规律和防治原理,为控制蚕病的发生及流行提供理论基础。

家蚕病理学是一门很有特色的应用基础学科,既研究生命科学的基础理论,又涉及蚕病防治的应用问题。从研究内容所涉及的广度、深度及防治实践来看,家蚕病理学突显了多学科融合和交叉的特点。从生命科学的角度,家蚕病理学是昆虫病理学及无脊椎动物病理学研究的先驱及分支,也是动物比较病理学(也称病理生物学)的重要组成。19 世纪 30 年代意大利科学家巴希(Bassi)根据对家蚕白僵病发生的试验,首次提出了动物疾病发生的微生物病原学说。19 世纪 60 年代初法国微生物学家巴斯德(Pasteur)通过著名的曲颈瓶试验,提出并证明了微生物参与了"肉汤"发酵和腐败的"生源说",彻底否定和结束了"自然发生说"的争论,很快他有机会接受法国政府邀请对家蚕微粒子病和软化病进行研究(1865~1870年),其研究成果使生物有机体疾病的微生物生源说在理论上和实践上得到了更大的支持。1888 年俄国动物学家梅契尼可夫(Metchnikoff)在法国巴斯德研究所研究节肢动物水蚤的一种真菌病的过程中,发现了血液中的吞噬细胞及其对真菌的吞噬过程,并提出病理学是生物学的一个领域,应以所有生物为对象进行比较研究即比较病理学研究。这种细胞的吞噬现象在家蚕和高等动物中都得到了证实。20 世纪 60 年代库珀(Cooper)和米勒(Miller)在脊椎动物中发现了特异性免疫细胞 T 细胞和 B 细胞,它们能对病原微生物的感染免疫应答,在血淋巴中产生特异性的抗体。然而,迄今为止尚未在无脊椎动物中发现 T 细胞和 B 细胞的存在,但类似抗体的蛋白质在一些无脊椎动物中已被发现,该类蛋白质也能被微生物诱导产生,现已了解这种类似抗体蛋白的功能仅在免疫应答过程中参与了血淋巴细胞的吞噬作用。近代以来,病理生物学的研究在微观方向已从细胞病理学发展至分子病理学的水平,在宏观方向上由基础病理学推进到群体病理学的研究。随着生命科学的发展及学科之间的互相渗透和交叉越加深入,在家蚕病理学中涉及的相关生命科学知识和范围也越来越丰富,如微生物学、免疫学、细胞生物学、分子生物学、生态学、生物化学及毒理学等。包括昆虫病理学在内的其他生物学学科的最新相关研究成果也被不断地吸收到对家蚕病理学的研究中。

从应用生物学的角度分析,人们要将家蚕病理学理论和原理应用于指导蚕病的防治实践,离不开对蚕桑生产体系的熟悉和了解。蚕业生产既有植物的栽培,又有动物的饲养;生长环境涉及室外自然环境和室内环境;技术体系包括蚕桑品种的繁育、检验检疫、病虫害防控、养蚕技术过程及养蚕布局和环境调控等方面。蚕病的发生特别是流行病的发生往往是多因素影响的结果。从某种意义上讲,蚕病的发生状况实际上是对蚕桑生产体系和技术体系科学性和先进性水平的一个映射。为了提高防治蚕病的水平，首先，要从构建科学、先进且结构稳定的蚕桑生产与技术体系入手，因此需要加强对蚕体解剖生理学、蚕体遗传学、蚕种学、养蚕学、桑树学、土壤学、气象学、蚕业经济及环境毒理学等相关课程的学习，充分认识和理解蚕体生命活动的过程、特征及影响因素，只有这样才能提高对蚕病病因的正确诊断与防控能力。其次，对疫病及发生风险的管理应当有法律法规的意识，国家根据感染性和危害性将动物疫病分为一、二、三类，依法对各类动物疫病进行防疫管理，家蚕传染性疾病中蚕的多角体病毒病、家蚕白僵病及家蚕微粒子病被列为《一、二、三类动物疫病病种名录》中的三类疫病，其一般是指不存在人畜共患风险，但对产业经济存在较大危害风险的疫病；另外，为了预防农药中毒及减轻对环境影响的风险，国家对于农业和林业生产中防治病虫害也提出了生产和科学使用农药的规范，在桑园害虫防治过程中涉及农药的安全使用，同时又要防范饲养家蚕的过程中桑园被其他途径农药污染引起的中毒。因此，在防治实践中需要学习和了解《中华人民共和国动物防疫法》《一、二、三类动物疫病病种名录》《蚕种管理办法》《农药管理条例》等相关知识。

第三节　家蚕病理学的发展历程

家蚕病理学学科的形成和发展具有非常悠久的历史，大致经历了 4 个历史发展过程：①我国古代劳动人民对家蚕疾病的朴素认识；②19 世纪中叶，以发现家蚕白僵病的病原、家蚕微粒子病的病原及微生物学家巴斯德提出家蚕微粒子病母蛾检验技术为标志，开启了近现代家蚕病理学及昆虫病理学的发展序幕；③20 世纪，以蚕种生产对家蚕微粒子病母蛾的集团检验及微孢子虫病理生物学分类鉴定为代表的成果，标志着家蚕的群体流行病学研究走在了昆虫病理学的前列，使现代家蚕病理学的理论日趋完善和成熟；④21 世纪以来，对家蚕病原微生物包括病毒、真菌、微孢子虫及细菌的基因组学研究，以及病原与寄主互作分子机制的研究标志着家蚕病理学的发展达到了新高度。

一、中国古代文献对有关蚕病的描述

我国古代劳动人民很早就认识到了家蚕多种疾病的病征及某些蚕病的传染性，并提出了疾病的发生与环境温湿度、桑叶叶质等的关联性。

春秋战国时期的《礼记·祭义》中记载："天子、诸侯必有公桑、蚕室"，吕不韦组编的《吕氏春秋·上农》也记载了王公贵妇要垂范蚕桑。而提及蚕病及鼓励防治蚕病也早有文献记载，最早当推战国时期管仲所著的《管子·山权数》中记载的："使蚕不疾病者，皆置之黄金一斤"，即重金奖励防治蚕病的能人，说明当时蚕病的危害已相当严重。南宋陈敷所著的《陈敷农书》中对蚕病已有了具体的表症（病征）描述及病因的推测，如蚕生"黑白红僵"病及"最怕湿热及冷风"；对家蚕核型多角体病有"节高""脚肿"等典型症状的描述。元代的司农司组编的《农桑辑要》记载了多种蚕病的表征及发病原因，如对家蚕微粒子病蛾的记载："拳翅、秃眉、焦脚、焦尾……先出、末后生"，即使今天来看这些症状的描述都非常准确，"食湿叶，多生泻病；食热叶则腹结、头大、尾尖"则记载了细菌病的症状并指出了细菌病的发生原因与叶质的关系。明代宋应星所著的《天工开物》一书中记述了家蚕核型多角体病及病毒性软化病的症状："凡蚕将病，则脑上放光，通身黄色，头渐大而尾渐小；并及眠之时，游走不眠，食叶又不多者，皆病作也。急择而去之，勿使败群。"

不仅记述了蚕病发生的显著症状，且已认识到病害的传染性及立即隔离淘汰病蚕的重要性。宋朝苏轼在其所著《物类相感志》中记载："苍蝇叮蚕，生肚虫"，可能是非传染性蚕病中关于家蚕多化性蝇蛆病的最早记载。

二、病原体的发现及微生物学家巴斯德对家蚕病理学的贡献

荷兰科学家列文虎克（Leeuwenhoek）于1676年用自制的显微镜发现了微小的生物，拉开了观察微生物世界的序幕，但在科学混沌初开的年代，对微生物是否引起"疾病"存在长期的哲学争论。

至19世纪，意大利科学家巴希于1834年报道用显微镜发现了家蚕白僵病的致病微生物，并以实验接种的方法发现这种微生物可以从一头白僵病蚕传染给另一头健蚕使其发病（这个发现首次揭示了传染性蚕病发生的病原学说），并出版了《家蚕白僵病》一书。在当时这个发现的科学意义已远远超过家蚕病理学的范畴，其首次以实验科学的方法确立了动物疾病的微生物病原学说。

之后科学家们陆续发现了家蚕众多传染病的病原微生物。德国植物学家内格里（Naegeli）于1857年首次在蚕体内发现家蚕微粒子病的病原，起初认为它是一种藻类植物的孢子；1901年日本细菌学家石渡繁胤（Ishiwata Shigetane）首先从病蚕尸体中发现了苏云金杆菌（最早称为卒倒杆菌）；Maestri（1856）、Bolle（1894）及von Prowazek（1907）等发现和鉴定了家蚕核型多角体病毒；1929年法国蚕病学家巴约（Paillot）曾指出病毒也可引起蚕的软化病；1934年石森直人（Ishimori Naoto）发现了仅寄生于中肠上皮细胞的家蚕质型多角体病毒；1959年我国和日本科学工作者分别证实了法国学者巴约的推测，发现了一种空头性软化病的病原是病毒，该病毒不产生多角体，被称为传染性软化病病毒；1967年日本又在空头症状的软化病蚕中发现了另一种病毒，因被感染的组织细胞核肥大且被染色剂浓染为深色，故称为浓核病毒，1981年证实本病在我国也有普遍发生，目前为止在养蚕生产上发现的家蚕病毒病已有4种以上类型。近代以来，国内外学者陆续发现了上述这些病原微生物的不同形态及毒力差异的变异株，也发现了蚕的一些新属/种的病原微生物。在自然条件下这些病原微生物在蚕和其他昆虫间存在一定范围的交叉感染性，但绝大多数对脊椎动物没有致病性。

在家蚕病理学的发展历史上，微生物学家巴斯德做出了不可磨灭的贡献。家蚕是他研究生物有机体疾病的第一个对象，尽管许多微生物学书籍很少提及他的这项研究工作。巴斯德最早是一位研究晶体的知名化学家，因研究微生物发酵及提出巴氏消毒法解决了酒类特别是啤酒出现酸化的"疾病"而声名远扬。当时养蚕业一种奇怪的疾病使法国的蚕丝业濒临绝境，巴斯德被邀请去解决这个困难，虽然巴斯德在这以前对蚕和这个疾病一无所知，但他和同事毅然接受了邀请，来到法国南方蚕区的农村，开始了解养蚕及学习关于这个新疾病的知识。1865～1870年，他把全部的精力都用在这一复杂的研究工作上，其间他曾多次患病或受伤，甚至面临生命危险，但他仍然将研究工作坚持下来，终于揭开了家蚕的这一奇怪疾病之谜。巴斯德发现：这种奇怪疾病的病原是家蚕微粒子（*Nosema bombycis*），还发现这种病原微生物具有胚种传染的途径，即可以经蚕卵传染为害下一代，他提出隔离制种、袋装母蛾、显微镜检测母蛾、淘汰病蛾蚕卵的措施，找到了家蚕微粒子病发生、为害的关键和有效的防治方法，做出了对全世界养蚕业具有划时代意义的贡献。巴斯德对蚕病的另一个研究是发现家蚕的软化病，这种疾病是由另外一种病原微生物引起的，当时巴斯德未能通过实验方案验证这类病原微生物的致病性，因此，提出了改善养蚕卫生、通风及饲喂优质桑叶等防病措施。至

此,巴斯德全面总结了自己蚕病研究的经验和成果,于 1870 年出版了《蚕病研究》一书。通过对蚕病的研究,巴斯德提出的"生源说"在生命体疾病的研究中得到了进一步确认,1878年巴斯德正式发表生物有机体疾病的生源论即疾病的微生物病原学说。巴斯德提出的生源论和德国科学家科赫 1888 年提出的关于诊断病原菌的科赫法则为现代医学传染病学科的诞生提供了最重要的基础。

三、家蚕微粒子病集团检验研究及病理生物学分类对家蚕流行病学的贡献

在家蚕病理学的发展过程中,中国和日本的科学家做出了卓越的贡献。日本明治维新及中国辛亥革命后开始引进欧洲先进的蚕业科学与技术,学习显微镜的使用方法和巴斯德的家蚕微粒子病检查法,陆续成立各级研究机构,并独立开始了蚕病原微生物的分离鉴定、感染机制和防治技术的研究;在大学开设了蚕桑专业及"家蚕病理学"课程的学习,20 世纪二三十年代我国多个高校已有家蚕病理学的讲义。随着我国高等农业教育的快速发展,20 世纪 80年代和 21 世纪初分别出版了《蚕病学》和《家蚕病理学》教材。

在家蚕病理学的发展历史上,不能不提日本家蚕病理学家大岛格(Oshima Kaku)等(1965)成功研发和推广的蚕种生产检查家蚕微粒子病母蛾集团检验技术,该技术当时得到了日本政府的最高荣誉。之前人们只认识到该技术的重要性和实用性,忽略了它在病理学上的价值,实际上该技术的研究开启了家蚕及昆虫群体流行病学数理研究的先河。最早巴斯德提出的母蛾检查方法是对单蛾逐个检查,后来发展到百分比抽样检查,但仍然主要是单蛾检查,随着蚕种生产规模的扩大,依靠单蛾检查在短时间内完成全部的检验任务已经不可能实现,如何破解呢?大岛格等首先就胚种传染对下一代的传染规律进行模拟实验,定量地研究了家蚕微粒子病蚁蚕以不同比例混入健康群体后对养蚕收茧成绩的不同影响,根据病理学实验找到对群体的安全阈值,即确定了允许的病蛾率为 0.5%;其次根据确定的病蛾率,研究了病蛾在群体中的总体分布特征及抽样的概率分布特征,并根据分布特征函数计算确定以 30 个母蛾为一个检验集团,且满足被检验出 1 个病蛾的概率为最高;然后根据允许病蛾率 0.5%确定允许消费者风险率小于 1.5%的要求,应用概率计算来设计抽检方案,即根据制种批母蛾的数量大小,来决定抽样数和判定标准数(不能超过的病蛾个数)。该方法检验量大为减少,科学可靠,经济且效率高。20 世纪 80 年代初我国蚕种学专家李泽民在考察了日本蚕业后,根据四川蚕种生产的实际情况提出了类似的家蚕微粒子病检验方案。而后,全国各省(自治区、直辖市)相继研究,其成熟的相关方案此后逐步推广到全国大多数蚕区,对蚕种生产及家蚕微粒子病的防治发挥了重要作用。对生物群体疾病的感染状况及危害风险进行如此大规模的检测和管控之前并无先例,这显然离不开对流行病学基础的开创性研究和数理统计学的应用。家蚕微粒子病的集团检验技术是基于对家蚕微粒子病在群体中的传播流行规律及危害风险管控的研究应用,是对巴斯德提出的家蚕微粒子病母蛾检验技术原理的继承和发展。

根据长期的母蛾检验监测,在蚕种生产上微孢子虫感染及流行主要是由家蚕微粒子(*Nosema bombycis*)引起的,其他微孢子虫偶有感染或区域性流行。20 世纪 70 年代初开始,大岛格的两位助手广濑安春和藤原公,分别从野外昆虫和家蚕中分离研究微孢子虫,发现一些野外昆虫的微孢子虫可以与家蚕交叉感染,同时从家蚕体内也检测分离到不同形态的微孢子虫,成为母蛾检验的一大困扰,但当时在日本蚕种生产母蛾检验中出现不同形态的微孢子虫感染的频率极低,因此,在当时日本的生产实践中未成为必须要处理的难题。但在 20 世纪90 年代初我国四川省在蚕种生产过程中暴发了一种称为"大孢子"的微孢子虫(SCM$_6$)流

行性感染状况，涉及面广，感染率高，在母蛾检验时发现的几乎都是这种"大孢子"，应相关部门要求，研究人员立即着手对这种微孢子虫开展研究，发现该微孢子虫与家蚕微粒子的形态、结构及生物学分类不同，在病理学上其胚种传染性弱或没有。根据病理生物学的不同，研究人员提出对原种母蛾检验仍然按原标准判定、一代杂交种则采用分型检验技术及不同的判定标准，当年即挽救了 100 多万张蚕种的损失（万永继，1991，2002）。该流行病事件的处置是家蚕流行病学研究中一个成功的案例，是对母蛾检验精准性及蚕流行病学的重要贡献。根据研究，实际上其他来源的微孢子虫也有胚种传染性较强的种类，如菜粉蝶的微孢子虫等，因此，对母蛾微孢子虫分型检验技术应用的关键和前提是对不同形态病原微孢子虫病理生物学的精准鉴定和区别。

流行病学是家蚕病理学的重要组成，蚕流行病学理论和方法的研究对疾病预防、病因诊断和防治具有重要的意义。

四、21 世纪家蚕病理学发展进入分子病理学和组学研究的时代

1999 年，S. Gomi 和 S. Maeda 在国际病毒学期刊发表了家蚕核型多角体病毒（*Bombyx mori nucleopolyhedrovirus*，BmNPV）T3 株的全基因组序列分析，这是第一个发表的家蚕病原微生物的基因组。进入 21 世纪后，我国开展了对家蚕及昆虫多个重要病原微生物的基因组测序分析及转录表达的组学分析，分别是：①家蚕浓核病毒（*Bombyx mori densovirus*），Wang 等（2007）对中国分离毒株进行了基因组结构的鉴定。②家蚕传染性软化病病毒（*Bombyx mori infectious flacherie virus*），Li 等（2010）发表了对传染性软化病病毒 CHN01 毒株和 JAN 毒株的比较基因组分析。③球孢白僵菌（*Beauveria bassiana*），Xiao 等（2012）发表了球孢白僵菌 ARSEF 2860 菌株的基因组及致病性进化分析；汪静杰（2013）、刘静等（2021）发表了 5 株球孢白僵菌的遗传多样性特征，以及从蚕体分离的高毒力菌株对不同昆虫表皮早期应答的转录组分析，揭示了病原感染性差异的基因表达特征；郭锡杰等（2020）在美国国家生物技术信息中心（NCBI）数据库（GenBank）公布了从家蚕分离的球孢白僵菌 HN6 菌株的全基因组。④家蚕微粒子（*Nosema bombycis*），潘国庆等（2013）发表了家蚕微粒子 CQ1 株的全基因组，通过与其他两种昆虫微孢子虫基因组的比较，揭示了微孢子虫基因组的扩张与寄主适应性的关系。⑤黏质沙雷菌（*Serratia marcescens*），万永继等（2020）在 NCBI 数据库公布了家蚕灵菌败血病的病原黏质沙雷菌 SCQ1 菌株的全基因组及自发突变株的重测序，以及通过转录组测序分析了野生株和突变株的基因表达及代谢特征的差异，揭示了家蚕灵菌败血病尸体为非红色症状的原因和分子机制（Xiang et al.，2021，2022）。21 世纪初，我国首次完成了家蚕基因组框架图、精细图及变异图（Xia et al.，2004，2007，2009）。通过对家蚕正常及异常生命活动的比较基因组学研究，可为揭示家蚕免疫及疾病发生机制提供基础。

病原体与寄主的互作是感染性疾病发生的基础。在病原微生物基因组和家蚕基因组研究的基础上，家蚕病理学的发展和研究进一步深入了对病原微生物与寄主细胞互作机制的探索。从组学研究中可发现病原微生物的基因表达变化及挖掘相关毒力基因和功能，或揭示寄主的免疫应答策略、调节机制及鉴定抗性基因或易感基因等。例如，刘静等（2021）通过转录组分析发现球孢白僵菌的过敏原蛋白基因应答不同寄主昆虫表皮时显著上调表达，通过敲除和超量表达该基因显示会降低或增强对靶昆虫的毒力，同时发现该蛋白质通过影响寄主免疫的 Toll 样受体信号通路来抑制寄主的部分抗菌肽表达，以增强菌株对不同寄主的感染适应性。近年来，病原微生物与寄主细胞互作机制的研究成为家蚕病理学的一个重要焦点，例如，对

家蚕质型多角体病毒（BmCPV）与寄主互作产生的大量非亲本小 RNA 功能的研究；研究家蚕被黑胸败血病菌（*Bacillus* sp.）、浓核病毒及球孢白僵菌等感染后寄主的基因表达谱及免疫应答策略等；利用蛋白质分离和质谱技术从感染 BmNPV 家蚕的中肠膜蛋白质组中鉴定参与病毒感染的蛋白质（Cheng et al., 2011）；利用蛋白质组学技术解析 BmNPV 家蚕抗性品种（'A35'）和易感品种（'P50'）消化液中的蛋白质差异，发现寄主差异表达的蛋白质抗病毒活性等（Zhang et al., 2020）。另外，在家蚕核型多角体病毒（BmNPV）、质型多角体病毒（BmCPV）及传染性软化病病毒（BmIFV）的病毒粒子及大分子结构生物学方面的研究也取得了新进展（Slack and Arif, 2007；Xie et al., 2009；Zhang et al., 2015），对深入探明病毒感染过程及病毒复制增殖机制具有重要意义。通过对感染及致病过程中互作机制的研究有助于为防治蚕病寻找新策略和新方法提供理论基础。

肠道微生物组学研究从关注微生物对家蚕肠道营养消化吸收的作用发展到对家蚕免疫及疾病发生作用的研究。例如，采用柘叶养蚕构建家蚕核型多角体病毒病的易感动物模型，比较与桑叶饲喂蚕的肠道微生物组学差异，揭示肠道微生物与家蚕核型多角体病毒病的关系，通过体外细胞感染试验发现：有的肠道细菌的发酵代谢产物对病毒的感染有拮抗作用，但有的细菌代谢产物对病毒的感染则有促进作用。

另外，科学家也在分子水平上推动了家蚕分子病理学与昆虫分子病理学的比较研究和相互借鉴。昆虫分子病理学的发展也很快，特别是对于应用于害虫防治的生防菌株，如杆状病毒的典型代表种、苜蓿银纹夜蛾核型多角体病毒（*Autographa californica* nucleopolyhedrovirus, AcMNPV）、球孢白僵菌（*Beauveria bassiana*）、绿僵菌（*Metarhizium anisopliae*）、苏云金杆菌（*Bacillus thuringiensis*）等的研究，对这些昆虫病原体在基因组学、毒力基因鉴定、侵染及致病分子机理、病原与寄主的互作机制等方面都取得了许多新的成果，如近期研究发现 AcMNPV 可以利用寄主的肌动蛋白将侵入细胞内的病毒核衣壳从细胞质转运到寄主细胞核内，揭示了杆状病毒最终侵入细胞核内的机制；在球孢白僵菌感染寄主的过程中鉴定到了大量的毒力基因等。这些研究成果对家蚕分子病理学的研究也具有重要的参考价值。

第四节 家蚕病理学的主要内容、任务、目的和意义

家蚕病理学的内容主要包括传染性蚕病、非传染性蚕病及流行病学与消毒防病三大板块。本书依次予以论述：①传染性蚕病，包括家蚕的病毒病、细菌病、真菌病及微孢子虫病，内容涉及各种病原的生物学分类地位、形态结构特征（有的病原包括超微结构或基因组特征）、理化特性、病征、病变及致病机理、诊断技术、各类传染性蚕病的发病规律及防治方法等；②非传染性蚕病，包括蚕的动物性寄生病害和中毒症，主要内容是对蚕寄生性动物种类的生物学特性，以及中毒症中有毒有害物质的特性、危害特点及中毒机理、病征、诊断与防治方法等的论述；③本书首次在家蚕病理学相关教材中增加了"蚕的流行病学"章节，其主要内容包括蚕的免疫、蚕病发生流行的主要因素、蚕流行病发生的基本观察、蚕流行病发生的诊断及预防等；最后是蚕业消毒的方法和原理，以及蚕病的综合防治。

家蚕病理学的主要任务是查明各种病原体的种类、生物学分类地位、生物学与生态学特征，以及对蚕有毒有害物质的化学性质和毒理学特征；研究病原作用于蚕体的传染途径（传播或危害途径）、致病机理，蚕体出现的一系列结构、功能、代谢、外部形态及行为的变化与内在联系；揭示病原、寄主和环境因素在疾病发生过程中的相互影响及蚕病发生流行的一般

规律；为蚕病的诊断和防治提供技术原理和理论基础等。

　　家蚕病理学的根本目的是提高养蚕业蚕病防治的能力和水平，使丝茧育能够稳产高产，蚕种繁育能生产出更多的无毒蚕种。21世纪以来，我国养蚕业已逐渐形成集约化、规模化的发展格局，甚至形成了万亩①、十万亩乃至几十万亩的栽桑养蚕地带；另外，省力化、工厂化、机械化、智能化的养蚕形式及人工饲料育等也在不断地实践和推进中。养蚕结构和养蚕形式的变化可能会带来蚕病发生状况的变化和对病害控制提出新要求。蚕学专业学生及蚕业科技工作者，不仅要学习和掌握家蚕病理学的基本理论和原理，更重要的是理论联系实际，深入产业第一线调查研究，从实践中发现蚕病防治的棘手问题，并以解决问题为导向，对相关科学问题、技术问题及病害系统化管控的问题开展研究，促进养蚕业的转型升级和健康发展。

　　家蚕病理学虽然以家蚕为对象，但关于生命体疾病的基本原理是相通的。蚕学专业毕业的本科生到乡村基层后除接触蚕桑生产外，极有可能会接触到其他畜牧业养殖的问题，从家蚕病理学学习中所获得的关于疾病的基本原理和认知的逻辑训练，对于学习、钻研甚至分析解决其他动物的一些疾病问题是有益的。对学习生命科学的学生而言，家蚕病理学是了解无脊椎动物疾病最好的一扇窗户，有利于全面深刻理解生命现象的全貌和本质。不仅如此，对有志于从事生物医药研发的科技工作者极具吸引力的是，家蚕有可能被开发为生产人类或动物医疗用药物及抗原蛋白等的工厂，其中的技术路线之一就是基于家蚕病理学的原理，即利用家蚕的病原体杆状病毒BmNPV作为表达载体，将外源基因插入病毒的基因组中，然后通过感染蚕体来表达和生产有价值的外源医用蛋白。另外，国家对农林害虫防治越来越重视应用生物防治等绿色防控技术，因此，农业昆虫与害虫防治专业的学生掌握昆虫病理学知识是不可或缺的，对家蚕病理学的学习也有非常重要的意义：一方面，在进行害虫微生物防治研发或应用过程中关注对家蚕等经济昆虫相对安全的杀虫剂及使用方法的研究；另一方面，家蚕病理学研究所获得的成熟防病技术和原理对其他昆虫规模化饲养过程中防治疾病也有重要的参考价值和指导意义。

本章主要参考文献

大岛格. 1965. 家蚕母蛾微粒子病检查法改进实验计划. 日本应用动物昆虫学会杂志，9：83-88.

华南农学院. 1980. 蚕病学. 北京：农业出版社.

铃木健弘. 1930. 蚕体病理学. 东京：弘道馆.

吕鸿声，钱纪放. 1982. 昆虫病理学. 杭州：浙江科学技术出版社.

蒲蛰龙. 1994. 昆虫病理学. 广州：广东科技出版社.

三谷贤三郎. 1929. 最近蚕病学. 东京：明文堂.

石川金太郎. 1936. 蚕体病理学. 东京：明文堂.

万永继，陈祖佩，张琳，等. 1991. 家蚕新病原性微孢子虫（*Nosema* sp.）的研究. 西南农业大学学报，13：621-625.

万永继，曾华明. 2002. 几项新的防治家蚕微粒子病技术的评价. 蚕学通讯，(2)：1-4.

浙江大学. 2001. 家蚕病理学. 北京：中国农业出版社.

Lois NM. 1985. 生命科学史. 李难，崔极谦，王水平，译. 武汉：华中工学院出版社.

Cheng Y, Wang XY, Hu H, et al. 2011. A hypothetical model of crossing *Bombyx mori* nucleopolyhedrovirus through its host midgut physical barrier. PLoS One, 9(12): e115032.

---

① 1 亩 ≈ 666.7m²

Gomi S, Majima K, Maeda S. 1999. Sequence analysis of the genome of *Bombyx mori* nucleopolyhedrovirus. J Gen Virol, 80(5): 1323-1337.

Li MQ, Chen XX, Wu XX, et al. 2010. Genome analysis of the *Bombyx mori* infectious flacherie virus isolated in China. Agricul Sci in China, 9(2): 299-305.

Liu J, Ling ZQ, Wang JJ, et al. 2021. *In vitro* transcriptomes analysis identifies some special genes involved in pathogenicity difference of the *Beauveria bassiana* against different insect hosts. Microbial Pathogenesis, 154: 104824.

Pan GQ, Xu JS, Li T, et al. 2013. Comparative genomics of parasitic silkworm microsporidia reveal an association between genome expansion and host adaptation. BMC Genomics, 14: 186.

Wang JJ, Yang L, Qiu X, et al. 2013. Diversity analysis of *Beauveria bassiana* isolated from infected silkworm in southwest China based on molecular data and morphological features of colony. World J Microbiol Biotechnol, 29: 1263-1269.

Wang YJ, Yao Q, Chen KP, et al. 2007. Characterization of the genome structure of *Bombyx mori* densovirus (China isolate). Virus Genes, 35(1): 103-108.

Xia Q, Cheng D, Duan J, et al. 2007. Microarray-based gene expression profiles in multiple tissues of the domesticated silkworm, *Bombyx mori*. Genome Biology, 8: R162.

Xia Q, Guo Y, Zhang Z, et al. 2009. Complete resequencing of 40 genomes reveals domestication events and genes in silkworm (*Bombyx*). Science, 326: 433-436.

Xia Q, Zhou Z, Lu C, et al. 2004. A draft sequence for the genome of the domesticated silkworm (*Bombyx mori*). Science, 306: 1937-1940.

Xiang TT, Liu R, Xu J, et al. 2020. Complete genome sequence of the red-pigmented strain *Serratia marcescens* SCQ1 and its four spontaneous pigment mutants. Microbiol Resour Announc, 10: e01456-20.

Xiang TT, Zhou W, Xu CL, et al. 2022. Transcriptomic analysis reveals competitive growth advantage of non-pigmented *Serratia marcescens* mutants. Front Microbiol, 12: 793202.

Xiao GH, Ying SH, Zheng P, et al. 2012. Genomic perspectives on the evolution of fungal entomopathogenicity in *Beauveria bassiana*. Scientific Reports, 2: 483.

Xie L, Zhang Q, Lu X, et al. 2009. The three-dimensional structure of infectious flacherie virus capsid determined by cryo-electron microscopy. Sci China C Life Sci, 52 (12): 1186-1191.

Zhang X, Ding K, Yu X, et al. 2015. *In situ* structures of the segmented genome and RNA polymerase complex inside a dsRNA virus. Nature, 527 (7579): 531-534.

第二章 病 毒 病

由病毒（virus）引起的疾病称为病毒病（viral disease）。病毒是一类形态极小、非细胞结构、在细胞内专性寄生的核蛋白大分子。一种病毒只有一种类型的核酸，或者是 DNA，或者是 RNA。

家蚕的病毒病是养蚕生产中最常见、危害较为严重的一类疾病。至今在家蚕中已发现 5 种病毒病：①核型多角体病（nuclear polyhedrosis），病毒寄生在血细胞和体腔内各种组织细胞的细胞核中，并在其中形成多角体（polyhedron），又称为血液型脓病或脓病；②质型多角体病（cytoplasmic polyhedrosis），病毒主要寄生于中肠圆筒状细胞中，在细胞质内形成多角体，又称为中肠型脓病；③病毒性软化病（flacherie），病毒主要寄生于中肠杯状细胞中，不形成多角体，又称空头性软化病或传染性软化病；④浓核病（densonucleosis），病毒主要寄生于中肠圆筒状细胞的细胞核中，不形成多角体，俗称空头病；⑤隐潜病毒病（latent virus disease），近年来发现一种隐潜病毒可感染家蚕主要组织器官，但无明显的发病症状。

病毒病在我国各个蚕区的不同季节都有发生，特别是在夏秋季，常因气候条件恶劣，再加上消毒不严、管理不善等因素，往往造成蚕病暴发流行，使生产造成损失，因而引起人们的重视。

第一节 核型多角体病

一、病原

（一）分类

根据国际病毒分类委员会（ICTV）第十九次报告，杆状病毒科（Baculoviridae）分为 α 杆状病毒（Alphabaculovirus）、β 杆状病毒（Betabaculovirus）、γ 杆状病毒（Gammabaculovirus）和 δ 杆状病毒（Deltabaculovirus）4 属。家蚕核型多角体病毒（BmNPV）为 α 杆状病毒属的成员（Herniou et al.，2012）。

（二）病毒粒子的特性

1. 形状和大小　　病毒粒子（virion）呈杆状，大小为 330nm×80nm，沉降系数为 1870S。杆状病毒基因组呈双链、环状，以超螺旋方式被压缩包装在杆状核衣壳（nucleocapsid）内，核衣壳包被脂质蛋白囊膜（envelope）后形成病毒粒子。核衣壳包括衣壳蛋白和髓核。衣壳又称为内膜或紧束膜，主要成分是蛋白质。衣壳内为髓核，髓核由双链 DNA 和与其密切相关的碱性蛋白构成。囊膜又称为外膜或发育膜，是一层脂质膜，有典型的膜构造。在核型多角体病毒（NPV）中，一个囊膜可以包埋一至多个核衣壳，前者称为单粒包埋型病毒粒子（single embedded virion，SEV，或 SNPV），后者称为多粒包埋型病毒粒子（multiples embedded virion，MEV，或 MNPV）；在另一种颗粒体病毒（granulosis virus，GV）中，它的包埋型病毒粒子（occlusion-derived virion，ODV）基本为 SEV 型（图 2-1）。

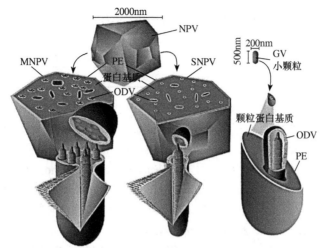

多粒包埋型病毒粒子　　单粒包埋型病毒粒子　　颗粒体病毒包埋型病毒粒子

图 2-1　核型多角体病毒和颗粒体病毒包埋的病毒粒子结构（Slack and Arif，2007）

NPV. 核型多角体病毒；MNPV. 多粒包埋型病毒粒子；SNPV. 单粒包埋型病毒粒子；GV. 颗粒体病毒；

ODV. 包埋型病毒粒子；PE. 多角体膜

2．结构　关于杆状病毒粒子的结构，人们有不同的推测和设想。图 2-2 是小林正彦（1976）提出的结构模型。该模型认为髓核是病毒核酸与蛋白质的复合体，核蛋白沿一条 1～10nm 粗的中心轴呈螺旋卷曲状，但并不连续。病毒粒子的囊膜具有典型的膜构造，整个囊膜的厚度为 75～80Å。核衣壳呈圆柱状，长 300～330nm，直径 35～45nm。核衣壳由蛋白质的结构单位构成。病毒粒子的横切面可见 23～25 个结构单位，每个病毒粒子核衣壳共计有 1200～1300 个结构单位。此外，核衣壳的一端存在数层突起结构，可能为病毒感染细胞的吸着装置，另一端则具有厚约 13nm 的底板。

3．化学组成　病毒粒子主要含 DNA、蛋白质、脂质和碳水化合物，同时也存在一些金属和非金属元素（Berglod，1963）。杆

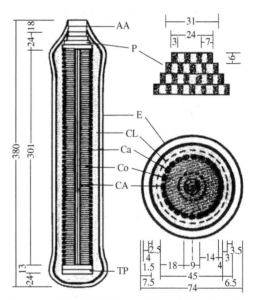

图 2-2　家蚕核型多角体病毒粒子的超微结构模型
（仿小林正彦，1976）

AA. 吸着装置；CA. 中心轴；Ca. 核衣壳；CL. 填充层；Co. 髓核；E. 囊膜；P. 突起；TP. 底板。图中数据单位为 nm

状病毒的基因具有编码 150 种以上蛋白质的潜在能力，双向凝胶电泳分离病毒结构蛋白，可测出 85～95 个多肽。至今，已定位 22 种结构蛋白基因（Rohrmann，2019）。BmNPV 中含蛋白质 77%左右，其氨基酸组成如表 2-1 所示。此外，还含有 0.2%的脂质和 1.2%的糖类。

不同杆状病毒之间蛋白的氨基酸组成有明显差异，而且在一定程度上反映寄主亲缘关系的远近。病毒蛋白与多角体蛋白有很大区别，不仅表现在蛋白质性质、氨基酸组成上，而且血清学特性上也有差异（龚镇奎，1983）。

表 2-1　核型多角体病毒的氨基酸组成（g/100g 蛋白质）

氨基酸	赖氨酸	组氨酸	精氨酸	天冬氨酸	苏氨酸	丝氨酸	谷氨酸	脯氨酸	甘氨酸	丙氨酸	缬氨酸	甲硫氨酸	异亮氨酸	亮氨酸	酪氨酸	苯丙氨酸
含量	5.4	微量	5.5	12.7	6.2	6.1	6.2	7.1	6.4	7.4	5.9	1.5	5.7	9.2	4.7	6.2

杆状病毒有出芽型病毒粒子（budded virion，BV）［又称为细胞释放型病毒粒子（cell-release virion，CRV）］和包埋型病毒粒子（occluded virion，OV）［又称为多角体型病毒粒子（polyhedron-derived virion，PDV）］。BmNPV 中组成核衣壳的结构蛋白至少包括 p6.9 DNA 结合蛋白（Singh et al.，2014）、VP39 衣壳主蛋白（Katsuma and Kokusho，2017）、VP80 衣壳蛋白（Lu et al.，1992）和 p24（Wolgamot et al.，1993）、BmP95（Xiang et al.，2013）。囊膜糖蛋白为出芽型病毒粒子所特有的结构蛋白，在病毒入侵过程中具有重要功能，如 ORF101（Cheng et al.，2014）、ORF51（Tian et al.，2009）、GP64（Wang et al.，2000）。在包埋型病毒粒子中的囊膜蛋白有 ODV-E56（Xiang et al.，2011）、Bm91（Tang et al.，2013）、ORF79（Dong et al.，2014）。

杆状病毒的基因组是单分子共价闭合环状的 dsDNA，在病毒粒子内核酸的含量约为 7.9%。BmNPV 中 DNA 的平均大小为 130kb，它与富含精氨酸的 p6.9 蛋白结合，形成微核小体后被包装在核衣壳内（Maeda et al.，1991）。BmNPV T3 株的基因组序列全长为 128 413bp（Maeda et al.，1994），物理图谱如图 2-3 所示（Maeda and Majima，1990）。与苜蓿银纹夜蛾核型多角体病毒（AcMNPV）C6 株的核酸同源性达 90%以上。杆状病毒几乎所有的基因在基因组中都具有良好的共线性关系。

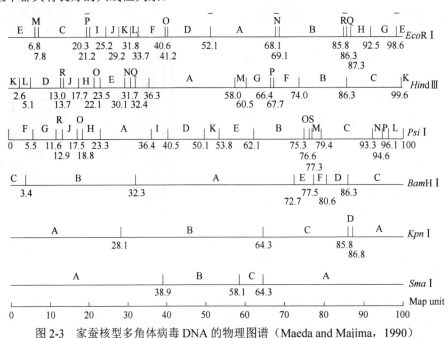

图 2-3　家蚕核型多角体病毒 DNA 的物理图谱（Maeda and Majima，1990）

病毒 DNA 根据不同类型限制性内切酶酶切的图谱。图中字母代表酶切位点的顺序；数字为 DNA 片段的长度，单位为 kb；Map unit 为 DNA 片段长度的标尺

（三）多角体的特性

1. 形态和大小　　核型多角体的大小因种类而不同，如图 2-4 所示，家蚕核型多角体的

大小为 2～6μm，平均为 3.2μm，在 400 倍显微镜下就能观察到。同一组织的相邻细胞内形成的多角体大小有别，而在同一细胞核内形成的成熟多角体大小基本是一致的，但在丝腺细胞中形成的多角体往往比其他组织中形成的大两倍左右。核型多角体多数是比较整齐的六角形十八面体，但由于受病毒基因组和蚕体内条件及外界因素的影响，也会形成四角形、三角形或不定形的多角体。家蚕核型多角体一般为六角形，但某些关键部位氨基酸的变化可导致多角体蛋白二级结构的变化，从而导致多角体形态上的变化，甚至不形成多角体（Rohrmann，1986）。六角形多角体的病毒在 30℃以上的高温下有形成四角形多角体的倾向。多角体大小同样也受外界因素的影响，高温、饥饿等条件下形成的多角体往往偏小。

2. 超微结构 家蚕核型多角体的表面有一层电子密度高、结构特殊的含硅多角体膜。多角体膜是由多角体膜蛋白基因控制的。在高分辨率电子显微镜下观察多角体的超薄切片，可见多角体蛋白的晶格具有高度的规则性，排列非常整齐、均一（图 2-5）（Rohrmann，1986）。杆状病毒粒子在多角体内是随机分布的，病毒粒子不干扰多角体蛋白的晶格结构。多角体的形态不一样，多角体蛋白的晶格结构也不一样（贡成良和卢铿明，1993）。

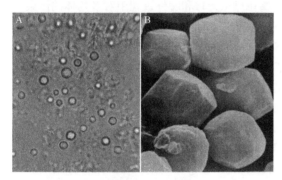 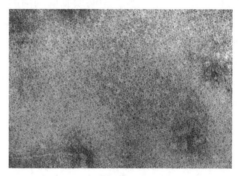

图 2-4 家蚕核型多角体病毒的多角体　　　　图 2-5 家蚕核型多角体蛋白的晶格结构
A. 病蚕血液中的核型多角体（1000 倍）；　　　　　　　　（Harrap，1972）
B. 核型多角体的扫描电镜图

3. 物理和化学特性 家蚕核型多角体有较强的折光性，折射率为 1.5326。相对密度为 1.26～1.28，在临时标本中常沉于下层。不溶于水、乙醇、氯仿、丙酮、乙醚、二甲苯等有机溶剂，但易溶于碱液，在 0.5%的碳酸钠、碳酸钾、碳酸锂溶液中浸渍 2～3min，多角体就能被溶解而释放出病毒粒子。多角体被家蚕食下后，在碱性消化液（pH 9.2～9.4）的作用下溶解，释放出游离的病毒粒子引起食下感染。多角体在昆虫幼虫消化液中的溶解性，不受寄主范围的限制。多角体接种到血液中，由于血液呈微酸性，多角体不能被溶解，病毒不能被释放，所以不能引起感染。但多角体在石灰浆等碱性溶液中，不仅被溶解，而且病毒也能被杀灭，这为养蚕消毒带来了方便。

4. 化学组成 多角体中除 3%～5%的病毒粒子以外，其余绝大多数成分为多角体蛋白，多角体蛋白的氨基酸组成如表 2-2 所示。多角体形态虽有差异，但其氨基酸组成类似（贡成良和卢铿明，1993），分子质量为 29kDa 左右，由 245 个氨基酸构成（周金涛，1988）。多角体蛋白基因编码的氨基酸序列如图 2-6 所示。多角体蛋白基因为病毒复制非必需基因，缺失、取代不影响病毒的增殖复制，多角体蛋白基因的启动子是一个强的启动子（Maeda et al.，1985），因此，杆状病毒可以作为外源基因的表达系统。

表 2-2　多角体蛋白的氨基酸组成（g/100g 蛋白质）

氨基酸	赖氨酸	组氨酸	精氨酸	天冬氨酸	苏氨酸	丝氨酸	谷氨酸	脯氨酸	甘氨酸	丙氨酸	半胱氨酸	缬氨酸	甲硫氨酸	异亮氨酸	亮氨酸	酪氨酸	苯丙氨酸
含量	9.7	2.2	6.3	13.3	4.3	4.0	14.3	5.4	3.3	3.8	1.0	6.8	2.0	6.3	8.9	8.1	6.8

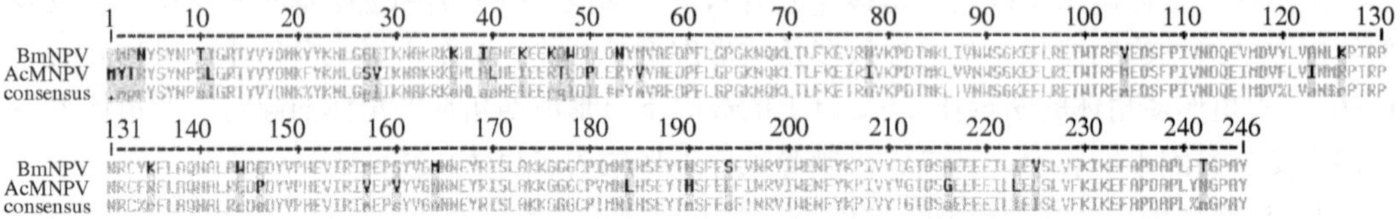

图 2-6　家蚕核型多角体病毒（BmNPV）和苜蓿银纹夜蛾核型多角体病毒（AcMNPV）的多角体蛋白
氨基酸序列的比较

Consensus 表示比较一致性；字母表示氨基酸的种类；数字表示氨基酸的位置顺序

除多角体蛋白外，多角体中还有多角体膜蛋白和蛋白酶，但多角体蛋白酶不是多角体的固有成分，可能是昆虫中肠或肠内细菌的蛋白酶在昆虫死亡和解体过程中对多角体的污染。多角体中含有核糖核酸聚合酶，以及硅等一些微量元素。此外，多角体还可能具有参与包装外源蛋白的能力，研究报道显示，家蚕核型多角体病毒的多角体蛋白能够包埋绿色荧光蛋白基因 *egfp*，用液质色谱-质谱法/质谱法（LC-MS/MS）对从血液型脓病蚕血液中纯化的 BmNPV 的 ODV 进行了蛋白质组学研究，共鉴定了 37 种蛋白质，其中 27 种蛋白质为 BmNPV 自身编码，10 种蛋白质为家蚕编码，并发现多角体中存在部分病毒非结构蛋白，表明 BmNPV 多角体在寄主体内组装过程中，可以对寄主蛋白进行包埋。

5. 染色性　家蚕核型多角体一般难以染色，但经媒染剂或酸、碱处理后，可被溴酚蓝、苏木精、伊红及吉姆萨染料着色。涂片或切片的福尔根（Feulgen）反应呈现阳性，如用 1mol/L HCl 处理后，可被焦宁-甲基绿染成绿色，表示多角体内含有 DNA。多角体不被苏丹Ⅲ染色，所以与脂肪球相混而难以区分时，可用苏丹Ⅲ加以区别，因为脂肪球可以被苏丹Ⅲ染成橙红色。

6. 稳定性　在寄主体内形成的病毒粒子有较强的感染能力，一旦离开寄主细胞，在外界物理、化学因素的作用下，会逐渐丧失感染力。BmNPV 的稳定性与其存在的形态有关。包埋在多角体内的病毒粒子比游离病毒粒子的稳定性强得多，存在于病蚕尸体内的病毒稳定性比分离纯化的病毒强。生产上养蚕消毒的对象主要为多角体病毒。蚕室蚕具上第一年黏附的病蚕尸迹，其中含有无数病毒，到第二年养蚕时还会引起家蚕幼虫发病。带家蚕血淋巴的多角体封在玻璃管内 20 年后仍有感染性。洗净的多角体干燥保存 38 个月仍没有失去活性。病毒的稳定性与温度的高低有很大关系，游离病毒在 37.5℃下约 1d 就失去致病力。在高温下，病毒失去活性较快。家蚕核型多角体在湿热（100℃，蒸汽或煮沸）条件下，3min 即失去活性，而干热（100℃，干燥）条件下需 45min 才能完全失活。日光直射对 BmNPV 有灭活作用，但失活的快慢与病毒的状态、日光的强度及病毒的载体有关。紫外线对病毒也有灭活作用。家蚕核型多角体经家禽、鱼的消化液作用后仍不丧失活性。病毒对各种物理、化学因素的抵抗力是养蚕生产中拟定防病消毒措施的依据。游离病毒在化学药剂的作用下很易失活，在 25℃条件下，1%甲醛溶液 3min、0.3%有效氯漂白粉液 1min、70%乙醇 5min 均可使之失活；而存在于多角体内的病毒对化学药剂的稳定性较强，1%甲醛溶液需 30min 以上、2%甲醛溶液需 15min 以上、0.3%有效氯漂白粉液需 3min 以上才能使多角体内的病毒完全失活。新鲜石灰浆对核型多角体有很强的杀灭能力，1%浑浊液 3min 处理就完全失去活力，但多角体对澄清石灰水有较强的抵抗力，即使浸泡 24h 仍能感染发病。

（四）病毒基因组

杆状病毒基因排列非常紧凑，基因间除了同源重复区（homologous repeat region，hr）序列外，只有很小的间隔，除了 bro（baculovirus repeat open reading frames related to Ac2）基因外，重复基因很少，也几乎没有插入序列（内含子）。到目前为止，NCBI 数据库中已公布近 60 种杆状病毒的基因组序列，它们的基因组大小为 81.8～178.7kb，其 G＋C 的百分含量为 39%～55%，全长大于 50 个氨基酸的开放阅读框为 109～181 个。杆状病毒基因间有少量的重叠，其早期/晚期基因分布在整个基因组，并无成簇现象。BmNPV 的基因组序列在 1999 年被测定，它的全长为 128 413bp，G＋C 含量为 40%，编码 60 个氨基酸残基以上的开放阅读框有 136 个。BmNPV 与 AcMNPV 基因组结构非常接近，在核苷酸和氨基酸水平上有 90% 的同源性。病毒 DNA 含有同源重复区（hr）。hr 是杆状病毒基因组极具特色的结构，由重复序列构成，包括顺向重复序列和不完全反向重复序列（回文结构），不同杆状病毒 hr 序列同源性一般都比较高。hr 有两方面的功能：一是其增强子功能，二是在病毒DNA 复制过程中作为复制原点。

家蚕核型多角体病毒 T3 株的登录号为 NC_001962，开放阅读框有 143 个。

1. 病毒编码的基因与功能　对已公开的杆状病毒的基因组全序列分析发现，仅有 30多个基因在所有已经测序的杆状病毒中都存在，称为杆状病毒的核心基因（表 2-3）。一般认为，核心基因在维持病毒复制/转录、核衣壳装配和病毒粒子释放等基本生理功能方面起作用。杆状病毒基因按照其功能分为核心基因和辅助基因。辅助基因对病毒复制非必需，但是可能赋予病毒选择性的生长优势以利于病毒的增殖。

表 2-3　杆状病毒中的 37 个核心基因

| 类别 | 基因 | ORF 编号 | | 蛋白质功能 | 定位 |
		AcMNPV	BmNPV		
复制	lef-1	ac14	bm6	假定引物酶	核小体
	lef-2	ac6	bm135	带 LEF-1 的异质二聚体	细胞核
	dnapol	ac65	bm53	DNA 聚合酶	核小体
	helicase	ac95	bm78	解旋酶	核小体
转录	lef-4	ac90	bm73	RNA 聚合酶亚单元	细胞核
	lef-8	ac50	bm39	RNA 聚合酶亚单元	细胞核
	lef-9	ac62	bm50	RNA 聚合酶亚单元	细胞核
	P47	ac40	bm31	RNA 聚合酶亚单元	细胞核
	lef-5	ac99	bm83	功能不明	细胞核
包装和组装	p6.9	ac100	bm84	假定的 DNA 缩合	衣壳
	vp39	ac89	bm72	主要衣壳蛋白	衣壳
	vlf-1	ac77	bm63	基因组包装	核小体
	alk-exo	ac133	bm110	5′→3′ 外切酶	核小体
	vp1054	ac54	bm43	装配必需	核小体
	vp91	ac83	bm68	衣壳相关蛋白	囊膜

续表

类别	基因	ORF 编号		蛋白质功能	定位
		AcMNPV	BmNPV		
包装和组装	gp41	ac80	bm66	糖基化 ODV 蛋白；BV 产生	外被
	38K	ac98	bm82	核衣壳组装	核小体
	bv/odv-c42	ac101	bm85	核衣壳组装	衣壳
	ac93	ac93	bm76	BV 产生和 ODV 封装	衣壳
	odv-e25	ac94	bm77	BV 产生和 ODV 封装	囊膜
	ac109	ac109	bm92	BV 产生和 ODV 封装	衣壳
	ac142	ac142	bm118	BV 产生和 ODV 封装	衣壳
	ac103	ac103	bm87	BV 产生和 ODV 封装	衣壳
	odv-e18	ac143	bm119	BV 产生	囊膜
	ac53	ac53	bm42	核衣壳组装	衣壳
	desmop	ac66	bm54	BV 产生和 ODV 封装	衣壳
	p33	ac92	bm75	巯基氧化酶	非结构的
细胞周期	odv-ec27	ac144	bm120	细胞周期蛋白，细胞周期阻滞	外被
食下感染性	p74	ac138	bm115	经口感染因子	囊膜
	pif-1	ac119	bm97	经口感染因子	囊膜
	pif-2	ac22	bm13	经口感染因子	囊膜
	pif-3	ac115	bm95	经口感染因子	囊膜
	pif-4	ac96	bm79	经口感染因子	囊膜
	pif-5	ac148	bm124	经口感染因子	囊膜
	pif-6	ac68	bm56	经口感染因子	囊膜
	ac78	ac78	bm64	经口感染因子	囊膜
未知功能	ac81	ac81	bm67	BmNPV 复制	非结构的

2. 必需基因与非必需基因　　必需基因即病毒增殖、病毒 DNA 复制和病毒粒子成分所必需的基因，BmNPV 基因组中至少存在 57 个必需基因（Gomi et al.，1997；Kang et al.，1999；Rohrmann，2019）。通过遗传阻断研究和同源重组试验结果可知，杆状病毒基因组内的某些基因对病毒在细胞和昆虫中的增殖是非必需的，如基因编号为 bm20、bm48、bm65、bm91、bm93、bm101、bm15（pkip）、bm66（gp41）和 bm131（bro-d）的基因（Ono et al.，2012）。几乎所有杆状病毒都有这些基因，相当保守。非必需辅助基因不是病毒复制增殖所必需的，但对病毒生长和增殖等具有影响，如 bm64（基因编号）、orf98、ie-0、39k、polyhedrin。

3. 极早期基因、早期基因与晚期基因　　杆状病毒基因按表达时间可分为极早期基因、早期基因、晚期基因和极晚期基因（或超量表达晚期基因）。前两类称为早期基因，后两类则称为晚期基因。早期基因的表达不需要新的蛋白质合成，且先于 DNA 复制，其转录由寄主细胞 RNA 聚合酶催化。早期基因主要为病毒 DNA 复制和晚期基因表达提供必需的蛋白质因子。早期基因最显著的结构特点是启动子含有共同的基元序列 CAGT 或者 CGTGC，这些保守序列通常为转录起始位点，它们含有转录信号。晚期基因表达依赖于病毒基因组 DNA 的复制，并通过病毒编码的 RNA 聚合酶转录，同时需要晚期表达因子（lef）类调控其表达。晚期基因启动子的特征序列是 TAAG，也是转录起始位点。

（五）多角体蛋白与病毒粒子结构蛋白

1. 多角体蛋白　　多角体蛋白由 245 个左右的氨基酸组成，分子质量为 29kDa 左右，是多角体的主要结构成分。由多角体蛋白构成的蛋白质晶体对包埋在其中的病毒粒子具有保护作用，使病毒粒子在自然环境中保持稳定和侵染能力。多角体蛋白基因是一个超量表达的极晚期基因。多角体蛋白基因（*polh*）不是杆状病毒复制的必需基因，从杆状病毒基因组中删除 *polh* 基因，其子代病毒不能形成多角体，但并不影响病毒的复制，缺失 *polh* 基因的杆状病毒可以在培养细胞中增殖。

多角体蛋白中第 19～110 个氨基酸是杆状病毒多角体蛋白组装为多角体的必需序列。研究人员解析了 AcNPV 多角体的结构，其由高度匀称的共价交联的晶格构成，亚基通过灵活的接头组装为超大的分子，进而包埋大量的病毒粒子，如图 2-7 所示（Ji et al.，2010）。

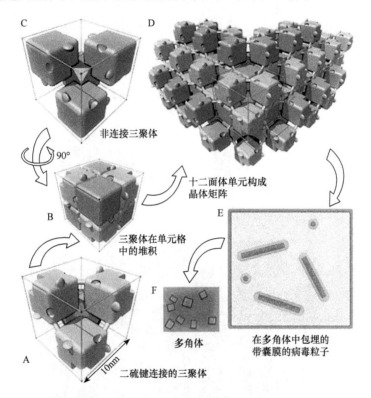

图 2-7　杆状病毒多角体蛋白装配成多角体的示意图（Ji et al.，2010）

2. 病毒粒子结构蛋白　　BV 和 ODV 有 21 个共有蛋白，其中 3 个为囊膜蛋白（E18、E25 和 vUbi），其余的为核衣壳或间质（位于囊膜和核衣壳之间）蛋白。对这些共有蛋白的深入分析发现，其中多数为杆状病毒的核心保守基因所编码（在所有杆状病毒中都存在）或为鳞翅目杆状病毒所共有。BV/ODV 共有蛋白从功能上可以分为以下几种类型：①参与核衣壳的形成；②参与核衣壳的运输；③参与决定 BV 或 ODV 的形成；④其他及功能未知蛋白（多角体囊膜蛋白）。

（六）病毒粒子的两种表型

杆状病毒在与寄主昆虫的长期共进化过程中，形成了两种不同类型的病毒粒子，即出芽型病毒粒子（BV）和包埋型病毒粒子（ODV）（图 2-8）。这两种病毒都由同一个基因组编码，出现在病毒感染周期的不同阶段，分别负责杆状病毒的口服感染和系统感染。这两种病毒具有相同的杆状核衣壳，大小为（30~60）nm×（250~300）nm（Blissard，1992）。虽然这两种病毒粒子的核衣壳结构类似，但是它们囊膜的来源和组成及在病毒生活周期中的作用不同。最明显的是 BV 含有囊膜糖蛋白 GP64，而 ODV 不含有囊膜糖蛋白 GP64。这也是造成这两种病毒粒子的抗原性、感染组织特异性及病毒入侵寄主细胞方式不同的原因。杆状病毒感染呈现明显的两相性。

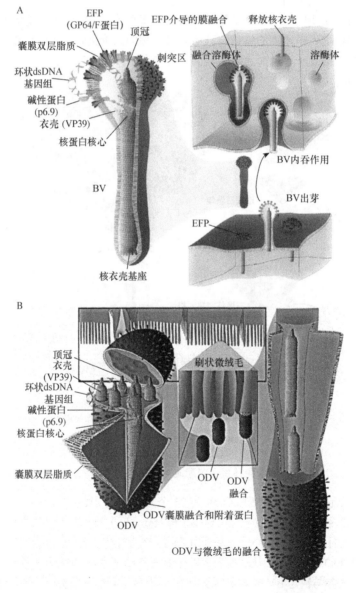

图 2-8 出芽型病毒粒子和包埋型病毒粒子的结构成分及感染模式示意图（Slack and Arif，2007）
A. 出芽型病毒粒子（BV）；B. 包埋型病毒粒子（ODV）；EFP. 病毒粒子囊膜融合蛋白

1. BV 病毒发育过程中存在一个称为两相生活史的现象。在第一时相，在接种后 0~

24h，杆状病毒核衣壳在细胞核内病毒发生基质（virogenic stroma，VS）上装配，核衣壳通过核膜出芽时获得脂囊膜，但是这层脂囊膜在细胞质中随即消失，当核衣壳继续出芽通过细胞质膜时再次获得囊膜。在这个过程的后期，核衣壳获得了重要的病毒囊膜糖蛋白 GP64/F 蛋白。产生的 BV 随后被释放到昆虫血淋巴中引起整个虫体的感染。经口感染的 ODV 进入中肠上皮细胞的病毒经过增殖，产生新的病毒粒子 BV，BV 从中肠的基底层出芽，进入气管及血腔，从而启动昆虫体内其他组织的系统感染。BV 负责系统感染（也称二次感染）。BV 还可以感染除中肠以外的昆虫其他组织。

2. ODV　在第二时相，约接种 20h 后，BV 的释放量便急剧减少，留在细胞核内的核衣壳被封入核内新装配的囊膜内，之后核内获得囊膜的病毒粒子被包埋进多角体蛋白基质中，逐渐形成多角体。在自然界中，ODV 被包埋在由多角体蛋白或颗粒体蛋白所形成的包涵体中，这种包涵体能够抵御较强的外界环境变化，在土壤中存活数十年。当寄主昆虫取食到包涵体时，在昆虫中肠的碱性环境下，包涵体蛋白会特异性地降解，从而释放出 ODV。ODV 通过膜融合进入中肠上皮细胞，启动初始感染（也称口服感染）。因此，ODV 特异性地负责口服感染，ODV 仅能特异性地感染昆虫的中肠。

二、病征

（一）潜伏期

核型多角体病属于亚急性传染病。从病毒感染到发病（呈现明显的外部病征）的经过时间，称为潜伏期。核型多角体病的潜伏期长短取决于多种条件，一般在起蚕或少食期感染，严重时可以当龄发病死亡。5 龄后期感染的蚕能结茧，但大多成为死笼茧。

家蚕由于发育阶段的不同，潜伏期长短不一。当蚕感染后，小蚕一般经 3~4d，大蚕经 4~6d 发病死亡。接种病毒浓度的高低与潜伏期有密切关系：病毒浓度高则潜伏期短，浓度低则潜伏期长。接种病毒的浓度一定时，潜伏期的长短依保护温度的高低而变化，如 '306' × '华十' 的 4 龄起蚕接种 NPV 后，饲育于 20℃低温和 27℃条件下的潜伏期分别为 132h 和 84h。

（二）症状

核型多角体病在各龄均有发生。在生产上多见于 3 龄以后，特别在 5 龄中期到老熟前后较多。病蚕多数不能吐丝营茧。患病蚕由于发育阶段不同，外表症状也有差异，但都表现出本病所特有的典型病征，即体色乳白，体躯肿胀，狂躁爬行，体壁易破。大蚕常爬行到蚕匾边缘坠地流出乳白色脓汁而死（图 2-9）。病蚕初死时，由于脓汁泄尽，体壁贴于消化管上，外观呈暗绿色，以此可区别于其他病蚕。不久，尸体腐败变黑。本病因发病时期不同，在上述典型病征的基础上还出现下列的症状。

1. 不眠蚕　不眠蚕发生于各龄催眠期间，在群体中大多数蚕将行入眠时，病蚕体壁紧张发亮，呈乳白色，不吃桑叶，爬行不止，久久不眠。最后，体躯肿胀破裂，流出脓汁而死。

图 2-9　家蚕核型多角体病病蚕

2. 起节蚕 起节蚕在各龄起蚕发病。病蚕生长停滞,体色乳白而不见转青。体壁松弛,体躯缩小。前节的节间膜向后套叠,终至出现典型的病征而死。但该症易与细菌性肠道病的起缩症混淆。

3. 高节蚕 高节蚕在4、5龄盛食期发病,病蚕各环节间膜或各环节后半部(靠近节间膜处)隆起,形如竹节。隆起部位和腹足均呈明显的乳白色,有时气门附近有深浅不匀的乳白色斑块。

4. 脓蚕 脓蚕发生于5龄后期至上蔟前。环节中央肿胀拱起,形如算盘珠,体壁发亮,体色乳白。病重时,爬行缓慢,终因腹足失去把持力,从蚕匾或蔟上坠下,流脓而死。迟发病蚕死于蔟中或结薄皮茧而死亡,本病征在生产上较为常见。

5. 斑蚕 斑蚕大多发生在3~5龄。在病蚕体上同时显现对称性病斑,有腹脚变成黑褐色的焦脚蚕、在气门周围出现黑褐色圆形病斑的黑气门蚕,也有焦脚和黑气门同时出现的对称性斑蚕。此外,还有在老熟时腹背两侧出现对称性黑褐色大块病斑的斑脓蚕,但此症状比较少见。

6. 蚕蛹的病征 5龄后期感染,有部分病蚕能营茧化蛹。病蛹体色暗褐,体壁易破,一经震动,即流出脓汁而死,造成茧层污染。内部污染茧的发生往往与脓病的发生有关(石川义文,1983)。

三、病变及致病机理

(一)细胞病变

核型多角体病毒的这一名称,即意味着这种病毒增殖的部位是在细胞核内,而且多角体的形成也在核内。

正常的细胞核内染色质呈均匀分散的微小颗粒,有一个或两个核仁。当BmNPV感染后,最早看到的细胞学变化是核内染色质凝结成块,核仁增大,数目增多,焦宁的染色性很强(玫瑰红色,表明RNA合成旺盛),稍后核仁对焦宁的好染性减弱,而相应地核周围的细胞质内焦宁的好染性增强,推测刚合成的RNA已从核仁转移到细胞质内。此时细胞核开始膨大,原来已凝集的2~3个染色质块进而集中于核的中央,形成VS。在VS部分,福尔根阳性物质(被染成紫色物质)逐渐增多,即意味着病毒DNA正在加速合成。在VS周围有一淡染部分即所谓的环状带。稍后就在环状带出现很小的多角体(0.2~0.4μm)即微多角体。未成熟的多角体易被多种染料染色,但随着多角体的成熟,逐渐失去好染性。多角体开始形成后,核中央的染色质块变小;而核内充满成熟多角体时,染色质凝块消失;最后,核膨大、破裂,细胞也随之崩坏。

(二)靶组织病变

BmNPV可以在蚕的不同组织细胞内寄生、增殖,并形成多角体。虽然病毒入侵的迟早及多角体形成的难易程度有区别,但一般来说,最易形成核多角体的组织为血细胞、气管上皮、脂肪组织及真皮细胞。生殖腺和神经细胞只能形成少量多角体,而蜕皮腺、唾液腺和马氏管等则很难形成多角体。在丝腺中除前部丝腺不能形成多角体外,在中后部丝腺的细胞核内都能形成多角体。BmNPV能在中肠细胞内增殖形成病毒粒子,却很难形成多角体,即使偶尔形成多角体也很小。

1. 血液 血液的病变是最明显的,肉眼就可以看见。血淋巴和血细胞在健康家蚕中都有特定的物理、化学状态，或称标准血象。当受到感染时，正常的状态受到破坏，随之出现各种病变。一般来说，受感染的血细胞在形态上发生异常变化，如出现伪足、凹陷等，常见的现象是变形细胞及吞噬细胞出现球状瘤。正常蚕血液为淡黄色的透明液体，发病后则变浑浊，像牛奶（黄茧种的病蚕血液稍带奶黄色）。血细胞中以颗粒细胞及小球细胞最先被侵染而破裂。随着病势的发展，血细胞数渐次减少。破裂以后细胞碎片及多角体混入血液使其浑浊，从而影响了血液循环，使营养和代谢产物不能正常运输，造成代谢障碍。

2. 气管 气管皮膜细胞核中形成的多角体在显微镜下很易观察到，因为这种细胞中没有与多角体相似的颗粒。细胞核明显膨大，细胞的核和核膜甚至胀裂。气管的螺旋丝不被 BmNPV 寄生。

3. 脂肪组织 脂肪体是 BmNPV 最易侵袭寄生的组织，多角体的形成和细胞解体过程的发生也较早。病毒感染后细胞核内的核仁及染色体凝结，渐次混淆不清，有时液化。此时脂肪代谢已受到影响。接着核内出现发亮的小颗粒，这就是初期的多角体，随着多角体的增大、增多，脂肪体的细胞核及整个细胞都会被胀破。脂肪球、多角体及病毒粒子都混入血液中，这也是造成血液浑浊的原因之一。

4. 体壁 体壁的真皮细胞也是病毒易于侵染的组织之一，镜检病蚕体壁的真皮细胞，发现几乎所有的细胞核内都有多角体。细胞核的膨大程度因多角体的多少而有差异，但最后绝大多数真皮细胞均被破坏，体壁只剩下一层几丁质外表皮。真皮细胞感染以后，不能形成新的表皮，因此本病的病蚕有时不能蜕皮。家蚕核型多角体病毒具有编码几丁质酶的基因，该基因产物可能对表皮的结构有破坏作用。真皮细胞中有一种生毛细胞，家蚕的生毛细胞虽属真皮细胞，但生毛细胞中却没有发现过多角体。

5. 消化管 很长一段时间内人们都认为鳞翅目昆虫的中肠上皮细胞不受 BmNPV 感染，但目前的研究资料证明事实并非如此。电子显微镜观察结果表明，患病的家蚕中肠上皮细胞核内有杆状病毒粒子，而且确认在圆筒状细胞核内病毒能够增殖，并释放出带有囊膜的病毒粒子，感染其他组织。

6. 丝腺 BmNPV 可以在丝腺细胞的核中形成多角体。丝腺细胞形成多角体的难易程度与蚕品种有一定的关系。有的品种 80%以上的个体都可以形成多角体，而有些品种丝腺细胞内全无多角体的形成。前部丝腺一般不形成多角体。推测中部丝腺、后部丝腺多角体的形成与在气管皮膜细胞中增殖的病毒就近侵入中部丝腺和后部丝腺的细胞，并在丝腺细胞增殖有关。丝腺中形成的多角体，其形状、大小与普通多角体不一样，往往是呈四角形或三角形的巨大多角体，是普通多角体的2～4倍。病毒的入侵，对丝蛋白的合成有抑制作用。

7. 生殖细胞 病毒侵入家蚕生殖系统，增殖和形成多角体是与病毒经卵传染到次代联系在一起的，所以特别吸引众人的注意。以组织病理学分析和聚合酶链反应（polymerase chain reaction，PCR）检测相结合的方法调查了 BmNPV 在家蚕中垂直传播的可能性。电子显微镜和荧光抗体等精密研究手段表明，NPV 可以在家蚕的生殖系统中增殖（吕鸿声，1982），但至今仍没有足够的证据证明 BmNPV 可以通过卵传递到下一代。PCR 扩增并没有在感病母蛾所产的卵中检测到病毒特异性 DNA 条带，但毫无疑问病毒可以通过污染卵壳传递到下一代（吕鸿声，1998）。

（三）核型多角体病毒的复制和基因表达

1. 病毒入侵 BmNPV 可以通过体壁的伤口侵入。但注射纯净的多角体于体腔是不会发病的。多角体进入消化道，经碱性消化液的作用而溶解，释放出病毒粒子。其中一部分因消化液或围食膜对病毒的感染具有某种阻碍作用，使释放出来的病毒粒子失去活性，如红色荧光蛋白对病毒的灭活作用。失活的病毒随粪排出，而另一部分 BmNPV 则通过围食膜到达中肠上皮细胞。

BmNPV 入侵细胞，大体包括附着（attachment）、融合（fusion）、脱壳（uncoating）和进入（entry）几个过程，这些过程包括形态上的变化和复杂的机理，目前对这一领域的研究已经获得丰富的资料。BmNPV 粒子进入易感的中肠细胞是通过病毒粒子的囊膜与肠腔内上皮细胞微绒毛膜的融合而实现的（Adams，1977）。以"出芽"的方式获得囊膜的病毒粒子即出芽型病毒粒子（BV）。在其囊膜上有一分子质量为 64kDa 的糖蛋白，这种蛋白质对 BV 病毒侵入寄主细胞起着重要作用（Blissard，1992）。但也有一些研究者观察到 BmNPV 可通过内吞作用随一个吞噬泡进入细胞质，囊膜在其中融合并释放出核衣壳。病毒由细胞质进入细胞核的方式有两种：①核衣壳附着核膜，病毒核酸经核膜孔进入核内，而衣壳留在核膜外；②核衣壳以核膜出芽的方式进入核内，在核内脱壳并释放核酸。

在中肠细胞中形成的病毒粒子经基底膜进入血腔，侵染血细胞或分布于中肠的气管皮膜细胞。与此同时，病毒接种后不久，细胞间隙部位，甚至细胞质内也有病毒粒子存在。因此，科学家认为另一侵入途径是外来的 BmNPV 通过中肠细胞间隙或细胞质直接进入血腔，不经过中肠上皮细胞核内的增殖（Granados，1981）。特别是家蚕幼虫经过 5℃、24h 低温冲击后，病毒通过中肠上皮细胞间隙和细胞质直接进入血腔的机会显著增多。随着血液循环，进入血腔内的病毒粒子被转运到各靶细胞组织器官，吸附、入侵感受性细胞。

BmNPV 的有囊膜核衣壳经口接种的感染性比无囊膜的核衣壳强，但血腔接种时，后者的感染性反而比前者强。

病毒感染易感性细胞，膜受体蛋白起到了决定性作用，受体表达增强蛋白（REEP）是一类与细胞表面受体功能有关并且参与跨膜转运的蛋白，这一家族在不同物种之间高度保守。BmREEPa 定位于细胞质膜上，且其 N 端对其定位具有重要的作用；该基因无论在细胞水平还是个体水平都对 BmNPV 的入侵具有影响，且这种影响主要针对 BV 的感染。有可能是BmNPV 感染细胞的潜在性受体分子（Dong et al.，2017a）。家蚕核激素受体（BmNHR96）可能也是 BmNPV 感染细胞的潜在性受体分子（Yang et al.，2017；Dong et al.，2017b）。

2. 复制　　BmNPV 的核酸是闭合环状的双链 DNA，病毒 DNA 进入寄主细胞核内，以自身为模板，复制新的 dsDNA，与此同时，病毒 DNA 可以转录成多种专一性的 mRNA，转移到细胞质中，利用寄主细胞的 rRNA 和 tRNA 翻译成病毒蛋白质及核衣壳。

杆状病毒基因根据表达的时相分为早期基因和晚期基因。早期基因的表达早于病毒的复制，晚期基因的表达则在病毒 DNA 复制开始之后进行。

如图 2-10 所示，杆状病毒基因组的复制与表达可分为四个时期：①极早期（immediate early，α-phase），又称立即早期或α期，在感染后 0~3h。此期病毒蛋白（α蛋白）的合成完全依赖于寄主细胞的表达产物，不需要任何病毒基因产物。②晚早期（delayed early，β-phase），又称延迟早期或β期，在接种后 3~6h。在此期间，依赖一个或多个α蛋白，合成DNA 复制所需的β蛋白。极早期和晚早期合起来为早期。③晚期（late，γ-phase），又称γ期，在接种后 6~10h。在 DNA 复制的同时或随后，开始合成另一组蛋白（γ蛋白），主要是细胞释放型病毒装配所需的结构蛋白。晚期包括大量的病毒 DNA 复制和成熟细胞释放型病毒粒子的产生。④极晚期（very late，δ-phase），又称 δ 期，一般在病毒接种 10h 以后。此期合成的病毒蛋白对加工包埋型病毒包埋进多角体是必需的（Rohrmann，1992）。

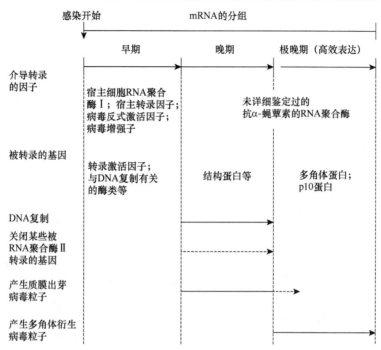

图 2-10　与杆状病毒生活史有关的重要转录事件图解（Rohrmann，1992）

----▶表示调控通路不完全确定或未验证；——▶表示在晚期是确定的，进入极晚期不确定

在感染细胞内，杆状病毒的基因表达及 DNA 的复制是在一种有序的级联事件中发生的，在这个级联模型（cascade mode）中每个后续时相依赖于前一个时相，β 基因的表达依赖于一个或多个 α 基因的产物，γ 基因的表达依赖于 β 基因的表达，而 δ 基因的表达则依赖于 γ 基因的表达。由许多证据推测，病毒基因表达的级联是在转录水平上发生调节的，杆状病毒前一种时相的基因产物直接或间接地反式激活后一种时相的基因转录。

杆状病毒 DNA 的复制需多种反式作用因子，除 DNA 聚合酶、增殖细胞核抗原类似蛋白及 DNA 解旋酶外，晚期表达因子基因 lef-1、lef-2、lef-3 及极早期基因 ie-1、p35 为病毒复制所必需的基因，而 lef-7、ie-2 等基因对病毒 DNA 的复制有促进作用（吕鸿声，1998）。

杆状病毒的复制机制是杆状病毒分子生物学的核心内容之一，但总体来讲，仍有许多问题尚未解明。

3. 装配　　随着病毒核酸的复制，病毒粒子的形态开始出现，形成一种杆状核衣壳。核衣壳是从病毒发生基质中分化形成的，这种物质含有核衣壳的成分，即衣壳蛋白和可能的病毒核酸。病毒基因组与病毒核衣壳装配，都与寄主细胞的组分及功能有关。在核衣壳内，杆状病毒的巨大基因组 DNA 是与一种碱性组蛋白样的 DNA 结合蛋白（DNA binding protein）相结合的，这种 DNA 结合蛋白就是 p6.9 蛋白（Maeda et al.，1991）。在感染细胞内，蛋白质与病毒 DNA 结合成微型核小体样结构，使基因组 DNA 高度浓缩以便有效地包装进核衣壳。病毒衣壳主蛋白 VP39 随机地分布于核衣壳的表面。

核衣壳与囊膜结合就形成了完整的病毒粒子。BmNPV 获得囊膜的方式如图 2-11 所示：Ⅰ. 由核内物质新生而成；Ⅱ. 由内层核膜衍生而成；Ⅲ. 核衣壳通过核膜出芽而从内层核膜获得囊膜；Ⅳ. 核衣壳通过核孔进入细胞质，经质膜出芽而获得囊膜，或者由粗糙型内质网膜衍生而来。细胞释放型病毒粒子的囊膜具有糖蛋白 gp64，该糖蛋白在感染后期出现于细

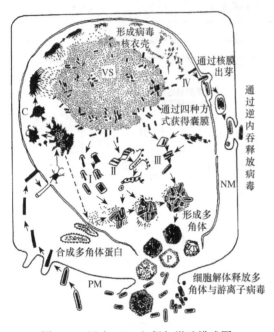

图 2-11　昆虫 NPV 入侵与增殖模式图

（吕鸿声，1982）

C. 染色质；NM. 核膜；P. 多角体；PM. 细胞膜；
VS. 病毒发生基质.

胞质内，并移至质膜，核衣壳在出芽过程中获得此蛋白。

随着新病毒粒子的不断形成，多角体蛋白结晶也在形成。在细胞核的 VS 附近出现许多纤维束，这些纤维束被认为与病毒多角体的形成有关。开始时病毒粒子表面附着多角体蛋白晶粒，以后蛋白质不断堆积，形成不定形的结晶小块，即所谓的"前多角体"。这些结晶小块不断增大，病毒粒子单个或成束地被包埋进去，最后形成呈一定形状的成熟多角体。多角体蛋白结晶的形成与 *p10* 基因有关，多角体蛋白膜的贴附也与 *p10* 基因有关。

4. 释放　　多角体充满感染细胞的细胞核，核变得异常肥大，最后破裂，细胞也随之解体而释放出多角体。

（四）分子病理学

病毒感染起始于昆虫幼虫吞食被杆状病毒污染的食物。OB 在中肠碱性环境和蛋白酶的作用下裂解，释放出包埋在其中的 ODV，ODV 穿过中肠围食膜（peritrophic membrane，PM），到达中肠上皮细胞微绒毛处，然后 ODV 囊膜与中肠上皮细胞微绒毛发生结合和融合，进而病毒核衣壳进入微绒毛细胞，在其中进行复制和增殖，从而引发原发性感染。在杆状病毒的原发性感染中，产生少量的子代病毒粒子 BV，形成的 BV 进而侵染昆虫其他组织细胞，引起全身性感染。随着染病昆虫的死亡和组织细胞的破裂，OB 被释放到自然环境中，从而起始下一轮生活周期。

1. p35 蛋白与细胞凋亡　　细胞凋亡（apoptosis）或细胞程序性死亡（programmed cell death）是昆虫抵抗病毒感染的一种自卫机制。寄主细胞为了应答病毒感染发生凋亡的能力与病毒阻止细胞凋亡的能力构成了病毒与寄主之间的相互作用，这种相互作用对决定是否暴发病毒病至关重要。这种病毒与寄主的相互作用可发生在个体水平或在细胞水平上。

杆状病毒编码的 p35 蛋白的主要功能是阻止由病毒感染而诱导的寄主细胞发生凋亡；作为早期基因的转录激活因子，对病毒的复制也有促进作用。BmNPV 基因组存在 *p35* 基因，也能在阻止细胞凋亡中起作用，但是当缺失 *p35* 基因的 BmNPV 突变系感染时，产生混合表现型，某些细胞发生凋亡，而另一些细胞则能充分支持病毒复制（Kamita，1993）。

2. EGT 与蜕皮变态　　昆虫血淋巴中蜕皮激素的滴度呈规律性的周期变动，控制着幼虫蜕皮、化蛹与变态，从而调节昆虫的生长与发育。BmNPV 具有编码蜕皮甾体尿苷二磷酸葡糖转移酶（ecdysteroid UDP-glycosyltransferase，EGT）的基因，该基因产物 EGT 可使尿苷二磷酸葡糖基转移并与蜕皮激素结合而使蜕皮激素失去活性，导致幼虫蜕皮与变态受阻，延长幼虫取食时间，增加幼虫体重，有利于病毒增殖复制，提高病毒的产量（Maeda，1994）。家蚕感病以后，体躯肥大发光，最后停止取食，不能就眠，这大概与 *EGT* 基因有关。

3. 病毒蛋白与蚕体液化　　BmNPV 具有编码半胱氨酸蛋白酶（cysteine protease）的基

因，其基因产物与家蚕虫体组织的分解与液化有关，可使虫体组织分解成游离氨基酸，为病毒蛋白的合成提供原料，有利于病毒粒子在体内的扩展。病毒编码的几丁质酶（chitinase）可分解几丁质，患脓病蚕体壁易破与该酶有关。

4. 病毒感染与家蚕行为 受到杆状病毒感染的寄主昆虫会出现活动能力增强的现象，杆状病毒很巧妙地操控寄主昆虫狂躁爬行或四处攀爬，并最终导致寄主昆虫死亡，尸体腐烂液化，释放出的病毒粒子污染周围区域，从而实现病毒更加广泛地传播。研究认为，杆状病毒正是通过这种操控寄主发生异常行为的方式来促进自身的传播。被 BmNPV 感染的家蚕幼虫在后期会出现狂躁爬行的症状，随后死亡，尸体腐烂液化释放出病毒粒子形成新一轮的感染源，而幼虫的这种狂躁爬行症状也为病毒在不同区域传播提供了有利条件。研究者构建了多种 BmNPV 基因缺失型的突变体并分别感染家蚕幼虫，最终发现 BmNPV 编码蛋白酪氨酸磷酸酶的 *ptp* 基因与病毒诱导家蚕幼虫爬行异常的作用机制相关。BmNPV *ptp* 也是从原始寄主中获得的一个基因，但是在 BmNPV 感染寄主的进程中，*ptp* 所编码的蛋白质 PTP 却由原来的作为一种酶而转变为作为一种结构蛋白发挥作用，这种转变或许是为了让病毒更好地控制寄主的行为，进而促进病毒自身的传播。

四、病毒增殖的生物化学

（一）增殖曲线

BmNPV 在蚕体内的增殖是有规律的。在 4 龄起蚕皮下注射微量 BmNPV 后经不同时间取蚕的组织制成匀浆，按不同稀释倍数添食于蚁蚕，并计算其发病率，求出 BmNPV 的致死中量（LD_{50}），用致死中量（稀释倍数）来表示病毒的滴度（titer）。结果如图 2-12 所示，BmNPV 在蚕体内的增殖过程可以明显分为隐潜期、缓慢增殖期、高速增殖期（对数增殖期）和稳定增殖期（平稳期）4 个阶段（Ⅰ～Ⅳ）。在 22.5～23.5℃条件下，接种 24h 以前是隐潜期，24～60h 的病毒滴度缓慢增长（缓慢增殖期），60～84h 的病毒滴度呈对数增加，曲线几乎呈直线上升，即高速增殖期，84h 后为稳定增殖期，此时病毒的增殖保持平衡，但增殖速度则是突然下降的。BmNPV 增殖的 4 个阶段是相互连接的，不可截然分割。

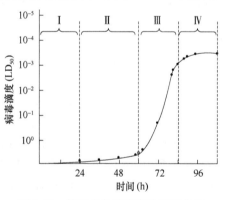

图 2-12 核型多角体病毒的增殖曲线

（二）影响增殖的因素

病毒本身无完整的酶系，依赖于蚕的代谢系统来完成病毒的增殖复制。改变蚕体的生理状态，可以明显地影响病毒的增殖。蚕的饥饿程度、食下桑叶的营养价值显著影响多角体的形成；35℃的高温可明显抑制病毒的增殖；β-蜕皮激素对核型多角体的增殖也有一定的抑制作用。每一个增殖时期的长短因品种、饲育温度及接种方法而有变化。

（三）病毒增殖的生物化学

BmNPV 在寄主细胞 RNA 聚合酶作用下，从病毒 DNA 上转录病毒 mRNA，然后转移到胞质核糖体上，指导合成蛋白质。早期 mRNA，主要合成复制病毒 DNA 所需的酶，如依赖 DNA 的 DNA 聚合酶、脱氧胸腺嘧啶激酶等，称为早期蛋白；晚期 mRNA，在病毒 DNA 复制之后出现，主要指导合成病毒的结构蛋白，称为晚期蛋白。子代病毒 DNA 的合成是以亲代 DNA 为模板，按核酸半保留形式复制子代双股 DNA。DNA 复制出现在结构蛋白合成之前。

五、BmNPV 感染对寄主基因表达的影响

利用转录组技术，Li 等（1996）调查了易感品种'秋丰'和抗性品种'秋丰 N'感染 BmNPV 后的情况，在易感品种中发现大量单核苷酸多态性（single-nucleotide polymorphism，SNP）位点，大量的差异表达基因与氧化磷酸化、吞噬体、三羧酸循环和氨基酸代谢有关。家蚕易感品种（'P50'）和抗性品种（'BC9'）感染 BmNPV 中肠有大量的差异表达基因，这些差异基因与蛋白质代谢、细胞骨架和凋亡相关，可能起到抵抗 BmNPV 感染的作用（Wang et al.，2016）。对 BmNPV 感染的家蚕脑进行转录组比较分析发现，诸多的差异基因与生物周期节律、突触传递和 5-羟色胺受体信号通路有关（Wang et al.，2015）。Bao 等通过比较易感品种（'306'）和抗性品种（'KN'）感染 BmNPV 后中肠、脂肪体和血细胞基因表达谱发现大量的差异基因，其中上调的表达基因可能参与抵抗 BmNPV 感染，通过 iTRAQ 蛋白质组学等技术鉴定了家蚕感染 BmNPV 后，血淋巴中上百个蛋白质的表达水平发生了显著性的变化，其中发现多个免疫基因的表达水平受 BmNPV 感染影响（Dong et al.，2017c）。Yu 等（2017）利用基于定量的 iTaq 蛋白质组学技术调查了家蚕易感品种（'P50'）和抗性品种（'BC9'）感染 BmNPV 后中肠获得的大量差异表达蛋白，其中 14.38% 的差异表达蛋白与细胞骨架、免疫反应、凋亡、泛素化、翻译、离子通道、内吞作用和肽链内切酶活性有关。Wang 等（2017）利用双向电泳技术分析了家蚕易感品种（'P50'）和抗性品种（'BC9'）感染 BmNPV 后亚细胞器中的蛋白质组变化，鉴定到的 87 种蛋白质主要参与能量代谢、蛋白质代谢、信号通路等。Hu 等（2015）研究发现，家蚕感染 BmNPV 后，消化液蛋白表达水平也会发生改变。Cheng 等利用蛋白质分离和质谱技术从感染 BmNPV 家蚕中肠膜蛋白中鉴定到 12 个参与病毒感染的蛋白质。Wu 等利用全基因组分析调查了家蚕感染 BmNPV 后微 RNA（microRNA，miRNA）的表达差异，发现 38 个显著性表达的 miRNA。Shobahah 等（2017）利用定量磷酸化蛋白质组学技术对 BmNPV 感染 24h 的家蚕培养细胞进行研究，发现其中超 100 种细胞蛋白质发生磷酸化修饰和数种 BmNPV 蛋白质发生过度磷酸化。Mao 等利用定量蛋白质组学研究 BmNPV 感染家蚕培养细胞，发现一些转录因子和表观遗传修饰蛋白表现出明显的差异水平。Hu 等（2018）研究发现，家蚕感染 BmNPV 后，中肠中 circRNA 表达谱发生显著改变，这些显著差异 circRNA 的 GO 和 KEGG 分析主要集中于免疫和代谢信号通路。Zhang 等（2019）发现 BmNPV 感染家蚕中肠中免疫激活蛋白质具有先天免疫功能，下调表达的蛋白质主要参与细胞凋亡或影响细胞活力。BmNPV 感染引起的选择性剪接事件在易感品种中显著多于抗性品种（Li et al.，2019）。Wu 等（2019）通过蛋白质组学技术发现 195 种差异蛋白质表达水平发生显著性变化，其中热休克蛋白 90（Hsp90）在 BmNPV 感染过程中发挥重要的作用。利用蛋白质组学技术解析了 BmNPV 家蚕抗性品种（'A35'）和易感品种（'P50'）消化液差异蛋白质差异，发现 9 种差异蛋白质具有潜在的抗病毒活性（Zhang et al.，2020）。Huang 等研究发现，家蚕细胞内 DNA 甲基化修饰在 BmNPV 感染过程中起到正调控作用。研究发现 BmNPV 感染家蚕，可以显著改

变中肠组织中 mRNA 的 m6A 修饰水平，并发现细胞内的 m6A 修饰系统负调控 BmNPV 的增殖（Zhang et al.，2020）。BmNPV 感染会导致家蚕脂肪体和中肠组织中 piRNA 表达谱发生改变（Feng et al.，2021）。研究发现 BmNPV 感染可以诱导染色质重塑，形成更多的开放染色质区域（Kong et al.，2020）。

六、诊断

（一）肉眼鉴别

本病一般都在迟眠蚕（青头蚕）中开始出现，此后陆续发生时，则情况变化多样。病蚕鉴别的主要依据：体壁紧张，体色乳白，体躯肿胀，爬行不止。剪去尾角或腹足滴出的血液呈乳白色。

（二）显微镜检查

以上鉴别尚不能肯定时，可取病蚕的血液制成临时标本，用 400 倍以上的显微镜检查有无多角体存在。镜检时常遇到多角体与脂肪球混淆不易区别的情况，可以用下列方法鉴别。

1. 苏丹Ⅲ染色法　取蚕血一滴，涂抹于载玻片上，干燥后加苏丹Ⅲ染色剂（0.5g 苏丹Ⅲ溶于 100mL 95%乙醇中，加入少许甘油）一滴，加盖玻片镜检。在视野中多角体不着色，脂肪球呈红色或橙黄色。

2. 有机溶剂溶解法　取蚕血一滴，涂抹于载玻片上，干燥后，加一滴乙醇乙醚的等量混合液。放置片刻，待混合液蒸发后，加水一滴。盖上盖玻片镜检。视野中脂肪球因被溶解而消失。多角体则依然存在。

（三）血清学方法

荒川昭弘（1989）应用胶乳凝集反应诊断家蚕核型多角体病，检测灵敏度达 0.9μg/mL。

（四）分子诊断

利用 PCR 的方法，可在体外使基因组的某个部分在短时间内扩增几百万倍。从患病蚕血淋巴中抽提总 DNA 后，用根据病毒基因组序列设计的一对特异性引物在体外进行扩增，如果产物在琼脂糖凝胶电泳中有特异性条带，则可判定为本病（涂纳新，1994）。

实时 PCR（real-time PCR），是国际上公认的核酸分子定量的标准方法。它具有特异性高、灵敏、污染途径少等优点，但是对技术员的要求较高。从患病蚕血淋巴或中肠组织中抽提总 RNA 后，用根据病毒基因组序列设计的一对特异性引物在体外进行扩增，利用荧光染料或者特殊设计的引物来指示扩增的增加。前者由于增加了探针的识别步骤，特异性更高，但后者更简便易行。若扩增的产物在琼脂糖凝胶电泳中有特异性条带，则可判定为本病。

蛋白质印迹法（免疫印迹试验）即 Western blot，此方法可以检测病毒在寄主细胞内蛋白质的表达情况，需要抗病毒蛋白的特异性的抗体。它与实时 PCR 一样具有特异性高、灵敏、污染途径少等优点，但是对技术员的要求较高。从患病蚕血淋巴或中肠组织中抽提总蛋白后，经聚丙烯酰胺凝胶电泳分离后，与特异性抗体结合，免疫荧光技术检测病毒蛋白表达与否，如果出现阳性特异性的蛋白条带，则可判定为本病。

第二节　质型多角体病

一、病原

（一）分类

家蚕质型多角体病毒（*Bombyx mori* cytoplasmic polyhedrosis virus 或 *Bombyx mori* cypovirus，BmCPV）的发现晚于 NPV，日本蚕病学家于 1934 年观察到家蚕中肠上皮细胞细胞质内存在多角体，并称之为中肠型脓病。由于这种病毒特异性地感染中肠组织，且只在细胞质中形成多角体，因此称为细胞质型多角体病毒，由这种病毒引起的疾病称为质型多角体病。

CPV 的分类地位在过去很长一段时间里没有被确定，旧的昆虫病毒分类系统将这一病毒定名为史密斯病毒属（Smithiavirus），1970 年第一届国际病毒分类委员会（ICTV）将这一组病毒列入呼肠孤病毒属（Reovirus）中，1975 年 ICTV 又进一步把具有双链 RNA 和二十面体病毒粒子形态的病毒归于呼肠孤病毒科（Reoviridae），其中以无脊椎动物为寄主的定名为质型多角体病毒组（cytoplasmic polyhedrosis virus group），代表种为 BmCPV；2009 年在 ICTV 第九次报告中将 CPV 分类为 Unassigned 目 Reoviridae 科 Spinareovirinae 亚科 Cypovirus 属。根据病毒粒子 RNA 基因组片段电泳图形的不同，把 CPV 分为 16 个种，其中 BmCPV 属于 Cypovirus 1。

（二）病毒粒子特性

1. 形状和结构　　　CPV 病毒粒子呈球形，直径为 60～70nm（图 2-13），沉降系数为 415～440S。BmCPV 病毒粒子无囊膜，具单层衣壳，为 $T=2$ 二十面体对称，由 12 个五聚物二聚体（pentamer dimer）构成，共 120 个衣壳蛋白（capsid shell protein，CSP），12 个顶点处各有一个塔状突起，共由 60 个塔状突起蛋白（turret protein，TP，简称为塔蛋白）构成（图 2-14）。其中 10 个特定的顶点内镶嵌有转录酶复合体（transcriptional enzyme complex，TEC），每个 TEC 分别与一段 dsRNA 相连（图 2-15）（Zhang et al.，2015）。基于冷冻电镜三维重构法绘制 CPV 病毒的结构如图 2-16 所示（Nibert et al.，2003）。

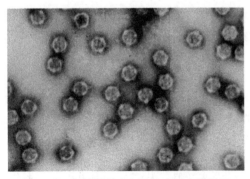

图 2-13　家蚕质型多角体病毒的病毒粒子
（巫爱珍等，1978）

2.8×21 000 倍

2. 病毒结构蛋白　　　纯化的 BmCPV 粒子经 SDS-PAGE 可观察到 5 条蛋白质条带；双向电泳分离结果显示 BmCPV 颗粒含有 10 种以上的蛋白质多肽，占病毒粒子重量的 70%～75%（巫爱珍等，1983）。基于冷冻电镜技术的研究结果显示，BmCPV 的衣壳蛋白主要由 3 种结构蛋白组成，分别是大突起蛋白 LPP（large project protein）、衣壳蛋白（CSP）及塔状突起蛋白（TP）。TP 和 LPP 结合在衣壳的外表面；病毒转录酶复合体在衣壳突起的基部（Zhou et al.，2003）。基于病毒粒子蛋白的凝胶电泳和 Western blot 结果，结合 BmCPV 基因组信息学分析，通常认为 BmCPV 基因组及其推测的编码蛋白如表 2-4 所示（Cao et al.，2012）。

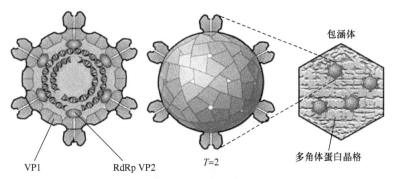

图 2-14　家蚕质型多角体病毒粒子的模型

（http://viralzone.expasy.org/all_by_species/108.html）

RdRp 为 RNA 依赖的 RNA 聚合酶

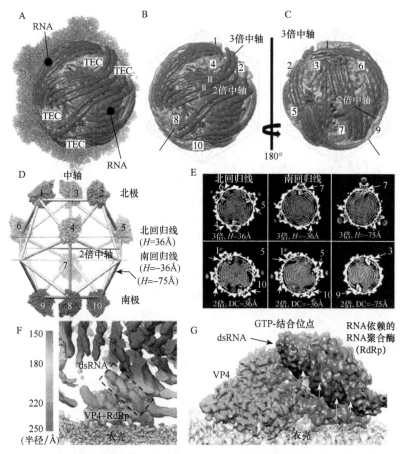

图 2-15　BmCPV 粒子中转录酶复合体（TEC）与 dsRNA 基因组的分布（Zhang et al.，2015）

A．转录酶复合体（TEC，分布在灰白色的位置处）、dsRNA 基因组（深黑色，F 图中径向着色）低分辨率图（22Å）与不完全衣壳（灰色）高分辨率图（3.9Å）的重合。B，C．dsRNA 基因组、转录酶复合体的正面（B）和背面（C）视图（阿拉伯数字代表转录酶复合体编号，罗马数字代表 RNA 片段折叠数）。D．类地球表示法，表示 10 个转录酶复合体的定位，南极、北极和北回归线各 3 个，南回归线 1 个，H 为纬度。E．22Å 密度图的截面，上行垂直于中轴，下行垂直于 3 倍中轴的二重轴，两个顶点没有转录酶复合物，但有 RNA（白色箭头所示），DC 为至中心的距离。F．加框区域为 RNA（径向着色）和转录酶复合体（VP4＋RdRp）。G．转录酶复合体区域（4.5Å），为 A 图所示的最南端的转录酶复合体。在所有的转录酶复合体中，RNA 聚合酶结合 dsRNA，白色箭头示小沟，黑色箭头示大沟

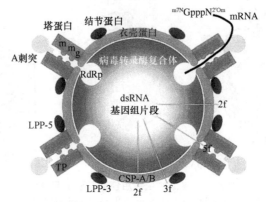

图 2-16　质型多角体病毒粒子的结构示意图（Nibert et al.，2003）

CPV 的衣壳蛋白（CSP）、塔蛋白（TP）、结节蛋白在 8Å 分辨率下的示意图。衣壳蛋白，包围病毒基因组（10 个线型的 dsRNA）；塔蛋白，每个病毒粒子有 12 个五聚物（pentamer）；结节蛋白，每个病毒粒子有 120 个单体结合在衣壳的外表面；A 刺突，每个粒子 12 个，结合在每个塔蛋白的顶部；病毒转录酶复合体，每个病毒粒子有 10～12 个，包括 RNA 依赖的 RNA 聚合酶（RdRp），结合在衣壳的内表面。新生的病毒 mRNA 5′端具有完整的帽子结构，由每一个转录酶复合体合成，猜测通过一连串的隔膜样的通道输出，该通道可以开闭顺着每一个五重轴通过衣壳和塔蛋白。塔蛋白中的结构域有调节加帽过程的后 3 个反应，在 mRNA 5′端通过塔蛋白顶端释放前，鸟苷酰基转移酶（g）和 2 个甲基转移酶（m）催化反应。LPP 为大突起蛋白；2f、3f 和 5f 为 RNA 片段折叠的区域

表 2-4　BmCPV 基因组及其推测的编码蛋白

节段	基因登录号	长度（nt）	蛋白质				蛋白质定位	非编码区（5′/3′）
			氨基酸（aa）	分子质量（kDa）	蛋白质名称			
1	GU323605	4189	1333	148	VP1（V1）/CSP		主要衣壳蛋白	39/148
		186（77～262）	62	7.6	sORF		未知	76/3937
2	GQ924586	3854	1225	139	VP2		RNA 聚合酶	77/99
3	GQ924587	3846	1239	140	VP3		衣壳蛋白（刺突蛋白）	40/86
4	GU323606	3262	1058	120	VP4（V3）/TP		衣壳蛋白（塔蛋白）	13/62
5	GQ294468	2852	881	101	NSP5（NS1）[NSP5a（NS2）、NSP5b（NS6）]		非结构蛋白	70/136
6	GQ294469	1796	561	64	VP6（V4）		次要衣壳蛋白	43/67
7	GQ150538	1501	448	50	VP7（V5）/LPP		大突起蛋白，可能切割成 40kDa 衣壳蛋白，切割位点位于 Asn291～Ala292 或附近	24/130
8	GQ150539	1328	390	44	NSP8（p44）		非结构蛋白	37/118
9	GQ924588	1186	320	36	NSP9（NS5）		非结构蛋白	74/149
10	GQ924589	944	248	28	多角体蛋白		非结构蛋白	41/156
11	—	321（Arella et al.，1988）			由 S10 片段缺失引起，保留 5′端 121nt、3′端 200nt			
12	—	647（Kotani et al.，2005）			难以在病毒粒子检测到，但病毒感染的中肠中可以检测到			

注：蛋白质分子质量根据氨基酸序列预测；VP. 结构蛋白；NSP. 非结构蛋白

衣壳蛋白 VP1（CSP）由 BmCPV S1 dsRNA 编码，由 CSP-A 和 CSP-B 两个异构体构成，每个异构体由 4 个部分组成：顶端部分（439～775aa）、壳部（134～438aa，790～825aa，963～1070aa，1237～1333aa）、二聚体区域（1071～1236aa）和突状区域（825～962aa），在转录 CPV 中，衣壳蛋白 VP1 结构可发生变化，促进了 mRNA 转录（Cheng et al.，2011）

刺突蛋白（spike protein）由 S3 dsRNA 片段编码，具有 RGD 基序，推测与寄主细胞表面的受体结合（Hagiwara et al.，2002），即具有吸附作用。BmCPV 入侵细胞依赖于三聚刺突蛋白（trimeric spike），在病毒侵入细胞过程中采用了两种截然不同的构象：封闭刺突和开放刺突，分别代表了穿透失活和穿透活化状态。每个刺突蛋白单体有 4 个结构域：N 端、主体、钳和 C 端。从封闭状态到开放状态，含有 RGD 基序的 C 端结构域被释放以结合整合素，钳结构域旋转暴露，并将其膜插入环插入细胞膜中。三聚刺突蛋白吸附细胞前后塔蛋白顶点状态的比较表明，三聚刺突蛋白将其 N 端结构域锚定在五聚体 RNA 加帽塔的虹膜中。塔蛋白感应到胞质中的 S-腺苷甲硫氨酸（SAM）和三磷酸腺苷（ATP）会触发一系列事件：虹膜开放、刺突蛋白脱吸附和内源性转录启动（Zhang et al.，2022）。

塔状突起蛋白（turret protein，TP）由 S4 dsRNA 片段编码，具有 7-N-甲基转移酶（7-N-MTase）、2'-O-甲基转移酶（2'-O-MTase）和鸟苷酰基转移酶（guanylyltransferase，GTase）的活性。研究人员对转录态 CPV 单颗粒进行了三维重构，获得 2.9～3.1Å 近原子分辨率，新发现 TP 的 GTase 亚单位还具有 ATPase 活性位点，因此将 GTase 亚单位重命名为 ATPase-GTase 亚单位。在转录过程中，TP 的结构发生变化，具有催化病毒 mRNA 的转录激活和加帽作用（Yu et al.，2015）。TP 的 N 端的 90 个氨基酸可以与多角体蛋白互作，引导病毒蛋白包埋进多角体（Matsumoto et al.，2014）。

通过对棉铃虫质型多角体病毒 5（*Helicoverpa armigera* cypovirus-5，HaCPV-5）结构蛋白 VP5 真核表达的研究发现：结构蛋白 VP5 具有 RNA 分子伴侣活性，能够促进 RNA 解旋并加速链的退火。更进一步的研究发现，VP5 的解旋活性只针对 RNA，缺乏导向性，并且其活性受二价金属离子（Mg^{2+}、Mn^{2+}、Ca^{2+} 或者 Zn^{2+}）不同程度的抑制。更重要的是，HaCPV-5 结构蛋白 VP5 能够通过 CPV 平底锅状 RNA 模板，促进反转录酶的起始转录（Yang et al.，2014）。

大突起蛋白 V5/LPP 由 S7 dsRNA 编码。Western blot 检测在纯化的病毒粒子中发现了 4 种分子质量相近的蛋白质（34kDa、36kDa、38kDa 和 40kDa），推测由 S7 编码的蛋白质前体在翻译后加工形成（Hagiwara and Matsumoto，2000）。

3. 病毒非结构蛋白 BmCPV 编码的非结构蛋白主要有 NSP5（p101）、NSP8（p44）、NSP9（NS5）和多角体蛋白（polyhedrin），其中 NSP5 翻译后可能自动切割为 NSP5a 和 NSP5b 两个蛋白，见表 2-5（Cao et al.，2012）。

表 2-5 BmCPV S1～S10 编码的蛋白质氨基酸序列/基序

节段	位置	氨基酸序列/基序	注释
S1	138～146	FNGLDVNTE	几丁质酶基序
S2	520～528	GKOxGxxxD	酸性结构域
	547～559	DVxAxGMDASVx	酸性结构域
	638～653	SGRADTSTxHHTVxLL	核苷酸结合结构域
	679～681	GDD	催化结构域
S3	355～357	RGD	与细胞表面的受体结合
	1220～1222	RGD	与细胞表面的受体结合

节段	位置	氨基酸序列/基序	注释
S4	—		RNA 鸟苷酸转移酶活性，结合 GTP、UTP 和病毒 dsRNA
	992～1038	—	与 *Methanosarcina mazei* Go1 的组蛋白乙酰基转移酶（NP_633998）有 59% 的相似性
S5	219～235	NYDLLKLCGDIESNPGP	FMDV 2A^{pro}-like 蛋白酶活性
	245～368	RPOL8c	富半胱氨酸酶残基
	852～880	C2H2	锌指结构
S6	273～294	LSKRDLGLDVGDDYLKEYKKLL	亮氨酸拉链结构
	353～360	AEKGAGKT	结合 ATP/GTP，ATP 酶
	253～472	AP2Ec	内切核酸酶 AP 结构域
	378～462	PWI	RNA 剪接因子结构域
	139～283	TEMST…GLDVG	与 *Geobacter bemidjiensis* 的 DNA 解旋酶的肽酶 U62 调控因子有 38% 的相似性
	346～441	NATLV…YELLS	与 *Bacillus cereus* G9842 的转运 ATP 结合蛋白 CydC 有 48% 的相似性
	316～408	ISPHK…DYVLS	与 *Chloroflexus aggregans* DSM9485 的转录激活蛋白的结构域有 47% 的相似性
S7	191～281	RDVVN…EFAAK	具有螺旋-转角-螺旋结构的 DNA 结合基序
S8	70～138	ATSRL…PVIEN	PI3K-p85B 结构域
	72～181	SRLNS…VFVLS	α 适应性蛋白 C2 结构域
	98～170	TPHQV…VVELP	α 适应性蛋白 C4 结构域
S9	138～227	NDLSKRSIDV	富含亮氨酸结构域
	9～12	Arg-Lys-X-Lys	碱性氨基酸结构域
	20～23	Lys-X-X-Lys	碱性氨基酸结构域
	42～44	Arg-X-Lys	碱性氨基酸结构域
	96～153	VPALT…NQCED	膜攻击复合体样结构域
S10	—	编码 248 个氨基酸残基	多角体蛋白

通过同源比对和结构预测对 BmCPV 编码的结构蛋白和非结构蛋白可能的功能进行分析，结果如表 2-4 和表 2-5 所示，推测这些蛋白质在构成病毒粒子组分、参与病毒感染、病毒与寄主相互作用等方面发挥作用。

（三）病毒基因组

通常认为 BmCPV 的基因组由 10 个 dsRNA 节段构成，各个基因组节段的大小如表 2-5 所示。早期的研究认为，每一个节段为单顺反子，编码一种蛋白质（图 2-17）。每一个节段的旁侧序列为非编码序列，序列相似性比对分析显示，各节段的末端序列保守，具有 5'-AGUAA/GUUAGCC-3' 共同特征（图 2-18）（Yazaki et al.，1986；Cao et al.，2012），推测该共同特征与病毒基因组的复制、转录、翻译及病毒基因组包装进病毒粒子有关。

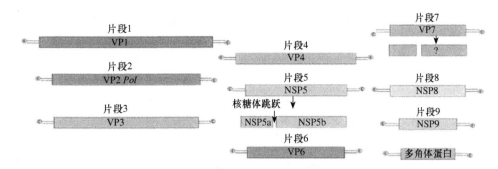

图 2-17　BmCPV 基因组及编码的病毒蛋白

5%聚丙烯酰胺凝胶电泳（PAGE）显示，纯化的 BmCPV 粒子中存在一种约 300bp 的亚基因片段（小多角体蛋白基因），序列测定结果显示，它是多角体蛋白基因的第 120～121 和第 472～473 的两个 AT 碱基之间的缺失突变所引起，这种缺失可能是分子内或分子间"跳跃"拷贝选择所造成的（Arella et al.，1988）（图 2-19）。用不同的方法抽提病毒 RNA，发现一个长为 647bp 的 RNA 片段，该片段难以在病毒粒子中检测到，但在病毒感染的中肠中可以检测到（Kotani et al.，2005）。这些结果暗示病毒 RNA 可能被寄主的监察系统识别而被加工。

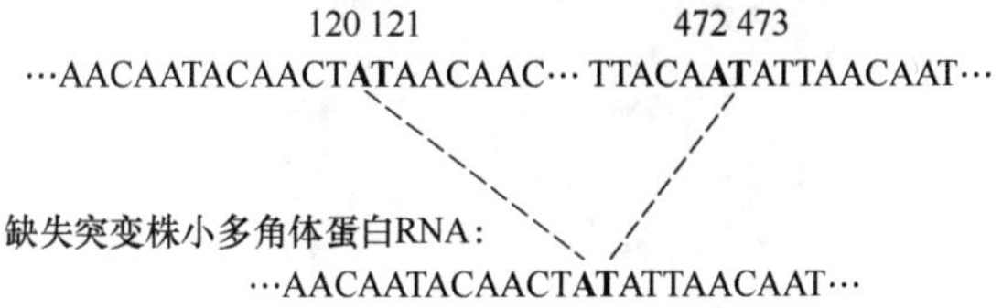

^{m7}GpppA^{m}GUAAA············GUUAGCC

UCAUUU············CAAUCGG

图 2-18　BmCPV 基因组末端序列保守

120 121　　　　　472 473
···AACAATACAACT**AT**AACAAC··· TTACAAT**AT**TAACAAT···

缺失突变株小多角体蛋白RNA：
···AACAATACAACT**AT**ATTAACAAT···

图 2-19　家蚕质型多角体病毒小多角体蛋白突变基因产生的模式图解（Arella et al.，1988）

近年来的研究结果越来越显示，病毒基因组所包含的信息远比我们了解的复杂。RNA 病毒基因组紧凑，目前已在许多 RNA 病毒基因组中的蛋白质编码序列内部发现嵌入重叠基因（overlapping gene）。对质型多角体病毒属的每个 dsRNA 片段的生物信息学分析显示，在编码衣壳蛋白 VP1 的 S1 片段中有一个小的重叠编码序列，与结构蛋白 VP1 的 ORF 5′端区域在＋1 读码框重叠（Firth et al.，2014）。对 BmCPV 基因组进行扫描分析，发现 BmCPV S1 dsRNA 片段存在潜在的重叠的小开放阅读框（sORF）（Cao et al.，2012）。对感染 BmCPV 的中肠组织的环状 RNA（circRNA）测序结果显示，有部分 circRNA 起源于 BmCPV，进一步研究发现起源于 S5 片段的 circRNA 可编码对病毒增殖有调节作用的由 27 个氨基酸残基组成的微肽 vSP27（Hu et al.，2019；Zhang et al.，2022）。小 RNA 高通量测序结果显示，在感染 BmCPV 的中肠组织中发现大量来源于 BmCPV 的小 RNA，其中有部分小 RNA 为 BmCPV 编码的 microRNA（miRNA）（Zografidis et al.，2015）。进一步的研究结果显示，BmCPV 起源的 BmCPV-miR-1（Guo et al.，2020；Li et al.，2021）、BmCPV-miR-3（Pan et al.，2017；Li et al.，2021）、BmCPV-miR-5（Pan et al.，2017）和 BmCPV-miR-10（Wang et al.，2021）可通过与 mRNA 互作来调节病毒或/和寄主基因的表达。这些结果不仅打破了 CPV 的每个 dsRNA 片段只编码一种蛋白质基因的常规认识，而且发现 BmCPV 具有编码 sORF、miRNA 和 circRNA 的信息。

（四）多角体特性

1. 形态和大小　　质型多角体与核型多角体很相似，仅在形态及寄生部位有所区别。

如图 2-20 所示，质型多角体常为六角形二十面体，或为四角形，偶有三角形或杆状。一般六角形多角体的大小为 0.5～10μm，平均为 2.62μm，四角形多角体比六角形多角体稍大。多角体的大小受许多因素影响，例如，中肠后部形成的多角体较小，前部形成者较大；潜伏期短的较小，长者较大；蚕在饥饿条件下形成的多角体不仅小而且数量也少。在相邻的两个细胞中形成的质型多角体的大小也会有差异。序列分析表明，多角体蛋白重要氨基酸的取代不仅引起多角体形态的变化，也可能导致多角体在细胞中的定位差异（Cao et al.，2012）（图 2-21）。

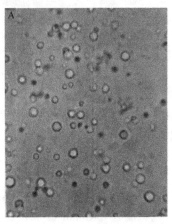

图 2-20 家蚕质型多角体病毒多角体

A. 病蚕消化液中的质型多角体（1000 倍）；B. 四角形多角体扫描电镜图

病毒株															多角体定位	形态
BmCPV-H	^{62}I	^{67}A	^{79}S	^{100}F	^{101}H	^{112}I	^{129}A	^{130}V	^{173}N	^{206}L	^{221}V	^{225}I	^{234}D		C/N	H
BmCPV-A	^{62}I	^{67}A	^{79}S	^{100}F	^{101}Y	^{112}I	^{129}A	^{130}V	^{173}N	^{206}L	^{221}V	^{225}I	^{234}D	^{249}RLLV	N	H
BmCPV-C1	^{62}I	^{67}A	^{79}S	^{100}F	^{101}I	^{112}I	^{129}A	^{130}V	^{173}N	^{206}S	^{221}V	^{225}I	^{234}D	^{249}RLLV	C<N	A
BmCPV-C2	^{62}I	^{67}A	^{79}S	^{100}F	^{101}I	^{112}I	^{129}A	^{130}V	^{173}N	^{206}S	^{221}V	^{225}I	^{234}Y	^{249}RLLV	C/N	A
BmCPV-SZ	^{62}V	^{67}T	^{79}G	^{100}Y	^{101}H	^{112}V	^{129}S	^{130}L	^{173}S	^{206}L	^{221}I	^{225}V	^{234}D		C	I

图 2-21 BmCPV 不同株系多角体蛋白重要氨基酸突变与多角体的形态和细胞定位（Cao et al.，2012）

C/N. 多角体既可定位在细胞质中也可定位于细胞核中；N. 多角体定位于细胞核中；C<N. 多角体主要定位于细胞质中，但也可以定位于细胞核中；C. 多角体定位于细胞质中；H. 多角体的形态为六面体；A. 多角体形态为不规则形；I. 多角体形态为二十面体

2．超微结构 质型多角体蛋白呈结晶状排列，多角体蛋白晶格中心间的距离为 74Å，近于球形的 BmCPV 病毒粒子的存在并不影响晶格的整齐排列。质型多角体内并不总是包埋着病毒粒子，有一种形态变异株（A 型），能在中肠细胞核中形成多角体，此种多角体中就不包埋病毒粒子。另外，质型多角体的表面没有核型多角体那样的膜状结构。

Coulibaly 等（2007）采用 X 射线晶体衍射和低温电镜技术在 2Å 分辨率水平上对 BmCPV 多角体的晶体结构进行了研究，结果显示 BmCPV 多角体是由多角体蛋白（约 28kDa）同源三聚体紧密结合构成的一个密闭矩阵结构，单个多角体蛋白分子的三维结构形似一只左手，其中氨基端的 H1 α 螺旋在整个多角体结构中起到支架连接的作用，对多角体结构的稳定起至关重要的作用，且有引导与其融合的外源蛋白包埋进多角体的作用（Zhang et al.，2021）。Yu

等（2008）利用低温电子显微技术在 3.88Å 分辨率水平上研究了 CPV 衣壳蛋白的三维结构，发现其中塔蛋白（TP）的 N 端 79 个氨基酸区域延伸并裸露到 TP 结构的外侧（相对于病毒粒子），由 4 个 β 折叠片构成形似手掌的结构，该结构为多角体蛋白三聚体的结合提供了足够的作用面，使多角体蛋白能够更好地与病毒粒子结合。

3. 质型多角体蛋白及其包埋性　与核型多角体一样，质型多角体主要由蛋白质构成，但也混有细胞的碱性蛋白酶。纯化的 CPV 多角体的蛋白质组学分析结果显示，多角体内除包埋有病毒编码的蛋白质外，还具有来源于寄主细胞的蛋白质（Zhang et al.，2014）。

由第 10 个节段推测的多角体蛋白由 248 个氨基酸残基组成，分子质量为 28 456Da，不含信号肽，在第 27～29 个、第 77～79 个、第 86～88 个、第 237～239 个氨基酸残基有 Asn-X-Ser/Thr 类似的 N-糖基化位点，但在体内并不能实现糖基化（Arella et al.，1988）。

A 型株多角体蛋白由 252 个氨基酸残基组成，C 端最后 4 个氨基酸残基为 Arg-Leu-Leu-Val，与许多 DNA 结合蛋白的 DNA 结合区域的氨基酸序列非常相似。这可能就是细胞质内合成的多角体蛋白通过核膜进入核内所必需的核转移信号序列，但也不能排除多角体蛋白借助被动扩散作用通过核孔，然后被选择性地滞留于核内，导致 A 型株的多角体在细胞核中形成。

4. 质型多角体的理化特性　质型多角体不溶于水、乙醇、乙醚和丙酮，易溶于碱液，但它的溶解性相比核型多角体差，常常只有部分溶解，并留下一个多孔的蜂窝状基质，而没有留下像核型多角体那样的膜。多角体的溶解性取决于碱性溶液的量和 pH，质型多角体进入家蚕中肠后，受碱性消化液的作用而溶解，释放出病毒粒子。质型多角体虽不溶于水，但长期在水中保存的多角体表面会被蚀刻。

5. 染色性　与核型多角体相比，质型多角体是比较容易染色的。例如，核型多角体经热处理后，仍不能被次甲基蓝染色，而质型多角体经过热处理，则易被次甲基蓝染色。质型多角体较难被碱性染料染色，而易被焦宁、硫堇、甲苯胺蓝染色。经 1mol/L 盐酸酸解后，易被焦宁-甲基绿染成红色。质型多角体较易被酸性染料染色，橙黄 G、曙红、四溴二氯荧光黄都能很好地使多角体染色，但能使核型多角体染色的甲基绿和福尔根试剂却不能使质型多角体染色。质型多角体与核型多角体可以通过染色加以区别，多角体经 1mol/L 盐酸处理，再用焦宁-甲基绿染色，如被染成绿色则为核型多角体，如果染成红色则为质型多角体。

6. 稳定性　CPV 的稳定性与其存在状态及环境有关。游离病毒的抵抗力很弱，而多角体内的病毒抵抗力较强。一般高温容易失活，在 0℃下保存，其致病力几乎不变。在普通蚕室条件下，其致病力可以保持 3～4 年。质型多角体对甲醛溶液的抵抗性较强，用 2% 甲醛溶液处理 5h 才完全失去活性，如处理 4h 仍有活性，见表 2-6（钱元骏，1994）。所以用甲醛制剂进行蚕室、蚕具消毒时，必须加入新鲜石灰配制成混合消毒液。

表 2-6　质型多角体对各种理化因子的稳定性

处理	条件		失活时间（min）
	浓度	温度（℃）	
日光	—	44.0	600
湿热	—	100.0	3
干热	—	100.0	30
甲醛	2%	21.7	300

处理	条件		失活时间（min）
	浓度	温度（℃）	
甲醛	2%＋饱和石灰水	25.0	20
漂白粉	0.3%（有效氯）	20.0	3
石灰浆	1%	23.0	5
优氯净	0.5%有效氯及石灰水	常温	15～20
蚕用消毒净	400 倍稀释	常温	15
消特灵	0.2%有效氯及 0.04%辅剂	25.0	5

二、病征

（一）症状

本病的特点是病势慢，病程长，病蚕可以带病维持相当长时间。一般小蚕微量感染，老熟前才发作。蚕染病后发育缓慢，体躯瘦小，食桑与行动不活泼，常呆伏于蚕座四周或残桑中，群体发育大小相差悬殊，甚至龄期也有差异。大蚕期发病由于消化道内空虚，外观胸部半透明，呈空头状。此外，还有缩小、吐液及下痢病征。严重时排出的粪便有乳白色黏液。撕破病蚕背面的体壁，可见中肠后端有乳白色的褶皱，并且随着病势的发展而越发显著，极易识别。

5 龄期感染的病蚕，如营养和环境条件良好，虽然中肠细胞内有病毒的寄生并形成多角体，但仍能吐丝营茧甚至化蛹化蛾。这种染病的蛹、蛾的中肠上皮细胞呈乳白色并有多角体形成，但只限于局部病变，病毒不像幼虫期那样大量增殖。

（二）潜伏期

本病的潜伏期和发病过程都比较长，属慢性传染性蚕病。一般 1 龄感染的在 2、3 龄发病，2 龄感染的在 3、4 龄发病，3 龄感染在 4、5 龄发病，4 龄感染的在 5 龄发病。出现病征后都能延续一定时间，最后缓慢死去。生产上常在 3、4 龄感染到 5 龄第 5～6d 大量发病。夏秋蚕期本病常和浓核病并发。

三、病变及致病机理

（一）细胞病变

家蚕中肠圆筒状细胞的细胞质，在 BmCPV 感染初期，多角体尚未出现之前，比正常细胞更易被焦宁染成深红色，特别是近肠腔侧的周缘部位更深。BmCPV 的 VS 也易被盐酸-吉姆萨液浓染。蚁蚕接种 BmCPV 后，一般于中肠圆筒状细胞的顶部细胞质内形成一个小的 VS；但在 3 龄接种 CPV 后，圆筒状细胞的顶部细胞质内与核周围的细胞质内同时形成数个 VS，至感染后期，基部细胞质内也出现 VS。当病毒粒子增殖很多时，VS 附近开始形成多角体，起初多角体蛋白呈纤维状扩散在成群的 CPV 粒子之间，形成所谓的结晶基质，继而增大、增多，从细胞的先端（近肠腔端）向基部沿细胞的长轴排列成线状，最后在细胞质内形成大小不等的多角体。家蚕一个质型多角体约含 10 000 个病毒粒子。被埋进多角体内的病毒粒子远不及组织细胞内游离的多。BmCPV 感染末期，家蚕中肠圆筒状细胞质内的线粒体变得异常肥大。当细胞质内形成大量的多角体后，细胞就破裂、脱落，多角体、病毒粒子及细胞碎片均散落在肠腔中随粪便排出成为蚕座传染的重要传染源。

自噬在病毒建立感染过程中发挥重要的作用。电镜观察结果显示，在 BmCPV 感染的中肠细胞中可观察到明显的自噬体和线粒体结构损坏。进一步研究发现，BmCPV 的 VP4 蛋白通过与 Tom40 互作诱导 PINK1-Parkin 通路介导的线粒体自噬的发生（Zhu et al.，2022）。

（二）靶组织病变

BmCPV 侵染的组织是中肠上皮圆筒状细胞，前、后肠或其他组织未见多角体或病变，家蚕质型多角体病的典型病变就是中肠发白，肠壁出现无数乳白色的横纹褶皱。BmCPV 对中肠后部的感染力较前部有很大差异，最先在中肠与后肠交界处出现病变。随着病势的发展，逐渐向前部推移，以至扩展至整个中肠。最后肠内空虚，乳白色的横纹逐渐糜烂。质型多角体病病蚕的消化管病变情况如图 2-22 所示。

图 2-22 质型多角体病的消化管病变
左侧为健蚕；右侧为质型多角体病病蚕

检查中肠乳白色部分可见大量的多角体。患质型多角体病的病蚕血液澄清，无异状，镜检也无多角体。中肠发白、血液澄清，是肉眼诊断本病的根据，也是与核型多角体病在组织病变上的区别。尽管 BmCPV 的靶组织为中肠，但在血液中也可检测到病毒粒子（黄可威，1980）。

除圆筒状细胞外，家蚕中肠的杯状细胞内偶尔也有多角体形成。在绝大多数情况下，CPV 在细胞质中形成多角体。

（三）复制和基因表达

1. 病毒入侵 质型多角体病主要通过食下传染，也可创伤传染。病毒或多角体随桑叶一起食下以后，经碱性消化液的作用，多角体裂解释放出病毒粒子，其中一部分可能受肠道中的抗病毒因子如红色荧光蛋白（RFP）的作用而失活随粪排出。另一部分 BmCPV 通过围食膜而侵入中肠上皮细胞，主要是圆筒状细胞。完善的围食膜对病毒入侵有一定的抑制作用。因此起蚕饷食时接种 BmCPV 的发病率较高，当围食膜形成后发病率就相应降低。BmCPV 对敏感细胞的入侵机理还不很清楚。

电镜观察结果显示：接种病毒 3h 后，在中肠细胞的内外均可以检测到病毒粒子，病毒粒子黏附到微绒毛质膜的表面，嵌入质膜，而后完整的病毒粒子进入圆筒状细胞微绒毛的内部，认为病毒粒子通过直接穿透的方式通过细胞膜（Tan et al.，2003；Liu et al.，2012）。

病毒受体在病毒进入细胞的过程中发挥关键作用。目前有关哺乳类动物呼肠孤病毒侵入细胞的机制研究已取得明显的进展，病毒入侵细胞起始于病毒的衣壳蛋白 σ1 与细胞表面的聚糖互作，然后与病毒受体连接黏附分子 A（junctional adhesion molecule A，JAM-A）结合（Campbell et al.，2005），而后利用 β1 整联蛋白介导的内化机制通过网格蛋白介导的内吞进入细胞（Maginnis et al.，2008）。BmCPV 与哺乳类动物呼肠孤病毒同属呼肠孤病毒科，BmCPV 也能以同样的方式进入细胞，并发现酪氨酸蛋白激酶 src64B 样蛋白（Zhang et al.，2017，2019；Chen et al.，2018）。位于细胞膜的神经节苷脂 GM2、胆固醇可促进 BmCPV 侵入细胞

（Zhu et al.，2018）。紧密连接蛋白-2（claudin-2）是细胞紧密连接的重要组分，研究显示，BmCPV 的 VP7 能与 claudin-2 互作，促进病毒进入细胞（Zhu et al.，2021）。

2．复制　　BmCPV 粒子内具有由 S2 节段编码的 RNA 依赖的 RNA 聚合酶（RdRp），塔状突起蛋白（TP）具有 7-N-甲基转移酶（7-N-MTase）、2′-O-甲基转移酶（2′-O-MTase）和 ATPase-GTase 的活性。BmCPV 基因组的每一个 dsRNA 节段都结合 RNA 聚合酶。病毒 RNA 的合成每节段可以独立进行，但第一轮转录的起始对 10 个节段都是同步的。

根据冷冻电镜技术解析的 BmCPV 的原子结构模型显示，在病毒 mRNA 从塔蛋白形成的通道流出时，通过塔蛋白的甲基转移酶（7-N-MTase 和 2′-O-MTase）和鸟苷酰基转移酶（guanylyltransferase，GTase）活性，完成 mRNA 的 7-N 端及 2′-O 端的甲基化的"加帽"（capping）过程（Cheng et al.，2011）。

根据 6 种可能的转录态 BmCPV 单颗粒的三维重构结果，Yu 等（2015）提出了"S-腺苷甲硫氨酸（SAM）依赖的 ATPase 介导的质型多角体病毒 RNA 转录和加帽机制"，认为 SAM 与 TP 2′-O-甲基转移酶位点结合的信号，导致 ATPase-GTase 位点形变，从而使之结合和水解 ATP/GTP 分子，引起病毒衣壳进一步扩大，触发了 BmCPV 病毒的转录与加帽通路。

BmCPV 中的 S1～S10 dsRNA 节段分别结合转录酶复合体（由 RdRp 和可结合 GTP 的 VP4 蛋白构成），并以非对称的方式分布在 BmCPV 衣壳 12 个顶点中的 10 个。当外部条件合适时，病毒衣壳结构整体扩张，2 个来自 CSP 衣壳蛋白的 N 端螺旋与 RdRp 和 VP4 互作，引起 RdRp 环状区域发生形变，从而形成 RNA 模板的进入通道和通往多聚酶活性位点的入口，激活了 CPV 的转录，即 CPV 外部衣壳蛋白感知环境信号后，通过 TEC 传递给病毒内部 dsRNA，并激活了转录（Zhang et al.，2015）。

当病毒内吞进入敏感细胞核后，在病毒髓核中，以病毒 dsRNA 中的负链为模板，转录 10 个片段的正链 ssRNA，通过病毒粒子的管状突起释放到核内，进行复制，而亲本的 dsRNA 仍然留在病毒衣壳内。进入细胞质中的正链 ssRNA 的 5′端具有帽子结构，有 mRNA 的功能，在寄主细胞的细胞质中利用 rRNA、tRNA 合成病毒蛋白及衣壳等。新的正链 ssRNA 通过生化识别与病毒蛋白及衣壳装配成一个类似的病毒颗粒，并以正链 RNA 为模板合成相应的负链 RNA，而后正负链结合成双链 RNA，最后形成完整的病毒粒子。

对于大多数呼肠孤病毒科成员而言，普遍认为病毒蛋白和核酸均是在寄主细胞质中合成的。但是对 CPV 进行的相关研究则认为，其核酸首先是在细胞核中合成，然后穿过核膜进入细胞质中，并组装进入衣壳蛋白中。放射自显影的研究结果表明：中肠圆筒状细胞的核仁是合成病毒 RNA 的场所，^{3}H-尿嘧啶核苷酸注射到家蚕体内示踪，证实 CPV 感染初期先在细胞核内，特别在核仁内进行 RNA 的合成，^{3}H-尿嘧啶核苷酸作为病毒合成的新核苷酸原料，所以在细胞核中有较强的放射性积累，后来放射性标记物向细胞质内进行转移，推测是由新合成的病毒 RNA 向细胞质转移所引起。放射性标记物在细胞质中的分布是不均匀的，大部分集中在核的周围和细胞的顶部区域近细线缘的一端，说明电子云致密的结构即病毒基质，通常在感染细胞的细胞质及细胞核周围形成。

3．装配　　用荧光抗体技术可以检测到病毒的衣壳蛋白与荧光抗体形成特异性结合的荧光反应，起初是在细胞核的边缘形成，后来扩展到整个细胞质中，说明病毒蛋白的合成和装配都是在细胞质中完成的。通过电子显微镜还可以观察到初期形成的病毒多角体蛋白是以无结构状态聚集在粒子的表面，以后形成晶格排列的结晶格子将病毒粒子包埋。在 VS 内还可以观察到许多空的或部分充实的粒子，这些粒子可能代表 CPV 增殖的不同阶段：裸体的空衣壳、含有少量髓核物质的核衣壳和含有较多髓核物质的衣壳。已有的研究结果显示，由 S4 dsRNA 片段编码的结构蛋白的 N 端氨基酸序列可以与多角体蛋白互作，从而引导病毒粒子包埋进多角体（Ijiri et al.，2009）。

4. 成熟和释放 随着中肠细胞质中形成大量的多角体，细胞质膜破裂，多角体、病毒粒子及细胞碎片散落在肠腔中随蚕粪一起排出，污染蚕座及环境，导致下一轮的感染。

综合组织化学、放射自显影及电子显微镜等方面的观察，家蚕 CPV 的入侵、病毒增殖、多角体的形成、病毒的成熟释放等过程如图 2-23 所示。

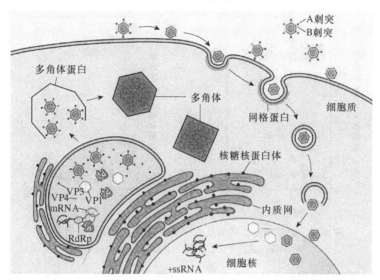

图 2-23　质型多角体病毒入侵、增殖及多角体的形成

（四）增殖曲线

与 NPV 不同，CPV 的寄生组织只限于中肠的圆筒状细胞，所以病毒的入侵与增殖的同步性比较明显。家蚕经口接种 CPV 后，中肠上皮组织内病毒的滴度的变化如图 2-24 所示，通常可分为隐潜期、缓慢增殖期、高速增殖期（对数增殖期）和稳定增殖期（平稳期）4 个阶段。

四、病毒增殖的生物化学

图 2-24　家蚕 CPV 增殖的 LD_{50}-时间曲线

高剂量接种情况下，隐潜期紧接着一个高速增殖期。而低剂量接种时，隐潜期很不明显，代之以一段较长的缓慢增殖期，中肠组织内几乎测不出病毒的致病力。在 20～30℃ 的饲育温度，病毒的增殖速度及发病率均随温度的上升而增加，但在 34℃ 饲养时，发病率却显著低于 25℃，接触高温时间越长，效果越明显。这表明高温条件可能对病毒的感染有一定的抑制作用。但 34℃ 是超出正常蚕生理范围的，所以生产上的利用有待于进一步研究。

CPV 感染后引起蚕代谢障碍。其中对核酸及蛋白质代谢最为明显，CPV 感染蚕中肠，DNA 的变化并不明显，但 RNA 的变化则相当复杂，寡核苷酸在接种后 48h 内明显减少，而后急速增加，rRNA 逐渐减少，病毒 RNA 的绝对量明显增加，从代谢速率上讲 48h 之前增长缓慢，48～96h 急速增长，96h 后增长速度又逐渐下降，这与 CPV 的增殖情况基本相符。

^{32}P-磷酸盐示踪表明，病毒 RNA 与寄主 rRNA 的合成是相互独立的，但病毒 RNA 的代谢速率比 rRNA 高 3 倍。由此可见病毒 RNA 的合成是利用寄主 rRNA、游离核苷酸为原料。

由于核酸代谢旺盛，其代谢产物尿酸在中肠上皮细胞中积累，蚕粪中尿酸量也大有增加。如图 2-25 所示，中肠细胞中多角体增多之时，^{14}C-甘氨酸也大量地掺入尿酸中，CPV 感染蚕到后期，中肠组织中尿酸含量相当于正常蚕的 5 倍。

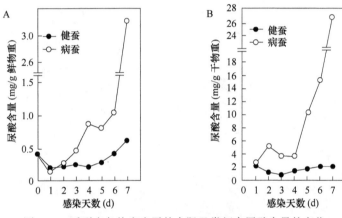

图 2-25　质型多角体病病蚕的中肠及粪便中尿酸含量的变化
A. 中肠中尿酸含量的变化；B. 粪便中尿酸的变化

由于病毒感染及病毒和多角体的形成，也引起蚕体中蛋白质及氨基酸代谢的紊乱。感染蚕中肠细胞质内，随着多角体的成长，多角体蛋白合成明显增强，但是中肠寄主细胞蛋白质的含量与健蚕并无明显差别，这并不意味 BmCPV 的增殖与多角体的成长对寄主细胞蛋白代谢毫无影响。病毒增殖到末期，体液各蛋白的含量都有减少，球蛋白则明显减少，但标记氨基酸掺入各蛋白的组分情况与正常体液无大差别。但病毒寄生的中肠上皮组织内，各种游离氨基酸的总含量也有明显下降（表 2-7）（Kawase，1965）。

表 2-7　CPV 健蚕与病蚕中肠上皮组织中游离氨基酸及有关化合物含量比较（mg/100g 鲜物重）

氨基酸及有关化合物	健蚕	病蚕	氨基酸及有关化合物	健蚕	病蚕
鸟氨酸	3.3	1.8	丙氨酸	13.9	3.6
赖氨酸	11.5	3.0	缬氨酸	6.4	2.7
组氨酸	26.4	22.9	胱氨酸	1.9	微量
精氨酸	12.9	3.9	甲硫氨酸	0.2	微量
牛磺酸	3.6	2.6	异亮氨酸	4.5	2.4
天冬氨酸	2.8	1.2	亮氨酸	6.8	3.3
胱硫醚	1.7	2.7	酪氨酸	6.2	2.9
苏氨酸	6.8	2.6	苯丙氨酸	5.0	2.1
丝氨酸	16.5	9.5	β-丙氨酸	1.0	1.0
谷氨酰胺或天冬氨酸	12.2	5.6	甘油基乙醇胺	2.3	2.3
脯氨酸	5.3	2.9	磷酰乙醇胺	1.0	2.5
谷氨酸	31.2	18.5	尿素	0.3	6.6
甘氨酸	13.1	9.8	氨	14.7	7.6

感染蚕的中肠和体液中碳水化合物含量的变化与健蚕相比，随着 BmCPV 的增殖，中肠中糖原含量显著增加，但血液中的量则减少。此外，病蚕体内酶的活性也有异常变化。RNA 聚合酶活性增强，中肠中 RNA 酶、碱性磷酸化酶、碱性磷脂酶、苹果酸酶、谷氨酸酶、琥珀酸氧化酶的活性比健蚕低，而酰胺酶、海藻糖酶和磷酸化酶的活性也有明显差别。血细胞的凝集活性明显增强。另外，受 CPV 感染后蚕消化液 pH 下降，体液折射率降低，消化液 pH 的下降易引起肠道内细菌的再次繁殖，从而可助长病势的发展。

五、家蚕对 BmCPV 的感染应答

家蚕天然免疫通路主要有 JAK/STAT、Imd、Toll 和 RNAi 等通路，但家蚕人工感染后通过定量 PCR（quantitative PCR，qPCR）检测中肠组织基因的表达水平变化，没有发现各通路主要基因表达水平的明显变化（Liu et al., 2015）。比较转录组分析结果显示，家蚕感染 BmCPV 72h 后，'4008'（敏感性品种）中肠组织中有 752 个基因存在明显的表达差异，其中 649 个基因上调，103 个基因表达下调，334 个差异表达基因涉及核糖体和 RNA 转运途径，带有 GO 分类的 408 个基因可以分类至 41 个功能组（Gao et al., 2014）。'4008' 和 'P50'（抗性品种）感染 48h 后，3 龄幼虫中肠中，共发现 691 个和 185 个差异表达基因（Gao et al., 2014）。'P50' 中有 135 个基因表达水平上调、123 个基因表达下调，下调基因主要涉及缬氨酸、亮氨酸、异亮氨酸降解，维生素 A、维生素 B_6 代谢，上调表达基因主要涉及核糖体和蛋白酶体途径（Wu et al., 2011）。

Guo 等曾通过 RNA 测序（RNA-seq），比较了不同抗性品种对 BmCPV 感染后基因表达的差异，发现 '蓝 5'（敏感性品种）和 '欧 17'（抗性品种）分别有 330 个和 217 个上调表达基因，147 个和 260 个下调表达基因，这些基因形成一个大的网络，在共同上调表达基因中，表皮蛋白 RR2 基序 123 基因（*BmCPR123*）和类 DNA 复制许可因子 Mcm2 基因（*BmMCM2*）是关键基因，而热激蛋白 20.1 基因（*Bmhsp20.1*）是共同下调基因中的关键基因。另外，还发现病毒感染后，寄主中 58 个 miRNA 基因表达也发生明显变化，这些 miRNA 靶基因主要涉及刺激和免疫系统过程（Wu et al., 2013），寄主 miR-278-3p 可以正调节 BmCPV 的转录水平。circRNA 是一种环状 RNA 分子，可通过与 microRNA 或蛋白质互作发挥功能，也有部分 circRNA 通过帽子结构非依赖方式编码蛋白质发挥功能。感染 BmCPV 的中肠组织的 circRNA 测序结果显示，有 294 个 circRNA 表达水平上调（Hu et al., 2018）。BmCPV 感染能够上调组蛋白赖氨酸 *N*-甲基转移酶 eggless 基因来源的 circRNA 编码 circEgg 的表达水平，而 circEgg 可以通过抑制组蛋白 3 赖氨酸 9 的甲基化（H3K9me3），促进组蛋白 3 赖氨酸 9 的乙酰化（H3K9ac），并通过与 microRNA bmo-miR-3391-5p 互作正调节组蛋白脱乙酰酶 Rpd3（BmHDAC Rpd3）的表达。这些结果暗示在 BmCPV 感染的中肠中的基因表达与 H3K9me3 和 H3K9ac 的动态平衡有关（Wang et al., 2021）。长链非编码 RNA（long noncoding RNA，lncRNA）在调节病毒感染和寄主免疫应答方面发挥重要作用。高通量测序结果显示，BmCPV 感染后，中肠中有 41 个 lncRNA 的表达水平发生显著变化（Zhang et al., 2021）。BmCPV 持续性感染和致病性感染对家蚕基因表达的影响也存在差异（Kolliopoulou et al., 2015），在家蚕对抗 BmCPV 持续性感染和致病性感染过程中，exo-RNAi 是起作用的，家蚕 Dicer-2 主要作用于病毒 dsRNA，形成 20nt 的病毒小 RNA（vsRNA），而另外一种通路主要负责 S10 片段 mRNA 的降解（Zografidis et al., 2015）。

基于 iTRAQ 的蛋白质组学分析结果显示，感染 BmCPV 后，中肠组织表达的差异蛋白主要富集在氧化磷酸化、肌萎缩性脊髓侧索硬化症、Toll 样受体信号通路、类固醇激素合成路径中

（Gao et al.，2017）。脂组学分析结果显示，病毒感染培养细胞后，细胞膜中的甘油三酯、磷脂酰胆碱、磷脂酰乙醇胺、鞘磷脂、磷脂、糖苷神经酰胺、单醚磷脂酰胆碱、神经酰胺、神经酰胺磷酸乙醇胺和心磷脂被诱导，说明 BmCPV 感染可以操纵细胞脂类代谢（Zhang et al.，2021）。

　　BmCPV 感染后不仅影响寄主基因的表达，也影响肠道微生物菌群结构，基于 16S rRNA 基因的测序结果显示，BmCPV 感染后，肠球菌属（*Enterococcus*）和葡萄球菌属（*Staphylococcus*）细菌的丰度明显增加（Sun et al.，2016）。

六、诊断

（一）肉眼诊断

　　本病鉴别的重要依据之一是中肠乳白色病变。当小蚕或大蚕出现有可疑为本病的病征时，若外观病征未能肯定，可撕开腹部体壁观察中肠后部有无乳白色病变，还可根据排粪情况或用手挤压尾部，如有乳白色的黏液即表示为质型多角体病。

（二）显微镜检查

　　肉眼鉴别不能肯定时，可剖取中肠后半部组织小块，置于载玻片上，用盖玻片轻轻压碎，在 400～600 倍显微镜下观察有无多角体存在。在进行镜检时会出现一种类似多角体的小颗粒。这种小颗粒一般较多角体的折射率小（色淡），呈圆形，轮廓较模糊。若难以区别，可在标本中滴入 4%的盐酸，颗粒即行消失，而多角体则依然存在。

（三）血清学诊断

　　血清学技术是蚕病诊断和病原鉴别中一个重要的手段，在家蚕病毒病的早期诊断中已得到成功的应用。所谓血清学诊断，就是根据抗原抗体反应的特异性这一基本原理，利用已知的抗体（或抗原）来检测相应的抗原（或抗体）。在蚕病毒病的血清学诊断中，就是以已知的抗体检查蚕体内是否存在相对应的抗原，从而做出蚕是否被某种病毒感染的报告。血清学诊断的方法很多，已用于家蚕质型多角体病毒病诊断的方法有双向免疫扩散法、对流免疫电泳法、酶标抗体技术、荧光抗体技术和凝集试验技术等。迈克（Mike）等（1984）研制了 CPV 的单克隆抗体。基于 BmCPV 病毒 RNA 的 RT-PCR 技术可以用于病毒的快速检测。血清学诊断、RT-PCR 检测的优越性之一就是能在病毒感染早期进行判别，这在防止病毒病蔓延方面起到重要作用。

第三节　病毒性软化病

　　家蚕软化病（flacherie）是一类呈现发育迟缓、瘦小、虚弱无力、肠道空虚等症状的家蚕疾病的总称，通常有感染性和非感染性两类，感染性又可区分为病毒性感染和细菌性感染两种。传染性软化病病毒（infectious flacherie virus，IFV）是家蚕软化病的主要病原之一。软化病在养蚕生产中发生较为普遍，但确切分离到 IFV 的国家为日本、中国和印度。

一、病原

（一）分类

　　根据病毒基因组的特点，家蚕传染性软化病病毒（*Bombyx mori* infectious flacherie virus，

BmIFV）被分类至小 RNA 病毒目（Picornavirale）传染性软腐病毒科（Iflaviridae）传染性软腐病毒属（Iflavirus）。

（二）形态特征

如图 2-26 所示，纯化的 BmIFV 粒子为球状，直径为（26±2）nm。病毒粒子遵循拟 T＝3 二十面体对称，沉降系数 S20W＝183S，氯化铯中的浮密度为 $1.375g/cm^3$。通过冷冻电镜三维重构 BmIFV 的病毒粒子结构发现：衣壳直径为 302.4Å，单层，厚度为 15Å，表面光滑，无明显突起或凹陷，无空洞贯穿（图 2-27）。一般脊椎动物小 RNA 病毒由 32 个壳粒构成，而 BmIFV 坂城株有 42 个壳粒。

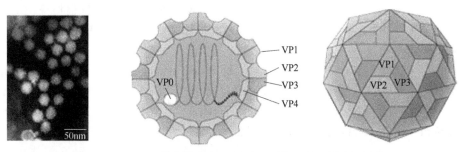

图 2-26 BmIFV 的电镜观察（左图）及模式图（中图和右图）

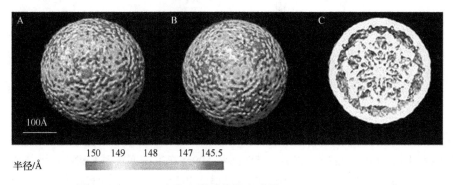

图 2-27 BmIFV 衣壳三维重构的密度图（Xie et al.，2009）

A. 从 5 次对称轴处观察的粒子；B. 从 3 次对称轴处观察的粒子；C. 衣壳的截面图

（三）病毒的组成

1. 病毒蛋白 BmIFV 由 4 种结构蛋白组成，根据分子质量大小分别命名为 VP1（35.2kDa）、VP2（33kDa）、VP3（31.2kDa）与 VP4（11.6kDa），除 VP4 外，其他三种结构蛋白的氨基酸组成较为相似。双向电泳结果显示：BmIFV 的 4 种主要结构蛋白的等电点分别为 7.7、6.7、4.8 与 5.5，即 VP1 为碱性蛋白，而 VP3 则为酸性蛋白。除上述 4 种主要结构蛋白外，还有 7 种次要蛋白。其中等电点为 6.6 与 6.5 的两个多肽推测为 VP0，VP1 和 VP4 的抗血清能与 VP0 反应，在 N 端，VP4 与 VP0 具有共同的 N-氨基酸序列，认为 VP0 是 VP1 与 VP4 的前体蛋白。

2. 病毒核酸 BmIFV 的基因组为单链正义 RNA，至今在 GenBank 中已有 5 个不同分离株的全基因组序列被公开，RNA 链的长度在 9650～9675nt，编码一个多聚蛋白，不同分离株间只有 5′端和 3′端非编码区的核苷酸数目存在差异（Li et al.，2010）。另外，通过对接种蛹虫草的蚕蛹转录组序列拼接，装配成一个新的软化病病毒基因组序列，该序列长度为10 119nt，3′端具有 polyA 尾巴，编码一个 3004 个氨基酸的多蛋白，该蛋白质的氨基酸序列与 *Lymantria dispar* iflavirus 软化病病毒有 73%的一致性，但与 BmIFV 仅有 23%的一致性（Suzuki et al.，2015）。

BmIFV RNA 的 5′端无帽子结构，而 VPg 蛋白（基因组病毒结合蛋白）与 5′端基因组共价结合，具一个内部核糖体的进入位点（internal ribosome entry site，IRES）；而 3′-非编码区（non-coding region，NCR）尿嘧啶的含量相对较高（37.7%），3′端具有 polyA 尾巴但不具有许多真核 mRNA 中典型的多聚腺苷化信号（polyadenylation signal）AAUAAA 结构（Li et al.，2010）。在麦胚无细胞系统中能高效转录，这与小 RNA 病毒科的分类特征很相符。由 cDNA 3′端的序列可知，3′端非编码序列长达 200bp，与脊椎动物小 RNA 病毒相比是非常长的（Hashimoto，1984）。

BmIFV 整个基因组具有一个大的开放阅读框（open reading frame，ORF），其编码的多聚蛋白被分为 3 个初级前体蛋白（P1、P2、P3），结构蛋白位于 P1 区，非结构蛋白位于 P2（解旋酶）和 P3（蛋白酶和 RNA 依赖的 RNA 聚合酶）区，且在 P1 和 P2 之间存在一个"核糖体跳跃位点"（ribosomal skipping site）（图 2-28）。

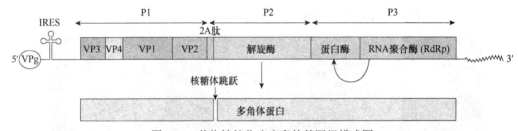

图 2-28　传染性软化病病毒的基因组模式图

IRES 可以通过特定 RNA 序列的二级结构来实现翻译的起始，被称为非帽子依赖的翻译。BmIFV RNA 上游 311nt、323nt、383nt、551nt 和 599nt 在家蚕卵巢系 BmNPV 培养细胞中具有 IRES 活性，551～559nt 的四环结构可能负责增强 IRES 活性，且无种属和组织特异性。

RNA pull-down 和蛋白质组质谱分析结果显示，包括 16 种核糖体亚单位、4 种真核生物起始因子亚单位、1 种延伸因子亚单位和 6 种潜在的内部核糖体进入位点反式作用因子等在内的 325 种蛋白质可以与 BmIFV RNA 的 5′区域结合（Li et al.，2012）。

（四）病毒的稳定性

BmIFV 与 BmNPV 或 BmCPV 不同，病毒粒子无多角体包埋，易受外界物理和化学的影响而丧失致病力。BmIFV 的稳定性因其存在的状态及环境的不同有显著的差异。BmIFV 存在于病蚕尸体或蚕粪中，在室内保存 2～3 年仍有致病力。自然状态下，BmIFV 经过冬天不失活，BmIFV 放置室外约经 450d 丧失活性；－18℃贮存 500d 仍有极高的感染力。蚕粪中的BmIFV 经 100℃干热 30min 仍未失活，BmIFV 在被家畜、家禽食下后排出的粪便中仍有致病力。BmIFV 经胰蛋白酶、胃蛋白酶及链霉蛋白酶 30℃处理 24h，感染力没有影响。BmIFV 在 pH 3.0 仍保持稳定性。据报道，继代感染的纯系 BmIFV 经 10^{21} 倍稀释后仍有很高的致病力。BmIFV 对理化因素的稳定性列于表 2-8。

表 2-8 **BmIFV 对理化因素的稳定性**

处理	条件		失活时间
	浓度	温度（℃）	
日光	—	35.7	29h
湿热	—	100.0	3～5min
甲醛	2%	20.0～27.0	3～10min
漂白粉	0.3%（有效氯）	20.0～22.0	3～5min
石灰	0.5%	20.0～22.0	3～4min
盐酸	相对密度1.025	22.0	3min

二、病征

本病的病征因不同的发病时期而异。发病初期仅见蚕食桑减少，发育不良，眠起不齐，个体间大小相差较大。主要的病征有起缩和空头两种，还有下痢和吐液等症状，死后尸体扁瘪。这种病程和病变上的多样性，大多与伴随病毒感染而繁殖的肠道细菌的种类和数量有关。单独 BmIFV 感染时病程较长。

起缩症状是在各龄饷食后 1～2d 内发病，特别是 5 龄起蚕为多，病蚕很少食桑甚至完全停止食桑。在群体中体色灰黄不见转青，体壁多皱。有时吐液，排黄褐色稀粪或污液，萎缩而死。

空头症状是在各龄盛食蚕出现的，特别是以大蚕为多。病蚕很少食桑，体色失去原有的青白色（桑色），胸部稍膨大，半透明略带暗红，渐次全身呈半透明，排稀粪或污液。死亡前吐液，死后尸体软化。严重发病时，蚕座及蚕室有异常的臭气。

本病病蚕发病期因蚕龄、感染病毒的数量及细菌繁殖的情况等而不同。潜伏期随着龄期的增加而延长，但 BmIFV 4 龄起蚕接种的潜伏期反而比 1～3 龄接种的短，这也许与 4 龄蚕中肠中细菌的数目增多有关。潜伏期的长短与品种的感受性有关，在不同感受性品种之间，潜伏期相差很大，但一般为 5～12d。

本病的病征与细菌性肠道病相似，在外观上不易区别，必须从病变及生物试验等方面进行鉴定。本病具有传染性强、病势严重、持续蔓延等特点，而细菌性肠道病不具备这些特点。本病的中肠不呈乳白色，消化管内腔空虚，充满黄绿色半透明的消化液，粪便无乳白色，而呈黑褐色污液，镜检无多角体，而有大量的细菌。

三、病变及致病机理

（一）细胞病变

在 BmIFV 感染初期，病毒粒子、空的衣壳和病毒特异性小泡体（specific vesicle，VS）同时出现于中肠杯状细胞的细胞质中。与病毒粒子毗连的部分，具有均一的电子密度，称为电子稠密体（electron dense body，EDB）（苘娜娜等，2007）（图 2-29）。小泡体和电子稠密体都是由于 BmIFV 感染而诱导产生的特异性构造，据推测存在着病毒复制的素材。小泡体近乎球形，直径 100～400nm，周披一层平滑的界限膜，内有丝状结构，病毒粒子即于其周边出现。与这种小泡体类似的结构在其他小 RNA 病毒增殖复制时也有发现，并且认为病毒

RNA 的复制就在其中进行。BmIFV 感染末期，家蚕中肠杯状细胞缩小，变成球形；细胞核也缩小，线粒体等细胞器都变形消失。这种退化、小球化的杯状细胞，或者脱落肠腔，或者被周围的圆筒状细胞所吞噬而成为病毒性软化病特有的球状体。这种球状体有两种类型：A 型球状体较小，直径约 5.2μm，常在圆筒状细胞核附近出现，球形或椭圆形，易被焦宁染成红色；B 型球状体较大，直径约 6.2μm，常出现于细胞质的近体腔部位，对焦宁也表现好染性。球状体与多角体完全不同，多角体是由病毒基因编码的，是一种包埋有病毒粒子的蛋白质结晶，而球状体则为由病毒感染所引起的退化、球状化的细胞。

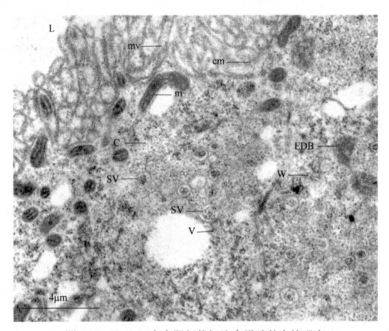

图 2-29　BmIFV 在中肠杯状细胞中增殖的电镜观察

V. 病毒粒子；EDB. 电子稠密体；SV. 特异性小泡体；cm. 细胞膜；mv. 微绒毛；L. 肠腔；m. 线粒体；C. 细胞质

（二）靶组织病变

BmIFV 主要感染中肠杯状细胞，不形成多角体，杯状细胞被感染后，细胞质肥厚，线粒体减少。之后细胞收缩、退化而成球状体。BmIFV 侵入中肠后，先感染中肠前端的杯状细胞，渐次向后端扩展。崩坏的细胞及病毒散落到肠腔内，使蚕粪含有大量的病毒而导致健蚕的再感染。在病毒感染后期，BmIFV 也可侵入圆筒状细胞，表现为细胞核肥大，核内出现颗粒状物及空泡。中肠的新生细胞一般不易被感染。由于中肠退化细胞的溶解物及感染中期圆筒状细胞异常分泌物增加，病蚕围食膜厚化，这一点与浓核病病蚕的围食膜消失的情况有区别。

（三）致病机理

1. 感染和入侵　　BmIFV 主要通过食下传染，创伤传染的可能性极小。BmIFV 侵染的过程尚未完全明了。对哺乳类动物的小 RNA 病毒的研究结果显示，病毒似乎是通过受体介导的内吞途径进入细胞的（Bergelson and Coyne，2013；Fuchs and Blaas，2012）。基于属于 Iflaviridae 科的慢蜂麻痹病毒（slow bee paralysis virus，SBPV）的结构研究及其结构蛋白 VP2 含有整联蛋白识别的 RGD（Arg-Gly-Asp）基序，认为 SBPV 可能的受体为整联蛋白。因此，有可能 BmIFV 也是通过整联蛋白介导的内吞途径进入细胞的（Kalynych et al.，2016）。

2. 复制 　　用电子显微镜可观察到感染的杯状细胞内的液泡及其周围出现致密的电子云，并在细胞质中形成 10～40nm 的圆形或椭圆形的"特殊囊状体"，相当于 VS。在它们的周围聚集着许多病毒粒子。用 ^{3}H-尿嘧啶核苷酸做放射自显影观察，可见感染 BmIFV 后，先在杯状细胞核中聚集放射性化合物，说明 IFV 的核酸先侵入细胞核内并在其中旺盛地进行复制、改组。后来，放射性化合物转移到细胞核周围的细胞质中。目前，对 IFV 的复制过程仍未十分清楚。

BmIFV 的基因组为单链正义 RNA，进入细胞中的病毒 RNA 可以发挥 mRNA 的功能，编码病毒的 RdRp，利用该聚合酶合成 RNA 的互补链（"－"链，负链），然后以"－"链为模板合成更多的"＋"链（正链）。

小 RNA 病毒基因组 RNA 有多个 RNA 元件，它们是病毒正链和负链 RNA 合成所必需的。顺式作用复制元件（*cis*-acting replication element，CRE）是病毒复制不可缺少的；病毒 RNA 的 3′端元件对病毒的复制是重要且有效的。3′端的 polyA 序列对病毒的感染性是必需的，RNA 的合成从该区域开始。脊髓灰质炎病毒的 3′端非编码区域是负链合成非必需的，但对正链的合成是非常重要的。此外，5′端的非编码区含有二级结构元件，是病毒 RNA 复制和脊髓灰质炎病毒翻译所必需的，其 IRES 可以起始帽子结构非依赖性翻译，可以从 mRNA 的中间区域翻译。

小 RNA 病毒基因组 RNA 的 5′端与蛋白质（VPg）结合，该蛋白质可作为 RNA 聚合酶的引物，VPg 含有酪氨酸残基，可共价连接至 RNA 5′端的羟基位。病毒 RNA 的合成起始于 VPg 蛋白中严格保守的酪氨酸残基的尿苷酰化，在该过程中，病毒的 RNA 聚合酶催化二分子的 UMP 与酪氨酸残基的—OH 结合，以具有 RNA 茎-环结构的顺式作用复制元件为 VPg 尿苷酰化的模板，从而合成 VPgpUpUOH。VPg 酪氨酸的羟基化能引导"－"链 RNA 以 CRE-和 VPgpUpUOH-非依赖的方式合成，依赖于 CRE 的 VPgpUpUOH 的合成是"＋"链 RNA 合成绝对必需的（Ferrer-Orta et al.，2015）。

体外翻译表明，翻译产物经充分加工后可多达 18 种，其中主要为结构蛋白 VP1、VP2、VP3、VP4 及若干次要蛋白，其余可能都是参与病毒复制所需的功能蛋白。VP1 和 VP4 由前体蛋白 VP0 加工而成。最后以"＋"链 RNA 及病毒蛋白在细胞质中装配成新的病毒粒子。IFV-RNA 主要转译产物的位置及其表达产物的依赖性见图 2-30。

3. 增殖 　　用接种 BmIFV 后病蚕中肠匀浆的滴度（LD$_{50}$）来表示病毒的增殖，如同 BmNPV 和 BmCPV 一样，也可以将 BmIFV 的增殖分成 4 个阶段。

BmIFV 的增殖速度受饲养温度的影响。在 25～30℃增殖速度较快；在 16℃ 则很缓慢，只及 25℃的 1/5；37℃对病毒的增殖有一定的抑制

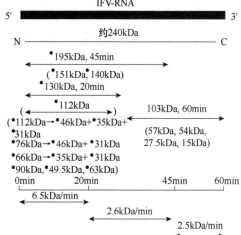

图 2-30　IFV-RNA 主要转译产物的位置及其
表达产物的依赖性

•表示抗原产物

作用,在这种条件下,未受感染的或新形成的杯状细胞可以免遭病毒的感染,但已被 IFV 侵染的细胞则无效。

如前所述,BmIFV 主要感染中肠杯状细胞,由于杯状细胞是分泌消化液的,既有分解消化桑叶的作用,同时又有抑菌、灭毒的功能,所以感染后杯状细胞的退化、崩溃使得消化、杀菌功能受到影响,肠道内的细菌大量繁殖,在病毒与细菌共同侵染的情况下,加速了蚕的死亡。在人工饲料无菌饲育条件下,接种 BmIFV 时蚕的死亡时期明显推后。

四、诊断

(一)肉眼诊断

本病的肉眼诊断比较困难,外观易与质型多角体病相混淆,可撕开体壁,观察中肠。本病病蚕中肠内容物空虚,极少有桑叶片,充满黄褐色消化液,中肠后端无乳白色。本病与细菌性肠道病的区别主要从群体的病情来判断:本病的病势比较严重,病情陆续不断;反之,群体病情较轻,拣去病蚕后即不再发病的则多为细菌性肠道病。

(二)显微镜检查

将上述病蚕的中肠进行镜检,可见大量的双球菌、球菌,绝无多角体。还可切取病蚕中肠壁一小块(长和宽各 2~3mm),在载玻片上用解剖刀的刀面轻压成乳糜状,然后制成涂片标本。用卡诺氏固定液固定约 1min,用水轻轻冲洗后,用焦宁-甲基绿染色 5~10min。水洗除去多余的染料后,盖上盖玻片,在 400~600 倍的显微镜下镜检。如果在圆筒状细胞的中央有紫红色的细胞核,靠近核的细胞质处有被焦宁染成桃红色的 A 型球状体及单独存在的 B 型球状体,则为本病。

(三)感染试验

用镜检无多角体的病蚕中肠匀浆添食接种于蚁蚕,如出现同样的病征可诊断为病毒性软化病。方法是取病蚕中肠组织研碎成匀浆,用 10 倍无菌水稀释,1000r/min 离心 10min,取上清液以 10 倍稀释法分别配成 100 倍、1000 倍和 10 000 倍液,将各级稀释液涂布于桑叶,给蚁蚕添食 12~24h,观察其发病结果。

(四)血清学诊断

BmIFV 由于不形成多角体,而且其外表症状与本章第四节所述的浓核病非常相似,因此两者极易混淆。采用血清学诊断的方法,不仅可以将两者正确区分,而且在病毒感染的早期就可以进行。可用于病毒性软化病的血清学诊断方法很多,如可溶性酶-抗酶法、胶乳凝集法、酶联免疫吸附法等。

(五)分子诊断

Vootla 等(2013)通过 RT-PCR 对病毒性软化病进行检测,结果显示利用表 2-9 的引物可以区分病毒性软化病和浓核病。

表 2-9 病毒性软化病及浓核病巢式 RT-PCR 检测引物

引物	序列（5'→3'）	BmIFV 基因组定位（AB000906）
FV-4	TATCTCTAAACAGGCGGAGC	9024～9223
IF-31	ACTGCTTCATTCCAACATCTCTAT	9397～9420
FV-10	TAAACAGGCGGAGCACTACC	9210～9229
FV-5	GCATTCATCGACTTTCCCAC	9346～9365
引物	序列（5'→3'）	DNV-Z VD2 基因组定位（EU623083）
1	ATATAAACAGATACAATCAATGGTC	1272～1296
2	TGGACATCTTTGAACTCCAAATCTG	2428～2452

第四节 浓 核 病

浓核病毒（densovirus，DNV）是在大蜡螟（*Galleria mellonella*）成虫中首先发现的一种传染性非常强的病毒，感染后的大蜡螟成虫几乎所有组织都发生病变。用福尔根反应可使感染细胞的细胞核染色很浓，故称浓核病。

家蚕浓核病毒是日本学者清水孝夫（1975）从长野伊那收集到的一株使蚕表现软化症状的病毒，但其病原特性、组织病理、品种的感受性均与原来的 BmIFV 不同，后来查明这是与 BmIFV 完全不同的另一类病毒，与大蜡螟 DNV 相似。我国于 1959 年发现的由非包涵体病毒引起的空头性软化病，科学家在其病死蚕组织干样品中同样发现有浓核病毒的存在（Iwashita，1982），并认为我国各蚕区表现出软化症状的病蚕都为浓核病毒感染引起（胡雪芳，1983）。至今已从家蚕中分离到多种浓核病毒的不同株系，如 BmDNV-1（初次分离到时命名为 Ina 株）、BmDNV-2（日本的 Yamanashi 株和 Saku 株）、BmDNV-3（中国的 Zhenjiang 株，即镇江株）、BmDNV-4（印度的 Kenchu 株）和 BmDNV-5（日本的 Shinshu 株）。

一、病原

（一）分类

在 1995 年 ICTV 第六次报告中，家蚕浓核病毒（*Bombyx mori* densovirus，BmDNV）曾分类至细小病毒科（Parvoviridae）浓核病毒亚科（Densovirinae）相同病毒属（Iteravirus）。之后，有学者（TijSSen and Bergoin，1995）建议将浓核病毒划分为 2 属：①Iteradensovirus 属，该属中包含有 BmDNV-1 和 BmDNV-5；②Bidnaviridae 科的 Bidensovirus 属，包括 BmDNV-2、BmDNV-3 和 BmDNV-4。目前，在 ICTV 第十九次报告中（2011 年），已明确将 BmDNV-2、BmDNV-3 和 BmDNV-4 分类至 Bidensovirus，其代表种为 BmBDV。

不同株系的浓核病毒对家蚕的不同品种感受性、寄主域上存在差异，BmDNV-1 和 BmDNV-2 只感染家蚕中肠圆筒状细胞；而 BmDNV-3 在发病的早期感染家蚕中肠圆筒状细胞，在发病的后期也能感染杯状细胞。在病毒的物理化学性状和血清学方面，Iteradensovirus 属和 Bidensovirus 属的病毒之间存在明显差异，见表 2-10（Ito et al.，2021）。而同一属之间，BmDNV-1 和 BmDNV-5 血清学诊断相似；BmDNV-3、BmDNV-4 和 BmDNV-2 型基本上相似，但 BmDNV-3 在血清学诊断上略有区别。

表 2-10　BmDNV 和 BmBDV 的主要特征

病毒类型	BmDNV	BmBDV
以往的分类型	BmDNV-Ⅰ	BmDNV-Ⅱ
株系	Ina 株（日本）	Yamanashi 株（日本），Saku 株（日本），中国株（中国），镇江株（中国），印度株（印度）
科/属	Parvoviridae/Iteradensovirus	Bidnaviridae/Bidensovirus
病毒粒子大小	20nm	24nm
基因组结构	线性	线性
病毒 DNA	ssDNA	分节段 ssDNA
基因组大小	5.0kb	6.0～6.5kb
开放阅读框数量	3	6 或 7
病原性	急性	慢性
病毒感染组织	中肠圆筒状细胞	中肠圆筒状细胞
抗性基因	*Nid-1* 和 *nsd-1*	*nsd-2* 和 *nsd-Z*

（二）病毒粒子的特性

1. 形状和大小　　根据不同分离株病毒的物理化学性状、品种感受性、血清学特性方面的差异，曾将家蚕浓核病毒分为Ⅰ型（BmDNV-Ⅰ）（Iteradensovirus 属）和Ⅱ型（BmDNV-Ⅱ）（Bidensovirus 属）（Watanabe，1988）。病毒粒子为球状粒子，具 $T=1$ 二十面体对称性，衣壳由 60 个衣壳蛋白构成（图 2-31）（http://viralzone.expasy.org/all_by_species/2958.html）。BmDNV-Ⅰ的病毒粒子直径为 20nm，病毒粒子的沉降系数为 102S，浮密度为 1.40。BmDNV-Ⅱ的直径约为 24nm（图 2-32）。

图 2-31　浓核病毒的模式结构

2. 结构蛋白　　病毒的结构蛋白因各株系的不同而有差异，BmDNV-1 和 BmDNV-5 由 4 种多肽构成（VP1、VP2、VP3 和 VP4），分子质量别为 50kDa、56kDa、70kDa 和 77kDa（Nakagaki，1980），其中主要为 VP1，占全部结构蛋白的 65%，这 4 种结构蛋白的分子质量合计约为 250kDa，超过病毒基因组的编码能力，用分子作图（peptide mapping）、氨基酸分析、免疫扩散、酶联免疫吸附

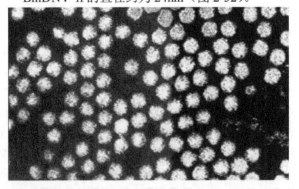

图 2-32　BmDNV-Ⅱ的病毒粒子（250 000 倍）

（ELISA）分析显示，这些结构蛋白之间存在同源序列，VP1 与 VP2，VP3 与 VP4 非常相似，所有的结构蛋白都能与 VP1 的抗血清进行反应，表明病毒基因组存在基因重叠现象，如编码

VP2 的开放阅读框（ORF）存在于编码 VP1 的 ORF 中（Li et al.，2001）。BmDNV-2 的 Saku 株的结构蛋白有 4 种，分子质量分别为 50kDa、53kDa、116kDa 和 121kDa；Yamanashi 株有 6 种多肽，分子质量分别为 46kDa、49kDa、51kDa、53kDa、118kDa、120kDa；BmDNV-3（中国镇江株）有 5 种多肽，分子质量分别为 41kDa、43kDa、48kDa、51kDa 和 100kDa（岩下嘉光，1993）。Li 等用病毒核酸 VD1-ORF4（位于 BmDNV-3 的 VD1 基因组中的 ORF4）的多克隆抗体对 BmDNV-3 感染的中肠组织进行 Western blot 分析，检测到 110kDa、70kDa 和 53kDa 的信号条带（Li et al.，2013）；当用 6 种 VD1-ORF4 不同抗原表位的单抗进行检测时可分别发现 127kDa、70kDa、60kDa、53kDa 和 42kDa 的信号带（Li et al.，2015），推测病毒可能通过非 AUG 起始、按重起始、终止码通读、遗漏扫描、核糖体内部进入、核糖体移码、核糖体分流从一个转录本翻译成多个不同的蛋白质。

BmDNV-Ⅰ含有精胺、亚精胺、腐胺等多胺，其功能不明，但一般认为能中和病毒基因组的负电荷而使之稳定。中国株中也检测到多胺的存在。多胺能通过中和负电荷而有助于把基因组 DNA 装入病毒粒子，因此在病毒发育循环中起重要作用。

3. 非结构蛋白　　BmDNV-Ⅰ可编码 1 个由 754aa（氨基酸）组成的具有解旋酶和 ATP 酶的活性非结构蛋白（non-structural protein1，NS1），以及分别由 450aa 和 163aa 组成的非结构蛋白 NS2 和 NS3。BmDNV-Ⅱ可编码 3 个非结构蛋白，分别由 316aa（NS1）、126aa（NS2）和 305aa（NS3）构成。BmDNV-Ⅱ的 NS1 具内切核酸酶、解旋酶和 ATP 酶的活性，该 NS1 的磷酸化修饰可调节 BmDNV-Ⅱ的毒力（Li et al.，2016）

4. 病毒基因组　　浓核病毒的基因组为小型线状 ssDNA，单分子的 ssDNA 或为正链，或为互补负链，分别被包围在不同的病毒粒子中，正链与负链的分子比例接近，抽提的 DNA 用琼脂糖凝胶电泳时可显示分子量不同的两条带，用适当的盐溶液抽提出来的正链与负链 DNA 可形成 dsDNA（Kawase，1985；李永芳，1986）。

BmDNV-Ⅰ病毒粒子含 DNA 约 28%，目前在 GenBank 中公开的序列有 NC_004287（5078bp）、AY033435（5076bp）。两序列之间的一致性达 100%。基因组的结构如图 2-33 所示。基因组的两端（在 NC_004287 中分别为 1～232bp，4847～5078bp）具反向末端重复（inverted terminal repeat，ITR）序列，该结构与人类依赖病毒的腺相关病毒（AAV）非常

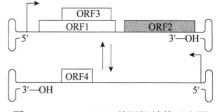

图 2-33　BmDNV-Ⅰ基因组结构示意图

相似，采取回文结构，但不形成 AAV 中的"T"形折叠结构。根据基因结构，认为家蚕浓核病毒是依赖寄主进化的（图 2-34）。基因组 DNA 具有 4 个 ORF，其中，ORF1～ORF3 位于同一条链上，ORF4 位于另一条链上，ORF1 和 ORF3 重叠。ORF1 编码 754aa 的非结构蛋白 NS1，具有解旋酶和 ATP 酶的活性。ORF2 编码病毒的结构蛋白（672aa），病毒的所有结构蛋白均由 ORF2 的产物加工而来；ORF3 编码非结构蛋白（450aa）；ORF4 编码非结构蛋白（163aa）。

BmDNV-Ⅱ的基因组结构如图 2-35 所示（Krupovic and Koonin，2014）。BmDNV-Ⅱ（BmDNV-3）基因组由 VD1（6543nt，DQ017268）和 VD2（6022nt，DQ017269）两种 ssDNA 组成，分别包裹在不同的病毒粒子中。正链 DNA 和负链 DNA 等量包裹。序列分析显示，在 VD1 末端具有 224nt 的反向末端重复序列，在 VD2 末端具有 524nt 的反向末端重复序列，VD1 和 VD2 的末端序列中有一个共同的 53nt 序列。VD1 和 VD2 不具有形成发夹状的末端

A. 反转构象

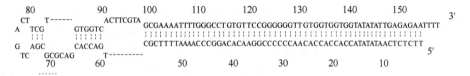

B. 原链序列构象

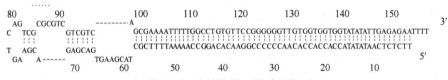

图 2-34　BmDNV- Ⅰ 基因组 5′端结构的可能碱基排列 （Kawase，1993）

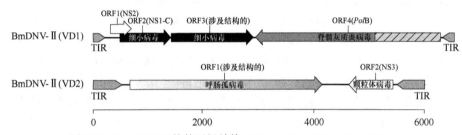

图 2-35　BmDNV- Ⅱ 的基因组结构 （Krupovic and Koonin，2014）

TIR. 反向末端重复序列；编码的基因转录方向用箭头表示；在 VD1 中，ORF1、ORF2 编码非结构蛋白，其祖先基因起源于细小病毒，ORF4 编码 B 型 DNA 聚合酶 （PolB），祖先基因起源于脊髓灰质炎病毒。在 VD2 中，ORF1 编码结构蛋白，祖先基因起源于呼肠孤病毒；ORF2 编码非结构蛋白，其祖先基因起源于颗粒体病毒。PolB 的阴影线区域编码潜在的末端蛋白 （与以蛋白质作为引物的 DNA 复制有关），ORF1 编码非结构蛋白 NS1 的证据不明

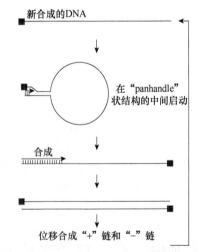

图 2-36　BmDNV- Ⅱ 基因组末端结构及可能的复制方式 （Tijssen and Bergoin，1995）

回文序列，但可以形成 "panhandle" 状结构 （图 2-36），以蛋白质作为引物起始病毒 DNA 复制。VD1 基因组 "＋" 链含有 3 个 ORF（ORF1～ORF3），ORF1（126aa）和 ORF2（316aa）编码非结构蛋白，ORF3（499aa）编码结构蛋白；VD1 基因组 "－" 链含有 1 个长为 3318nt ORF（VD1-ORF4），编码 1105aa，推测的分子质量为 127kDa，在病毒感染的中肠组织中，通过 Western blot 检测发现，除 127kDa 的特异性条带外，VD1-ORF4 也可以形成 70kDa、60kDa、53kDa 和 42kDa 的产物。VD2 基因组 "＋" 链含有 ORF1（858aa，结构蛋白）和 ORF2（305aa，非结构蛋白），"－" 链含有一个 ORF（222aa），可能编码非结构蛋白。

同属于 BmDNV- Ⅱ 的 BmDNV-2 的基因组也由 VD1（6542nt，AB033596）和 VD2（6031nt，S78547）两个基因组构成。VD1 有 4 个 ORF，ORF1（126aa）、ORF2（316aa）、ORF3（499aa）及 ORF4（1105aa）；

VD2 中有 2 个 ORF，"＋"链上有一个 ORF1，编码一个次要的结构蛋白（1160aa），"－"链上有一个 ORF2，编码一个非结构蛋白（222aa）。比较 BmDNV-2 和 BmDNV-3 之间的基因组序列，VD1 间有 98.4% 的同源性，VD2 间有 97.7% 的同源性。BmDNV-3 的 VD2 中第 1589 位的 A 缺失，导致移码突变，BmDNV-3 中对应于 BmDNV-2 VD2-ORF1 的区域形成 2 个 ORF（Wang et al.，2007）。

在 BmBDV-Ⅱ 的 VD1 中，非结构蛋白基因有 2 个不同的转录本，它们由重叠的启动子 P5 和 P5.5 驱动（Li et al.，2019）。

病毒编码的蛋白质之间可以相互作用，研究结果显示，BmBDV 的 NS1 蛋白可以与 VD1-ORF4 互作（Li et al.，2009）。

BmBDV 可用作潜在的表达载体和生物防治，目前已可以通过基因组的克隆在体外拯救出 BmBDV（Zhang et al.，2016；Guo et al.，2016）。

5. 稳定性　　BmDNV 暴露在空气中可存活 25d，埋于土壤中可存活 32～38d，病毒与土呈混合状态时，需 100d 以上才失活；经 55～60℃ 条件下处理 10min，BmDNV 的病原性就明显下降；90℃ 处理 10min 就不显示抗原性和病原性。BmDNV 病毒粒子经 2% 甲醛溶液在 26℃ 下处理 20min 就失去病原性。紫外线对 BmDNV 的灭活效果十分迅速而彻底；长时间处于 pH 3 条件下时，对 BmDNV 的病原性和抗原性都有明显影响；乙醇、氯仿、乙醚对 BmDNV 的抗原性有轻度影响（胡雪芳，1985），但短时间的接触变化不大。BmDNV 对不同理化因子的稳定性如表 2-11 所示（胡雪芳，1987）。

表 2-11　BmDNV 对不同理化因子的稳定性

处理	条件		失活时间（min）
	浓度或强度	温度（℃）	
湿热	—	100	3
日晒	—	40	240
干热	—	100	20
甲醛	2%	25	20
紫外线	30W，距 1m	20	5
漂白粉	0.3%	23	3
优氯净	0.56%	23	3
石灰浆	0.5%	23	3
盐酸	1.075（相对密度）	48	3

二、病征

本病的外观病征比较单一，经口感染约一周后食欲明显减退，出现软化症状，以呈空头症状者居多。重症蚕停止食桑，爬向四周静伏不动。撕开病蚕体壁，剖视中肠，肠内空虚，几乎没有桑叶片，而是充满黄绿色半透明的消化液（图 2-37）。肉眼观察其病征及中肠病变与病毒性软化病没有什么区别。但观察中肠肠壁的病理切片时可以看到杯状细胞普遍正常，而圆

图 2-37　家蚕浓核病病蚕的中肠病变
左侧两头为病蚕，右侧两头为健蚕

筒状细胞的细胞核异常膨大。这和以中肠杯状细胞退化脱落为主的病毒性软化病有明显的区别。

三、细胞病变及致病机理

（一）细胞病变

浓核病毒在蚕体内增殖的场所主要是中肠圆筒状细胞的细胞核，被感染的细胞核肥大，充满病毒粒子；BmBDV 镇江株感染初期感染圆筒状细胞，但发病后期也能感染杯状细胞。应用酶免疫组化法对 BmBDV 镇江株的定位研究表明，BmBDV 镇江株主要寄生在第 2、3、4、7、8、9 体节的中肠细胞，第 5 和 6 体节的中肠细胞基本上不寄生。

在感染初期，镇江株和 Yamanashi 株感染蚕的中肠圆筒状细胞的细胞核，染色质均一分散，对甲基绿和福尔根试剂嗜染，对派洛宁嗜染的不定形核小体数增加。到感染中期，核小体集合，可以看到 1～2 个大的核小体，镇江株感染的细胞中伴随着核肥大，染色质颗粒渐渐变得不明显，整个核内变成对甲基绿或福尔根反应嗜染的致密的均质构造，核小体被挤到靠核中央或核膜一角。感染末期，肥大核达到正常核的 2.5 倍大小，布满全域，呈玻璃样均质构造，对甲基绿淡染，对福尔根反应呈强的阳性。该肥大核用吖啶橙染色，呈现强烈的黄色荧光。

Yamanashi 株感染的圆筒状细胞核中的变化情况也与镇江株所观察到的大体相同。但是用吖啶橙染色，不呈现在中国株感染核中所见到的黄色荧光。进一步用涂抹法、游离（分散）细胞法观察，有时看到被甲基绿染色的大的 VS。VS 部分渐渐增多，直到占领肥大核全域。

Ina 株在感染细胞核中的增殖与上述两株明显不同。也就是说，感染初期，核对甲基绿嗜染性增强，对派洛宁嗜染性的核小体增加，即使到感染末期肥大的核也只增大到正常核的 1.5 倍。对核进行福尔根-苯胺蓝-橙黄 G 三重染色，可观察到被橙黄 G 染色的不定形包涵体类似物，电镜观察表明这些包涵体类似物是电子密度高的 VS，这是在镇江株及 Yamanashi 株中所看不到的显著特征。随着核变性，感染的圆筒状细胞渐渐脱落到中肠腔内，在 Yamanashi 株、镇江株感染的中肠里，位于中肠皮膜（上皮细胞组织）基部的新生细胞随着感染开始显著增加，渐渐形成新的皮膜（上皮细胞）层，眠中被感染的细胞像被挤出来一样脱落到中肠腔内，连着围食膜一起在起蚕时被排泄，5 龄起蚕时新的中肠皮膜（上皮细胞组织）完全被更新。

用电子显微镜、放射自显影术研究表明，BmDNV 感染后的最初变化是核肥大及产生电子密度高的染色质。在 32℃饲育条件下，病毒 DNA 在感染后 3～4h 出现，8～14h 时出现最初的病毒粒子。

在 Ina 株感染的蚕中肠皮膜组织中，发现圆筒状细胞核内有电子密度均一的物质聚集，这就是初期的 VS。随着 VS 的出现，染色质就成为小的片段而分散，而后 VS 渐渐增大，电子密度不断增加，在 VS 中出现病毒粒子。

在镇江株感染的圆筒状细胞内，初期染色质分布于整个核区域内，出现少量电子密度稍低的不定形核小体，这种核小体随数目的增加和大小的逐渐增大而呈网状构造。在感染中期，核小体密密地聚集，把核划分为网状或者聚集成大块，形成核内占据大部分地方的 VS。VS 内产生微小的纤维状物和微小粒子，接着发育成球形的病毒粒子。形成的病毒粒子排列成线状的 2 列或 3 列，核内逐渐布满成熟的病毒粒子，或者所产生的病毒粒子呈球形或环形地聚集，并逐渐占据肥大核的全部区域。

感染初期细胞质内的内质网部分小胞体增多，游离核糖体显著增加，意味着蛋白质合成活跃起来。随着病毒增殖，内质网逐渐消失而呈空泡状。线粒体膨大，嵴消失，逐渐退化崩坏。与此同时，可观察到许多溶酶体和一些含有退化细胞器的大型吞噬体。最后，细胞核被大量病毒粒子充满，病毒粒子从扩大的核膜孔或一部分核膜消失的空隙中流入细胞质，再进一步释放到肠腔中随粪便排出。

Yamanashi 株侵入蚕体后，中肠中 RNA 和蛋白质的量低于健蚕，糖原也有同样的变化趋势。而 DNA 的量则迅速增加，中肠组织中三种多胺的量也明显不同于健蚕。^{35}S-甲硫氨酸示踪表明，^{35}S 的掺入量随蚕的发育阶段不同而有变化，但在感染中肠与非感染中肠间无明显差别。而 SDS-PAGE 图谱表明，在 DNV 增殖过程中，中肠中蛋白质的种类有显著差异。由于病毒的增殖，中肠组织蛋白酶、酸性磷酸酶、碱性磷酸酶活力下降，并使中肠组织、消化液中的蛋白质区带变异。DNV 感染也可引起消化液 pH 下降，导致肠内细菌繁殖，促进病情的发展。

（二）致病机理

1. 感染和入侵 浓核病毒主要通过食下传染。病毒入侵细胞时首先需与敏感细胞表面的受体结合，已有的研究结果显示，BmDNV-2 的受体为一个含有 12 个跨膜结构域的膜蛋白（一种氨基酸转运蛋白），由 *nsd-2* 基因编码（由 14 个外显子组成），编码该蛋白质的基因缺失突变（缺失 5～13 外显子）可使由敏感系转变成非敏感系（Ito et al.，2008）。

当病毒粒子进入敏感品种蚕的消化道后，可以通过围食膜而侵入圆筒状细胞。关于病毒的脱壳和入侵过程知之甚少，但一般认为病毒通过围食膜侵染中肠后端的圆筒状细胞，先吸附在纤毛层，然后通过基于网格蛋白的内吞方式进入细胞质，最后通过微管转运至细胞核。

2. 复制和装配 通过 PCR 检测病毒 DNA 复制体的结果显示，BmBDV 的复制不同于其他细小病毒 DNA 的滚环复制（Hayakawa et al.，1997）。BmBDV 详细的复制机制还不明了，已知的是 BmBDV 的 VD1-ORF4 编码 B 型 DNA 聚合酶，该酶与蛋白质引发的 DNA 复制有关。Tijssen 和 Bergoinis（1995）提出 BmBDV 的复制与腺病毒类似。末端蛋白（terminal protein，TP）与病毒 DNA 的 5′端共价连接，BmBDV 的末端互补序列形成一个锅柄状结构（图 2-36），形成局部双链 DNA 分子，然后，作为模板进一步进行"－"和"＋"子代链的复制。VD1 和 VD2 分别进行独立复制。然而，至今 TP 与病毒 DNA 的 5′端共价连接还没有被证实。

病毒的增殖复制涉及病毒与寄主之间的相互作用，在病毒感染的退化寄主上皮细胞中可观察到 45.5kDa 和 44kDa 蛋白质的累积，而病毒的结构蛋白与此相反。TUNEL 染色指出，在 BmBDV 感染细胞中这些蛋白质的累积不是由于细胞凋亡，有可能这些蛋白质通过不同于细胞凋亡诱导的机制，与清除病毒感染的损伤细胞有关，从而限制病毒在感染细胞中的累积（Sotoshiro et al.，2005）。酵母双杂交（yeast two-hybrid，Y2H）或双分子荧光互补（bimolecular fluorescence complementation，BiFC）试验证实，BmBDV 的 VD1-ORF4 与胰酶样蛋白酶、α-淀粉酶、翻译延长因子 2、VD2-ORF1、VD1-ORF2 与 35kDa 蛋白酶，VD2-ORF1 与核糖体蛋白 S5，VD2-ORF3 与转凝蛋白，嗅觉受体与 VD1-ORF4、VD1-ORF2，丝氨酸蛋白酶凝前体与 VD2-ORF3 互作（Bao et al.，2013）。免疫共沉淀结果显示氨肽酶和热休克蛋白 90 与 VD1-ORF4 互作（Li et al.，2015）。

病毒 VD1 转录时，可检测到 1.1kb、1.5kb 和 3.3kb 的 mRNA，但没有观察到病毒 mRNA 的可变剪接（Wang et al.，2007），非结构蛋白 NS1 和 NS2 通过 1.1kb 转录本的可变起始密码子进行表达，主要结构蛋白通过一种遗漏扫描机制（leaky scanning mechanism）由 1.5kb 的转录本进行合成。3.3kb 的转录本对应于 ORF4。

应用 ^{3}H-胸苷进行示踪观察，病毒在感染后 3h 感染细胞核就明显摄取标记物，到 6h 摄取进一步增加，整个核内充满黑色的银粒子，而细胞质几乎不摄取。用尿苷示踪表明，摄取到核中的尿苷，在感染后 6h 向细胞质移动，而后细胞质中显著分散着银粒子，表明随着病毒的增殖，开始形成病毒的 mRNA，并向细胞质移动，在内质网上进行蛋白质的合成。

应用兔网织红细胞系统进行体外试验表明，以 BmDNV-Ⅱ感染蚕中肠中抽取的 RNA 作为信使 RNA 合成的多肽有 115kDa、53.5kDa、49kDa、46.5kDa、17kDa、16.5kDa 等翻译产物，其中对 BmDNV-Ⅱ抗体发生反应的有 53.5kDa、49kDa、46.5kDa 三种，推测这三种多肽与病毒的结构蛋白有关。

最后，病毒结构蛋白和病毒 DNA 通过生化识别，形成分别包含有正、负链病毒核酸的病毒颗粒。

3. 增殖　　用免疫扩散法调查 BmBDV 在中肠的增殖情况，发现 BmBDV 基本上按一般病毒增殖的各个阶段进行，但到病毒感染后期病毒有减少的倾向，这可能与病毒感染后期含有大量病毒的圆筒状细胞的崩坏和脱落有关。在 32℃饲养的蚕接种 BmDNV 后 3～4h，检测到病毒 DNA 的形成，8～12h 出现较多的病毒粒子。当移入 37℃下饲育则发现病毒的增殖受到抑制。用 ^{3}H-脱氧胸苷及 ^{3}H-酪氨酸对感染的中肠做示踪的放射自显影，结果表明，适当的高温（37℃）使病毒蛋白的合成受到抑制，这是导致病毒增殖被抑制的主要原因。用荧光抗体技术检测也证明，在 37℃条件下病毒的抗原性有明显减少的倾向。此外，在 37℃条件下病毒 DNA 及蛋白质合成的酶也会受到某种抑制。

4. 不同蚕品种对 BmDNV-Ⅰ和 BmDNV-Ⅱ的抗性及家蚕对 BmBDV 的感染应答　　不同品种对 BmDNV 的抵抗性存在显著的差异。抗病性品种，即使接种高浓度的病毒液也完全不发病。一般认为这是一种感染抵抗性，而不是发病抵抗性。

家蚕对 BmDNV-Ⅰ的非感受性是由两个基因起作用的，一个是隐性基因 nsd-1（Watanabe，1981），另一个是显性基因 Nid-1，这两个抗性基因位于不同染色体上，无连锁关系。nsd-1 位于第 21 染色体的 8.3cM，Nid-1 位于第 17 连锁群（31.1cM）。nsd-1 能阻抑病毒感染的早期步骤，Nid-1 不能阻抑病毒进入细胞、细胞核和病毒在细胞核中的转录，但可以抑制病毒感染循环后期的步骤（Kidokoro et al.，2010）。

蚕品种'东 34''苏 12''683''137'和'东 34'×'683'抗 BmDNV 镇江株。'苏 4'对镇江株的抗性受一对隐性基因控制（钱元骏，1986）。nsd-2（Ogoyi et al.，2003）和 nsd-Z（Qin et al.，1996）分别控制家蚕对 BmDNV-2 和 BmDNV-Z 的非易感性。nsd-2 位于第 17 连锁群 24.5cM 处，而 nsd-Z 位于第 15 连锁群。

比较易感系、抗性品系之间 nsd-2 基因序列间的差异（图 2-38），发现在易感品系（'908'）中，nsd-2 基因有 14 个外显子，推测编码具有 12 个跨膜结构域的膜蛋白（一种氨基酸转运蛋白），而抗性品系（'J150'）中 nsd-2 基因发生突变（＋nsd-2），缺失 5～13 外显子。该氨基酸转运蛋白有可能具有受体功能，在 BmBDV 入侵细胞时发挥作用（Ito et al.，2016），在病毒感染过程中，其表达水平呈下降趋势，而在未感染蚕中的表达水平则没有明显变化（Ito et al.，2018）。

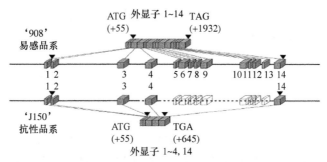

图 2-38　*nsd-2* 和＋*nsd-2* 基因组的结构（Ito et al.，2008）

上、下分别示易感品系（'908'）、抗性品系（'J150'）外显子/内含子的相对位置和大小。

箭头示起始密码子（ATG）和终止密码子（TAG）；点线示在 'J150' 中基因组的缺失区域

将野生型基因通过转基因导入抗性品系，并使其在中肠组织中表达，发现原抗性品系转为易感品系（转基因品系），说明这种有缺陷的跨膜蛋白与家蚕对 BmDNV-Ⅱ 的抗性有关（Ito et al.，2008）。

利用蛋白质组学的方法比较易感品系与抗性品系（带有抗性基因的近交系）感染 BmBDV 后的差异表达蛋白，发现 9 个差异蛋白。在抗性品系中，70kDa 热休克蛋白同族、细胞色素 P450、空泡 ATP 合酶亚基 B、空泡 ATP 合酶亚基 D、sigma 谷胱甘肽 S-转移酶被上调，α 微管蛋白被下调（Chen et al.，2012）。

抑制消减杂交研究结果显示，'Jingsong'（易感品系）和 'Jingsong. *nsd-Z*. NIL'（抗性品系，带有抗性基因的 'Jingsong' 近等位系）感染 BmBDV 后，共发现 151 个差异表达基因，'Jingsong. *nsd-Z*. NIL' 感染后有 11 个基因明显上调表达，这些上调基因涉及家蚕对 BmBDV 的免疫应答（Bao et al.，2008）。qPCR 检测结果显示，JAK/STAT 信号通路对 BmBDV 的感染有明显应答（Liu et al.，2015）。

对感染 BmBDV 的中肠进行 RNA-seq 分析，发现有 334 个基因表达上调，272 个基因表达下调。上调表达的基因主要涉及表皮蛋白、抗氧化和免疫系统加工及过氧化物酶体、凋亡和自噬相关基因（Sun et al.，2020）。肠道菌群测定结果显示，BmBDV 感染后肠道菌群的多样性下降，在属水平上，Enterococcus 属的丰度增加，但 Lactococcus 属在感染后 96h 下降（Kumar et al.，2019）。

四、诊断

（一）肉眼诊断

本病的肉眼诊断很困难，只能作参考，无法确诊。其外观易与病毒性软化病病蚕、细菌性肠道病病蚕相混淆。可撕开体壁观察中肠，本病中肠无乳白色，肠内空虚，极少食桑叶碎片，充满黄绿色液体。而质型多角体病病蚕在中肠后端一定能见到乳白色病灶。本病与细菌性肠道病主要根据群体的病情来区分：本病蚕的病势及蚕座传染较为严重，病情陆续不断；反之群体的病情较轻，拣出病蚕后不再发病，则多属细菌性肠道病（但在夏秋蚕期且遇上不良气象条件时大量发生细菌性肠道病的情况亦常有之）。

（二）显微镜检查

剖取中肠镜检，可见大量双球菌和球菌，绝无多角体。切取中肠组织一小块，在载玻片上压成乳糜状，然后制成涂片标本，用卡诺氏固定液固定 1min，经水冲洗后，用派洛宁（焦宁）-甲基绿染色 5～10min，水洗后镜检。病蚕圆筒状细胞的细胞核比正常蚕的染色程度显著降低，且细胞核显著膨大。

（三）感染试验

取镜检无多角体病蚕中肠组织的匀浆液，加 10 倍无菌水稀释，1000r/min 离心 10min，取上清液经 10 倍稀释，分别配成 100 倍、1000 倍、10 000 倍液并涂于桑叶，分别给蚁蚕添食 12～24h，如出现同样病征时可确诊为本病或病毒性软化病，要进一步分清这两种病毒病则需用血清学的方法加以区别。

（四）血清学诊断

应用凝胶双扩散（钱元骏，1981；金伟，1987）、对流免疫电泳（钱元骏，1981；郭锡杰，1988）、酶对流免疫电泳（王裕兴，1983）、荧光抗体（金伟，1987）、酶标抗体（张耀洲，1988；时连根，1989）、斑点酶标免疫法（陈建国，1989；荒木昭弘，1985）、琼脂糖柱扩散法（陈长乐，1988）、胶乳凝集试验法（郭锡杰，1989）和可溶性酶-抗酶法（王裕兴，1990）等方法进行诊断，可快速、准确地在早期对浓核病进行诊断。

（五）核酸检测

应用环介导等温扩增（loop-mediated isothermal amplification，LAMP）可检测到 400 拷贝的 BmBDV 基因组（Lü et al.，2019），该检测方法可用于诊断和检测。此外，还可以通过 PCR 法、分支 DNA 原位杂交对本病进行检测。

第五节　隐潜病毒病

一、病原

1. 分类　　家蚕隐潜病毒（*Bombyx mori* latent virus，BmLV）曾称类黄斑病毒（*Bombyx mori* macula-like virus，BmLV），属于芜菁发黄镶嵌病毒科（Tymoviridae）斑点病毒属

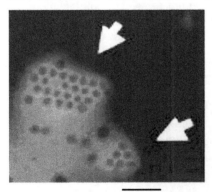

（Maculavirus）。斑点病毒属是一类新发现的植物病毒，以葡萄藤斑点病毒（grapevine fleck virus，GFkV）为典型（Katsuma et al.，2005）。

2. 病毒粒子大小　　家蚕隐潜病毒粒子呈球形，直径为 28～30nm（图 2-39）。

3. 病毒基因组　　BmLV 为单股正链 RNA 病毒，基因组全长 6535bp，含有三个开放阅读框（ORF），编码三种蛋白质（图 2-40），ORF1（58～5304bp）编码的多肽 196.1kDa 与斑点病毒属 RNA 依赖的 RNA 聚合酶（RdRp）具有相似的结构特征和序列相似性。通过对 BmLV 和葡萄藤斑点病毒的 RNA 复制酶的氨基酸序列进行比对，发现其存在较高的保守性。ORF2（5315～

100nm

图 2-39　家蚕隐潜病毒粒子
（箭头所示）大小

图 2-40 家蚕 BmLV 基因组结构模式图

6028bp）编码的衣壳蛋白（CP）分子质量为 25.1kDa，GFkV 和 BmLV 间 CP 的氨基酸一致性为 41%。在家蚕卵巢系（BmN）细胞中，衣壳蛋白的 mRNA 表达水平几乎与肌动蛋白相当。ORF3（6061～6468bp）则编码一个功能未知的多肽 p15，分子质量为 15.2kDa，此肽段没有已知功能蛋白的同源序列。病毒基因组序列检测发现有部分 BmLV 的基因组缺失 495nt，导致缺损病毒的产生（Feng et al.，2021）。

4. 进化与来源　BmLV RNA 基因组编码的 RNA 复制酶和衣壳蛋白与芜菁发黄镶嵌病毒科（Tymoviridae）的家族成员具有高度的相似性。基于病毒依赖 RNA 的 RNA 聚合酶基因和病毒衣壳蛋白基因的遗传进化分析发现，BmLV 属于芜菁发黄镶嵌病毒科（Tymoviridae），与葡萄斑点病毒属（Maculavirus）的葡萄藤斑点病毒（GFkV）亲缘关系最近。因此，推测 BmLV 可能来源于植物病毒。由此推测此类病毒出现在家蚕体内，可能是由于家蚕采食被病毒感染的桑叶而被感染的，可能存在跨界传染。

5. 核酸感染性　病毒基因组全长的 cDNA，能够在没有 BmLV 背景的家蚕细胞中建立感染并形成具有感染性的病毒粒子（Iwanaga et al.，2012），说明病毒基因组全长的 cDNA 具有感染性。

二、病变

可以明显地观察到感染 BmLV 的细胞典型的细胞病变效应，如形成合胞体，多核巨大细胞（图 2-41 左下图箭头所示）和细胞团块（图 2-41 右下图箭头所示）现象的出现。

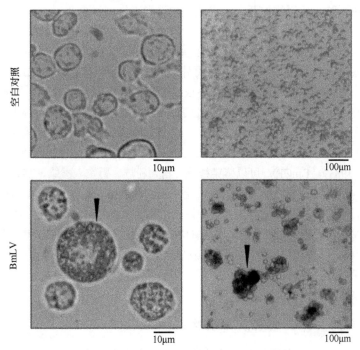

图 2-41 家蚕培养细胞感染家蚕隐潜病毒后的细胞病理表现

被 BmLV 感染的家蚕没有表现出明显的病理变化，但可以在家蚕组织中检测到病毒的增殖。BmLV 感染后的家蚕血淋巴中，Imd 和 RNAi 通路被激活，说明 BmLV 感染能够诱导寄主的防卫反应（Feng et al.，2021）。

迄今，在生产上尚未有发生家蚕隐潜病毒感染的病例报道。

第六节　病毒病的发病规律

在养蚕生产过程中，要达到无病丰产的目的，就必须充分认识和掌握病毒病的传染、发生和流行规律，为制订防病措施、预防病毒病的发生和控制病毒病的蔓延提供科学依据。

一、传染来源

病原体的存在是传染性蚕病发生的必要条件，没有病原体的存在，传染性蚕病就不可能发生。例如，将表面消毒过的健康蚕卵在无菌条件下催青，孵化出的蚁蚕在无菌条件下人工饲养，就没有传染性蚕病的发生。病毒的存在是病毒病发生的一个先决条件。家蚕主要的 4 种病毒病（BmNPV、BmCPV、IFV 及 BmDNV）的病原来源很广，但从根本上说，是来源于病蚕及其尸体，而且在病蚕的排泄物、吐出物中潜藏着大量的病毒，并扩散污染到蚕室及蔟室周围的地面、墙壁、屋顶、灰尘、蚕具及蔟具等一切养蚕周围环境和与养蚕有关的用具，病原的检出率与发病率呈正相关。此外，洗涤过蚕具的死水塘，堆放蚕沙、旧蔟的场所也存在大量的病毒（黄可威，1988）。对病蚕、蚕沙和旧蔟等处理不当，例如，将病蚕随便乱丢或喂饲家禽家畜；蚕沙不在规定地方堆放，而是随处暴晒、贮存，或未经充分堆沤腐熟就直接施入桑园；旧蔟未经处理而到处乱放等，将使病毒扩散污染整个村庄的民房、道路、场地、阴沟等场所，成为病毒的传染来源，给消毒防病工作带来很大的困难，也不容易消毒彻底。就养蚕环境来说，防止病原的扩散、污染应该与消毒工作同样重要。

一般认为，昆虫病毒都有一个原始的寄主，但往往也可感染若干替代寄主，替代寄主比原始寄主对病毒的感受性差。原始寄主的病毒感染替代寄主，称为交叉感染（cross infection）或交叉传递（cross transmission）。有些桑园害虫及野外昆虫病毒也可以感染家蚕。BmNPV 可以感染野蚕、桑蟥、樗蚕、蓖麻蚕，也可以感染赤松毛虫、舞毒蛾、梅毛虫、二化螟、黑背舟蛾、黑刺蛾、带灯蛾，但不能感染桑螟、桑尺蠖、柞蚕、红腹灯蛾、樟蚕、美国白蛾、美国天幕毛虫和甘蓝菜粉蝶。野蚕、桑蟥、樗蚕、蓖麻蚕、大蜡螟、二化螟、蜜蜂的 NPV 可以感染家蚕。交叉感染非常复杂。柞蚕的 NPV 不能直接感染家蚕，但经过蓖麻蚕这一中间寄主后可以使柞蚕的 NPV 感染家蚕（吕鸿声，1983）。BmCPV 可以感染柞蚕、苜蓿粉蝶、野蚕、桑蟥、樗蚕、蓖麻蚕、松毛虫、美国白蛾、赤腹舞蛾、樟蚕、亚麻灯蛾、金毛虫、梅毛虫、舞毒蛾、大蜡螟等，但不能感染桑尺蠖。红腹灯蛾、野蚕、桑蟥、松毛虫、棉铃虫和美国白蛾的 CPV 可以感染家蚕（川濑茂实，1990）。家蚕 IFV 可以感染野蚕、桑蟥、大蜡螟和桑螟，反之这些昆虫的 IFV 也可以感染家蚕。桑螟可能是家蚕浓核病毒携带者，家蚕浓核病的发生与桑园中桑螟的虫口密度有关（渡部仁，1980）。

由交叉感染可知，患病昆虫的粪便、尸体等污染桑叶，通过污染桑叶将病原带入蚕室，从而导致蚕感染发病。

（一）病蚕的尸体、蚕粪及排出物

核型多角体病、质型多角体病、浓核病和病毒性软化病的病蚕尸体中，核型多角体病蚕的血液中，质型多角体病、浓核病和病毒性软化病的病蚕粪中都含有大量的病毒，是蚕座传染的重要来源。虽然对出现病征的病蚕或死蚕及时拣出可消除传染源，但质型多角体病、浓核病和病毒性软化病是慢性传染性蚕病，在未呈现症状以前，蚕粪中早已含有大量的病毒。例如，一头质型多角体病病蚕在 4 龄期中可以形成 $6×10^7～1.5×10^8$ 个多角体；在 5 龄可形成 $6×10^7～6×10^8$ 个多角体。可以推算，一头 5 龄质型多角体病病蚕所形成的多角体可以使数万头健蚕染病。又如，病毒性软化病病蚕在感染后 48h 排出的蚕粪中就含有病毒，质型多角体病病蚕在感染后 24h 的蚕粪中就可以检测到病毒（黄可威，1988）。病毒排出量不断增多，直到死亡为止。因此，随着蚕感染后发病经过时间的延长，排出的病毒越来越多，对蚕作的危害也越来越大。病蚕长期混育于蚕群中，通过排粪及排出物污染蚕座，成为主要的传染来源，所以病蚕及病蚕沙必须妥善处理，才能有效地防止蚕座传染。

（二）病毒污染蚕具、蚕室及环境

养蚕使用过的特别是曾发生过病毒病的蚕具、蚕室等，往往被病毒污染，如不经消毒就重复使用，残存的病毒很易感染家蚕而导致疾病的发生。以病毒性软化病为例，如病蚕使用过的小蚕网未经消毒而再度使用，从 2 龄到大蚕死于本病的大约占 70%；同样，2～3 龄病蚕使用过的蚕座纸，未经消毒而再度使用，到 5 龄第 4 天，几乎全部发病。农村的养蚕室、蔟室、贮桑室等，有的是泥地或者灰尘很多，如消毒不彻底，都能成为病毒病的传染来源。发生过质型多角体病的饲育场所的泥地表土存在大量的多角体，用地表 1cm 的泥土浸液添食，家蚕的发病率可高达 100%。泥地中的污染病毒可随饲养人员的走动而扩散，且泥地干燥后，因尘土飞扬而污染养蚕环境。不洁水源，如来源于洗过污染蚕具的池塘死水，若未经消毒就作为蚕室和贮桑室用水，同样可以成为传染源。以上情况说明家蚕病毒广泛存在于养蚕环境中，养蚕过程中必须认真仔细地防止病原污染和扩散，同时对蚕室、蚕具及养蚕环境要彻底进行消毒。

二、病毒的扩散

病毒的扩散是指病毒在寄主群体中及整个环境中分布的过程，包括自然扩散（借助空气的浮游及风雨的物理动力）、人为的扩散和通过家畜家禽的扩散等。病毒的扩散范围很广，因为病毒非常小，带病组织经自然干燥的粉末可以随尘埃飞扬、随风飘游或随雨水冲流而扩散。病蚕的尸体、粪便等在蚕沙的搬运过程中可随蚕沙而扩散；病蚕的尸体与脓汁附着于蚕具上，随蚕具的搬移而扩散；洗刷蚕具的污水，病毒就随水流而扩散；养蚕工作人员的活动，也是病毒扩散的一种方式，如饲养人员在除沙、匀座、扩座等操作中，手上沾染的病原体随操作人员的手由一只蚕匾带到另一只蚕匾，也会从蚕室带到贮桑室，甚至从一个蚕室传到另一个蚕室。蚕室内的蝇类也可充当病原体的搬运者。病蚕尸体、粪便及其蚕沙用于喂鸡、猪、羊等家禽家畜后，病原体可以随家禽家畜的走动而扩散，由于病毒多角体经过家禽家畜的消化道后难以完全失活，因此也可以随畜禽的粪便而扩散。

三、蚕室内外病毒的分布

养蚕过程中一旦发生病毒病，病蚕中的病毒就会通过多种方式污染蚕室内外，如表 2-12所示，在养过蚕的蚕室内，使用过的蚕具上（如蚕匾、蚕座纸、防干纸、蚕网等）和地面表土中有较多的质型多角体分布（黄可威，1983）。养蚕环境中多角体的分布主要集中在室内地面和室外 5m 处，土层中的多角体主要集中于蚕室的土层表面，土层深度 30cm 处未检出多角体（张金英，1988）。

表 2-12　质型多角体（CPB）在养蚕环境中的检出率

样品	CPB 检出率	样品	CPB 检出率
蚕室内地面表土	200/450	3～4 龄用蚕网	4/30
蚕室内灰尘	71/450	上盖用防干纸	2/30
蚕室附近内表土	22/300	下垫用防干纸	5/20
与蚕室相通的农舍地面表土	34/200	蚕座纸	6/25
蔟具	5/30	蚕匾	5/20
1～2 龄用蚕网	0/30		

四、传染途径与传播方式

（一）传染途径

4 种病毒病传染于蚕的主要途径有食下传染和创伤传染两种。核型多角体病两种传染途径均可，但食下传染的机会较多，而创伤传染的发病率较高。纯净的多角体经伤口进入蚕体腔，由于血液呈酸性，多角体不解离，包含的病毒释放不出来，故不会对蚕引起感染。病原都是来自病蚕流出的脓汁或病蚕尸体，病蚕粪便不带病毒，发现尚未流出脓汁的病蚕，如立即拾除，就能除去再传染的机会。

质型多角体病、病毒性软化病和浓核病主要是通过食下传染，特别是病蚕排出的蚕粪中带有大量的病毒，污染蚕座内的桑叶，造成蚕座内的传染，使疾病迅速蔓延。

关于 4 种病毒病是否有胚种传染的问题，一直争论较多。病毒的垂直传播有卵表传播和卵内传播两种形式，卵表传播是指幼虫在孵化时咬穿卵壳，从而食下卵壳上携带的病原体并感染的传播式；卵内传播为母本在感染后，病毒侵入生殖细胞并使卵内胚胎感染的方式（真正的胚种传染）。有研究称病毒的垂直传递也能由父体介导，感染的父本通过交配把被侵染的精子细胞中含有的病毒传给下一代。国内外学者通过大量的无菌养蚕和分子生物学的方法对病毒的胚种传染进行了研究，大多数学者认为家蚕的病毒病无胚种传染。有研究结果认为甜菜夜蛾核型多角体病毒（SeNPV）可通过母体介导的卵内、卵表和父体介导 3 种方式进行垂直传染（蒋杰贤等，2005）。祁学忠等（1995）通过 PCR 在消毒过的感病小菜蛾所产的卵中检测到苜蓿银纹夜蛾核型多角体病毒（AcMNPV）的多角体蛋白基因；刘祖强等（2001）构建携带绿色荧光蛋白基因（*gfp*）的重组棉铃虫核型多角体病毒（HaNPV），并以重组的多角体添食棉铃虫 3 龄幼虫使其感染，子代中成功观察到了在可见自然光下发绿色荧光的棉铃虫幼虫，形象、直接地证明了 HaNPV 在棉铃虫中进行垂直传播。Khurad 等（2004）曾调查 BmNPV 感染子代的发病情况，发现子代的发病率明显增加，通过 PCR 检测认为子代检测出的病毒与亲代检测到的病毒为同一种 BmNPV，由此认为 BmNPV 可以垂直传播。通过 PCR 检测发现，感染雌蛾所产的卵及与感染雄蛾交配后所产的卵经过严格消毒（先浸入 75%乙醇 30s，无菌水清洗后用 4%甲酸浸泡 10min 并浸酸）后可检测 BmNPV 的多角体蛋白基因存在，认为 BmNPV 可能通过感染的家蚕亲本中携带病毒的雌雄生殖细胞由交配传染和经胚传染两种方式进行垂直传播，对生产中的蚕种进行 PCR 检测，发现 80%的批次可以检测到多角体基因片段（张彦，2014）。尽管如此，人们还没有在蚕卵内通过电镜观察到 BmNPV，因此认为 BmNPV

能否经胚种传染仍需更多的实验证据。

（二）传播方式

蚕座传染是传染性蚕病传播的重要形式，对肠道性病毒病来说尤为显著。个别蚕染病后，爬行于蚕座和桑叶中，大量排出病原体，污染蚕座和桑叶，从而导致健蚕感病。

核型多角体病蚕在发病过程中因病毒编码蛋白酶、几丁质酶等作用，表皮组织逐渐破坏，最终导致破皮流脓。这种脓汁中含有大量的病毒，且病毒新鲜、毒力强，通过污染桑叶被蚕食下或由体表伤口进入体内就会引起健蚕感染。质型多角体病、病毒性软化病和浓核病病蚕的病变都发生在中肠组织中，由于被寄生的细胞释放病毒至肠道及后期感染细胞、组织碎片脱落至肠腔而随同蚕粪一同排出体外，故这类病的粪便中含有大量的多角体或病毒，一旦污染桑叶就会成为新的传染源。

病毒病蚕座传染的严重程度与许多因素有关。首先，与病毒病的种类有关，在4种主要病毒病中，以核型多角体病的蚕座传染程度相对较弱。BmNPV感染3～5d后，病蚕经破皮流脓将病毒释放到蚕座中，由于该病的症状较为明显，病蚕易被发现而剔除；而其他3种病毒病，蚕一旦感染后，很快通过蚕粪排出病毒，且病征不明显，很易造成混育传染。其次，蚕座传染的严重程度与混育蚕龄的大小、混入病蚕的比例、蚕座密度及饲育环境有非常密切的关系。蚕龄越小，蚕座混育传染率越高。随龄期的增加，在同样的混育条件下感染率明显降低，蚕座密度的增加，增加了相互感染的机会。用精制的BmCPV、BmNPV和BmIFV配成不同浓度，分别对起蚕添食24h，然后按5%、10%、20%和50%的比例与健蚕混育，最后每处理区的发病率均远远超过混入蚕的比例（图2-42）。这是由于接种的病蚕通过各种方式排毒，污染蚕座再感染健蚕的结果。浓核病的蚕座混育感染发病率与上述三种病毒病一样。饲育环境恶劣，可加剧蚕座传染的速度。有研究指出，最终浓核病的发病率与2龄浓核病蚕的混育率有明显的线性关系（张耀洲，1989）。

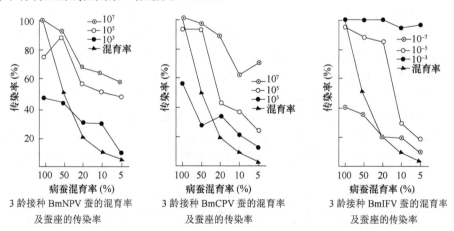

图2-42　三种病毒病的蚕座传染规律

左图和中图中 10^7、10^5、10^3 为病毒浓度；右图中 10^{-7}、10^{-5}、10^{-3} 为病毒组织液的梯度稀释倍数

家蚕病毒病可以水平传播，也可以垂直传播。垂直传播主要指上季蚕残留的病毒对下一季蚕的传染。上一个蚕期因蚕发病，养蚕环境中有病原体的存在，而导致下一蚕期的蚕感染发病。垂直传播发生的程度主要取决于上一季蚕的发病程度、病原体在自然环境中的生存能

力、两季蚕的间隔时间、病毒对消毒剂的抵抗力及两个蚕期之间的气象条件。家蚕核型多角体病、质型多角体病的病毒多角体对各种理化因子的抵抗性较强，在自然界也不易失活，故很易引起垂直传播。

五、蚕的体质

病毒病的发生是病毒、环境、蚕的体质等多种因素共同作用的结果，蚕的体质对病毒病的感染抵抗能力有很大的影响。蚕体对疾病的抵抗性是对病原体主动而有力的防御反应能力，这种能力既受到遗传基因的影响，又受到发育过程中环境因子的作用。

（一）蚕品种与发病

不同系统的蚕品种由于其基因上的差异，对病毒病的抵抗性也表现出一定的差异。对 BmNPV 的经口感染抵抗性研究发现，一般含有多化性血统的抵抗性较强，如'琼山''海南''高白''大造 09''农 42 号'等；二化性品种相对较差，如'瀛汗'。陈克平等（1996）曾对我国保存的 344 个家蚕品种进行了抗 BmNPV 测试，发现不同品种家蚕对 BmNPV 的抗性存在差异，呈现出正态分布，并筛选获得一个高抗性品系'NB'，其致死中浓度 LC_{50} 达到 6.39×10^8，比感性品种'306'高了近 1000 倍。病毒感染初期在抗性家蚕'NB'体内可低水平地复制，但随后便被抑制，表明病毒能够进入抗性家蚕的体内，但是抗性家蚕存在某种机制使得病毒的复制被终止（Yao et al.，2005）。

利用从家蚕种质资源中筛选出的抗 BmNPV 显性基因，应用杂交、回交及系统选育的方法，培育出适应不同季节、不同蚕区的抗 BmNPV 品种，如'华康 1 号'（'871C'×'872C'）、'华康 2 号'（'秋丰 N'×'白玉 N'）、'桂蚕 N2'（'NC99R·NC9C'×'NJ7·NJZ'）、'野三元'（野桑蚕与家蚕远缘杂交培育），这些品种对 BmNPV 呈现出强大的抗性，与对照种相比，抵抗性提高 2～4 个数量级（徐安英等，2013；杨海等，2013；李文学等，2014）。

对 BmCPV 的抵抗性，日系的'大草'、中系的'大造'抵抗性较强，在二化性品系中'苏 40'表现出强的抗性，而'苏 34'和'苏 10'等则抗性较弱，多化性品系中'武林 1 号'的抵抗性较强。徐安英等（2002）对 281 个家蚕品种资源进行了抗 BmCPV 感染性能的比较试验，将 $\log IC_{50} > 6$（IC_{50} 表示半抑制浓度）定为强抵抗性，$\log IC_{50} = 5～5.99$ 定为较强抵抗性，$\log IC_{50} = 4～4.99$ 定为较弱抵抗性，$\log IC_{50} < 4$ 定为易感性，研究发现抵抗性强的品种占 12.45%，较强抵抗性的品种占 32.74%，较弱抵抗性的品种占 33.81%，易感病品种占 21.00%，不同品种间对 BmCPV 感染的抵抗性差异较大，IC_{50} 的差异最高可达到千倍以上（徐安英等，2002）。在杂交品种中，夏秋品种'东 34'×'603'对 CPV 的抵抗性较春蚕品种'东肥'×'华合'高 1～2 倍。在一般情况下，杂交一代的抵抗性较亲本要强。

对 BmIFV 的抵抗性，一般认为系统间抵抗性由强到弱的顺序为日中欧＞中欧＞欧＞中＞中日＞日欧＞日，在大多数情况下，抗高温多湿的蚕品种的抵抗性较强；对浓核病毒的感染抵抗性较为特殊，有不少品种对 BmBDV 为非感染性的，对 306 个品种的抵抗性调查表明，有 52 个品种几乎是免疫性的强抗性，如'东 34''苏 4''苏 12''683''137'和'东 34'ד'683'等。

家蚕对不同病毒病的抗性遗传规律不同。家蚕对 BmNPV 的经口感染的抵抗性受一对主效显性基因和若干微效基因控制，这种抵抗性的遗传父本大于母本，有偏父遗传现象，F_1 代的抗病性表现出杂种优势，有超显性现象（孟智启，1982）。陈克平等（1996）的研究显示，抗感染性呈不完全显性，由 2 对以上基因控制，至少有 1 对为主效基因，有偏父遗传现象。Feng 等（2013）对 BmNPV 抗性家蚕 NB 进行了系统筛选，并对遗传规律进行了重新分析，发现抗性表现出单基因控制的遗传规律，推测与抗性品种经过多年的不断筛选，主效基因作用更加明显，微效基因作用被弱化有关，并发现 SCAR 标记（序列编号：AY380833）与抗性基因紧密连锁（Feng et al.，2012）。

渡部仁等的研究结果显示，家蚕对 BmCPV 感染的抵抗性可能存在显性主基因。张志芳等指出家蚕对 BmCPV 的抵抗性的作用方式符合加性-显性模式，并存在着超显性现象，控制家蚕对 BmCPV 感染抵抗性的基因数目不少于 2 个，遗传方差分析结果表明显性效应大于加性效应，且由母体效应和非母体效应所引起的正反交间差异达极显著水平。

'苏 4' 对 BmBDV 镇江株的抗性受一对隐性基因控制。nsd-2（Ogoyi et al.，2003）和 nsd-Z（Qin et al.，1996）分别控制家蚕对 BmDNV-2 和 BmDNV-Z 的非易感性。nsd-2 位于第 17 连锁群 24.5cM 处，而 nsd-Z 位于第 15 连锁群。研究认为在 BmBDV 镇江株进入 '东 34' 等品种蚕的消化管后，并不侵入中肠细胞，而是随蚕粪排出，表现为感染抵抗性，而不是发病抵抗性，核酸分子杂交表明 BmBDV 的 DNA 不能在抗性品种的细胞中复制（高谦，1989）。

有研究认为，家蚕对 BmCPV 的抵抗性和对 BmNPV 的抵抗性之间存在较为一定的正相关性（$r = +0.59$），而与对 IFV 的抵抗性之间相关性不甚明显（$r = +0.14$）。推测对 BmCPV 的抵抗性和对 BmNPV 的抵抗性部分受到相当数量的共同微效基因控制，而由不同的微效基因分别控制对 BmCPV 的抵抗性和对 BmIFV 的抵抗性。

（二）感染时期与发病

1. 不同蚕龄的影响　蚕的不同发育阶段对病毒的抗病能力是有差异的，一般来说，蚕龄越小，越易染病。家蚕对 BmNPV 的抵抗性明显随蚕龄的增加而增加，每增加一个龄期，抵抗性几乎增加 10 倍；对 BmIFV 的抵抗性以 1 龄的基数为 1，则 2 龄为 1.5，3 龄为 3，4 龄为 134，5 龄为 10 000～12 000；但对 BmCPV、BmBDV，1～4 龄的抵抗性几乎一样，到 5 龄才稍有增加。

2. 同一龄不同发育阶段的影响　同一龄不同发育阶段经口感染病毒时，一般以起蚕的抗性最低，随食桑渐增强，食桑 12～24h 后趋于稳定，到将眠期又趋下降。表 2-13 显示了各龄不同发育阶段对 BmCPV 的抵抗性，可清楚地表明这种变化趋势。

表 2-13　不同发育阶段对质型多角体病毒的抵抗性

蚕龄	饲食后不同时间的致死中量 LD$_{50}$（$\times 10^5$ 粒/头）							
	0h	12h	24h	36h	48h	54h	60h	66h
1	3.41	2.49	2.30	2.13	2.10	3.75	—	—
2	3.47	2.65	2.43	2.43	2.52	2.48	3.69	—
3	3.44	2.51	2.50	2.42	3.15	—	—	—
4	3.54	2.71	2.64	2.63	2.41	—	2.68	3.97

（三）性别的影响

1. 性别与发病　蚕对病毒的抵抗性与性别也有一定的关系。对 BmNPV 的抵抗性，无论幼虫还是蛹都是雄蚕的抵抗性大于雌蚕。从研究结果来看，雄蚕对病毒病的抵抗性比雌蚕大 3 倍。显然这与有部分抗病基因位于蚕的 Z 性染色体上有关。

2. 发育快慢的影响　蚕的发育快慢是蚕强健与否的标志之一。众所周知，同一条件下发育缓慢蚕的抵抗性较差，末出蚁、迟眠蚕往往体质较虚弱，易发病。末出蚁的 3 龄起蚕抵抗性约为盛出蚁 3 龄起蚕的 1/2，2 龄迟眠蚕的抵抗性约为正常发育蚕的 1/160（吴友良等，1991）。

不同蚕品种、发育阶段及性别蚕的抗病力强弱差异是有其生理基础的。例如，BmIFV 对 1～3 龄蚕的杯状细胞感染力较强，对 4、5 龄则比较弱，对圆筒状细胞的感染也有共同的倾向。因此，大蚕的抗病力较强。蚕对 BmIFV 的抵抗力又与中肠新生细胞的再生能力有关，如果再生能力能够弥补由于染病而损坏的杯状细胞，则表现为耐病性。围食膜的完善与否对病毒病的感染抵抗性有非常重要的影响。蚕饲食后，随着食桑，围食膜逐渐完善，故抵抗力也随之上升。另外，肠内具有抗病毒作用的红色荧光蛋白（RFP）也有所增加，中肠内碱性磷酸酶（ALKP）的活性也有同样的趋势，这些也是蚕对病毒抵抗力增强的因素之一（吴友良，1991）。

最近的家蚕转录组、蛋白质组研究结果显示，不同发育阶段、不同组织、不同性别间基因的表达水平存在差异，这些差异表达基因很可能涉及病毒与寄主的相互作用，从而影响家蚕对病毒的感染。另外，不同性别、不同发育阶段家蚕肠道微生物种群也存在明显不同，这种不同也有可能影响病毒的经口感染。

（四）环境条件

饲育的环境条件及饲料的不同，对蚕的体质有很大的影响，从而影响蚕对病毒的抵抗性。

1. 温度的影响　蚕是变温动物，其生长发育有一定的温度范围，当环境的温度超出一定的范围时，蚕对病毒的抵抗性就受到严重影响。

催青期及小蚕期的温度对 BmNPV 的抵抗力有较大影响，32℃催青的 3 龄蚕的致死中量为 5.05×10^4 粒/头，而 25℃催青的 3 龄蚕则为 7.17×10^5 粒/头，是前者的 14 倍以上。吴友良等（1983，1986）的研究显示，在 29℃这样的高温下，小蚕对病毒病的抵抗性所受的影响还不是很大，但对大蚕则有较大的影响；33℃的高温无论对大蚕还是小蚕都有明显不良影响，对大蚕的不良影响明显高于小蚕。病毒感染前后的温度对病毒抵抗性的影响程度有差异。感染后的温度对抵抗性的影响远不如感染前温度的影响大。但感染后的极端高温（37℃）对病毒病的发生有抑制作用。

眠是蚕体生理变化剧烈的时期，此时受高温刺激后，抵抗性明显下降。3 龄眠中，32℃下的 4 龄起蚕对 BmNPV 的感染抵抗性只有 25℃下的 1/5。

关于高温引起蚕对病毒病抵抗性下降的原因，许多学者做了一系列探讨。已有的研究结果显示，高温处理可以改变家蚕基因的表达模式（Li et al.，2014；Wang et al.，2014），这种基因表达模式的差异可导致家蚕对病毒抗性的改变及发病和进程。吴友良等研究认为高温导致蚕消化液中 RFP 的量减少，从而导致消化液对病毒杀灭力的下降；许多学者则认为，高温影响消化液中抗链球菌蛋白 ASP（现称为抗肠球菌蛋白 AEP）的含量和抑菌作用，增加了消化液中细菌的量，从而病毒与细菌联合发生作用，导致病毒病发生的增多。家蚕肠道菌群不仅影响消化吸收，也影响病毒的感染（Sun et al.，2016）。瞬间高温刺激不仅影响家蚕基因的表达，而且对肠道微生物的结构、丰度有明显影响，这些影响有可能共同影响病毒的感染进程，从而导致抵抗性差异（孙振丽，2016）。

夏秋季蚕容易发生质型多角体病及病毒性软化病往往与高温有关。在高温干燥的条件下，蚕代谢旺盛，生长快，消耗大。蚕的体温是靠呼吸或排泄水分来调节的，高温干燥桑叶易失水凋萎，不能满足蚕对水分与营养的要求；高温多湿的天气，蚕体排湿困难，蚕座潮湿、蒸热，有利于病毒病的传播。

2. 饲料质量的影响 在桑叶育条件下，蚕生长发育所需的营养全部来源于桑叶，因此桑叶质量的好坏严重影响蚕的体质。分别以嫩叶（1~3 位叶）、适熟叶（7~8 位叶）、老叶（下部叶）和贮藏 3d 的适熟叶饲养的蚕，其对病毒的抵抗性有明显不同，以适熟叶区蚕的抵抗性最强，次之为下部老叶区，而嫩叶区、贮藏叶区最差（吴友良，1991）。

用人工饲料研究营养与病毒抵抗性之间的关系，结果显示，人工饲料中桑叶粉含量在 10%~36%，随桑叶粉含量的增加，蚕对病毒的抵抗性增强，而在 36%~50% 时则没有多大的差异。人工饲料中脱脂大豆粉的添加率在 20%~35% 时，蚕对病毒的抵抗性随添加率的增加而增强。人工饲料中蔗糖的含量在 8%~12% 时，蚕对病毒的抵抗性最强。适当添加维生素 C 也可增加蚕对病毒的抵抗性。人工饲料中的含水率也影响蚕对病毒的抵抗性，一般以 1g 干粉加 2.0~2.4 倍的水调制饲料最好，加水过多或过少都会影响蚕的抵抗性（吴友良和贡成良，1987）。

蚕受到饥饿后，对病毒的抵抗性有明显下降，5 龄起蚕在 25℃下分别饥饿 24h 和 48h，其对 BmNPV 的抵抗性分别下降至 1/3 和 1/30。饥饿蚕对病毒抵抗性的下降与饥饿时的温度有关，在一定范围内，温度低时可影响下降程度。

（五）理化因子刺激与发病

1. 低温处理与感染抵抗性的关系 国内外许多试验都已证明，蚕经受低温刺激后，对病毒的抵抗性有明显下降。下降程度与蚕龄的大小、低温的程度、低温处理时间和低温后的处理方式有关（吴友良，1987）。5 龄起蚕 5℃处理 24h 后，其对 BmNPV 的抵抗性下降至 1/75 万，对 BmCPV 的抵抗性下降至 1/12 万，对 BmBDV 的抵抗性下降至 1/0.3 万。但低温处理后的蚕在常温下放置一定时间有利于抵抗性的恢复。蚕经高低温处理后，蚕中肠细胞类型的比例和组织结构都发生明显的变化，从而导致蚕对病毒的抵抗性下降；高低温处理后的蚕在常温下放置后，组织构造能得到一定程度的恢复，抵抗性有一定程度的提高（张耀洲，1990）。

2. 化学物质刺激与感染抵抗性的关系 有毒物质的刺激影响家蚕对病毒的抵抗性，影响程度与毒物的种类、浓度、接触时间等因素有关。4 龄起蚕局部涂抹 10^{-3} 浓度的杀虫双后对 BmCPV 的抵抗性下降至 1/80；而接触 10^{-5} 浓度的杀虫双后，抵抗性下降至 1/7。蚕食下氟化物污染的桑叶后，对病毒的抵抗性也有明显下降。4 龄蚕食含 50mg/L 氟化物的桑叶一个龄期后，对 BmNPV 的抵抗性下降至 1/51，对 BmCPV 的抵抗性下降至 1/15（吴友良和贡成良，1987）。

（六）病毒的潜伏性感染与诱发

潜伏性感染（latent infection）是指那些慢性的而且建立了某种病毒与寄主平衡状态的不表现外部症状的感染。在养蚕生产中，经常有 5 龄后期几乎同一时期、同一地区突然大量暴发病毒病的现象，而这一现象发生之前几乎没有任何先兆；普通桑叶育蚕，不经人工接种，在高低温、辐射、化学药物等的刺激下，也会大量发生病毒病。人们常把这种现象称为病毒病的诱发。病毒病的诱发使人们怀疑发病原因究竟是外部感染还是胚种传染，以及是否有潜伏型病毒（occult virus）感染存在的可能性。

1. 病毒的诱发现象

（1）**高低温冲击**　　家蚕在5℃或40℃的条件下放置6～48h，然后移到正常环境下饲养，经过一定的潜伏期，就会发生大量的核型多角体病。这种经高低温刺激诱发病毒病的现象称为高低温冲击。一般认为高低温冲击的低温临界温度为7℃，高温临界温度为37℃。高低温冲击对病毒病的诱发效果与蚕龄的大小有关，一般小蚕冲击不易诱发，4～5龄大蚕冲击较易发生。绝食饥饿一定时间的蚕经高低温冲击后，发病率增高；冲击后在常温下放置一定时间后病毒病的诱发反而降低。高低温冲击诱发病毒病的种类与养蚕季节有关。春蚕多诱发核型多角体病，夏秋蚕则多诱发质型多角体病和浓核病。与幼虫不同，家蚕蛹高低温冲击不会诱发病毒病。

（2）**辐射诱发**　　阳光直射或X射线处理有提高低温冲击对病毒病的诱发效果。

（3）**化学药物诱发**　　能诱发病毒病的化学药物很多，据报道有甲醛、漂白粉、过氧化氢、氟化物、农药、乙二胺四乙酸（钠）、4-氨基蝶呤及DNA等。添食三次1%甲醛溶液，能使66%的蚕诱发核型多角体病。5龄家蚕连续添食3%有效氯漂白粉液，病毒病的发生率达62%；添食2.1%氟化物，核型多角体病的诱发率达18.2%。蚕接触农药后，也可以诱发病毒病，如蚕添食稻瘟净粉剂，核型多角体病的诱发率达68%。

能诱发病毒病的因素很多，除上述因素外，营养不良、通风不畅、呼吸障碍及一些微生物都可诱发病毒病。

2. 病毒病的诱发机制　　利用各种物理化学条件确实可以诱发家蚕的病毒病，国内外学者针对病毒病的诱发机制进行了许多探讨，提出三种学说，分别是病毒自生学说、潜伏型病毒活化学说和微量病毒感染学说。

（1）**病毒自生学说**　　该学说由山藤和石森提出，认为细胞内的正常染色体可以通过突变产生含有病毒原的基因组，经过某种刺激后，可以诱发成具有活性的BmNPV粒子，从而导致核型多角体病的发生。尔后，山藤等又从健康的家蚕细胞中分离出一种与蚕体DNA性质不一致的DNA，这种特异性的DNA可与BmNPV的DNA杂交，因此认为这可能是病毒原的基因组，但健康家蚕全基因组测序结果显示，家蚕基因组中不存在完整的家蚕病毒的基因组序列，因此，可以认为病毒的自生学说难以成立。

（2）**潜伏型病毒活化学说**　　该学说认为大部分健蚕体内有病毒原的存在，这种病毒原能经几个世代，处于不活化状态。当蚕受到不良因素刺激后，就使这种病毒原从不活化状态转化成活化状态，导致病毒病的发生。该学说曾为大多数昆虫病理学者所支持，但至今仍无法证明这种潜伏型病毒的存在和实态。

BmLV是在家蚕培养细胞中发现的一种植物病毒起源的病毒，BmLV感染的培养细胞不呈现临床症状且可以稳定存在于培养细胞。BmLV也可以感染蚕，并增殖复制，但并不表现出病理变化，该病毒也不能通过胚种传染至下一代（Katsuma et al.，2005；Iwanaga et al.，2012）。潜伏性感染的BmLV在某种状态下能否被活化还需进一步探讨。

（3）**微量病毒感染学说**　　如果病毒自生学说和潜伏型病毒活化学说成立，则意味着病毒病的诱发是不可避免的。但事实并非如此。人工饲料无菌饲育的蚕，无论用什么理化因子刺激，都不会诱发病毒病；但这种无菌蚕移至普通环境下饲育，一经刺激就可能发生病毒病。

患病蛾所产的蚕卵无菌处理后进行人工饲料无菌饲育，这种蚕无诱发现象产生，说明家蚕的病毒不能引起胚种传染。人工饲料无菌育条件下，蚁蚕和 2 龄起蚕添食 BmNPV，发病后的残存个体及 5 龄起蚕低温冲击均无核型多角体病的发生。由此可以认为蚕食下 BmNPV 后，如蚕未被感染，病毒会很快排出体外，不会在蚕体内长期潜伏。

但也有部分研究者的结果与上述现象相反，Khurad 等（2004）通过 PCR 法在 BmNPV 感染蚕的子代中检测到 BmNPV 的基因片段；张彦（2014）通过 PCR 检测发现，感染 BmNPV 雌蛾所产卵及与感染雄蛾交配后所产卵经过严格消毒后仍可检测到 BmNPV 的多角体蛋白基因，认为 BmNPV 可能通过感染的家蚕亲本中携带病毒的雌雄生殖细胞由交配传染和经胚传染两种方式进行垂直传播；对生产中的蚕种 PCR 检测，也发现 80% 的批次可以检测到多角体基因片段。大部分学者认为在极端物理或化学因子的刺激下，会引起蚕体生理机能混乱，极大地降低了蚕对病毒的抵抗性，提高了蚕对病毒的感受性，当蚕受到环境中本来就存在的微量病毒感染时，就会造成病毒病的暴发。

第七节 病毒病的防治

家蚕病毒病是目前生产上普遍发生、危害严重的一类传染性蚕病。一旦发生，就会迅速蔓延，往往造成较大损失。只有根据其发病规律，结合具体的环境及饲养条件，运用综合防治的措施和群防群治的经验，才能收到防治的效果。根据目前对病毒病的认识，对于防治原理和方法可以从以下几个方面考虑：图 2-43 中的 8 个方面在生产上广泛应用，行之有效的有（1）、（2）、（5）、（6）、（7）5 个方面，其他则尚处于科学实验过程中，目前未能在生产上应用。现就主要防治措施加以阐述。

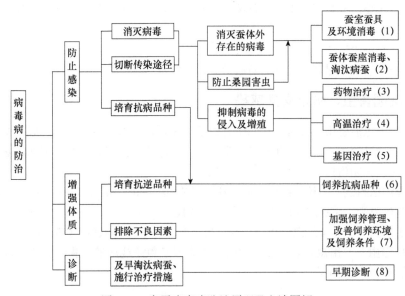

图 2-43 家蚕病毒病防治原理及方法图解

一、合理养蚕布局、切断垂直传播

在全国各蚕区，由于自然气候条件的不同，桑树的生长情况也不同，为了提高蚕室利用效率和提高亩桑产茧，往往进行全年多次养蚕。两次养蚕之间间距缩短，甚至交叉重叠，如果蚕室蚕具消毒工作疏忽，病原污染严重，客观上会导致上期养蚕残留病原对下期蚕的垂直传播；另外，布局的不合理，极有可能造成叶蚕不平衡、蚕期遇到高温或低温、劳力与大农业冲突、蚕易受农药的影响等，这些因素从各个方面导致蚕病的发生。因此，各个蚕区对全年的养蚕布局都必须做出合理安排，相邻两个蚕期之间必须留出一周左右的时间，便于有充足的时间进行消毒，各蚕期饲养的量也应做出合理计划，防止缺叶或余叶。

二、严格消毒、消灭病原、切断传染途径

消灭病原是防治病毒病发生的根本措施，必须掌握时机，灵活机动地做好消毒工作。养蚕前，认真做好蚕室、贮桑室、上蔟室、大小蚕具及蚕室周围的清洁消毒工作，严格防止小蚕期感染。有时，因小蚕发病临时去补领蚕种，领来的蚕种在同室饲养，这样做容易造成病毒的传染与蔓延。

通常可采用氯制剂、甲醛制剂或石灰浆进行消毒，对病毒病的病原都有很好的消毒效果，但必须按所用消毒药剂的使用说明及消毒规程正确操作。需要指出的是，一些表面活性剂类消毒药剂对蚕病毒及其包涵体的消毒作用不彻底。对土壤下 $1\sim3cm$ 深处的病毒，甲醛有较好的消毒作用，漂白粉、石灰则较差。

病毒病特别是细胞质型多角体病、浓核病、病毒性软化病，它们的传染力强，传播蔓延机会多，单靠养蚕前消毒很难保证蚕期不发病，因此必须建立健全防病消毒卫生制度，要经常用含 $0.3\%\sim0.5\%$ 有效氯的碱性溶液或 $0.5\%\sim1.0\%$ 的新鲜石灰浆对蚕室、贮桑室、走廊及蚕室周围环境进行喷雾消毒。特别在夏秋季，每次除沙后均应进行消毒。蚕期结束后，蔟中死蚕是病毒最多、最新鲜、最集中的传染源，所以采茧后要立即进行消毒。蔟具蔟室清洗、消毒、晒干后供使用或贮存；用过的草蔟应及时烧毁，防止人为传播，污染环境，为下次养蚕创造良好的环境条件。

大、中、小蚕"三级分养"及"三专一远"（专室、专具、专人，小蚕室要远离大蚕室、蔟具）的养蚕防病制度已获得良好的防病效果，值得推广。

三、控制桑园害虫、防止交叉感染

桑园多种害虫能感染病毒病，它们中有许多病原可以与家蚕相互感染，成为蚕病的传染源。染病害虫通过流脓、排粪、吐液等污染桑叶，从而引起蚕感染发病。因此，必须做好桑园的治虫工作。桑园治虫一般有三个关键时期。

1. 冬季治虫封园　　秋蚕结束以后，用长效农药如 20%菊酯类 8000～10 000 倍或 50%甲胺磷 1000 倍喷洒，杀灭越冬幼虫，减少虫口基数。

2. 夏伐治虫　　春蚕结束，伐条后 3～7d，用 50%甲胺磷 1000 倍喷洒桑干治虫。

3. 夏秋治虫　　用短效农药如双效磷、乐果或三氯杀螨醇等治虫，但必须注意农药的残效期，以防家蚕农药中毒。

四、严格提青分批、防止蚕座传染

感染病毒病的蚕总是发育缓慢，迟眠迟起，不仅造成养蚕的不便，而且对健蚕是很大的威胁。特别是质型多角体病、浓核病和病毒性软化病病蚕与健蚕混育在一起，随着病蚕排出大量的带有病毒的粪便，造成严重的蚕座传染。所以养蚕生产上，无论是否有病，凡是发育

迟缓的蚕都应该采取分批、提青的措施，与健蚕分开，坚决淘汰病蚕，以减少蚕座传染的机会。由于蚕是群体密集饲养，要拣出所有的病蚕实际上是不可能的，而且患病蚕在表现出症状之前，已开始大量排出病毒，因此为了防止蚕座传染，生产上一般用蚕体蚕座消毒剂或新鲜石灰粉在每次饲食及加网除沙前，进行蚕体蚕座消毒。目前，省力化养蚕技术已被广泛推广和应用，尽管在大蚕期不除沙，但也需经常进行蚕体蚕座消毒，这是防止病毒病发生蔓延的重要措施。

发生了病毒病的蚕沙，需在适当地点堆沤，充分腐熟后才能作为肥料，不能随便撒施到桑园或摊晒作为饲料，以避免人为地使病毒扩散，污染环境。

五、加强饲养管理、增强蚕的体质

蚕体抗病能力的强弱受两方面因素的制约，一方面受内因遗传基因的支配，另一方面受外在因素的影响。对于某一个特定的品种，精心饲养，提高蚕的体质，是病毒病防治中非常重要的一环。在做好合理布局的基础上，一是要做好蚕卵的催青保护工作。催青直接影响蚕的体质和蚕对病毒的抵抗性，因此催青中必须严格按照标准进行温湿度调节，注意通风排气，避免接触高温和有毒气体。注意做好补催青工作，及时收蚁，防止蚁蚕饥饿。二是做好蚕期的饲养管理工作，努力提高蚕的体质。蚕的发育阶段不同，对环境条件和营养的要求也不一样，必须根据蚕体的生理要求，做好温湿度的调节工作，特别是大蚕期要避免接触长期的高温闷热等不良的饲育环境；注意桑叶的采、运、贮，保证良桑饱食。三是做好眠起处理，使蚕发育齐一。四是严防极端的不良因素如农药、氟化物等对蚕的刺激，避免病毒病的诱发。五是适当使用抗生素。质型多角体病、病毒性软化病、浓核病常常与细菌性肠道病并发，加速病毒病发生的进程，因此通过适当使用抗生素，抑制细菌性肠道病的发生，从而减少或延缓病毒病的发生。此外，整个养蚕过程中要防止因蚕体创伤所引起的感染。

六、选用抗病力较强的品种

选用抗病力、抗逆性较强的蚕品种在病毒病防治实践上具有重要的意义。蚕品种是影响蚕对病毒抵抗性的基础，不同的蚕品种经济性状不同，对病毒的感染抵抗性也不同，在生产上要根据不同地区养蚕季节的特点和饲养水平，确定该地区的饲养品种。在饲养条件、饲养技术较差的地方，夏秋季蚕应选择抗病力、抗逆性强的品种，不能盲目推行春种秋养。

七、其他

除以上防治措施以外，科学工作者对家蚕病毒病的防治方法做了大量的探索，主要集中在以下几个方面。

（一）病毒感染和增殖抑制药物的筛选

病毒病的治疗主要是开发不影响细胞而仅仅对病毒增殖有特异性抑制作用的物质，然而，至今没有取得理想的成果。从整个病毒病的治疗来讲，用于临床的治疗药剂并不多。其原因可能是病毒是利用寄主的代谢系统增殖的，抑制病毒增殖的药物对寄主来说也有毒性，故难以实用化。尽管如此，科学家对家蚕病毒病的治疗还是做了许多研究。5-氟尿嘧啶（5-fluorouracil）等尿嘧啶代谢类似物可作为抗病毒药剂。据报道有效浓度为 $5 \times 10^{-5} \sim 5 \times 10^{-4}$ mol/L 的 5-氟尿嘧啶可使病毒性软化病的发病率降低 20%～30%；9-氨基乳酸吖啶

（9-aminoacridine lactate）能使核型多角体病发病率降低 30%～60%；烷基化 5′-鸟嘌呤核苷酸能使蚕对 BmNPV 的抵抗性提高 1000 倍以上。萘啶酮酸（nalidixic acid）对家蚕核型多角体病和病毒性软化病的发病率有明显的抑制作用，但对质型多角体病却无效。胍对病毒性软化病有一定的治疗作用（川濑茂实，1989）；果糖嗪（fructosazine）对核型多角体病、质型多角体病、病毒性软化病的发生有一定的抑制作用；家蚕添食 polyI:C 对质型多角体病毒病有抑制作用（钟文彪，1987）。丙氧甲基鸟嘌呤、膦甲酸、阿糖腺苷、三（氮）唑核苷对 BmNPV 的增殖均有一定的抑制作用，它们对感染 BmNPV 家蚕的半数有效量（ED_{50}）分别为 31μg/头、84μg/头、290μg/头和 10μg/头。麻黄汤、葛根汤、小柴胡汤、小檗碱、姜黄素、大黄酸、虫草素、黄芩苷、青蒿素、苦参碱对 BmNPV 的增殖有一定的抑制作用（高梅梅，2012）。

（二）"弱毒苗"添食

同一细胞被两种病毒入侵时，往往产生两种完全不同的结果：一是两种病毒互不相干各自增殖，另一种情况是一种病毒抑制另一种病毒的增殖，第二种现象也被称为干扰现象。干扰现象的发生与细胞诱发产生干扰素有关。质型多角体病毒的不同株系之间有明显的干扰现象。利用热处理、紫外线照射、甲醛灭活的 BmCPV 给蚕添食后，对活性 BmCPV 的感染有干扰作用。用丙内酯或热灭活的 BmNPV 给家蚕添食也可获得对病毒感染一定的干扰。

（三）高温疗法

高温对病毒的增殖有明显的抑制作用，37℃高温处理能使病毒性软化病病蚕的结茧率提高 70%以上，而质型多角体病病蚕的结茧率可提高 40%。高温疗法用在生产上存在两个问题：一是高温疗法对非包涵体病毒的作用较明显，而对包涵体病毒的效果较差；二是高温疗法所用的温度已超过蚕的适温范围，往往引起蚕体质虚弱，发生细菌性胃肠病。

（四）添食抗生素

病毒病的发生与肠道细菌有密切的关系，BmCPV 与肠杆菌能同时感染圆筒状细胞。在养蚕生产上控制肠道中的细菌繁殖，则对病毒病的防治有积极意义。添食抗生素可以延缓病毒病的发生。

（五）早期诊断

以血清学技术、分子生物学为基础的早期诊断已日趋成熟，特别是质型多角体病、浓核病、病毒性软化病已可以在感染早期发现，理论上可以通过采取措施隔离、治疗或淘汰来避免造成重大损失，但由于受基层养蚕单位检测条件不足等因素的限制，相关技术仍没有推广应用。

（六）基因疗法

随着分子生物学的发展，科学家发现了具有阻断病毒转录、翻译的反义 RNA、核酶（ribozyme）等小分子 RNA，这些小分子 RNA 的表达质粒，不仅可以插入细胞染色体，而且可以使转化细胞获得抗病毒的功能。张晓岚等（1996）以 BmNPV 的早期 mRNA（immediate-early mRNA，IEmRNA）为靶序列，针对 3 个特异性酶切位点设计合成了 3 个不同锤头状单价核酶基因，并构建了三联核酶的转录质粒 pBN426，将该质粒装入带有 IE 启动子和萤光素酶基因的家蚕表达质粒中，经 Lipofectin 导入家蚕细胞中，初步观察到被转化的细胞具有抗 BmNPV 感染的能力。近 10 年来，家蚕转基因技术已取得明显进步，通过转基因技术已获得多个抗 BmNPV 的品种素材。

利用转基因技术与 RNAi 技术的有机结合，Kanginakudru 等构建表达 BmNPV *ie-1*-dsRNA 的转基因家蚕，可达到 40% 的保护效果（Isobe et al.，2004；Kanginakudru et al.，2007）；Jiang 等（2012）将 BmNPV *ie-1*、*helicase*、*gp64* 和 *vp39* 分别作为靶抑制基因进行了转基因家蚕构建，发现抑制 BmNPV *ie-1* 基因表达的转基因家蚕表现出最好的抗病毒效应；Xue 等（2008）也在细胞水平构建过能够同时抑制 BmNPV *ie-1* 和 *lef-1* 的稳定表达细胞株，发现转化细胞也表现出抗毒的特性；Zhang 等（2014）构建能同时表达 *ie-1* 和 *lef-1* 短发夹状 siRNA 的转基因家蚕，发现对 BmNPV 的抵抗性提高 40%；Jiang 等（2012，2013）通过分别转入家蚕内源性的抗病毒分子 *Bmlipase-1* 和美国白蛾核型多角体病毒（*Hyphantria cunea* NPV）*hycu-ep32* 基因，提高了家蚕对 BmNPV 的抗性；还有通过 CRISPR/Cas9、CRISPR/Cpf1 提高家蚕对 BmNPV 的报道（Liu et al.，2021；Dong et al.，2018，2019；Chen et al.，2017；Pan et al.，2022；Yang et al.，2021）；通过转基因 RNAi 抑制 BmBDV 基因的表达可以有效提高转基因品系对 BmBDV 的抗性（Sun et al.，2018）。

本章主要参考文献

高梅梅. 2012. 一种基于萤光素酶报告基因的体外抗病毒药物筛选方法的建立及应用. 天津：南开大学硕士学位论文.

贡成良，卢铿明. 1993. 家蚕核型多角体病毒四角形多角体的研究. 蚕业科学，19（1）：25-31.

郭锡杰，钱元骏，胡雪芳，等. 1985. 我国家蚕浓核病毒（DNV）寄生组织部位的研究. 蚕业科学，2：93-98.

郭学双，曹广力，贡成良，等. 2010. BmNPV 多角体对稳定转化细胞表达荧光蛋白的包埋现象初探. 蚕业科学，36（4）：625-629.

黄可威，陆有华. 1985. 家蚕中肠型脓病发病规律的研究. Ⅰ. 病毒多角角体的检出技术. 蚕业科学，2：153-156.

黄可威，陆有华. 1988. 家蚕中肠型脓病发病规律的研究. Ⅴ. CPB 的浓度和毒力对蚕的感染进程、发病时间、分布和混育传播的影响. 蚕业科学，2：141-145.

吕鸿声. 1998. 昆虫病毒分子生物学. 北京：中国农业科学技术出版社.

钱元骏，胡雪芳，孙玉昆，等. 1986. 家蚕浓核病毒的研究. 蚕业科学，2：89-94.

苗娜娜，陆奇能，洪健，等. 2007. 传染性软化病病毒感染家蚕中肠上皮细胞的免疫电镜观察. 蚕业科学，33（4）：602-609.

孙振丽. 2016. 病毒感染和高温处理对家蚕肠道菌群结构的影响. 苏州：苏州大学硕士学位论文.

王国宝，吴小锋. 2013. 昆虫杆状病毒诱导宿主行为变化及其分子机制. 蚕业科学，5：1005-1010.

Blissard GW, Wenz JR. 1992. Baculovirus gp64 envelope glycoprotein is sufficient to mediate pH-dependent membrane fusion. J Virol, 66: 6829-6835.

Cheng L, Sun J, Zhang K, et al. 2011. Atomic model of a cypovirus built from cryo-EM structure provides insight into the mechanism of mRNA capping. Proc Natl Acad Sci USA, 108(4): 1373-1378.

Feng Y, Zhang X, Kumar D, et al. 2021. Transient propagation of BmLV and dysregulation of gene expression in nontarget cells following BmLV infection. J Asia-PacEntomol, 24: 893-902.

Hashimoto Y, Kawase S. 1983. Characteristics of structural proteins of infectious flacherie virus from the silkworm, *Bombyx mori*. J Invertebr Pathol, 41(1): 68-76.

Hu X, Zhu M, Zhang X, et al. 2018. Identification and characterization of circular RNAs in the silkworm midgut following *Bombyx mori* cytoplasmic polyhedrosis virus infection. RNA Biol, 15(2): 292-301.

Ito K, Shimura S, Katsuma S, et al. 2016. Gene expression and localization analysis of *Bombyx mori* bidensovirus and its putative receptor in *B. mori* midgut. J Invertebr Pathol, 136: 50-56.

Jiang L, Zhao P, Wang G, et al. 2013. Comparison of factors that may affect the inhibitory efficacy of transgenic RNAi targeting of baculoviral genes in silkworm, *Bombyx mori*. Antiviral Res, 97(3): 255-263.

Kong X, Wei G, Chen N, et al. 2020. Dynamic chromatin accessibility profiling reveals changes in host genome organization in response to baculovirus infection. PLoS Pathog, 16(6): e1008633.

Kumar D, Sun Z, Cao G, et al. 2019. *Bombyx mori* bidensovirus infection alters the intestinal microflora of fifth instar silkworm (*Bombyx mori*) larvae. J Invertebr Pathol, 163: 48-63.

Sun Q, Guo H, Xia Q, et al. 2020. Transcriptome analysis of the immune response of silkworm at the early stage of *Bombyx mori* bidensovirus infection. Dev Comp Immunol, 106: 103601.

Wang Y, Lin S, Zhao Z, et al. 2021. Functional analysis of a putative *Bombyx mori* cypovirus miRNA BmCPV-miR-10 and its effect on virus replication. Insect Mol. Biol, 30(6): 552-565.

Xie L, Zhang Q, Lu X, et al. 2009. The three-dimensional structure of infectious flacherie virus capsid determined by cryo-electron microscopy. Sci China C Life Sci, 52(12): 1186-1191.

Yang X, Zhang X, Liu Y, et al. 2021. Transgenic genome editing-derived antiviral therapy to nucleopolyhedrovirus infection in the industrial strain of the silkworm. Insect Biochem Mol Biol, 139: 103672.

Yu XK, Jin L, Zhou ZH. 2008. 3.88Å structure of cytoplasmic polyhedrosis virus by cryo-electron microscopy. Nature, 453: 415-419.

Zhang Y, Zhang X, Dai K, et al. 2022. *Bombyx mori* Akirin hijacks a viral peptide vSP27 encoded by BmCPV circRNA and activates the ROS-NF-κB pathway against viral infection. Int J Biol Macromol, 194: 223-232.

本章全部
参考文献

第三章 细 菌 病

细菌（bacteria）是一类细胞结构简单、没有细胞核膜的原始单细胞生物，即原核生物。细菌在自然界中分布广泛、种类与数量繁多，为自然界物质循环的主要参与者。其中，病原性的细菌可感染动植物机体引发细菌病。

蚕的细菌病是由蚕的病原性细菌引起的传染性病害，在所有养蚕季中都有可能零星发生，尤其是高温多湿的夏秋季，通常情况下大规模发病的病例比较少。但是，如果饲养操作粗放，蚕室、蚕座卫生较差，装运桑叶和贮桑管理不当，桑叶发酵发热等，也会引起细菌病的大量发生。推广细菌农药防治农业害虫，由于忽视安全使用，病原细菌可向蚕区扩散，曾引起我国局部蚕区发生细菌性蚕病的流行危害。

从昆虫和家蚕分离的细菌种类有很多，但多数对昆虫和家蚕并不显示病原性。对家蚕显示病原性的病原细菌主要分属于以下 6 科：芽孢杆菌科（Bacillaceae）的芽孢杆菌属（*Bacillus*）；肠杆菌科（Enterobacteriaceae）的肠杆菌属（*Enterobacter*）、沙雷菌属（*Serratia*）；链球菌科（Streptococcaceae）的链球菌属（*Streptococcus*）；微球菌科（Micrococcaceae）的葡萄球菌属（*Staphylococcus*）；弧菌科（Vibrionaceae）的气单胞菌属（*Aeromonas*）；假单胞菌科（Pseudomonadaceae）的假单胞菌属（*Pseudomonas*）。

根据昆虫病原细菌对寄主的依赖程度和作用的特殊方式，可分为三种类型。

1. 专性病原菌（obligate pathogen） 专性病原菌是一类专营寄生生活的芽孢杆菌，如日本金龟子芽孢杆菌（*Bacillus popilliae*），对日本丽金龟等特定昆虫的致病力很强，易经口感染和传染，但只能在寄主体内寄生繁殖，不能营腐生生活，也不能在人工培养基上正常生长。本菌曾被开发为细菌杀虫剂应用于防治特定的昆虫害虫。迄今，在家蚕的病原细菌中未发现有该类病原菌。

2. 兼性病原菌（facultative pathogen） 兼性病原菌是一类既可营腐生生活又可寄生于昆虫体内的病原细菌，寄主范围较广。细菌经口或经体壁感染寄主后，在消化道或体腔内进行增殖，造成寄主死亡。有些种类能产生毒素引发寄主的中毒症，如引起家蚕细菌性中毒病的苏云金杆菌及其变种，以及引起败血病的黏质沙雷菌等。

3. 潜势病原菌（potential pathogen） 潜势病原菌多数为腐生菌，普遍存在于昆虫的消化道中。由于毒素和酶的产生数量少，难以侵入体腔内对寄主造成损害。通常是因为昆虫自身体质的衰弱或环境不良时引起发病，所以这类细菌又称为条件性致病菌，可引起家蚕的细菌性肠道病或败血病。

家蚕的细菌病有多种，但无论哪一种，病蚕死后，尸体都软化腐烂，所以统称为软化病，根据病原细菌的类型及病征分为如下三类：败血病、细菌性中毒病及细菌性肠道病。

第一节 败 血 病

蚕的败血病是指病原细菌侵入家蚕幼虫、蛹和蛾的血淋巴系统中大量生长繁殖，然后随血液循环引发全身性感染的疾病。根据感染途径的不同，一般分为原发性败血病和继发性败血病。原发性败血病是由细菌从体壁伤口直接侵入而引发，而继发性败血病则是细菌先在消化管内繁殖，然后再侵入血淋巴引起的败血病。

表皮创伤感染是家蚕发生败血病的主要途径，本节所述的败血病是指原发性败血病，常见的种类有黑胸败血病、灵菌败血病和青头败血病。

一、病原

败血病通常不是特定细菌引发的，能引起败血病的细菌种类很多，其中以产生卵磷脂酶的细菌为主，包括大杆菌、小杆菌、链球菌和葡萄球菌等。由于细菌的致病力不同，因此所引起败血病的病征、病程有一定的差异。

引起细菌性败血病的细菌分布广泛，在空气、水源、尘埃、土壤、桑叶甚至在蚕座和蚕具上都能发现。根据我国调查资料，从蚕室、蔟室、贮桑室等分离得到的 66 个菌株中，1/3 以上能引起蚕的败血病，充分说明了败血病病原细菌存在的广泛性。据日本资料报道，从蚕室等分离的细菌，50%对家蚕具有致病力，其中80%为沙雷菌，从蚕茧病死蚕分离的细菌中，73%是革兰氏阴性菌，其中沙雷菌占了 50%。家蚕常见败血病病原细菌的性状比较见表 3-1。

表 3-1　家蚕常见败血病病原细菌的性状比较

项目	黑胸败血病	灵菌败血病	青头败血病
病原	芽孢杆菌科	肠杆菌科	弧菌科
分类	芽孢杆菌属	沙雷菌属	气单胞菌属
	黑胸败血病菌	黏质沙雷菌（灵菌）	青头败血病菌
	Bacillus sp.*	*Serratia marcescens* Bizio**	*Aeromonas* sp.
大小	3.0μm×（1.0~1.5）μm	（0.6~1.0）μm×0.5μm	（1.0~1.5）μm×（0.5~0.7）μm
特性	菌体常两个或多个相连	短杆状、两端钝圆	两端钝圆、单个
芽孢	偏端芽孢	不形成芽孢	不形成芽孢
鞭毛	周生鞭毛	周生鞭毛	极生单鞭毛
革兰氏染色	阳性	阴性	阴性
菌落	灰白色，大多数有褶皱	半透明、产灵菌素呈玫瑰色	白色半透明

*曾鉴定为 *Bacillus bombysepticus*
**曾用名 *Bacterium prodigsom*

黑胸败血病的病原菌为芽孢杆菌，是一类通过创伤感染的致病性较强的病原性芽孢杆菌（图 3-1）。苏云金杆菌也能创伤感染，除产生芽孢外，还能产生伴孢晶体。由于能够形成芽孢，本菌对高温等环境因素的抵抗力最强，但在养蚕常用的消毒药剂中，除石灰浆、季铵盐类外，漂白粉、甲醛溶液、氯化异氰尿酸类、二氧化氯等化学药剂和煮沸、湿热等物理消毒，对细菌性败血病菌均有良好的消毒效果。

灵菌败血病的病原菌为肠杆菌科的黏质沙雷菌（图 3-2），在养蚕环境中的分布最广，由于本菌能产生灵菌红素（prodigiosin），所以其引起的败血病称为灵菌败血病。从重庆蚕区病蚕分离的黏质沙雷菌菌株（SCQ1）完成了全基因组的测序，全长序列含约 4692 个基因，其中包括 14 个色素合成基因；同

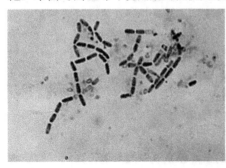

图 3-1　黑胸败血病菌（1000 倍）

时，也发现了色素合成障碍的突变株，对突变株的重测序及与野生株比较发现突变位点主要发生在色素基因之外，其色素合成障碍主要发生在转录调控水平，突变株对家蚕的感染致病力也较强（Xiang et al., 2021，2022）。

青头败血病的病原菌为气单胞菌（图3-3），生长条件需氧或兼性厌氧，形态大小与肠杆菌科的灵菌败血病菌相近，但气单胞菌氧化酶试验为阳性，此可与肠杆菌科灵菌败血病菌鉴别；本菌可发酵葡萄糖，在氧气充足的情况下，可产生大量的二氧化碳气体，因此，该病病斑处有时会产生冒气泡的现象。

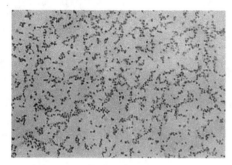 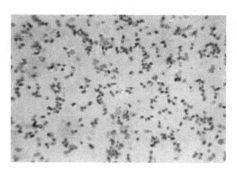

图3-2 灵菌败血病菌（660倍） 图3-3 青头败血病菌（1000倍）

二、病征、病变及致病过程

败血病菌可通过伤口侵入蚕的幼虫、蛹、蛾而引起败血病，其中幼虫患病对蚕茧生产影响较大，而蚕蛹、蚕蛾的败血病还会严重影响蚕种生产。因为致病细菌的特性多样，所以败血病从感染到发病死亡的时间也存在一定的差异。但常见的几种败血病多是急性发作的。一般在温度较高时（28℃左右）自细菌侵染到发病死亡时间约10h，温度较低（25℃）时经1d左右发病死亡。也有一些致病力弱的菌株，如链球菌，则需要经1d以上才发病死亡。

（一）病征

引起败血病的细菌种类虽然很多，且因细菌种类不同而各具特征，但前期症状大致相同。

1. 幼虫期的病征 蚕的败血病前期症状大致相同。病原菌侵入血淋巴后，经10～12h，蚕停止食桑，体躯挺伸，行动呆滞或静伏于蚕座。继而胸部膨大，腹部各环节间收缩，少量吐液，排软粪或念珠状粪，也有排黑褐色污液。临死前蚕体侧倒、痉挛，有的病蚕还会出现大量呕吐或下痢情况。初死时，有短暂的尸僵现象，胸部膨大，头尾翘起，腹部向腹面弯曲，胸足伸直，腹足后倾，各环节由于紧缩而中央稍鼓起，其体色与正常蚕无明显差异。死亡后1～2h，尸体逐渐软化，表现为体壁松弛、体躯伸展、软化变色。继而全身柔软扁瘪，内脏离解液化，腐败发臭，仅剩几丁质外皮，稍经震动，流出污液。蚕的败血病因病原细菌种类的不同，蚕死亡后蚕体尸斑呈现不同的特征。

黑胸败血病首先在胸部背面或腹部第1～3环节出现黑绿色尸斑，尸斑很快扩展至前半身，甚至全身变黑，最后全身腐烂，流出恶臭的黑褐色污液（图3-4）。

灵菌败血病蚕尸体变色较慢，有时在体壁出现褐色小圆斑，随着尸体组织的离解、液化而渐变成嫣红色，这是由于病原菌会分泌红色的含有吡咯环的灵菌红素（Dauenhauer et al., 1984），最后流出红色污液（图3-5）。但也发现了色素合成障碍不产色素的突变株，感染死亡的蚕体色非红色，而是浅白色或浅褐色。

青头败血病的症状，因发病时期不同而略有差异。5 龄中、后期发生的青头败血病蚕，死后不久，胸部背面出现绿色半透明的块状尸斑。由于本菌在增殖中能产生气体，因此在尸斑下会出现气泡，俗称泡泡蚕，但并不变黑；5 龄初期发病则胸部大多不出现气泡。经数小时，病菌使脂肪体离解，脂肪球混于血液中而使血液变浑浊呈灰白色，最后尸体流出的污液有恶臭（图 3-6）。

图 3-4　黑胸败血病蚕的病征　　　图 3-5　灵菌败血病蚕的病征　　　图 3-6　青头败血病蚕的病征

2．蛹期的病征　　蛹期患病，发病迅速，蛹体变黑，液化扁瘪，不能拾起，体皮易破，流出黑色或红色的恶臭污液，并造成蚕蛹相继感染死亡。

3．蛾期的病征　　蚕蛾患病后，鳞毛污秽，行动呆滞，胸足僵硬，翅不振展而易折断和脱落，腹部先肿后瘪，常死于交配或产卵过程中。死后腹内器官组织离解液化，从节间膜或鳞毛脱落处，可透视腹内呈黑褐色或红色，最后腹部变成一堆污液，仅剩头、胸部和翅脚。

这三种败血病均为急性型，但发病快慢与温度有直接关系，在 25℃常温下，一般感染后 24h 内死亡。灵菌败血病从感染到死亡的时间，15℃时为 29h，25℃时为 14h，30℃高温时只需 8h；青头败血病 20℃时经 34h，25℃时经 20h，32℃高温时，经 10h 即行死亡。除急性败血病外，还有一类小球菌引起的败血蛹，这种败血蛹染病后背管颜色逐渐加深成黑褐色，继而延及全身发黑，病程缓慢，死后蛹体也不迅速腐败，生产上也有受其严重危害的病例。三种败血病病征的比较见表 3-2。

表 3-2　常见的家蚕败血病病征比较

项目	黑胸败血病	灵菌败血病	青头败血病
不同点	胸部背面或腹胸之间出现黑绿色尸斑，蚕体前半部甚至全身变黑、软化腐烂，体皮破裂发臭	体皮褐色小斑点，逐渐全身红褐色，皮破后流出红色污液	胸部淡绿色或有绿色尸斑，逐渐呈淡绿色或淡褐色水泡，尸体土灰色、腐烂、破裂流灰白色污液
相同点	①幼虫食桑骤停、行动呆滞、胸部膨大，吐液，排软粪或念珠状粪，痉挛而死。初死暂时尸僵，体形呈菱角形，胸部膨大，头尾翘起，腹部向腹面拱出，腹足后倾，环节紧缩，体色正常。尸体体壁松弛，体躯伸长，头胸伸出，软化变色，内脏解离液化，体皮易破，流恶臭污液 ②蛹期：腐烂变黑，易破，流黑色或红色污液 ③蛾期：鳞毛污秽、呆滞、胸足僵硬，不展翅。死后腹部黑褐色或红色，易破，流出污液后仅存头、胸、翅		

（二）病变及致病过程

细菌侵入家蚕幼虫后，在蚕濒死前，一般不侵入其他组织，而主要在血淋巴中大量增殖，随着血液循环而遍布体腔，在此过程中也受颗粒细胞的吞噬和血淋巴中抗菌物质的抑制；随着病原细菌的大量繁殖，夺取血淋巴中的养分，同时分泌蛋白酶和卵磷脂酶破坏血细胞和脂肪体细胞的细胞膜，从而导致细胞的崩解使血液变性，使血液和脂肪体的代谢功能被迅速破坏，最终使蚕死亡。常温下，从病菌感染到发病的时间为 12～24h。病蚕死亡后，病原细菌可继续侵入其他组织器官，使之离解液化。

三、发病规律

败血病的主要传染途径是创伤传染，与蚕的体质关系不大，而与养蚕操作技术、饲养环境条件、蚕的发育时期和饲养温湿度的关系十分密切。

以下两种情况会造成败血病发病率明显增加。一是在操作技术方面，蚕座过密，除沙、扩座、给桑、上蔟、采茧、削茧、鉴蛹、捉蛾等操作技术粗放，均可导致蚕、蚕蛹和蚕蛾的创伤，从而增加感染败血病的概率。二是养蚕环境，贮桑室管理不善、湿叶贮藏等都会增加感染败血病的概率。

小蚕期败血病很少发生，是因为小蚕期蚕的钩爪不甚发达，且有刚毛保护，蚕体不易互相抓伤，加之蚕座比较干燥，饲养管理比较精细，而在大蚕期败血病的概率则大大增加，是因为此时期蚕钩爪锋利，相互抓伤机会多，同时食量增加，排粪多，造成蚕座湿度大，病原菌容易在其中滋生繁殖。据报道，5 龄蚕的皮肤上没有发现伤斑的仅占 16.8%，有伤斑的蚕占 83.2%。因此，败血病的发生往往大蚕期比小蚕期多。熟蚕时期，蚕体表面沾有病原菌，营茧化蛹后如蛹体受伤，在茧内也可发生败血病。

温湿度与败血病的传染无直接关系，但能影响细菌的繁殖。高温多湿时，细菌繁殖迅速，因而间接导致败血病的发生。所以，生产上夏秋蚕期高温季节败血病的发生比春蚕期明显增多。

四、诊断

败血病的诊断，一般用肉眼诊断和显微镜检查，还可做细菌学诊断。但无论何种方法，都应以濒死前的蚕、蛹、蛾为主要对象。否则，时间过迟，某些虽非败血病死亡的个体，也会因细菌在体内的大量繁殖而软化变色，造成误诊。

（一）肉眼诊断

主要根据病征，以濒死和初死蚕症状为主，如停食、尸斑、尸僵、腹足后倾、体形、体色、吐液、排粪等。本病蚕呈现的暂时尸僵现象，在诊断上是一个重要依据。观察病蚕尸体变色的快慢及其特征，尸体腐烂的程度及其臭味等，也是诊断的依据。

（二）显微镜检查

取濒死前后蚕的血淋巴，镜检（40×15 倍）有无细菌存在及细菌的类型，如蚕体血淋巴中有大量细菌存在，则属本病。

（三）细菌学诊断

将濒死前后蚕的血淋巴滴在添加脱脂牛乳的普通琼脂培养基上培养，若菌落周围透明，可说明这种菌能产生蛋白质分解酶，便能确诊是由该种菌引起的败血病。如要鉴定菌种，还必须进行分类鉴定的各种试验。

第二节　细菌性中毒病

细菌性中毒病又称卒倒病，是家蚕食下苏云金杆菌及其变种所产生的毒素而引起的急性中毒症。20 世纪 70 年代中后期，广东珠江三角洲或其周围地区施用青虫菌、杀螟杆菌等细菌农药，曾引起了家蚕细菌性中毒病的区域性流行。因此，随着生物农药的普及使用，蚕桑主产区要采取严格的安全措施，以防止危害蚕业生产。

一、病原

本病病原细菌属芽孢杆菌科芽孢杆菌属，学名为苏云金芽孢杆菌（*Bacillus thuringiensis*）。1901 年日本学者 Ishiwata 从病蚕幼虫体内分离得到第一个可以产生晶体的芽孢杆菌，命名为卒倒杆菌（*Bacillus sotto*）。1911 年 Berliner 从德国一个名为苏云金（Thuringen）的地区某面粉厂的地中海粉斑螟（*Anagasta kuehniella*）染病幼虫中又分离到一株相似的菌株，1915 年定名为苏云金芽孢杆菌，一般称苏云金杆菌。此后在世界各地陆续分离到苏云金杆菌的新亚种，目前已知有 45 个血清型，约 60 个亚种。由于苏云金杆菌及其亚种可作为细菌农药而被重视和广泛研究，近 20 年不断有新的亚种发现及生物防治应用的报道。作为蚕的病原菌则以卒倒亚种为代表，学名为苏云金芽孢杆菌卒倒亚种（*Bacillus thuringiensis* subsp. *sotto*），简称卒倒杆菌。卒倒杆菌有营养菌体、孢子囊及芽孢等几种形态，能产生 α-外毒素、β-外毒素、γ-外毒素及 δ-内毒素等多种毒素。

（一）营养菌体

革兰氏阳性菌，呈杆状，端部圆形，大小为（2.2～4.0）μm×（1.0～1.3）μm。周生鞭毛，鞭毛具特异抗原性，可作为血清型分类的依据。以无性二分裂方式繁殖，往往多个菌体连成链状。在平面培养基上形成圆形菌落，边缘整齐，乳白色，有光泽。适宜于中性 pH 环境中生长，其最适温度为 28～32℃，高限 40～45℃，低限 10～15℃。能利用葡萄糖、海藻糖等作碳源，并能产生酸性物质；能使牛乳凝固及明胶分解；具 γ-外毒素使卵黄琼脂培养基液化。根据其生理生化反应可作为分类和识别亚种的依据。

（二）孢子囊

营养菌体生长一定时间后，受营养或环境因素的影响，能形成孢子囊。此时，发生许多细胞学和生物化学的变化，菌体先合成孢外酶（γ-外毒素），分泌于菌体外，可能有助于菌体分解和吸收某些形成孢子囊所必需的物质。其后，在孢子囊的一端形成芽孢，同时，在另一端形成蛋白结晶，称为伴孢晶体（δ-内毒素）。

芽孢和伴孢晶体形成期根据细菌形态发生的变化，可划分为几个阶段（图 3-7）：首先是两个染色质凝集和形成相当宽的轴丝，位于细胞中央（Ⅰ），接着染色轴丝分离，其中之一移至细胞的一端，在中体的参与下发生细胞膜内陷，完成芽孢隔膜（Ⅱ）。芽孢隔膜延伸将芽孢包围，芽孢从母细胞质中游离出来（Ⅲ）。其后，在芽孢周围形成皮层、孢子壳及外膜，芽孢成熟（Ⅳ～Ⅵ），Ⅶ为成熟的芽孢杆菌。伴孢晶体的形成是在第Ⅲ期的初期，于细胞的另一端开始形成蛋白结晶，并逐渐增大，伴孢晶体在芽孢游离时期接近成熟。最后，孢子囊溶解而释放成熟的芽孢和伴孢晶体（图 3-8）。

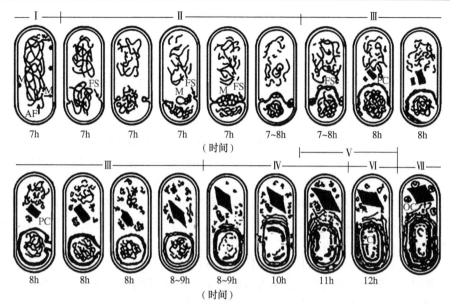

图 3-7 苏云金杆菌芽孢形成过程

M. 中体；AF. 轴丝；FS. 前孢子隔膜；PC. 伴孢晶体；C. 皮层；OC. 芽孢外衣

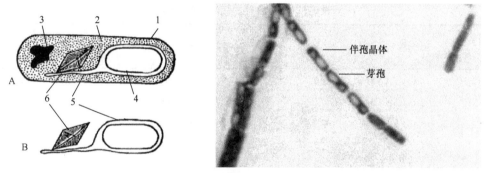

图 3-8 卒倒杆菌孢子囊的模式图（左）和照片（右）

A. 孢子囊；B. 游离的芽孢及伴孢晶体。

1. 孢壁；2. 细胞质；3. 染色质；4. 芽孢；5. 芽孢外衣；6. 伴孢晶体

（三）芽孢

菌体的休眠阶段即芽孢，呈圆筒形或卵圆形，大小为 $1.5\mu m \times 1.0\mu m$。有折光性，不易着色，能抵抗不良环境，在干燥、高温或低温冷冻条件下，能保持相当长时间的活力，遇到适宜条件即会发芽成为营养菌体。

（四）毒素

苏云金杆菌在其生长发育过程中能产生多种对昆虫有致病力的毒素，一类为蛋白质晶体内毒素（δ-内毒素），另一类为外毒素。

1. δ-内毒素 δ-内毒素（delta-endotoxin）又称为伴孢晶体或晶体毒素，与通常所称的细菌内毒素不同，它的成分不是脂多糖，而是一类蛋白质性质的内毒素，是苏云金杆菌合成的毒蛋白（toxic protein）或称杀虫晶体蛋白（insecticidal crystal protein，ICP），它也不能在细菌生长繁殖过程中被分泌到细菌体外，而是在细菌死亡及菌体裂解后释放出来发挥毒理作用。

在细菌繁殖的过程中伴随芽孢形成的同时，在其营养菌体的另一端合成的一种或几种 ICP 组成伴孢晶体。伴孢晶体的形态有菱形、球形、立方形、不规则形和镶嵌形等多种形态，以菱形较为常见。不同亚种的菌株，晶体形态不尽相同，菱形晶体的大小为 $(1\sim2)\mu m\times0.5\mu m$。电子显微镜观察菱形晶体是一个八面包封的双锥体，表面有粗糙平行的条纹，条纹间的距离为 26nm，亚单位呈杆状或哑铃状，大小为 5.0nm×15.5nm，具有含硅的骨架。不溶于水及丙酮、三氯甲烷、乙醚、苯等有机溶剂，对酸稳定，但能溶于碱性溶液，家蚕的碱性肠液可将其溶解。三氯乙酸、氯化汞等常用蛋白质沉淀剂，可使晶体和溶解了的晶体蛋白失活。晶体毒素在较大的 pH 范围内稳定，卒倒亚种晶体毒素在 pH 11～12 氢氧化钠溶液或 pH 4～4.5 乙酸缓冲液中稳定，在 pH 3.3 以下失去活性，具一定的热稳定性，在 65℃保持 1h，80℃处理 20min 也不致破坏。

近年对苏云金杆菌不同亚种 δ-内毒素的晶体蛋白及其基因有了深入的研究，并根据杀虫谱和毒素基因做了分类。苏云金杆菌 δ-内毒素晶体蛋白的基因类型及同一类型中不同亚类的特点均已基本查明，见表 3-3。其中 *Cry* I 及 *Cry* II 主要对鳞翅目昆虫具有毒性（Hofte and Whiteley，1989）。

表 3-3　苏云金杆菌结晶蛋白基因

结晶蛋白基因类型	结晶蛋白基因	杀虫谱[①]	亚种和菌株来源[②]	与原型氨基酸序列[③]的差异	
				原毒素	毒素
Cry I	*Cry* I A（a）	L	*kur*-HD-1, *aiz, ent, sot*	H	H *kur*
	Cry I A（b）	L	*ber*-175, *kur*-HD-1, *aiz*	3	2 *ber*
	Cry I A（c）	L	*kur*-HD-73	H	H *kur*
	Cry I B	L	*ent*-HD-110	1	1 *ent*
	Cry I （b）	L	*ken*	—	—
	Cry I C（a）	L	*ent*	H	H
	Cry I D	L	*aiz*	H	H
	Cry I E	L	*ken* 4F1	—	—
	Cry I G	L	*gal*	—	—
Cry II	*Cry* II A	L/D	*kur*	O	O
	Cry II B	L	*kur*	—	H
	Cry II C	L/D	*kur*	—	—
Cry III	*Cry* III A	C	*san, ten,* eg2158	O	O
	Cry III B（a）	C	*tol* IG2838	—	—
	Cry III B（b）	C	—	—	—
	Cry III D	C	*kur*	—	—
	Cry III E	C	*jap*	—	—
Cry IV	*Cry* IV A	D	*isr*	H	H
	Cry IV B	D	*isr*	—	—

续表

结晶蛋白基因类型	结晶蛋白基因	杀虫谱[1]	亚种和菌株来源[2]	与原型氨基酸序列[3]的差异	
				原毒素	毒素
*Cry*IV	*Cry*IVC	D	*isr*	—	—
	*Cry*IVD	D	*isr*	—	—
*Cry*V	*Cry*VA	L/C	*isr*	H	H
Cyt	*Cyt*A	D/C	*isr*，Mor PG-14	1	1

①L 为鳞翅目（Lepidoptera），C 为鞘翅目（Coleoptera），D 为双翅目（Diptera）

②苏云金杆菌的亚种和菌株来源简称分别为：*kur*, *kurstaki*; *ken*, *kenyae*; *aiz*, *aizawai*; *ent*, *entomocidus*; *sot*, *sotto*; *ber*, *berliner*; *gal*, *galleriae*; *san*, *sandiego*; *ten*, *tenebrionis*; *tol*, *tolworthi*; *jap*, *japenesis*; *isr*, *israelensis*; 其余符号为菌株编号

③原型氨基酸序列是指首次报道的基因型序列（正模式标本的），简称 H（holotype）；原模式标本的，简称 O（original type）；数字表示差异的氨基酸数

B. thuringiensis subsp. *kurstaki* 的 Cry I A（a）蛋白的编码基因 ORF 有 3468bp，由 1156 个氨基酸残基组成（Hofte，1986）。随着对杀虫晶体蛋白三维结构研究的进一步深入，人们对该蛋白质的不同结构域功能开展了广泛的研究。研究表明晶体蛋白分 3 个区域：区域 I 有 7 个螺旋束，与微孔形成有关；区域 II 是 3 个通道的集合，在蛋白质与受体分子结合过程中有重要作用；区域III是 β 夹层，对III区功能目前了解较少，据推测其与稳定 ICP 整体结构、决定 ICP 专一性、形成离子通道及与中肠上皮细胞结合过程有关。结晶蛋白中对鳞翅目家蚕的毒性中心为第 332～450 氨基酸区，而双翅目则在第 307～382 氨基酸区。

研究表明，晶体蛋白是在细胞生长的稳定期聚集成伴孢晶体形式的。已知 Cry I 类、Cry II 类及 Cry IV 类基因的表达明显与芽孢的形成过程相联系，称之为依赖于芽孢形成的基因，而 Cry III 类基因在形成芽孢之前就开始表达，是一类典型的不依赖于芽孢形成的基因。通过质粒消除实验，特别是分子克隆技术，已确定晶体蛋白基因位于分子质量为 30～150MDa 的质粒上。有报道认为，这些基因在不同亚种中的定位有三种情况：①定位在一种或几种大质粒上；②定位于染色体上；③既定位于染色体上，又定位于大质粒上。

晶体蛋白被来源不同的蛋白酶激活时分别产生杀虫专一性不同的毒素片段，杀虫专一性是由晶体蛋白与昆虫细胞膜上的受体特异性结合所决定的。不同亚种的伴孢晶体对家蚕的毒性不同，如苏云金亚种、卒倒亚种和杀虫亚种的伴孢晶体，5 龄家蚕口服的 ED_{50} 分别为每克体重 26μg、0.02μg 和 0.03μg（福原敏彦，1991）。

2. 外毒素 外毒素（exotoxin）是菌体在其生长过程中分泌于细胞外的代谢产物。已发现的主要有以下几种。

（1）α-外毒素 α-外毒素是一种可溶性酶类，即磷脂酶 C。这种毒素能影响许多细胞，首先影响磷脂膜，造成细胞膜破裂导致细胞破裂或坏死，使昆虫肠道中的细菌易于进入体腔，从而破坏了寄主昆虫的正常防御机制。磷脂酶作用的最适 pH 是 6.6～7.4，与叶蜂消化道内的 pH 基本一致，因而对叶蜂有明显的致病作用，所以 α-外毒素又称为叶蜂毒素。提纯后接种于家蚕不会引起中毒。

（2）β-外毒素 β-外毒素亦称苏云金素，由于经 120℃处理 10min 仍然稳定，又称为热稳定外毒素。对直翅目、等翅目、鳞翅目、半翅目、膜翅目和双翅目昆虫，数种螨类和线虫具有毒杀作用。

β-外毒素的分子式为 $C_{22}H_{32}N_5O_{15}P \cdot 3H_2O$，分子量为 701。由核糖-葡萄糖部分、葡萄糖-粘酸部分和粘酸-磷酸部分组成，所含的腺嘌呤、核糖、葡萄糖和磷酸的分子比为 1：1：1：1。

其作用机制主要是抑制 DNA 的合成。注射于蚕体可引起中毒，添食时毒性较低，但会影响家蚕变态发育。

（3）γ-外毒素　　　γ-外毒素是一种未经鉴定的酶类，能使卵黄磷脂澄清，说明可分解卵黄磷脂，其毒力尚未证实，但对蚕无毒。

（4）不稳定外毒素　　　对叶蜂科幼虫有毒性。毒性物质不稳定，对空气、阳光、氧、高温（60℃以上经 10～15min）敏感而易遭到破坏，所以叫作不稳定外毒素。毒素含有 17 种氨基酸，由一个或数个低分子量肽链组成。

（5）水溶性毒素　　　用一定剂量的水溶性毒素处理家蚕，在 3h 内家蚕中毒，停止进食，对外界刺激无反应，表现麻醉虚弱，其症状与食下 δ-内毒素中毒相似，但血清学研究证明它与 δ-内毒素没有关系。

（6）鼠因子外毒素　　　鼠因子外毒素不耐热，具有蛋白质性质，对小鼠和几种鳞翅目昆虫有较强的毒性，致死剂量的毒素可以使小鼠延缓生长或延长发育期。

（五）卒倒杆菌及其毒素的稳定性

卒倒杆菌的芽孢具有较强的抵抗力，在实验室紫外线管照射下，19min 可杀死 99% 以上，但在自然条件下或泥土中有的可存活 3 年。而伴孢晶体在阳光下经 19d 才失活。它们的稳定性见表 3-4。

表 3-4　卒倒杆菌芽孢及伴孢晶体对理化因素的稳定性

处理	条件		失活时间
	浓度	温度（℃）	
日光	—	45.7	连续 28h
		21.6	田间 19d
干热	—	100.0	40min
湿热	—	100.0	30min
甲醛溶液	2%（甲醛）	25.0	40min
消毒液	1%（甲醛）	25.0	90min
漂白粉液	1%（有效氯）	20.0	30min
	0.3%（有效氯）	20.0	3min（伴孢晶体）
氢氧化钠	0.5mol/L	常温	10min（伴孢晶体）

注：除标注"伴孢晶体"之外，其余均为芽孢的相关数据

二、病征、病变及致病机理

（一）病征

本病是家蚕食下苏云金杆菌及其变种所产生的毒素而引起的细菌性中毒病，以大蚕期发病较多。有急性中毒和慢性中毒两种，多数情况下为急性中毒。

1. 急性中毒症状　　　蚕食下大量毒素后，数小时内中毒死亡。往往前期症状不易被察觉而表现为突然食桑少或不食桑，前半身抬起，足向前，胸部略膨胀呈空头（透明）状，有痉挛性颤动并伴有吐液，进一步出现全身麻痹并侧卧死亡，卒倒病的名称即由此而来。初死时体色尚无变化，手触尸体有硬块，后部空虚，有轻度尸僵现象，头部缩入呈勾嘴状，多数第 1～2

腹节略伸长（图3-9）。

2. 慢性中毒症状 蚕食下亚致死剂量毒素时，不出现急性中毒，但症状较为复杂。初期表现为食欲减退，体色较暗，后肠以下空虚，排不正形粪，有时排出红褐色污液。濒死时，体色暗黄，间有吐液，肌肉松弛，麻痹，背管搏动缓慢，匍匐于桑叶面上，手触蚕体柔软，侧卧死亡。本病蚕的尸体初呈现水渍状病斑，渐次变黑腐烂，流出黑褐色污液。蚕食下临界亚致死剂量毒素时，也会表现中

图3-9 急性细菌性中毒病病蚕的病征

毒症状：突然停止食桑或少食桑，有轻微的痉挛性颤动，上半身空虚，行动呆滞，但经过数天病理反应（停止食桑等）后，恢复食桑，体色也渐次恢复正常，但体躯瘦长，发育明显慢于正常蚕，入眠及上蔟均比正常蚕推迟1～3d，但最终蚕体发育和茧质与正常蚕无大差异。

（二）病变及致病机理

δ-内毒素作为伴孢晶体亚单位存在时无毒，经溶解或蛋白酶水解后才变成有毒的多肽。家蚕摄食苏云金杆菌伴孢晶体后，被肠道碱性消化液迅速溶解，释放出130～145kDa的晶体蛋白，被蛋白酶水解而激活，被激活的毒素分子质量为50～70kDa。蛋白酶水解激活的过程包括去掉原毒素的C端部分。用^{3}H-亮氨酸标记的δ-内毒素添食于家蚕，仅5min即可在血液中检测到放射性的毒素碎片，说明伴孢晶体在蚕消化道中溶解、分解和吸收都十分迅速。

δ-内毒素作用于中肠上皮细胞，会引起兴奋、麻痹、松弛、崩坏等一系列组织病理变化。毒素首先作用于中肠前段1/3处的上皮细胞，然后逐渐向后发展至整个中肠，圆筒状细胞病变先于杯状细胞且受害比杯状细胞严重。受毒素作用后，首先微绒毛开始变形，圆筒状细胞端部膨胀突出于肠腔，甚至脱落，细胞核膨大，杯状细胞也开始拉长，杯腔变大；然后，大量圆筒状细胞向肠腔脱落、崩坏，基底膜上几乎仅残留杯状细胞（图3-10），严重时杯状细胞也脱落。中肠纵肌间距随病势发展而明显变小，因此外观蚕体第1～2腹节略伸长（廖富蘋，1999）（图3-9）。由于肠壁肌肉中毒收缩和麻痹，蠕动减弱，食下的桑叶片在围食膜内包裹成团状，即为可触及的硬块。

透射电镜观察中肠细胞，可见微绒毛变形、排列不正常甚至脱落；基膜内褶膨大并渐次消失；线粒体膨大、凝聚、变形；内质网膨胀呈空泡化，粗面内质网膨大；圆筒状细胞核膨大，细胞核的异染色质凝聚，有的靠向核膜；杯状细胞杯腔增大（图3-11）。

δ-内毒素引起蚕体生理病理变化主要是：δ-内毒素进入中肠后，在虫体肠道碱性环境下溶解活化为原毒素，然后由特定的蛋白酶水解，释放出毒性肽核心片段，该片段与中肠细胞膜上的受体蛋白结合，产生一系列的病理过程。受体蛋白与毒素结合是特异性的，已查明受体是一种糖蛋白，分子质量为210kDa，属于一种氨肽酶（aminopeptidase），定位于结晶蛋白区域III之中。氨基多肽酶N端是与毒素蛋白结合的位点，而C端是糖基磷酸肌醇锚信号肽，能锚定于细胞膜上。毒素蛋白与受体结合后首先影响中肠细胞膜的导电性及离子通道的改变，使细胞膜G蛋白（跨膜蛋白）的构象改变，抑制Na^+, K^+-ATPase活性（钠钾泵），导致ATP供应失调，细胞膜上的腺苷环化酶受抑制，导致细胞质中的cAMP第二信使降低，影响钠钾泵的工作。加之离子通道受破坏，中肠细胞的K^+往肠腔外溢，而Na^+透入体腔血淋巴中，

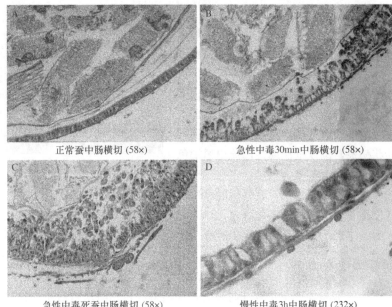

正常蚕中肠横切 (58×)　　　急性中毒30min中肠横切 (58×)

急性中毒死蚕中肠横切 (58×)　　　慢性中毒3h中肠横切 (232×)

图 3-10　细菌性中毒病的中肠病变

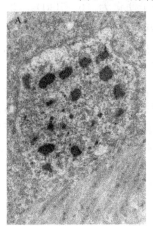 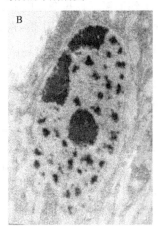

正常中肠圆筒状细胞的超微结构　　　急性中毒中肠圆筒状细胞的超微结构
(8000×)　　　　　　　　　　　(6000×)

图 3-11　细菌性中毒病中肠的细胞病变

引起血淋巴 pH 趋向碱性，这是导致急性中毒的主要原因。由于 Na^+ 大量进入中肠细胞，细胞内外离子渗透压失衡引起细胞膨大而使其崩坏解体，伴孢晶体中某些特异性的酶，能使中肠上皮细胞之间的透明质酸溶解，导致细胞彼此之间松弛、分开，甚至与基底膜脱离，向肠腔突出、脱落，最终 δ-内毒素会进入血淋巴，使蚕体出现败血症状而死亡。

δ-内毒素还可作用于神经突触前膜，干扰神经递质的释放，使神经传导中断，出现痉挛性颤动及全身麻痹中毒症状，但对后突触及轴突无影响。

三、发病规律

卒倒杆菌及毒素通过污染桑叶，使蚕经口食下传染。而高温多湿的条件，有利于病原细菌的传播与蔓延。

（一）传染来源

卒倒杆菌是兼性寄生菌，除可寄生于活体外，还可在尸体及腐殖质上大量繁殖，而且可以广泛存在于土壤及水等环境中。主要传染来源有桑园害虫，如桑尺蠖、桑盗毒蛾（桑毛虫）、桑螟、桑蟥及其他野外昆虫，它们均可感染卒倒杆菌，其排泄物及尸体均能污染桑叶而传染家蚕；蚕沙处理不当或水源不洁，患本病的家蚕尸体及排泄物散落在蚕室、蚕具或地面，均可引起感染；与蚕区相间的农田、果园、林地等施用细菌农药（如青虫菌、杀螟杆菌等）而处理不当，是直接引起本病的主要原因。

（二）蚕座内传染

病蚕排泄物及尸体流出的污液是蚕座传染的主要来源。蚕食下卒倒杆菌的菌体及毒素引起急性中毒发病死亡，根据卒倒杆菌的生物学特性，此期间体内或排出的毒素很少甚至没有，因此不能致病或致病力很弱。但在潮湿的蚕座上经一定时间后，便可形成大量的芽孢及毒素，其致病力大为增强。

有研究表明，δ-内毒素急性中毒蚕死后24h尸体研磨液中未发现伴孢晶体，病蚕尸体内细菌的浓度是5.52×10^9个/mL，除极少数为孢子囊阶段，其余均为营养菌体；经48h，病蚕尸体内的细菌浓度是1.44×10^{10}个/mL，芽孢晶体、孢子囊及营养菌体各占约1/3；经72h后，尸体内的细菌浓度达2.62×10^{10}个/mL，绝大部分已发育为伴孢晶体。由此可知，δ-内毒素急性中毒死后24h内，其致病性很弱甚至不致中毒；经48h，病蚕尸体内容物稀释25～30倍，也可使4龄蚕急性中毒致死；72h后，尸体内容物稀释120倍，也能引起蚕急性中毒致死（廖富蘋，2000）。病蚕尸体腐烂流出的污液，由于蚕的爬行或饲养员操作不慎污染桑叶，被其他健蚕食下少许即会发病。因此，在本病流行期间，蚕座上会有"发病中心"。尤其5龄地面育蚕一般不除沙，稍不注意便会造成严重扩散。在5龄期出现局部剩桑的地方即发病中心。如不及时处理，即会迅速蔓延。5龄前感染的蚕会出现迟眠蚕、半蜕皮蚕或不蜕皮而致死。

（三）环境因素

高温多湿是本病发生的重要诱因。阴雨多，湿度大，排湿困难，特别是连续喂食湿叶的情况下，造成蚕座潮湿、蒸热，有利于病菌的繁殖和传播而不利于蚕的健康，容易大量发生细菌性中毒病。

四、诊断

（一）肉眼鉴定

本病前期症状不易被察觉，只是表现为突然停止食桑或少食桑，胸部略膨胀透明（空头），有痉挛性颤动，刚死时体色无变异，死后手触尸体有硬块，头部缩入呈钩嘴状，胸部略膨大，第1～2腹节略伸长，有轻微尸僵现象是其明显的特征。

（二）显微镜检查

取病蚕消化道内容物制成临时玻片标本，镜检可观察到大量大型杆菌及芽孢，但必须检查到伴孢晶体才能确诊。遇病蚕急性中毒在短时间内死亡，不易检到芽孢及晶体时，可将病蚕尸体放置一定时间后再行观察。检查方法：将临时标本涂片后做热固定，用 1%结晶紫或苯酚复红染色，在油镜下可看到营养菌体着色较深，而芽孢及伴孢晶体则不易着色。

（三）生物鉴定

将病蚕尸体放置一定时间后，加无菌水研磨，将上清液添食于蚁蚕（或小蚕），如引起急性中毒即可确诊。有条件时可将病蚕消化道内容物进行细菌分离培养，从分离的菌落中检查有无芽孢及伴孢晶体，也可将分离培养的细菌添食于蚁蚕，如引起急性中毒即可确诊。

第三节　细菌性肠道病

细菌性肠道病也称为细菌性软化病或细菌性胃肠病，俗称空头病或起缩病。本病的发生较为常见，尤其是在蚕种生产或人工饲料育蚕中发生较多，但一般情况下都是零星发生，对生产不会造成严重危害。生产中大面积发生本病危害的情况，往往是由一些技术措施的失当而引起，如食下含氟量高的桑叶、蚕种体质虚弱、桑叶贮存不善，甚至叶面发酵等，都将严重影响饲养群体的体质或抵抗力。

一、病原

肠球菌是引起细菌性肠道病的病原细菌。至今发现对家蚕有致病性的肠球菌属（*Enterococcus*）细菌有 *E. faecalis*、*E. faecium* 和两者的中间型（Lysenko，1958；Kodama and Nakasuji，1968；Nagae，1974），它们在早期的细菌学分类上归属于链球菌属（*Streptococcus*）的 D 群，根据 1994 年的《伯杰氏系统细菌学手册》将其归属于肠球菌属（Holt，1994；鲁兴萌等，1996）。

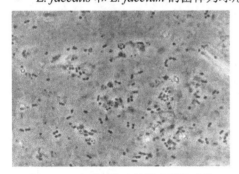

图 3-12　病蚕消化液镜检中的肠球菌
（相差镜检，1000 倍）

E. faecalis 和 *E. faecium* 的菌体为球形；大小为 0.7～0.9μm，在肉汁培养液中常多个相连或呈链状和双球状，在蚕的消化管中常为 2～3 个相连状（图 3-12 和图 3-13）；革兰氏染色阳性；属兼性厌氧菌；多数菌种为γ（非）溶血性，但也有α和β溶血性的菌株，在厌氧条件下α和β溶血性表现较为明显；虽然未发现运动器官，但具有运动性；能在碱性（pH 11.0）溶液中生长，在繁殖的同时大量分泌有机酸。肠球菌的许多菌种对青霉素（penicillin）、万古霉素（vancomycin）和第三代 cephem 系列抗生素等具有抗药性（Williamson et al.，1986）。

肠球菌在自然界有着十分广泛的分布，在土壤、溪流水、家庭废水、雨水、食品厂用水、娱乐和公共用水，植物的叶、芽和花，昆虫，以及温血动物中的猫、犬、牛、猪和羊等体内都有存在。在昆虫体内 *E. casseliflavus*、*E. faecalis* 和 *E. faecium* 等肠球菌的分布率较高（鲁兴萌和金伟，1996）。

二、病征

细菌性肠道病病蚕一般都表现食欲减退、不活泼、身体瘦小、生长缓慢、发育不齐等慢

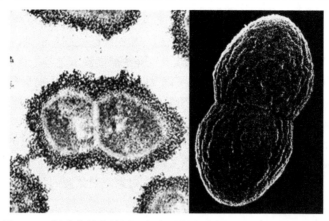

图 3-13 肠球菌的电镜图（左为透射电镜图，右为扫描电镜图）

性症状。由于发病时期和消化管内增殖的优势菌种类等的不同，病征的表现也有差异，常见的有起缩、空头和下痢等。①起缩：饷食后食桑不旺或不食桑，体色黄褐，体皮多皱，体躯缩小。龄中发病因食桑少而体躯瘦小，软弱无力。②空头：饷食至盛食期发病的蚕，消化管的前半部无桑叶而充满体液，以致胸部呈半透明状。部分能缓慢就眠，但往往死于眠中，尸体软化。③下痢：本病至后期常排稀粪、不正形粪或念珠状蚕粪。濒死前常伴有吐液现象。急性发病的蚕，多死于眠中，即蚕就眠后不能蜕皮而致死亡，死亡后尸体变成黑褐色，不久腐烂发臭。若在龄中发病，往往表现为体躯的两头大中间小，头胸部稍向腹部弯曲，吐液而死，尸体软化。

三、致病机理

在健康的家蚕消化道中存在着微球菌科（Micrococcaceae）、芽孢杆菌科（Bacillaceae）、短杆菌科（Brevibacteriaceae）、乳杆菌科（Lactobacillaceae）、肠杆菌科（Enterobacteriacae）、假单胞菌科（Pseudomonadaceae）和无色杆菌科（Achromobacteriaceae）7 科以上的细菌。普通桑叶育 5 龄蚕消化道中的优势菌为葡萄球菌属（*Staphylococcus*）的 *S. epidermidis* 和 *S. aureus*、肠球菌属（*Enterococcus*）的菌种、芽孢杆菌属（*Bacillus*）的 *B. cereus*、克雷伯菌属（*Klebsiella*）的 *K. ozaenae*、产碱杆菌属（*Alcaligenes*）的 *A. metalcaligens*、气杆菌属（*Aerobacter*）的 *A. cloaceae*、假单胞菌属（*Pseudomonas*）的 *P. fairmontensis* 和 *P. riboflavina*，以及无色细菌属（*Achromobacter*）的 *A. parvulus* 等（Takizawa and Iizuka，1968）。人工饲料育蚕消化道中的菌群较为简单，以肠球菌属和葡萄球菌属等革兰氏阴性菌为优势菌。这种菌群的数量比例随蚕的发育也有变化。

细菌性肠道病的发生是由消化道中细菌大量繁殖而引起的。在健康的家蚕消化道中虽然存在着各种细菌，但绝大部分的细菌种（属）在强碱性的消化液中都难以生长和繁殖。此外，消化液中的铜离子（1.2mg/L）在强碱性消化液中对灵菌等细菌有杀菌作用；对羟基苯甲酸（P-hydroxybenzoic acid，HA）、3,4-二羟基苯甲酸（protocatechuic acid，PA，原儿茶酸）和咖啡酸（caffeic acid，CA）等乙酸乙酯可溶性有机酸或丙酮和乙醇的抽提物对消化道内细菌的增殖也有一定的抑制作用（Yasui and Shirata，1995）。肠球菌属细菌虽然能在强碱性的条件下增殖，但消化液中的特异性防御蛋白质——抗肠球菌蛋白（anti-*Enterococcus* protein，AEP）具有足够的含量和活性，可抑制其的增殖（Utsumi et al.，1989）。所以，健康家蚕消化液中

的细菌总数一般在 10^7 个/mL 以下。

当家蚕受到一些影响其体质的因子冲击以后，如 5 龄起蚕过度饥饿、饲料不良（桑叶贮存时间过长、人工饲料和晚秋期桑叶等），或者饲养中受高温多湿等不良环境条件的影响等，都会导致消化液中 AEP 含量或抑菌活性的下降（Utsumi，1983；吴福泉和吴鹏抟，1986；鲁兴萌和金伟，1990）。AEP 含量和活性的下降，使本来被抑制的肠球菌属细菌开始增殖，肠球菌属细菌在大量增殖的同时，大量分泌有机酸（代谢产物），这些有机酸又使强碱性消化液的 pH 下降，消化液 pH 的下降导致本来被强碱性所抑制的其他细菌得以大量增殖，从而使消化道内的细菌总数大大增加（细菌性肠道病蚕消化液的细菌总数往往在 10^7 个/mL 以上），最终导致家蚕发病和死亡。影响家蚕体质因子的冲击对家蚕消化液的强碱性和抑菌物质的含量等也有一定的影响（图 3-14）。

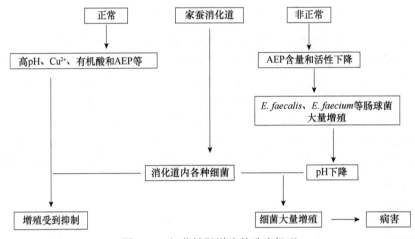

图 3-14　细菌性肠道病的致病机理

肠球菌是一种条件致病菌（或称为潜势性病原细菌），也就是在普通桑叶育的健康家蚕幼虫消化道内潜伏存在着，但对蚕无致病作用。只有在家蚕的体质虚弱的前提下，肠球菌才会发挥致病作用，导致消化道内细菌的大量增殖和蚕体发病死亡。

肠球菌在消化道内的大量增殖，还会引起菌体在围食膜上的附着和增殖，影响幼虫的营养吸收，甚至溶解围食膜。肠球菌的存在也会使病毒等其他致病微生物对家蚕造成感染，致病作用和危害更为严重。

四、诊断

本病的病征与浓核病和病毒性软化病相似，肉眼很难区别，一般根据以下三方面诊断识别。

（一）病情分析

在淘汰病蚕、改善饲育条件和添食抗生素等措施以后病情有明显好转的情况下，可初步诊断为本病。

（二）生物鉴定

参照浓核病和病毒性软化病的生物鉴定法进行。若不能重复出现同样的病征可确定为本病。

（三）显微镜检查

取家蚕群体中的瘦小蚕或有本病病征的濒死蚕的消化液，做成临时标本，用普通光学显微镜（400～640 倍）镜检，细菌性肠道病病蚕往往有大量球形细菌的存在。死亡前的病蚕消化液中还会有杆状细菌等其他细菌（二次感染菌）的存在。

第四节　细菌病的防治

根据细菌病的发病规律，细菌病防治最有效的措施是消灭传染来源，防止食下传染和创伤传染。生产上采取消毒防病、通风排湿、防治桑树害虫等措施，效果良好。

一、严格消毒、最大限度地消除传染源

（一）严格消毒

对蚕室、蚕具、周围环境要进行严格消毒，以消灭病原，减少传染机会。消毒时针对芽孢杆菌的芽孢抵抗力较强的特点，选择合适的消毒药物和消毒方法，最大限度地发挥消毒药物的效能，以达到彻底杀灭病原的目的。若前批蚕已发生过严重的细菌性中毒病，则应进行"两消一洗"以免病原扩散，即先对养蚕场所及蚕具、蔟具等进行消毒，然后清洗，清除病蚕尸体及排泄物中包裹的病原或使其充分暴露，再全面消毒一次。对地面育的场所应在药物消毒后再洒上石灰浆，使形成隔离层。一般的熏蒸剂及甲醛制剂对伴孢晶体的消毒效果较差，应引起注意。

（二）注意养蚕环境卫生

要保持蚕室、贮桑室、蚕座、蚕具、养蚕用水等的清洁。贮桑室要每天清扫残叶，定期消毒。贮桑用水要干净，避免湿叶贮藏或堆桑过久、过厚而造成细菌在叶面滋生。

（三）及时隔离病原

如发现病死蚕或发病中心，应立即清理，拣出病死蚕，不要让病蚕尸体在蚕座上腐烂及流出污液污染蚕座，并彻底进行蚕座消毒，以防蔓延。属细菌性中毒病的，应迅速查明传染来源、切断传染途径，防止流行扩散。

（四）加强蚕体蚕座消毒

定期进行蚕体蚕座消毒，已发生细菌性中毒病或败血病时，可每天进行一次蚕体蚕座消毒。但 5 龄期地面育时不宜使用漂白粉防僵粉进行蚕体蚕座消毒，因该药剂有吸湿性，使用后如不除沙，对保持蚕座干燥不利，可使用其他蚕体蚕座消毒剂。

二、防治桑树害虫

发现桑树害虫要及时防治，避免患病的桑虫尸体及粪便污染桑叶，尽量不要采用被污染的"虫口叶"，如缺叶确需采用时，可用 0.3%有效氯的漂白粉液做叶面消毒后再喂蚕，避免用下脚叶或不成熟叶喂蚕。

目前世界各国在大力推广使用生物农药，据统计，2000 年生物农药占全球农药市场份额

的 0.2%，2009 年增长到 3.7%，2010 年全球生物农药的产值超 20 亿美元，生物农药的市场以每年近 15%～20%的速度增长。近年来我国政府大力鼓励我国生物农药的创新与推广，使得生物农药在我国生产应用也有长足发展。生物农药中又以苏云金杆菌（*Bt*）杀虫剂为最重要，占其总量的 90%以上。国内外还报道已通过生物技术对 *Bt* 杀虫晶体蛋白（ICP）基因克隆和表达，重组出"超毒力"的广谱杀虫 *Bt* 菌株，其毒力更高，有效期更长。目前已有利用生物工程技术和方法构建的工程菌株作为商品推出。随着人类社会对生态条件的环保意识的加强及生物农药的大力推广使用，*Bt* 杀虫剂的推广应用及普及必将更广泛，对养蚕生产的威胁也必将越来越大，因此，必须高度重视。在蚕区及其附近不施用苏云金杆菌类微生物农药，施用过微生物农药的稻草、麦秆等不能挪作养蚕用。必要时应加以消毒后方可使用。

三、仔细操作、防止创伤传染

除沙、扩座、给桑、上蔟、采茧、削茧、鉴蛹、捉蛾及拆对等操作过程切忌粗放，推行蚕网除沙，适当稀饲，熟蚕不过多堆积在一起，适时采茧。种茧育有计划地延迟削茧和雌雄鉴别的时间，是避免和减轻败血病危害的有效措施。蚕蛾保护要保持较低温度和黑暗，注意空气新鲜。蛾箱的蛾数不宜过多，更不要混入异性蚕蛾，以减少雄蛾受伤的机会。

四、加强饲养管理、增强蚕的体质

虽然细菌性败血病和细菌性中毒病与蚕的体质关系不大，但细菌性肠道病却与之有密切关系。因此，应加强饲养管理，重视小蚕良桑饱食，增强蚕的体质，从而提高蚕的抗病能力。

五、加强通风排湿、保持蚕座干燥卫生

细菌病的许多病原菌都是兼性寄生菌或腐生菌，在湿润的叶面和潮湿的蚕座上容易大量繁殖，因此，多湿季节应注意蚕室的通风排湿及保持蚕座干燥，尽量少给湿叶，必要时可在蚕座上撒石灰或其他干燥材料，既可以吸湿又可以隔离病原。

六、药物防治

一直以来，生产上沿用添食氯霉素来防治细菌病，具有显著的预防和治疗效果，随着研究发现氯霉素通过食物链进入人体后危害很大，联合国粮食及农业组织、欧盟、美国，以及中国香港均明确禁止使用氯霉素。我国农业农村部也早在 2000 年就将氯霉素从《中华人民共和国兽药典》中删除，作为禁用药品。现在生产上，已使用红霉素、盐酸环丙沙星、诺氟沙星、恩诺沙星、氟苯尼考等药物替代氯霉素防治家蚕细菌性病害。例如，用 50 000 单位/粒的红霉素胶囊溶于 500mL 冷开水，搅拌喷洒于 5kg 桑叶表面，阴干后添食可有效预防和治疗家蚕黑胸败血病，具体添食过程：4 龄添食 1～2 次，5 龄添食 3～4 次；当严重发病时，第一日喂饲药叶 24h，第 2、3 日分别喂饲药叶 6h，基本上可制止病情蔓延。红霉素的治疗机理主要是通过与细菌核糖体的 50S 亚基可逆性结合，阻断转肽作用和 mRNA 位移，从而抑制细菌蛋白质的合成而达到杀菌作用。除红霉素外，使用盐酸环丙沙星制剂也能很好地防治家蚕细菌性败血病，其原理是干扰细菌 DNA 的复制、转录和修复重组，使细菌不能正常生长繁殖而死亡。

本章主要参考文献

陈亚梅，黄俊荣. 2008. 家蚕细菌性败血病的发生与防治. 云南农业科技，增刊：83-84.

李林等. 1998. 苏云金杆菌杀虫晶体蛋白基因表达的调控. 农业生物技术学报, 6 (1)：90-95.

鲁兴萌, 金伟. 1996. 桑蚕细菌性肠道病研究. 蚕桑通报, 27 (2)：1-3.

鲁兴萌, 钱永华, 金伟, 等. 1996. 桑蚕消化道肠球菌的部分特性的研究. 浙江农业大学学报, 23：184-188.

廖富蘋. 1999. 家蚕卒倒病的病征变化与中肠组织细胞病理的研究. 华南农业大学学报, 20(1)：108-112.

廖富蘋. 2000. 家蚕细菌性中毒对茧质的影响及其发病规律的再探讨. 广东蚕业, 34 (1)：47-51.

梅亚军, 周昌平, 杨呤曙. 2004. 家蚕常见病害的综合防治技术. 中国蚕业, 25 (2)：55-57

杨继芬, 雷树明, 陈松. 2008. 家蚕细菌病的发生与防治. 云南农业科技, 5：29-30.

杨苏声. 1997. 细菌分类学. 北京：中国农业大学出版社.

Cheng T, Lin P, Jin S, et al. 2014. Complete genome sequence of *Bacillus bombysepticus*, a pathogen leading to *Bombyx mori* black chest septicemia. J Genome Announc, 2(3): 12-14.

Holt JG. 1994. Bergey's Manual of Determinative Bacteriology. 9th ed. Baltimore: Williams & Wilkins.

Knight PJK, Knowles BH, Ellar DJ. 1995. Molecular cloning of an insect aminopeptidase N that serves as a receptor for *Bacillus thuringiensis* Cry I A (c) toxin. J Biol Chem, 270(30): 17765-17770.

Li J, Carroll J, Ellar DJ. 1991. Crystal structure of insecticidal δ-endotoxin from *Bacillus thuringiensis* at 2.5A resolution. Nature, 353: 815-821.

Matsumoto T, Zhu YF, Kurisu K, et al. 1986. Effects of anti-juvenile hormone on mixed infection of infectious flacherie virus and bacteria in silkworm larvae. J Sericult Sci Jpn, 55: 1-4.

Utsumi S, Okada T. 1989. Purification and amino acid composition of anti-*Enterococcus* protein (ASP) in the digestive juice of the silkworm larvae, *Bombyx mori.* J Sericult Sci Jpn, 58: 468-473.

Yasui H, Shirata A. 1995. Detection of antibacterial substances in insect gut. J Seric Sci Jpn, 64: 246-253.

本章全部
参考文献

第四章 真 菌 病

真菌（fungi）是一类通过寄生和腐生的方式从其他动植物的活体或腐殖质中获取养分的单细胞或多细胞生物，其细胞具有细胞核结构，细胞壁含有较多的几丁质和类脂物，但缺少光合作用所必需的叶绿体，通过分泌胞外水解酶的方式从外源获得营养。在生物五界分类系统中它属于真核生物域的真菌界。Kirk 等于 2008 年在《真菌词典》（第十版）中添加了新的分类门类，删除了半知菌门，将真菌界的真菌大约归属为子囊菌门（Ascomycota）、担子菌门（Basidiomycota）、游走孢子菌门（Zoosporic fungi）、接合菌门（Zygosporic fungi）、微孢子虫门（Microsporidia）和球囊菌门（Glomeromycota）6 门。由于大多数家蚕病原真菌在生活史中已知无性生殖阶段而未知或缺少有性生殖阶段，之前是归属于半知菌门、丝孢纲，目前均被组合归类到子囊菌门的盘菌亚门（Pezizomycotina）。

通常家蚕真菌病的尸体会出现僵化现象，因此习惯上又称为僵病或硬化病。我国对家蚕僵病的记载最早可追溯到公元 12 世纪中期（1149 年），即南宋时期的《农书》中，这是世界上首次描述家蚕白僵病的症状。而僵蚕作为药材入药的尝试则更早，在秦汉时期的《神农本草经》中就有白僵蚕味咸，主小儿惊痫夜啼等的记载；明代李时珍（1518~1593）在《本草纲目》中详细记载了用白僵蚕来治病的处方和功用。1834 年意大利学者 Bassi 用实验证明了白僵病是由球孢白僵菌寄生引起的传染性蚕病。后来陆续发现了很多种家蚕真菌病。由于不同的真菌病在僵化的尸体上会长出不同颜色的分生孢子，尸体表面会形成白、绿、黄、灰、黑、褐、赤等不同颜色的粉被，根据粉被的颜色可对家蚕真菌病进行命名，分别称为白僵病、绿僵病、黑僵病等。也有以病原菌的名称来命名的，如曲霉病。蚕的绿僵病是依据蚕尸体上的粉被颜色来命名的，其病原菌并非通常所说的绿僵菌属（*Metarhizium*）的绿僵菌，而是莱氏野村菌（*Nomuraea rileyi*）。

真菌病在我国各蚕区均有发生，以多湿地区和多湿季节发生较多。在这些真菌病中，危害最为严重的是白僵病，其次是曲霉病和绿僵病，其他真菌病如灰僵病、赤僵病、黑僵病等零星发生。1949 年后，随着防僵药剂在蚕业生产中的大力推广应用，僵病的危害已大为减轻。

第一节 白 僵 病

白僵病是白僵菌属中不同种类的白僵菌孢子寄生蚕体而引起的；病蚕死后，其尸体被白色或类白色的分生孢子粉覆盖，因此叫作白僵病。过去蚕病学中的黄僵病是以尸体上分生孢子颜色呈淡黄色而命名的，其中有部分是由不同株系（血清型）的球孢白僵菌或卵孢白僵菌等感染导致的，现统称为白僵病。

一、病原

在传统的真菌分类体系中，白僵菌一直属于半知菌亚门（Deuteromycotina）丝孢纲（Hyphomycetes）丛梗孢目（Moniliales）丛梗孢科（Moniliaceae）白僵菌属（*Beauveria*）。但随着对白僵菌分子进化和系统发育的研究,科学家对白僵菌进行了重新归类,美国国家生物技术信息中心(NCBI)将白僵菌归类于双核亚界(Dikarya)子囊菌门(Ascomycota)盘菌亚门(Pezizomycotina)粪壳菌纲(Sordariomycetes)肉座菌亚纲(Hypocreomycetidae)肉座菌目(Hypocreales)虫草菌科(Cordycipitaceae)。在生活史中具有无性和有性生殖过程的白僵菌归属于虫草属(*Cordyceps*),此类型的球孢白僵菌可称为球孢虫草菌(*Cordyceps bassiana*);而仅具有无性生殖特征的白僵菌则归属于白僵菌属(*Beauveria*)。Glare 等(1997)认为白僵菌属至少包括 6 个公认的种,分别为球孢白僵菌(*Beauveria bassiana*)、布氏白僵菌[*Beauveria brongniartii*,又名卵孢白僵菌(*Beauveria tenella*)或纤细白僵菌]、多形白僵菌(*Beauveria amorpha*)、黏孢白僵菌(*Beauveria velata*)、蠕孢白僵菌(*Beauveria vermiconia*)和苏格兰白僵菌(*Beauveria caledonica*),为害家蚕的白僵菌主要是球孢白僵菌(*Beauveria bassiana*),其次是卵孢白僵菌(*B. tenella*)(高红等,2011)。

(一)白僵菌的生长周期与形态特征

白僵菌的生长发育周期可分为分生孢子、营养菌丝和气生菌丝三个阶段。分生孢子吸水膨胀、发芽后形成芽管,借助机械压力及其分泌的降解酶的联合作用穿透寄主体壁、侵入体腔从而成为营养菌丝,营养菌丝利用寄主养分增殖产生大量的短菌丝。寄主死亡1~2d 后,菌丝穿透体表、覆盖在尸体表面形成气生菌丝,气生菌丝分化出众多的分生孢子梗和小梗,最后在小梗上形成分生孢子,从而完成一个生长发育周期(图 4-1)。在白僵菌生长发育的各阶段,球孢白僵菌和卵孢白僵菌的形态特征略有差异。

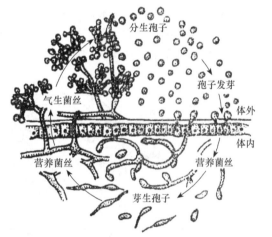

图 4-1 白僵菌在蚕体内生长发育周期与传染模式图

1. 分生孢子 白僵菌的分生孢子为单细胞,无色,表面光滑。球孢白僵菌的分生孢子多数是球形或近球形,少数为卵圆形,大小一般为(2.3~2.5)μm×(4.0~4.5)μm;根据球孢白僵菌菌株的不同,大量分生孢子聚集在一起时呈白色或淡黄色。卵孢白僵菌的分生孢子大多是卵圆形,个别近似球形(约2%),大小为(2.4~2.8)μm×(2.8~4.2)μm,分生孢子聚集时呈淡黄色。分生孢子附着在家蚕体壁上,在适宜的温湿度下吸水膨胀,膨胀后的体积是之前的2~3倍;分生孢子内的细胞核进行复二次分裂,分裂后随孢子壁向外突出形成一根或数根发芽管,借助发芽管形成的机械压力及其分泌的降解酶的联合作用穿透家蚕体壁,侵入体腔。发芽管的直径一般为2.5~3.5μm。实验证明:卵孢白僵菌对家蚕的致病性比球孢白僵菌弱,不同菌株的球孢白僵菌对家蚕的致病力也存在明显差异。

2. 营养菌丝 分生孢子的发芽管侵入蚕体腔后进一步伸长,芽管内的核继续分裂为多核细胞的菌丝;菌丝有隔膜,其直径为2.3~3.6μm,能形成分枝。菌丝能吸收蚕体内的养分继续生长和分枝,故又称为营养菌丝。营养菌丝不仅能在蚕体内分枝生长,还能在菌丝的顶端或侧旁形成圆筒形或长卵圆形、单细胞的芽生孢子(曾称短菌丝和圆筒形孢子),然后缢束并脱离母菌丝游离于寄主体液中。脱离母菌丝的芽生孢子可继续向一端或两端延伸、分裂

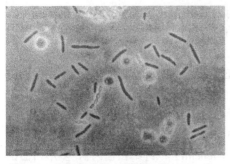

图 4-2　白僵菌病蚕血液镜检图（400×）

形成圆筒形的节孢子（曾称第二孢子）（图 4-2）。芽生孢子和节孢子都能自行吸收寄主养分生长，形成新的营养菌丝。新的营养菌丝如母菌丝一样，又会生成许多芽生孢子，致使体液中芽生孢子的数量不断增加，体液中其浓度能高达 10^7 个/mL，并随体液在循环系统中扩散到除消化管以外的其他组织中。球孢白僵菌和卵孢白僵菌均能形成芽生孢子和节孢子，在蚕体内主要以营养菌丝-芽生孢子、节孢子-营养菌丝的形式进行循环增殖。

3. 气生菌丝及产孢　　病蚕死亡 1～2d 后，营养菌丝穿出体壁形成气生菌丝；气生菌丝有隔膜，能分枝生长，在尸体表面呈絮状或簇状生长蔓延。

球孢白僵菌的菌丝稍长，在合适条件下有的也会为束状。气生菌丝最初为白色，后逐渐呈淡黄色，在适宜的条件下很快形成分生孢子。气生菌丝在膨大的柄细胞（stalk cell）处常簇生出分生孢子梗，且多与气生菌丝直角分叉对生或散生，大小为（15.5～25.5）μm×（3.0～4.5）μm 的分生孢子梗呈瓶形，基部呈球形至梭形膨大，上部变细抽长呈“之”字形弯曲，每一弯曲处延伸为很短的小梗，每一个小梗上着生一个分生孢子，分生孢子梗呈簇状聚集，分生孢子集结成葡萄状（图 4-3）。

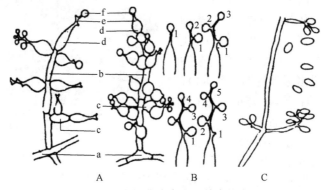

图 4-3　白僵菌分生孢子着生状态

A 为球孢白僵菌的产孢结构图，a、b、c 分别为营养菌丝、分生孢子梗、泡囊（柄细胞）；
d、e 分别为产孢细胞的基部和颈部；f 为分生孢子。B 为产孢细胞的产孢轴发育过程，
示产孢细胞的轴式延长及产孢（数字表示产孢次序）。C 为卵孢白僵菌的产孢结构图

卵孢白僵菌的菌丝短而纤细，常呈菌丝束生长。卵孢白僵菌的气生菌丝没有明显膨大的柄细胞，分生孢子梗纤细，很少成簇生长，基部略粗，上部对生或轮生小梗，先端也变细呈小梗，在小梗上着生分生孢子（图 4-3）。另外，培养基不同时，卵孢白僵菌的产孢结构也有差别。白僵菌的分生孢子成熟后，极易脱落、飞散。

（二）球孢白僵菌基因组特征

以球孢白僵菌（*Beauveria bassiana*）ARSEF 2860 菌株为材料测序（NCBI 登录号为 ADAH00000000.1）。组装后，其基因组大小为 33.7Mb，估计其覆盖率为 96.1%。预测基因组中编码蛋白质的基因有 10 366 个，其中蛋白质数目有 7283 个，分别隶属于 3002 个家族；与

绿僵菌相比，白僵菌蛋白更多涉及细胞代谢、循环、能量、转录、转运、信号转导与细胞分裂等功能，少量涉及定位、器官形成、毒力与解毒方面。基因组比较分析发现：80%以上的白僵菌基因与绿僵菌、蛹虫草的基因同源，其特异性基因很少；其中，白僵菌基因与蛹虫草基因的同源性更高，达到 76%；与绿僵菌的基因同源性约为 58%。假想的病原与寄主互作（pathogen-host interaction，PHI）的基因数有 2121 个，其中的 17.6%在病原-寄主互作数据库（PHI database）中能找到（昆虫病原的平均值是 17%）。因寄主范围有别，白僵菌与蛹虫草相比较，有 61 个基因家族扩张（expasion），12 个收缩（contraction）。基因密度为 308 个/Mb，每个基因的外显子个数约为 2.7 个（Xiao et al.，2012）。

（三）白僵菌的代谢产物

白僵菌在孢子发芽和菌丝生长过程中，能分泌蛋白酶［丝氨酸弹性凝乳蛋白酶（Pr1）、丝氨酸类胰蛋白酶（Pr2）、几丁质酶、脂肪酶、纤维素酶和淀粉酶等］，以溶化寄生部位，有利于芽管侵入体腔；同时这些酶类也影响着白僵菌的毒力，其中 Pr1 还可激活昆虫多酚氧化酶系统，使酚类物质大量氧化为醌类物质而导致昆虫自毒（陈红梅等，2010）。据报道，感染白僵菌的家蚕在发病后期，其体液内存在着健蚕体液内没有的热不稳定物质，主要成分是一些菌丝旺盛生长时分泌的蛋白酶，能破坏蚕的血细胞；若将其注射到蜜蜂幼虫体内，则对蜜蜂有强烈的毒杀作用。

白僵菌在生长过程中，不仅能分泌各种酶类，还能分泌低分子量的毒素。目前研究得最多的是 3 种环肽，即白僵菌素Ⅰ（beauvericin Ⅰ）、白僵菌交酯（beauverolide）和类白僵菌素Ⅱ（球孢交酯，bassianolide Ⅱ）（图 4-4）。白僵菌素Ⅰ为环状三羧酸肽，分子质量为 783Da，分子式为 $C_{45}H_{57}N_3O_9$，是由三个相同的单体（L）-N-甲基苯丙氨酸-（D）-α-羟基异戊酸组成的环状化合物；该毒素热稳定性高，可致细胞核变形、组织崩解（林雅兰，2000），是白僵菌毒力中重要但非必不可少的（Xu et al.，2008）。白僵菌交酯是一种作用于围心细胞的环状四羧

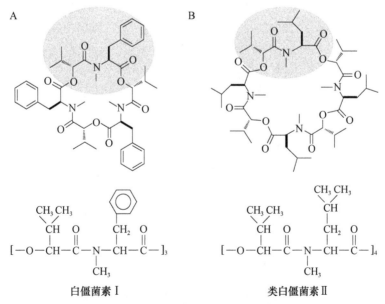

图 4-4　白僵菌毒素的分子结构与单体图

酸肽。类白僵菌素Ⅱ是从球孢白僵菌和蜡蚧轮枝菌（*Verticillum lecanii*）侵染的家蚕幼虫中分离出来的环状四羧酸肽；分子质量为 908Da，分子式为 $C_{48}H_{84}N_4O_{12}$，其单体为（L）-*N*-甲基异亮氨酸-（D）-α-羟基异戊酸；该毒素是白僵菌的一种重要的毒力因子，能引起家蚕肌肉迟缓，最终死亡（蒲蜇龙和李增智，1996；林雅兰和黄秀梨，2000），且该毒素的存在与否不影响 beauvericin 的产生（Xu et al.，2009）。

白僵菌素Ⅰ对蚕的毒性较小，实验发现对家蚕经口添食 1000mg/kg 以上，一般都不显现毒性；但白僵菌素Ⅱ对蚕的毒性大，人工饲料中含 4～8mg/L 即可使 4 龄蚕致死。这些毒素的作用机理虽然尚不十分清楚，但已知具有与钙、镁等阳离子络合的作用，并引起蛋白质变性，使组织和血液中阴离子浓度发生明显变化，成为导致蚕死亡的原因之一。卵孢白僵菌和不同寄主来源的一些球孢白僵菌对蚕的致病力较弱，可能与菌丝的生长状况和分泌的毒素量较少有关。

另外，白僵菌产生的其他次生代谢物还包括从白僵菌分泌物及培养液中分离出来的三种非肽色素，即红色的卵孢素（oosporein，一种红色二苯醌）、黄色的卵孢白僵菌素（纤细素，tenellin）和球孢白僵菌素（球孢素，bassianin）。卵孢素是苯醌类化合物，化学分子式为 $C_{14}H_{10}O_8$，分子质量是 306Da（图 4-5）；中国科学院王成树研究组完整地解析了由聚酮合酶（polyketide synthase，PKS）途径合成卵孢素的分子机理，发现卵孢素能够抑制昆虫细胞免疫、抗菌酶类的活性及抗菌肽基因的表达，从而促进白僵菌感染并杀死寄主（Feng et al.，2015）。卵孢素可使病蚕尸体体色变成淡红色至深红色，同时具有一定的抗生作用，可抑制寄主尸体内细菌的增殖；与不产生卵孢素的菌株相比，产生卵孢素的白僵菌菌株对食叶害虫和地下害虫有更高的致病力（Eyal et al.，1994）。卵孢白僵菌素化学分子式为 $C_{21}H_{23}NO_5$，分子质量为 369Da（图 4-5），分子结构为 3-（4,6-二甲基-*E,E*-辛-2,4-二烯醇）-1,4-二羟基-5（p-羟基苯）-2（1H）-吡哆酮。球孢白僵菌素的化学分子式为 $C_{23}H_{25}NO_5$，分子质量为 395Da（图 4-5），分子结构为 3-（6,8-二甲基-*E,E,E*-癸-2,4,6-三烯酰基）-1,4-二羟基-5（p-羟基苯）-2（1H）-吡哆酮（蒲蜇龙，1996）。Jeffs（1997）发现这三种色素均可破坏红细胞的细胞膜，抑制膜上 ATP 酶的活性，造成细胞功能失常；但 Eley 等（2007）发现卵孢白僵菌素不涉及昆虫致病机理。

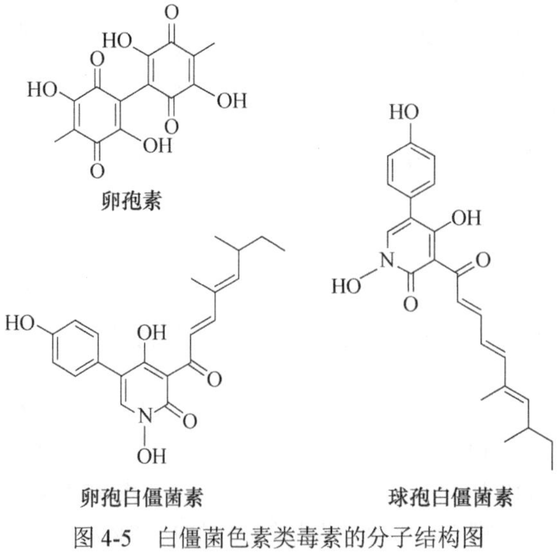

图 4-5　白僵菌色素类毒素的分子结构图

　　白僵病死蚕在菌丝及分生孢子长出前，有时尸体体色出现深红色或桃红色，是由于卵孢白僵菌感染或混合感染后分泌了红色素。球孢白僵菌在一定的条件下也可分泌少量红色的卵孢素，据了解在白僵菌的培养基中添加邻-甲氧基苯胺或芳基胺，能促进红色素的形成。一些不同株系的球孢白僵菌和卵孢白僵菌感染的病蚕尸体或被覆盖的菌丝及分生孢子呈现淡黄色，曾被称为黄僵病，这与黄色色素的分泌量较多有关。球孢白僵菌素的毒性比白僵菌素Ⅰ高，13pg/g 的球孢白僵菌素可使 5 龄家蚕死亡，而使用 1000pg/g 的白僵菌素Ⅰ的家蚕尚未死亡。

　　白僵菌在蚕体内还可产生有机酸类代谢产物。Cordon 与 Bidochka 等先后在球孢白僵菌及卵孢白僵菌的培养液中发现了草酸；Bidochka 发现培养液中还产生了柠檬酸，这两种酸类成分在孢子萌发穿透昆虫体壁的过程中有重要作用（溶解体壁的弹性与类弹性蛋白），且它们在致死寄主的过程中有明显的协同作用。由于高剂量的草酸或草酸铵可杀死家蝇，故而也有人认为草酸是白僵菌感染昆虫血淋巴过程中产生的一种毒素。

　　白僵菌在蚕体内生长发育的过程中，除了能分泌酶类、毒素及产生一些酸类成分外，在病蚕血液或尸体中还可观察到大量的菱形结晶，有的认为是由白僵菌毒素（Ⅰ、Ⅱ）与钙、镁离子等络合而形成；但一般认为是菌丝生长代谢过程中产生的草酸钙或草酸铵结晶，且该结晶与寄主侵染力相关，能使寄主血液变性、破坏血细胞（唐晓庆等，1996）。

（四）白僵菌的生态学特征

　　1. 寄主域　　球孢白僵菌和卵孢白僵菌是白僵菌属中的主要虫生真菌，有一定的腐生性，但主要靠寄生于昆虫体内的方式在自然生态系中保存和传代，在昆虫冬眠期以耐久性的形态即分生孢子保持活性。两个菌种的寄主范围有所不同，球孢白僵菌的寄主范围极为广泛，有鳞翅目、鞘翅目、同翅目、膜翅目、直翅目及蜱螨类等，包括 15 目 149 科 700 多种昆虫和6 科 7 属 13 种螨类（李增智，1988）；卵孢白僵菌则仅寄生地下害虫，如金龟子幼虫等，其寄主范围至少包括 7 目 70 种昆虫（农向群，2000）。由于寄主范围广，白僵菌在家蚕和野外昆虫之间易发生交叉感染。

　　2. 生长发育对环境条件的要求　　白僵菌分生孢子的发芽和菌丝的生长需要适宜的温湿度。其适温范围为 20～30℃，最适温度为 24～28℃（卵孢白僵菌为 23℃），在 5℃以下或33℃以上则不能发芽和生长。分生孢子发芽要求相对湿度必须在 75%以上，湿度越高，发芽率越高（表 4-1）；分生孢子的形成也有此要求。

表 4-1　白僵菌孢子发芽、发育与温湿度的关系

温度（℃）	发芽、发育状况	相对湿度（%）	发芽、发育状况
5	不能发芽	70 以下	不能发芽
10	稍有发芽	75	能发芽，大多数不能发育
15	能发芽，不能形成分生孢子	80	能发芽、发育不良
20	能发芽、发育，但不旺盛	90	发芽、发育很好
24	发芽、发育很好	98	发芽、发育很好
28	发芽、发育很好	100	发芽、发育很好
30	少数发芽、发育，但不旺盛		
33 以上	不能发芽、发育		

　　白僵菌是好气性的兼性寄生真菌，在缺氧条件下，生长发育不良。散射的阳光对白僵菌分生孢子的萌发有促进作用，但直射阳光中的紫外线会杀伤分生孢子，不同菌株对紫外线的忍耐力存在明显差别，有的在直射阳光下要照射150h之久才能使孢子丧失生活力。白僵菌适应酸碱性的范围较广，一般在pH 3.0～9.4的条件下，孢子都能萌发，但白僵菌孢子的萌发和菌丝的生长均以微酸性为最适。白僵菌可利用各种碳源作为营养，能很好地利用葡萄糖、蔗糖、麦芽糖及淀粉，以及有机氮及无机氮，在一般的土豆-葡萄糖-琼脂培养基、豆芽汁琼脂培养基等中都可进行培养；但在人工培养基上多代转接后，会出现生活力、致病力下降等菌种退化现象，可再接种到虫体上进行复壮；另外通过菌丝间融合或制备原生质体进行细胞融合也可提高菌株的活力。

　　3. 分生孢子的生存能力及抵抗性　　分生孢子是白僵菌的传播和感染体，其孢子的自然生存能力及其对理化因素的抵抗性与白僵菌的感染有密切关系。

　　常温下，白僵菌分生孢子在室外无直射阳光处或稍湿润的泥土中能生存5～12个月，在虫体上可存活6～12个月，在培养基上可存活1～2年。放置在10℃以下可生存3年，但在30℃条件下孢子的萌发力仅能保持100d左右，若放置在50℃以上，短时间内就可引起白僵菌分生孢子的热致死。Doberski（1981）证明白僵菌在低温下（2℃）也有感染性。卵孢白僵菌与球孢白僵菌的分生孢子相比较，在35℃以下前者的生存能力较弱。75%以上的相对湿度有利于孢子的发芽，但长时间处于多湿状态下则不利于孢子的存活。一般来说，白僵菌分生孢子对理化因素的抵抗性是比较弱的（表4-2）。

表4-2　白僵菌分生孢子对理化因素的抵抗性

处理	条件		失活时间
	浓度	温度（℃）	
日光	—	32～38	35h
干热	—	90	1h
		100	30min
湿热	—	100	5min
		55	30min
甲醛溶液	1%（甲醛）	20	7min
漂白粉液	0.2%（有效氯）	20	5min
盐酸	相对密度1.075	—	30s

二、病征

（一）蚕的病征

　　发病初期蚕体外观上没有特异的病征，体形变化很小，只是体色稍暗，反应迟钝，行动稍显呆滞。发病后期，蚕体上常出现位置不固定、形状不规则的油渍状或细小针点状病斑（图4-6）。病斑出现后不久，病蚕食欲急剧下降，濒死时排软粪，有的还伴随着下痢和吐液现象。刚死的蚕，头胸部向前伸出，肌肉松弛，身体柔软，略有弹性，可任意绕折，有的病蚕尸体体色略带淡红色或桃红色，随着蚕体内菌丝的发育而逐渐硬化。经1～2d，从硬化尸体的气门、口器及节间膜等处先长出白色气生菌丝，逐渐增多，除头部外，全身被分生孢子覆盖，遍体如覆白粉。如果继续放置一段时间，蚕尸的体表会析出很多针状草酸钙结晶。如在眠期发病，则多呈半蜕皮蚕或不蜕皮蚕，尸体潮湿，呈污褐色，容易腐烂。

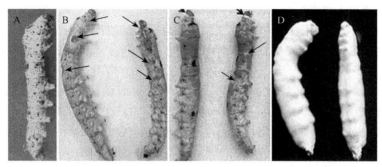

图 4-6　白僵病病蚕的病征

A，B. 分别示针点、油渍状病斑（带吐液）；C. 蚕头胸部伸出；D. 全身被分生孢子覆盖。
箭头所指的部位是先长出气生菌丝的气门、口器及节间膜等处

（二）蛹的病征

5 龄后期或开始营茧的蚕感染白僵菌后，常在结茧后死去，所结的茧又干又轻；茧内的病蛹在死亡前弹性显著降低，环节失去蠕动能力，死后胸部缩皱，因失水而全身干瘪。病死的幼虫或蛹一般仅在皱褶及节间膜处逐渐长出气生菌丝及分生孢子，但数量远不及病蚕尸体上的多。种茧育则在削茧、雌雄鉴别和蛹体保护的前半期都有感染白僵菌的可能。

（三）蛾的病征

蛹期感染白僵菌者，有时能羽化而成白僵病蛾，但不能产卵。死后尸体干瘪，翅、足容易折落。

病征出现即病程主要与感染的龄期和菌株的毒力有关。一般情况下，本病从感染到发病死亡的时间为 1～2 龄 2～3d，3 龄 3～4d，4 龄 4～5d，5 龄 5～6d；不同种类的白僵菌对家蚕的致病力存在明显的差异。家蚕球孢白僵菌对蚕的致病力最强、病势最急，其他菌株的球孢白僵菌对家蚕的致病力有高有低；一般其他菌株的球孢白僵菌或卵孢白僵菌对蚕的致病力较家蚕球孢白僵菌、绿僵菌等弱，致病力较弱的菌株感染家蚕而引起白僵病时，或在眠期感染，有病斑呈现时，如果菌丝还未侵入体壁深处到血腔，会因蜕皮而使病斑或病灶消失、蚕痊愈，这种现象称为可治愈性感染。

三、致病过程及病变

白僵菌主要以体表侵入的方式感染家蚕。白僵菌分生孢子表面带有黏性物质，通过气流和水流运动等机械方式传播，与寄主（家蚕）相遇并黏附在其体壁（分生孢子黏附的表皮有区域特异性，如气门、节间膜等湿度更高、缺乏表皮层的硬壳蛋白、孢子更容易被保护住的褶皱处）上，在适宜的温湿度下经 6～8h 开始膨大发芽，然后在孢子的端部或侧面伸出 1～2 根发芽管，同时能分泌几丁质酶、蛋白酶和脂肪酶，通过这些酶的共同作用降解寄生部位的体壁，并借助发芽管伸长生长的机械压力，穿过体壁，进入寄主体内寄生。菌丝穿过外表皮进入真皮细胞及肌肉层时，它的直径开始增粗，并产生分枝。当营养菌丝到达寄主血液后，利用可用的营养，

迅速分枝生长，并产生芽生孢子；芽生孢子不断形成和脱落，悬浮在血液中，随血液循环分布到全身。由于营养菌丝、芽生孢子大量生长而不断消耗蚕体的养分及水分，同时又在寄主体液中分泌各种对寄主不利的酶类、毒素并形成结晶，以致体液变得浑浊，黏度、相对密度、折射率等显著上升，而血细胞数和体液中的多种氨基酸的含量则较正常值减少，血液循环受到妨碍，体液功能遭受破坏，最后蚕停止食桑，行动呆滞，麻痹而死。此外，感染末期的白僵病蚕，由于消化液的抗菌性下降，消化道中细菌迅速繁殖，第4～6环节往往有软化、发黑的现象，但最终因白僵菌的大量增殖，尸体不腐烂，并呈僵化的状态，蚕死亡变僵后，在适宜的条件下经1～2d从体壁长出气生菌丝和分生孢子梗，并产生大量的分生孢子覆盖体表。

　　在白僵菌侵入体壁和血腔之初，家蚕的免疫系统会产生相应的应答反应，首先是家蚕的细胞免疫系统做出应答，表现为大量的血细胞在真皮组织内和血腔中包围芽管和菌丝，所以在孢子穿透的寄主体壁部位出现暗色病斑，该病斑实际上是真皮组织内侧血细胞堆积、表皮肥厚、黑色素形成等寄主反应的外表症状；随后家蚕的体液免疫系统也做出反应，各种具有抗菌作用的成分相应产生以杀灭入侵的病原物；这两种免疫系统相辅相成，且有交叉作用，如黑色素的生成等。面对白僵菌的入侵，尽管家蚕也做出了相应的应答，但由于菌丝的免疫"逃避"、旺盛生长、分泌毒素及与寄主竞争养分，抑制了寄主的防御作用，致使体壁的上皮组织、血液细胞出现崩解、空泡等病理变化，最终导致寄主死亡。蚕濒死之前，菌丝仅在血液中生长发育，很少侵入其他组织器官。蚕死亡后，菌丝侵入各种组织内旺盛生长。首先是侵入脂肪组织，而后继续侵入马氏管、丝腺、神经球、肌肉及气管等组织，最后充满全身，但一般不侵入含有强碱性消化液的消化管。病蚕体内的水分被白僵菌吸收和散发，同时又由于白僵菌毒素及结晶的积累使蛋白质变性，导致尸体逐渐硬化。

　　此外，研究发现部分白僵菌菌株的孢子也可经口食下感染，据对肠道的切片观察，白僵菌分生孢子在家蚕的肠道内可以伸出芽管，穿过肠壁侵入血腔。这样白僵菌与其他病原相比，具有更多的机会侵入蚕体，造成感染发病（卢海泉，2016）。

四、球孢白僵菌感染致病过程中相关毒力基因的作用

　　球孢白僵菌对昆虫的感染致病过程如图4-7所示。其感染致病过程的机制十分复杂。在侵染的不同阶段已有若干基因的功能被鉴定，它们对白僵菌的侵染和致病性发挥了关键的作用，但仍有很多基因的功能尚未被鉴定。

　　1. 黏附及孢子萌发　　球孢白僵菌有两个疏水蛋白基因 *hyd1* 和 *hyd2*，在分生孢子黏附寄主表皮过程中起到了重要作用。研究表明，敲除 *hyd1* 基因不影响分生孢子的疏水性及黏附但毒力减弱，而 *hyd2* 缺失会影响分生孢子的黏附但不影响菌株的毒力，*hyd1* 和 *hyd2* 同时被敲除才会使毒力和疏水性都下降（Zhang et al., 2011）；在金龟子绿僵菌中已鉴定出两种存在于分生孢子表面的黏附蛋白基因 *mad1* 和 *mad2*，球孢白僵菌中也存在相应的同源物基因（Xiao et al., 2012），它们是与寄主昆虫表皮或植物表皮黏附所必需的关键因子；球孢白僵菌的一些菌株能形成附着胞，但并非侵染所必需的结构，部分菌株没有附着胞但仍具有高毒力，附着胞的形成在球孢白僵菌中非普遍存在（Wagner and Lewis，2000）。分裂素（mitogen activated proteins，MAP）参与了孢子黏附、附着胞形成等一系列生理生化过程，MAP 激酶基因 *Bbmpk1* 调控附着胞的形成，该基因的失活能使球孢白僵菌丧失体表侵染能力（Zhang et al.，2011），MAP 激酶 *Bbhog1* 基因的缺失会导致附着胞形成受到抑制（Zhang et al.，2009）。

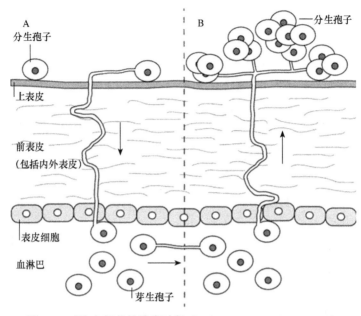

图 4-7　球孢白僵菌的致病过程（Valero-Jimenez et al.，2016）

A. 侵染进入体腔的过程；B. 从体腔到体表产生二次染体的过程

2. 酶解寄主表皮　　分生孢子萌发成芽管生长，在穿透寄主表皮的过程中主要通过分泌蛋白酶和几丁质酶降解昆虫表皮成分，类枯草芽孢杆菌蛋白酶基因 *Pr1* 和类胰蛋白酶基因 *Pr2* 参与昆虫体壁蛋白质的降解（Lokesh et al.，1995），类丝氨酸蛋白酶基因 *cdep-1* 也参与降解，超量表达该基因能显著提高球孢白僵菌的毒力（Zhang et al.，2008），天冬氨酸蛋白酶类如 BbepnL-1 也参与降解寄主表皮蛋白（Gu et al.，2020）；昆虫表皮的几丁质结构可被几丁质酶降解，超量表达球孢白僵菌的几丁质酶基因 *Bbchit1* 可提高感染率，能加速侵染的进程（Fang et al.，2005）。球孢白僵菌转录调控因子 *Bbmsn2* 基因的缺失会导致几丁质酶基因 *ChsA2*、*Chi1* 和 *Chi2* 显著下调表达，菌株毒力减弱（Liu et al.，2013）；细胞色素 P450 基因 *Bbcyp52x1* 可降解寄主体表蜡质层中的脂类结构（Zhang et al.，2012），此外分泌的脂肪酶可帮助降解表皮蜡质层（Leopold，1970）。体壁降解酶的活性受 pH 的影响，家蚕体壁的酸碱度一般为中性或微酸环境，适合降解酶发挥活性（Gu et al.，2020）。

3. 定殖及对寄主致死　　球孢白僵菌菌丝穿透体壁后进入寄主血腔，菌丝变成单细胞的芽生孢子，以出芽的方式进行增殖，在寄主体内定殖并导致昆虫的死亡。芽生孢子分泌毒素和蛋白酶抑制剂等以抵御昆虫免疫系统攻击而在体腔生存下来，在这个阶段病原真菌的许多基因参与了调控芽生孢子的形成和生长。例如，磷酸化酶基因 *cdc25* 和核激酶基因 *wee1* 通过调控细胞周期蛋白依赖性激酶 cdk1，对芽生孢子的生长产生影响，该基因缺失后会导致芽生孢子缩小（Qiu et al.，2015）；调控细胞周期的转录因子基因 *Fkh2* 和生长相关的蛋白激酶基因 *Snf1* 及有关小分子热胁迫的 *Mas5* 基因的敲除，会导致芽生孢子大小或密度变化或芽生孢子数量减少（Wang et al.，2014，2015）。α-葡糖苷转运子基因 *Bbagt1* 是球孢白僵菌吸收海藻糖所需基因，碳代谢调控因子基因 *BbCreA* 涉及营养物质利用，两者的缺失会导致毒力和产孢能力下降（Wang et al.，2013；Luo et al.，2014）。昆虫体内的 pH 会影响真菌的酶活性，球孢白僵菌通过调控相关基因表达以适应 pH 的变化，如转录因子 BbpacC 参与调控球孢白僵菌适应不同昆虫血腔环境（Pealva et al.，2008）。另外，球孢白僵菌可以分泌草酸等多种有机酸使寄主组织酸化从而帮助感染（Kirkland et al.，2005），对酸化和钙离子感受的 *Bbcsal* 功能缺失，将导致酸化寄主组织的能力降低从而毒力减弱（Fan et al.，2012）。

4. 菌丝穿出体表二次侵染　　当昆虫血腔内营养耗尽，寄主濒临死亡时，球孢白僵菌的芽生孢子转变成菌丝，再次穿透昆虫体壁向外生长，产生分生孢子覆盖昆虫体表开始二次侵染，在此过程中涉及体壁穿透和分生孢子产孢的相关基因发挥着重要作用。MAP 激酶基因 *Bbmpk1* 不仅对附着胞的形成及产孢有影响，其在菌丝从昆虫体内穿透到体外的过程中也能发挥作用，缺失后导致菌丝穿透过程受阻（Zhang et al.，2011）；腺苷酸环化酶基因 *Bbac* 及转录调控因子 *Bbmsn2* 等参与调控分生孢子的形成；G 蛋白的信号调节基因 *Bbrgs1* 及其偶联受体基因 *Bbgpcr3* 缺失将减弱分生孢子的产量、耐热性和活力（Wei et al.，2010；Ying et al.，2013）。

五、诊断

（一）肉眼鉴定

肉眼诊断时，观察病蚕体壁上有无油渍状病斑或针点状的褐色小病斑，病蚕初死时躯体伸展，头胸部突出，有下痢和吐肠液现象；死蚕体色呈灰白色或桃红色，手触柔软而略有弹性；血液浑浊，尸体逐渐变硬，最后被覆白色或淡黄色粉末。

（二）显微镜检查

病征不明显时，可取濒死前的病蚕血液制成临时标本做显微镜检查，如有圆筒形或长卵圆形的芽生孢子即本病。

（三）病原菌的分离培养与鉴定

为确诊病原菌类型，可取刚死的病蚕血液或从患病体表取少量分生孢子粉在无菌水中稀释并分散混匀后，置于 PDA 培养基内 25℃培养 3～5d 后，观察气生菌丝和分生孢子的形态、产孢结构及色泽等，并分离纯化病原菌株做进一步的分子特征及分类鉴定。

第二节　绿　僵　病

绿僵病是由莱氏野村菌感染蚕体而引起的蚕病，因病蚕尸体僵化后表面覆盖绿色孢子粉被，故称绿僵病。本菌在野外昆虫中分布很广，如遇低温多湿天气，常造成野外昆虫绿僵病的流行，并进一步危及养蚕生产，造成大面积的损失。一般在稚蚕期及低温多湿的环境下较易感染，尤以晚秋蚕期发生较多。

一、病原

蚕绿僵病病原的学名为莱氏野村菌（*Nomuraea rileyi*）。最近，美国国家生物技术信息中心（NCBI）的数据信息将野村菌归为子囊菌门（Ascomycota）盘菌亚门（Pezizomycotina）粪壳菌纲（Sordariomycetes）肉座菌亚纲（Hypocreomycetidae）肉座菌目（Hypocreales）麦角科（Clavicipitaceae）野村菌属（*Nomuraea*）。

野村菌属是以 Maublanc 在 1903 年从甘蓝野螟幼虫中分离的绿色野村菌（*Nomuraea prasina*）为模式种而建立的。因这种真菌的分生孢子呈长链状，Sawada 在 1919 年将它移入穗霉属（*Spicaria*）。Charles 在 1936 年提出该菌与早先报道的莱氏葡萄孢（*Botrytis rileyi*）是同一种真菌，因此又改名为莱氏穗霉（*Spicaria rileyi*）。1951 年和 1957 年，Hughes 和 Brown 等都曾建议放弃使用 *Spicaria* 这个属名，将大部分原穗霉属的种都移入拟青霉属（*Paecilomyces*）。直至 1974 年，Kishh 和 Sawada 再次研究和讨论该属的分类时，才建议恢复使用野村菌属，现已得到公认（蒲蛰龙，1994）。也有人将野村菌属（*Nomuraea*）归为绿僵菌属（*Metarhizium*），将莱氏野村菌（*Nomuraea rileyi*）称为莱氏绿僵菌（*Metarhizium rileyi*），主要为昆虫寄生菌的属（吕鸿声，1982）。蚕业上习惯将该病原称为绿僵菌，因此称蚕的绿僵病。但昆虫病理学中的绿僵病主要是指 *Metarhizium anisopliae*（金龟子绿僵菌）所引起的绿僵病，该菌感染家蚕形成分生孢子时呈墨绿色，以后逐渐变成黑色，故在蚕病中称黑僵病，该病将在本章的"第四节 其他真菌病"中介绍。

（一）生长发育周期及形态特征

莱氏野村菌和白僵菌一样，其生长发育阶段也分为分生孢子、营养菌丝及气生菌丝三个发育阶段；其生长周期及发育模式可参考图 4-1，莱氏野村菌形态如图 4-8 所示。

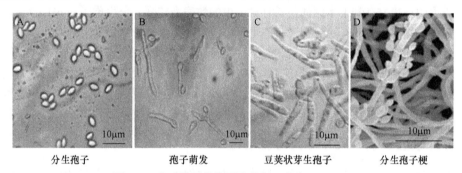

| 分生孢子 | 孢子萌发 | 豆荚状芽生孢子 | 分生孢子梗 |

图 4-8 莱氏野村菌的形态特征（张冉，2011）

1. 分生孢子 卵圆形，一端稍尖，另一端略钝。大小为（3.0～4.0）μm×（2.5～3.0）μm，表面光滑，淡绿色，大量孢子聚集时呈鲜绿色。

2. 营养菌丝 丝状、细长，宽度为 2.5～3.4μm。有隔膜，无色。营养菌丝在蚕血液中形成大量芽生孢子及节孢子（蒋婧婧等，2010）。芽生孢子呈圆筒状或豆荚状，具数个隔膜，长 8～14μm，宽约 4μm。

3. 气生菌丝 营养菌丝穿过蚕体壁长出气生菌丝并形成分生孢子梗。分生孢子梗上轮生数个到数十个不分枝的瓢形小梗，小梗双列或单列，每个小梗顶端串生数个乃至数十个分生孢子。

Kumar 等（1997）在莱氏野村菌侵染家蚕的体表首次观察到晶体。张冉等（2011）进一步在莱氏野村菌感染家蚕的体表、血液中发现了菌株产生的菱形晶体；体外培养时也有晶体产生，在固体培养基中该晶体的产生时间、大小及形状可能与培养基中的碳源、培养条件（如pH、温度、湿度）等有关（张冉等，2011）。

据报道莱氏野村菌在液体培养和侵染昆虫致死的过程中均能产生毒素（Clarkson and Charnley，1996；Kumar et al.，1997；Srisukchayakul et al.，2005），该毒素涂于昆虫体表后可引起被涂虫体全身发抖、不能活动、肌肉麻痹、停止摄食而死亡，即该毒素具有经皮毒性。莱氏野村菌产生的毒素可能有两种类型：一类是多肽类物质，本菌的甲醇抽提物证实该毒素含 10 种氨基酸，对鳞翅目虫类有致死作用，将其涂抹于家蚕体壁即能引起发病死亡，可影响蚕的蜕皮变态（三国良男和河上清，1975）；另一类是吲哚环类化合物，可引起肌肉麻痹，对舞毒蛾（*Lymantria dispar*）有注射毒性、对大蜡螟（*Galleria mellonella*）有触杀作用（李建庆，2005）。过去已知的毒素几乎都是经口服或注射到体内才具有毒性的，对这种接触昆虫体表即发生作用的毒素有待进一步研究。

Onofre 等（1999）发现本菌的代谢产物可抑制细菌生长。另外，本菌可能通过分泌有毒化合物抑制、削弱寄主血细胞的免疫应答（Zhong et al.，2017）。

（二）生态学特征

莱氏野村菌能寄生夜蛾、稻螟、棉铃虫及桑螟虫等 30 多种鳞翅目害虫，寄生野外昆虫的莱氏野村菌的分生孢子被带进蚕室后即可引起蚕的绿僵病。与白僵菌等虫生真菌相比较，莱氏野村菌对营养的要求较高、生长条件较为苛刻，其菌落的生长和产孢速度受温度、光照等条件的影响。莱氏野村菌发芽、生长发育及分生孢子形成的温度为 20~30℃，最适温度为22~24℃，超过 32℃的高温则对菌丝的生长、产孢和孢子萌发均有显著的抑制作用；相对湿度 80%以上的环境，有利于本菌的生长且对害虫的致病力较强，分生孢子在 pH 4.7~10.0 的环境中都能生长，最适 pH 为 5~7（蒲蛰龙等，1999；孔琼等，2010）。

本菌生长需要丰富的有机氮源，在无机氮源培养基上生长不良，培养困难。脂类物质对分生孢子的形成和萌发有促进作用。有文献报道，光照对本菌分生孢子的产生也具有极为重要的作用：全黑暗有利于菌落的生长，而全光照则有利于分生孢子的产生；紫外线对其分生孢子的活力有较强的杀伤作用，当紫外线照射 8min 后其分子孢子的萌发率仅为 7%（涂增，2006）。

（三）分生孢子的生存能力与抵抗性

绿僵菌的自然生存能力很强。病蚕尸体上的分生孢子在室温下可生存 10 个月，低温下更长；生长在培养基上的菌落可存活 1 年左右。游离的分生孢子在 20℃生存 95d 以上，在 5℃达 150d 以上。莱氏野村菌的分生孢子对理化因素的抵抗性较弱（表 4-3），对紫外线的耐受力远比白僵菌弱。

表 4-3　莱氏野村菌分生孢子对理化因素的抵抗性

处理	条件		失活时间（min）
	浓度	温度（℃）	
日光	—	38	180
干热	—	100	30
湿热	—	100	3~5
甲醛溶液	1%（甲醛）	20	20
		25	5
漂白粉液	0.2%（有效氯）	常温	5

二、病征

绿僵病的发病经过较白僵病缓慢，感染后 7～10d 才发病死亡。在感染前期和中期无明显病征，后期食欲减退，行动呆滞，有的病蚕体躯瘦小；逐渐在病蚕腹侧或背面出现黑褐色不整形的轮状或云纹状病斑，病斑大小不一，外围颜色较深呈褐色、中间稍淡呈环状（图 4-9）；此时体液乳白浑浊，用显微镜检查可看到很多豆荚状的芽生孢子。病蚕刚死时，尸体乳白色且略有弹性，头胸部稍伸直，渐次硬化。死后 1～2d 长出气生菌丝，尸体上覆盖白色菌丝；3～4d 后分生孢子的颜色逐渐从白色转为绿色，僵化的尸体上覆盖了一层鲜绿色的粉末。自然放置较长时间后，分生孢子的颜色逐渐转为暗绿乃至灰绿色，稍加震动就脱落飞散。

病蚕体表病斑

病死蚕先长出白色气生菌丝

病死蚕体表覆盖绿色孢子粉

图 4-9　家蚕幼虫感染莱氏野村菌的病征（张冉等，2011）

眠前发病，病蚕体壁紧张发亮、体色乳白、类似核型多角体病，但本病病蚕体壁不易破且行动迟缓，体液中只有芽生孢子而无多角体。若稚蚕期发病，病蚕体躯半透明、瘦小衰弱而死；与壮蚕期相比较，稚蚕期发病死亡时间快，一般从感染开始，经 1～2 个龄期发病死亡。

三、致病过程及病变

莱氏野村菌不同菌株的致病力有所差别，其寄主主要是鳞翅目害虫；本菌对不同寄主的致病力存在很大差异，其中对夜蛾科害虫的致病力最强，且常能引起夜蛾科害虫疾病流行，因此，在国外应用本菌作为微生物杀虫剂已受到重视并取得防治效果。本菌对蚕的致病力比家蚕球孢白僵菌弱，且发病频度低，主要发生在晚秋蚕期。

莱氏野村菌通过分生孢子体表接触感染蚕体，在适宜的温湿度条件下，分生孢子约经20h 即开始膨大，至 30～40h 伸出芽管侵入蚕体内寄生，菌丝在体液中以形成芽生孢子增殖繁育，其繁育速度较慢（图 4-10）；莱氏野村菌对蚕的致病过程及病变组织与白僵病相似，但本菌分生孢子的发芽及发育均比白僵菌缓

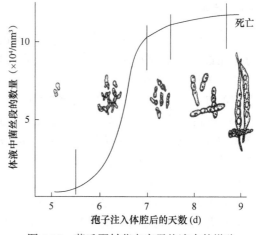
图 4-10　莱氏野村菌在家蚕体液中的增殖

慢，所以病程较长。

　　本病病蚕濒死前芽生孢子大量形成及脂肪球被寄生溃散，致使血液浑浊呈乳白色，与核型多角体病病蚕的血液相似。本菌不产生红色色素，但有些菌株可产生毒素，该毒素对昆虫表皮有毒理作用。

四、诊断

（一）肉眼鉴定

　　根据从体壁上形成黑褐色轮状或云纹状病斑到死亡的时间、病死前体色乳白、血液乳白浑浊等特征进行肉眼识别，再观察尸体是否硬化且被绿色粉被覆盖。

　　眠前发病的个体体壁紧张发亮，与核型多角体病类似，区别在于：本病病蚕体壁不破、行动迟缓、镜检时体液中无多角体，只有芽生孢子。

（二）显微镜检查

　　可取刚死的病蚕血液制成临时标本镜检，如有豆荚状芽生孢子（图4-8）即本病，此与白僵菌的圆筒形芽生孢子有明显区别。

（三）病原菌的分离培养与鉴定

　　对本菌的分离培养与鉴定参考对白僵菌的分离鉴定方法。

第三节　曲　霉　病

　　曲霉病是由曲霉菌对蚕体感染寄生而引起的，因多数病蚕尸体长出的带黄绿褐色的分生孢子，经过一定时日后多呈褐色，所以曾称褐僵病。但曲霉病的症状与其他全身硬化的僵病明显不同，病菌一开始为局部寄生，病蚕尸体仅局部硬化，局部长出气生菌丝和分生孢子，而且分生孢子依菌种、死后经过时间的不同，颜色差异较大。因此，本病以病原菌曲霉菌来命名，与完全硬化的僵病相区别。

一、病原

　　引起家蚕曲霉病的病原属子囊菌门（Ascomycota）散囊菌纲（Eurotiomycetes）散囊菌目（Eurotiales）曲霉菌科（Aspergillaceae）曲霉属（*Aspergillus*）（Zhang et al., 2015）。曲霉属菌在自然界中广泛存在且具有极强的生存能力，能够引起家蚕曲霉病的真菌主要有属于黄曲霉群的黄曲霉（*A. flavus*）、寄生曲霉（*A. parasiticus*）、溜曲霉（*A. tamarii*）、米曲霉（*A. oryzae*）等，属于棕曲霉群的赭曲霉（*A. ochraceus*）对蚕也有致病性。此外，有报道酱油曲霉（*A. sojae*）、黄柄曲霉（*A. flavipes*）、柠檬孢曲霉（*A. citrisporus*）、土曲霉（*A. terreus*）、蜂蜜曲霉（*A. melleus*）、灰绿曲霉（*A. glaucus*）、亮白曲霉（*A. candidus*）、黑曲霉（*A. niger*）、焦曲霉（*A. ustus*）、杂色曲霉（*A. versicolor*）等对家蚕也有一定的寄生性（有贺久雄和陈难先，1984）。

　　目前已报道有10多种曲霉可以寄生家蚕引起本病，但其中以米曲霉及黄曲霉对家蚕的危害较普遍，特别是对蚁蚕和1龄蚕的影响很大，熟蚕、蛹期及卵期也较易发生本病的感染（文章玉等，1996）。

（一）发育及形态特征

曲霉菌的性状因菌种不同而有差异。它们的发育与形态很相似（图4-11）。曲霉菌的分生孢子呈球形或卵圆形，表面光滑或粗糙，大小为3~7μm，孢子初期颜色较淡，以后渐变深。本病菌的分生孢子附着蚕体，发芽时芽管可穿透外表皮，主要在体壁的真皮细胞层或皮下组织寄生，发育形成营养菌丝。营养菌丝具隔膜，分枝多，无色或微黄色，可在血液中形成团状的菌丝块，成熟时菌丝分枝呈网状，隔膜更多，但不产生芽生孢子。

气生菌丝是在病蚕尸体上长出的白色绒毛状菌丝，并在厚壁而膨大的菌丝上生出直立的分生孢子梗，分生孢子梗顶端膨大呈球形或卵圆形，称顶囊。顶囊上放射状（或辐射状）生出1~2列棍棒状小梗。小梗顶部形成串状的分生孢子，完成一个生活周期。分生孢子初时呈浅黄色，逐渐加深，终

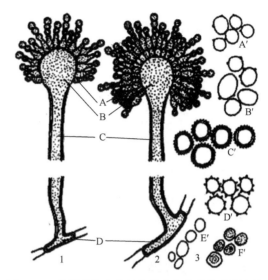

图4-11 曲霉菌的产孢结构及分生孢子的形态比较
（蒲垫龙等，1966）

1. 小梗单层；2. 小梗双层；3. 不同种类曲霉菌的分生孢子。A、B、C、D依次为小梗（初生和次生）、泡囊（顶囊）、分生孢子梗与足细胞。A′. 黄曲霉；B′. 米曲霉；C′. 溜曲霉；D′. 黑曲霉；E′. 亮白曲霉；F′. 赭曲霉

成固有色如黄绿色、深绿色、黄褐色、褐色或棕色等，因菌种不同而有差别。常见对家蚕有致病性的曲霉菌的形态特征见表4-4。

表4-4 对家蚕有致病性的几种曲霉菌的形态特征

菌种 性状		黄曲霉 (A. flavus)	寄生曲霉 (A. parasiticus)	溜曲霉 (A. tamarii)	米曲霉 (A. oryzae)	赭曲霉 (A. ochraceus)
察氏 培养基	菌落色泽	黄绿-绿褐色	黄绿-深绿色	黄绿-褐色	淡黄绿-黄褐色	淡黄-棕色
	里层色泽	无色-赤褐色	淡褐色	无色-微红色	无色	黄色-绿褐色-微红色
菌核		有些菌株产生菌核	不形成	有的能形成褐色或红色菌核	不形成	大多能形成菌核，有白色、微红色、淡紫色、红色等
分生孢子梗		无色粗糙 1mm× (10~20) μm	无色光滑 (0.3~0.7) mm× (10~12) μm	无色粗糙 (1~2) mm× (10~20) μm	无色粗糙 (1.0~2.5) mm× (12~25) μm（上部）或(4~6)μm（下部）	黄色粗糙 (1.0~1.5) mm× (10~14) μm
顶囊		卵形或球形 25~45μm	卵形 20~135μm	球形或卵形 25~50μm	卵形 40~50μm	球形 35~50μm
分生孢子丛		放射状 0.3~0.4mm	放射状 0.4~0.5mm	球形-松散的放射状 0.5~0.6mm	放射状 0.15~0.30mm	幼嫩时球形，成熟时圆柱状 0.75~0.80mm
小梗		1~2层混生	1层	1~2层	1~2层混生	2层
分生孢子		球形或卵形有棘 3~6μm	球形有棘 3.5~5.5μm	球形或卵形粗糙有棘 5.0~6.5μm	球形或卵形光滑（或粗糙）4.5~7.0μm	球形或卵形光滑（或稍粗糙）2.5~3.0μm

（二）代谢产物

曲霉菌的有些菌株在生长过程中能分泌黄曲霉毒素，目前已经确定结构的黄曲霉素有17种之多，从化学结构上看彼此十分相似，都属于二氢呋喃环的衍生物。其中毒性最大的一种是黄曲霉素 B_1（aflatoxin B_1），化学式 $C_{17}H_{12}O_6$，分子质量为 312Da，在紫外线照射下发蓝色荧光，其结构如图 4-12 所示。被曲霉菌污染的食物及饲料对人及畜禽有毒，其半致死量大鼠（雄 100g）为 7.2mg/kg；大鼠（雌 150g）为 17.9mg/kg；小鼠为 9mg/kg；兔为 0.3～0.5mg/kg；猫为 0.55mg/kg；猴为 2.2～3.0mg/kg。

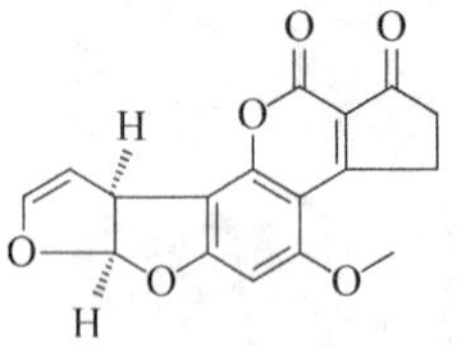

图 4-12　黄曲霉素 B_1

据报道，即使微量的黄曲霉素 B_1 对人和高等动物有致癌作用。对蚕的毒性也较强，在人工饲料中混入 1.5mg/kg 黄曲霉素 B_1 喂养 4 龄蚕，经 3d 后发育停滞，5d 后死去一半，6d 后全部死亡。

（三）生态学特征

曲霉菌广泛存在于自然界，其腐生性很强，常出现在粮食类、油料类、肉类、饲料等有机物上，包括在蚕粪、残桑、稻草、新鲜的竹木蚕具及蚕的蛹蛾死体上均能滋生繁殖。目前曲霉菌中已发现约有 10% 的菌株能产生黄曲霉素，对人和动物有强烈的毒性，如英国的"火鸡 X 病"，当时使十万只鸡死亡，其原因是饲料受到了黄曲霉菌的污染，因此对曲霉菌的防范应受到高度重视。曲霉菌属中虫生菌已知有 10 种左右，但这些腐生性较强的寄生菌病原性低，对蚕及昆虫的侵染力较白僵菌、莱氏野村菌弱。曲霉菌发育的可能温度为15～45℃，最适温度为 30～35℃，最适相对湿度为 100%，相对湿度达 80% 以上即可很好地发芽和生长发育。

（四）分生孢子的生存力与抵抗性

曲霉菌的自然生存力是家蚕真菌病病原中最强的一种。其分生孢子在自然环境中一般可维持一年以上，低温（10℃以下）可生存 5 年。近年来已发现有些菌株对甲醛有较强的抵抗性，这种抗药性菌株是由于长期接触甲醛，菌体内对甲醛的脱氢氧化酶活性不断增强而形成的。因此用甲醛溶液对曲霉菌进行消毒往往难以彻底，必须加倍注意。曲霉菌分生孢子对理化因素的抵抗性列于表 4-5。

表 4-5　曲霉菌分生孢子对理化因素的抵抗性

处理	条件		失活时间
	浓度	温度（℃）	
日光	—	—	>24h
干热	—	110	20min
湿热（蒸煮）	—	100	5min
甲醛溶液	2%（甲醛）	24	30min～5h[*]
漂白粉液	0.3%（有效氯）	常温	20～30min

*不同菌株对甲醛的抵抗性有差异

（五）基因组特征

曲霉属真菌在自然界分布极广，含有数百种变异。一方面不少菌种是引起多种物质霉败的原因（如面包腐败、煤的生物降解及皮革变质等）；另一方面很多菌种可用于各种有益物质的生产，在工业微生物中对于生产具有生物活性的次生代谢物发挥重要的作用，因此，曲霉菌的多样性及基因组序列分析受到重视。美国能源部联合基因组研究所已经开展一项计划，对 300 种曲霉菌的基因组进行测序、注释和分析，目前第一批结果已经公布。Kjærbølling 等（2018）利用 PacBio SMRT 测序技术对 4 种不同的曲霉菌种（*A. campestris*、*A. novofumigatus*、*A. ochraceoroseus* 和 *A. steynii*）进行测序，获得了高质量的可用于后期比较基因组学分析的参考基因组，结果表明 4 个亲缘关系较远的菌种之间存在非常大的基因多样性，这种多样性有利于为多样性化合物找到候选基因。

韩晓龙（2017）对西曲霉（*A. westerdijkiae*）进行了全基因组测序和功能注释，预测出 10 861 个蛋白质编码基因，包括 716 个细胞色素 P450 酶编码基因、663 个碳水化合物活性酶编码基因及 377 个蛋白质水解酶编码基因。基于比较基因组学分析、KEGG 注释、功能注释及结构域预测，在 663 个碳水化合物活性酶编码基因中进一步筛选出了 288 个植物多糖降解酶编码基因，预测到大量次生代谢物生物合成基因簇，发现基因簇 cluster69 中的两个相邻的 GH3 和 AA3 家族碳水化合物水解酶编码基因很可能是导致 *A. westerdijkize* 在不同基质中 OTA 毒素生物合成能力差异的主要原因，说明 *A. westerdijkiae* 具有显著的次生代谢物生产能力（韩晓龙，2017）。

曲霉菌基因组的研究为将来寻找功能基因、发现已知基因和精确地定位基因提供了新的分析方法，利用比较基因组学可以有效地预测参与生物合成途径的次生代谢物的基因簇，也为病原性曲霉菌对动物的毒性和致病性的深入研究提供了基础数据。

二、病征

（一）蚕的病征

曲霉菌最容易侵染蚁蚕及 1 龄蚕，感染发病率逐龄降低，大蚕期发病较少，一般只是零星发生。

蚁蚕感染后，不食桑，呆滞，伏于蚕座下，菌丝缠缚，行动不便，体色发黑，体躯紧张，显现病态后很快死亡。由于病势很急，易误认为中毒症。死后常在病原侵入处出现束状凹陷，经 1~2d，尸体上即能长出气生菌丝及分生孢子，尸体一般不腐烂，像朵朵小绒球，尸体呈黄绿色或污褐色（图 4-13A）。

大蚕发病时，在蚕体上出现 1~2 个褐色大病斑。病斑质硬，位置不定，多在节间膜或肛门处，随病势进展而扩大。濒死前，头胸部伸出，吐液，出现起缩、脱肛或便秘症状。死后，病斑周围局部硬化，其他部位并不变硬而容易腐烂变黑褐色，其病程为 2~4d。尸体经 1~2d 后硬化的病斑处长出气生菌丝及分生孢子，初呈黄绿色，后变褐色或深绿色（图 4-13B 和 C）。有时因曲霉孢子发芽时分泌的酶少，不足溶解蚕的皮肤，菌丝只在体表层蔓延，而蚕蜕皮时，病斑消失，蚕痊愈，称自愈现象。

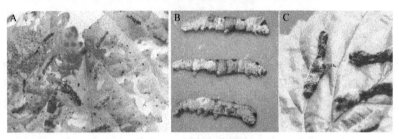

图 4-13　蚕的曲霉病病征

（二）蛹的病征

蛹期感染本病，随病势的进展，蛹体变黑褐色，腹部松弛，丧失蠕动能力。死后，尸体渐次硬化，如蜡块状。接着，体壁上长出气生菌丝和分生孢子。湿度很大时，由于气生菌丝生长旺盛，可在贴近茧层处长到蚕茧外，形成霉茧（图 4-14）。

图 4-14　曲霉病病蛹的病征

（三）蚕卵的病征

蚕种保护的过程中，如湿度过大又不注意换气，则蚕卵表面易受曲霉菌寄生而发霉，霉菌孢子在卵面上发育繁殖，菌丝旺盛生长，把蚕卵气孔堵塞，致使胚室息死亡，成为霉死卵。霉死卵卵壳表面先凹陷，很快干瘪。而一般死卵则先从卵面中央凹陷成三角形，逐渐干瘪。

三、致病过程及病变

曲霉菌的分生孢子对蚕体的侵入、寄生能力较白僵菌及莱氏野村菌弱。但小蚕期接触传染的发病率高，大蚕则多在节间膜或肛门等表皮较薄、抗性较差的部位侵入，因此病蚕有时会出现便秘的症状。

侵入蚕体的菌丝只在附近组织寄生。由于本菌不形成芽生孢子，除蚁蚕外不会扩展到全身，血液也不会变浊。但病蚕受到菌体分泌的蛋白酶及黄曲霉素的作用而出现中毒症状，小蚕死亡较快，死前吐液较多。尸体只局限于病斑处硬化，其他部位易遭细菌繁殖而腐烂变黑。

四、诊断

（一）肉眼诊断及显微镜检查

大蚕发病，体表有褐色大病斑，病斑质硬。400～640 倍显微镜检查，血液中无芽生孢子，取病斑处体壁经压片镜检可见到菌丝体。在尸体病斑部位有白色絮状菌丝，以及黄绿色、深绿色或褐色的分生孢子。

（二）病原菌培养鉴定

本病在高温多湿环境下以小蚕期较为多见。小蚕发病死亡快，体壁因菌丝寄生而呈缢入状。诊断时，若观察困难，可将病蚕尸体置于高温多湿环境下培养 24～30h，如果有绒球状分生孢子梗和分生孢子长出，即可确诊为本病。

第四节　其他真菌病

蚕的真菌病除白僵病、绿僵病、曲霉病外，还有黄僵病、黑僵病、灰僵病、赤僵病、草僵病、镰刀菌病及酵母菌病等。其中黄僵病、黑僵病和灰僵病有一定的发生和危害，而镰刀菌病、酵母菌病及赤僵病等发生较少。

从病征上来看，镰刀菌病及酵母菌病的虫尸容易腐烂，其他大多数僵病的病蚕尸体均会逐渐僵化，属僵病的类型。

一、黄僵病

黄僵病在各蚕期常有发生，病蚕尸体长出的分生孢子呈微黄色。此类型黄僵病是由粉棒束孢（Cordyceps farinosa）感染引起的，粉棒束孢又名粉拟青霉或虫草棒束孢，属子囊菌门（Ascomycota）粪壳菌纲（Sordariomycetes）肉座菌目（Hypocreales）虫草科（Cordycipitaceae）虫草属（Cordyceps）。

黄僵病病原的分生孢子和芽生孢子的形态及分生孢子的着生形式与白僵菌相似，但黄僵病的分生孢子比白僵病的分生孢子略小，多数分生孢子聚集在一起呈淡炒米色，气生菌丝较长，常呈束状伸出（童晓琪，2010），分生孢子发芽所需的时间也比黄僵病略长，发育适温在25℃左右。黄僵病菌在蚕体内旺盛生长发育过程中，能够分泌白僵菌素，并形成八面体菱形的草酸钙结晶。此外，还能产生一种红色素，使尸体呈现粉红色。

黄僵菌对蚕的致病性较白僵菌、绿僵菌等弱，分生孢子对理化因素的抵抗性及稳定性与白僵菌相似。黄僵菌能感染的野外昆虫极多，包括鳞翅目、鞘翅目、半翅目、膜翅目、同翅目和直翅目的200多种昆虫，加之本菌常用作农林害虫的生物防治剂，故传播十分广泛。

黄僵病初期无明显症状，发病时皮肤上出现许多小斑点、布满全身，或以气门为中心发生 1～2个对称大黑斑。死后，随着尸体硬化，体色呈淡桃红色，然后渐渐长出绒毛状气生菌丝（图 4-15），后全身覆盖分生孢子、呈黄色。

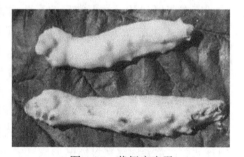

图 4-15　黄僵病病蚕

二、黑僵病

蚕的黑僵病病原为金龟子绿僵菌（Metarhizium anisopliae），属子囊菌门粪壳菌纲肉座菌目麦角菌科（Clavicipitaceae）绿僵菌属（Metarhizium）。分生孢子长卵圆形或舟形，大小为（2.5～3.8）μm×（5.6～8.1）μm，营养菌丝在蚕体内生长发育过程中能形成圆筒形分枝状的芽生孢子。蚕病死后，菌丝长出体外成气生菌丝，分生孢子梗短而直，分枝或单生，顶端着生 3～5 个小梗，其上成串地产生分生孢子。菌丝在生长发育过程中能分泌多种毒素（包括多种毁坏素和松胞菌素），对蚕有强烈的致死作用。本菌分生孢子发芽以相对湿度 100%为最适，80%时仅有少数孢子发芽；最适温度为 24～26℃，分生孢子在 25℃下自然生活力较白僵菌短。病菌分生孢子带进蚕座后，在适宜的温湿度下，经体壁进入蚕体寄生。

金龟子绿僵菌是最早发现的昆虫致病真菌之一，寄主范围很广，可自然感染鞘翅目、同翅目和鳞翅目等 200 多种昆虫的幼虫，是应用最广泛的真菌杀虫剂之一，其防治效果可与白僵菌媲美。本菌感染家蚕后，覆盖在尸体上的分生孢子初为暗绿色，后呈黑色，故在蚕业上称黑僵病。我国四川、江苏、浙江和山东等地偶有发生，一般对生产并不造成危害。陕西省秦巴山区，本病曾有严重危害，几乎每个蚕期都有发生（夏耀等，1982）。

蚕感染本病后，其病征因蚕龄大小而异。1～2 龄蚕感病后，经 24h 即出现吐液，有的有下痢现象，突然倒毙，尸体卷缩，似中毒状，但尸体不腐烂，经 1d 即可长出气生菌丝；3 龄

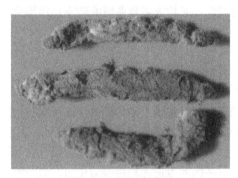

图 4-16　黑僵病病蚕

蚕感病后，发育明显缓慢，体色变暗，一般不能就眠，有的病蚕在其胴部两侧出现暗褐色病斑，逐渐死亡，死后经 2～3d 长出气生菌丝；4～5 龄蚕感病后，体壁上常出现大小不同的黑褐色病斑，大的病斑直径可达 3～4mm，病蚕死后，尸体呈蜡黄色，逐渐硬化并长出气生菌丝，再经 1～2d，先从节间膜处生出白色菌丝而后产生墨绿色分生孢子，最后覆盖尸体，数日后，颜色逐渐加深呈黑色，并产生龟裂现象，分生孢子群成块剥落（图 4-16）。

本病的诊断，主要根据病死前后蚕的体色及病斑等特征加以识别。也可通过显微镜检查，观察体液内是否有分枝状大型芽生孢子。进一步将病蚕尸体体表消毒后培养分离菌种，以确定菌种类型。

三、灰僵病

家蚕灰僵病是一类不常见的真菌病害，早期报道其病原是一种粉拟青霉（*Paecilomyces farinosus*）。黄勃等（2008）采用分子和形态相结合的方法认为家蚕灰僵病病原应为爪哇棒束孢。

爪哇棒束孢（*Cordyceps javanica*）属子囊菌门粪壳菌纲肉座菌目虫草科（Cordycipitaceae）虫草属（*Cordyceps*）。分生孢子单细胞，椭圆形、长椭圆形至梭形，大小为（3.3～9.0）μm×（1.0～2.5）μm，表面光滑，无色，呈首尾相接的长链。营养菌丝细长，有隔膜，无色。在病蚕体液中能检查到由营养菌丝形成的芽生孢子。芽生孢子长卵圆形或椭圆形，长 7μm，宽 3μm。病蚕死后，营养菌丝穿过体壁形成气生菌丝，其上分化形成有分枝的分生孢子梗，近顶部多着生由 2～5 个瓶梗组成的轮生体，瓶梗基部柱状或瓶状，颈部渐变为细管状，在梗的上下，以单生、互生或轮生三种形式形成瓢形小梗，长 16～35μm，每一小梗顶端串生分生孢子形成孢子链。

灰僵病发病率较低，一般在秋蚕期和晚秋蚕期发生（张胜利等，2016）。蚕感染发病后，其病征因感染时期不同而稍有差异。稚蚕感染后，发育显著缓慢，体形瘦小，体表出现数个直径 2～3mm 的黑褐色大病斑，经 1～2d 即死亡。壮蚕感染后，初期无明显病征，后期全身出现密集的黑褐色小病斑，几乎分布于蚕的每一个环节而呈一条横带状。从感染到死亡经 3～

4d。死亡后，尸体由软逐渐变硬，蚕尸灰紫色，经数日后，聚集的分生孢子由白色转呈淡紫灰色，故名灰僵病。因尸体上的分生孢子刚长出时酷似白僵病蚕，又称类似白僵病。

四、赤僵病

赤僵病是由玫烟色棒束孢（*Cordyceps fumosorosea*）寄生引起的。自然情况下发生极少，在我国四川凉山彝族自治州蚕区等偶有发生。

玫烟色棒束孢（*Cordyceps fumosorosea*）属子囊菌门粪壳菌纲肉座菌目虫草科虫草属。曾用名为玫烟色拟青霉（*Paecilomyces fumosoroseus*）。分生孢子椭圆形，大小为（3.0～4.2）μm×2.5μm。许多分生孢子聚集在一起呈桃红色。分生孢子在22℃下膨大发芽，侵入蚕体。营养菌丝细长，宽 2.8～3.6μm，有隔膜，间隔距离不一。细胞膜无色透明平滑，内有大小不同的颗粒状油泡。菌丝顶端或两侧能形成芽生孢子，呈长椭圆形或圆筒形，一端稍细，大小为（19～25）μm×（3.0～3.3）μm。病蚕死后，约经 2d 菌丝穿出体外形成气生菌丝，并分枝形成棒状分生孢子梗，上端再生小梗，先端着生链状分生孢子。

本病经皮接触传染引起。家蚕感病后，食欲减退，举动稍不活泼，体躯瘦小，体壁呈污浊色，腹部生黑褐色小病斑。随病势进展，黑褐色病斑出现更多，遍及气门周围及胸腹两侧，往往在各环节部位密集成环带状。行动呆滞，稍吐液而死亡。初时尸体柔软，以后渐硬化且呈桃红色，气生菌丝首先从节间膜和气门处长出，在多湿环境下，菌丝呈束状，似朵朵棉花，先端稍稍扩散，再过 2～3d，长出淡红色分生孢子（图4-17）。

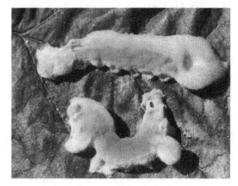

图4-17　赤僵病病蚕

玫烟色棒束孢菌株代谢过程可产生杀虫活性物质，当其侵染寄主昆虫后，通过产生次生代谢物（白僵菌交酯 L、白僵菌交酯 La、青霉素等）引发昆虫病变而死亡。玫烟色棒束孢的代谢产物不仅有杀虫活性，还含有生长激素类物质，具有促进植物生长等其他生理活性（王成等，2016）。

本病的诊断主要根据环带状密集小病斑及尸体上呈粉红色的分生孢子粉被。为确诊本病，也可将病蚕尸体经体表消毒后培养分离病菌进行鉴定。

五、草僵病

草僵病由被毛孢属的真菌寄生引起，因病蚕死后在硬化的尸体上能长出草状丝束而得名。1975 年晚秋蚕期，在浙江省开化县曾发现本病的危害，病原菌鉴定为 *Hirsutella patouillard*（丁辉，1976），酷似 1952 年在日本的家蚕中发生的萨摩霉菌（*H. satumaensis*）病。

草僵病病原（*Hirsutella patouillard*）属子囊菌门粪壳菌纲肉座菌目线虫草科（Ophiocordycipitaceae）被毛孢属（*Hirsutella*），也称草僵菌。本菌的菌丝有隔，并扭结成束。菌丝束分枝或不分枝，若分枝则基部几成直角，分生孢子梗可在菌丝束上产生，也可产生在游离菌丝上。小梗侧生，基部瓶形膨大，顶端变细分叉，成两个小柄，各着生一个分生孢子。分生孢子无色，单胞麦粒形。

与其他硬化病一样，本病也是由病原菌分生孢子发芽穿过蚕的体壁侵入体内寄生。感病蚕病程特长，饲育期内往往无明显病征，只是少数蚕体液浑浊，可镜检到芽生孢子，待蚕老熟后，大多死在簇中，有的尚可结薄茧。尸体迅速僵硬，呈土黄色，质地很脆，折之易断。体表有不正形小病斑，最大的直径约 1mm，若将尸体放于26℃、相对湿度90%条件下经 7d，仅见体色加深，呈棕红色，其他无明显变化。但培养时间继续延长，尸体表面产生一个个乳头状突起，渐次伸长形成一根根菌丝束，少的每头蚕有4～5根，多的可达100余根（图 4-18）。

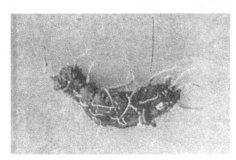

图 4-18　草僵病病蚕

本病的诊断较困难，必须对尸体做病原菌的培养观察方能确诊。

六、镰刀菌病

镰刀菌病病原菌属子囊菌门粪壳菌纲肉座菌目丛赤壳科（Nectriaceae）镰刀菌属（*Fusarium*）。

镰刀霉属的真菌在自然界中的分布非常广泛，是植物病理学中最为重要的腐生和半寄生菌之一。当蚕期遇阴雨多湿气候时，易发生蚕体被害的情况。侵害蚕体的记载菌有半裸虫生镰刀霉 *F. incarnatum*（曾用名 *F. semitectum*）、*F. acridiorum* 等。生产中镜检到的镰刀菌属真菌的形态和种也不一致，引起本病的菌可能为非特异性致病菌。镰刀菌属真菌对蚕的致病性较弱，在生产上都为零星发生，尚未见严重为害家蚕群体的实例。

本菌在马铃薯琼脂培养基上能长出茂盛的絮状菌丝，初期白色，后期呈淡砖黄色或粉红色。分生孢子形态很大，有隔膜，大多为3～5隔，少数0～2隔或6～7隔，近镰刀形，也有的呈纺锤形，许多孢子聚集在一起时呈粉红色。

感病蚕前期无明显症状，死亡前在其肛门处常出现粪结症状，最后吐液而死。尸体头胸伸出，经一定时间发黑腐烂，但在尾部粪结处能触到一硬块。不久，从硬块处长出稀疏的气生菌丝和淡粉红色分生孢子（图 4-19）。

诊断本病，主要用肉眼观察病蚕死亡前后所出现的粪结症状。如要确诊，还需将病蚕尸体经一定时间培养，长出气生菌丝和分生孢子后确定。

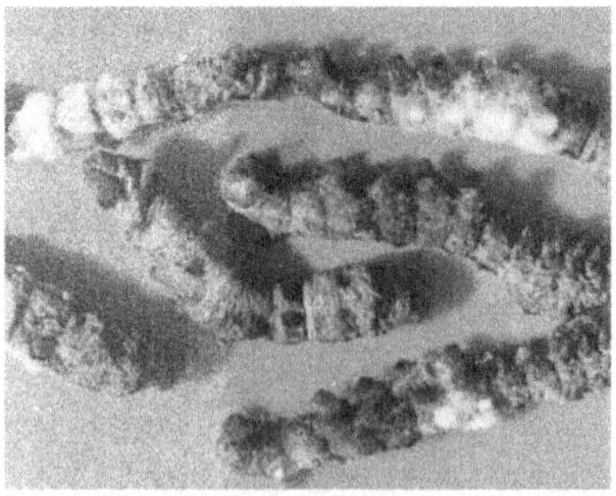

图 4-19　镰刀菌病病蚕

七、酵母菌病

酵母菌病是由几种酵母菌寄生引起的。自然条件下，只有在偶然的情况下零星发生。因寄生酵母菌种类不同，有红色酵母病和细纹酵母病等类型，其中以红色酵母病较为多见。

红色酵母病的病原菌属担子菌门（Basidiomycota）微球黑粉菌纲（Microbotryomycetes）锁掷酵母目（Sporidiobolales）锁掷酵母科（Sporidiobolaceae）红酵母属（*Rhodotorula*）。它的形态与一般酵母菌一样，球形或卵圆形，大小为（4～6）μm×（2.5～4.0）μm，外层有较厚的膜，内有原生质。原生质里有异染体及基粒、糖原、脂肪等贮藏养分，并有相当量的沉淀性红色素，故其菌落呈鲜艳的粉红色。

本病由创伤传染引起，只在体液内寄生繁殖，很少侵入血细胞或其他组织。其致病性不稳定，经人工培养后，往往失去致病力。蚕受其寄生后，直至濒死前才现病征，体液浑浊、粉红，体表透视粉红色（图4-20），体形稍见萎缩。显微镜检查，在体液内可见到大量酵母菌，死亡后，经 1～2d 尸体大多腐烂，并逐渐变为黑褐色。诊断本病，主要通过显微镜检查，如体液内见有酵母菌，即可确定为本病。

图 4-20 酵母菌病病蚕

第五节 真菌病的发病规律与防治

一、发病规律

家蚕真菌病的发生是由多种因素综合影响的结果，其中温湿度的影响很大。各种真菌病发生危害的特点，如不同真菌病的发生频率、发生的季节性差异等，与传染来源、传染途径和传染条件三个方面有着密切的关系。

（一）传染来源

1. 真菌病原的兼性生活与传染分布　　家蚕真菌病原大多为兼性寄生菌，即具有寄生和腐生的能力。其中寄生适应性较强的有白僵菌、绿僵菌（莱氏野村菌）、粉拟青霉、黑僵菌（金龟子绿僵菌）和曲霉菌等。白僵菌寄主范围极广，据对野外越冬昆虫的调查，在死于真菌病的昆虫中，由白僵病致死的占 20%以上；黑僵菌和粉拟青霉的寄生昆虫中有不少是土居昆虫；绿僵菌寄生鳞翅目类的昆虫有 30 多种。患病昆虫的粪便、尸体会形成大量的分生孢子，通过污染桑叶、随桑叶而带入蚕室，成为蚕发生僵病的传染来源。在晚秋蚕期，由于气候环境适宜于真菌的生长发育，桑园内染病的昆虫又比较多，因此容易发生僵病。

曲霉菌的腐生适应性较强，因此在自然界的分布较为广泛；在养蚕生产环境中的蚕粪、竹木蚕具等有机物上都能滋生繁育而成为传染源，但其寄生性远不如腐生性强。白僵菌等真菌不仅能寄生家蚕及其他昆虫，也能在有机残体上营腐生生活，扩大其分布的范围；又如，家蚕镰刀菌病的发生与作物上镰刀菌病的发生也有密切的关系。

2. 真菌农药的推广与污染　　白僵菌是农林业害虫的重要病原菌。目前，我国广泛应用白僵菌制剂进行生物防治，因此给蚕桑生产带来一定的影响；正在开发利用的绿僵菌、粉拟青霉、黑僵菌、苏云金杆菌、玫烟色棒束菌等生物杀虫剂也不可避免地会对养蚕环境造成污染（Li et al.，2010）。此外，白僵蚕、僵蛹作为药用生产时，要采取严格的隔离及消毒措施，避免分生孢子逸散，污染环境。

3. 真菌分生孢子的特性与污染　　真菌的分生孢子多在寄主尸体表面或有机残体外部形成，数量多、重量轻，容易在分生孢子梗上脱落、随风飞散，且对不良环境有一定抵抗力，可以污染蚕室、蚕具及周围环境。此外，发生僵病的蚕沙及病蚕尸体处理不当，病菌也可以在蚕沙中大量形成孢子，到处飞散。如果将未腐熟的蚕沙施入桑园，就会污染桑叶及引起桑园害虫染病，又反过来为害家蚕。

（二）传染途径

真菌病是由病菌的分生孢子通过空气传播的。传染途径主要是接触传染，其次是创伤传染，食下传染的很少。

研究认为，分生孢子与昆虫体表的黏附一开始是非特异性的，靠孢子壁和表皮电荷的静电力，附着力比较弱；但后来成为特异性反应，通过诱导分泌胞外酶的作用，分生孢子牢固地附着在昆虫体壁上。真菌固有的保守结构，如其细胞壁上的甘露糖、β-葡聚糖等都是病原相关分子模式，被寄主的模式识别受体识别，从而启动了寄主的先天性免疫、影响发病（Pendland et al.，1993）；另外，球孢白僵菌、莱氏野村菌的分生孢子壁分泌的黏液中都检出外源凝集素，它可以同寄主表皮上的糖类残基相结合，产生一种专化性的连接键，起着识别寄主的作用。寄主范围较广的真菌如球孢白僵菌的分生孢子发芽对表皮的营养物质的要求并不严格，只需一般的营养即可，但寄主范围较窄的真菌发芽要求可能比较特别，如只侵染鳞翅目昆虫的绿僵菌孢子发芽需要二酰基甘油和极性脂（Bouclas et al.，1988）。

昆虫肠道环境一般不适宜真菌的生长。尽管前肠和后肠表皮比体壁的骨化程度低，但肠道中的少氧环境、消化酶、高 pH、食物通过速度快及围食膜的保护等对真菌的侵染具有良好的屏障作用。也有研究报道，正常昆虫的肠道细菌区系会产生一些抗真菌的物质。据试验，部分球孢白僵菌菌株在蚕的肠道中可发芽生长，可能与该菌寄生性比较强有关。

不同的蚕品种对僵病的抵抗能力存在差异，可能与家蚕体壁中的饱和脂肪酸含量有关；离体的试验证明脂肪酸能抑制球孢白僵菌的萌发和生长。此外，家蚕对一些感染力较弱的真菌有自愈的作用。例如，卵孢白僵菌、赤僵菌等真菌感染家蚕后，虽然出现病斑，但病斑可随蜕皮消失，疾病不再发展。

（三）传染条件

各种病原真菌的分生孢子发芽、生长发育和繁殖都需要满足一定的条件，才能引起家蚕感染真菌病。家蚕真菌病的发生一方面与蚕的发育阶段有关，另一方面主要受环境中温湿度的影响。

1. 蚕的发育阶段　　家蚕体壁表面的结构与真菌病的发生有密切关系。例如，孢子在蚕体上附着的情况存在差异，起蚕褶皱较多，比食桑后的蚕容易附着；小蚕表皮比大蚕薄而粗糙，也容易附着孢子。因此小蚕及起蚕容易感染真菌病，发病率也较高。随蚕龄的增长或同一龄中随蚕的成长，僵蚕的感染率也随之下降。但熟蚕期又是白僵菌、曲霉菌等易侵染的阶段。

曲霉菌接触传染的发病率与蚕龄大小的关系更为明显。例如，在接种菌量相同的情况下，曲霉菌对蚁蚕的发病率为 100%，2 龄起蚕为 80%，3 龄起蚕为 32%，4 龄起蚕为 20%，5 龄起蚕为 7.5%，熟蚕为 30%。

2. 环境温湿度　　蚕各种真菌病原分生孢子的发芽和生长与温湿度的关系十分密切。不同的真菌病原所要求的发芽、生长的适温有所差异。例如，白僵菌在适宜的相对湿度（如饱和湿度）下，分生孢子在 10℃才开始发芽，10～28℃的范围内，温度越高，发芽、生长越好，其最适温度为 24～28℃，30℃以上生长即受到抑制，33℃以上不能发芽；莱氏野村菌孢子在 15℃时开始萌发，随着温度的升高，其发芽、生长越好，最适温度为 22～25℃，28℃以上对分生孢子的繁殖有明显的不良影响；粉拟青霉也较嗜低温，20℃发芽最好；而曲霉菌则嗜高温，最适温度为 30～35℃。不同僵病发生频率的季节性差异与温度有关。另外，发病的快慢也与温度有关，在适温范围内温度高时发病快，病程短；反之，温度低时发病慢，病程长。

蚕各种真菌病菌分生孢子的发芽，均对空气中的相对湿度有较高要求。一般以相对湿度 90%～100%最适，70%以下即不能发芽。所以养蚕生产中僵病感染率的高低，受空气相对湿度的影响很大。相对湿度也影响分生孢子的形成，关系真菌病的传播和流行。

在养蚕生产中，环境条件及蚕室的温湿度对僵病的发生与蔓延有直接关系。例如，采用防干纸育、炕床育等饲育形式，或蚕室低矮通风不良，或靠近水源等造成环境多湿时容易发生僵病；从季节来看，多雨季节发病较多、干燥季节较少。例如，华东早秋蚕期由于高温干燥，对白僵菌、莱氏野村菌等的分生孢子发芽、发育不良，因此此时极少发生僵病；但春蚕、秋蚕及晚秋蚕期由于温湿度适宜，容易引起僵病。因此，养蚕生产中要综合分析发生真菌病的环境条件，做好预防工作，防止真菌病的发生和危害。

二、防治

（一）严格消毒、慎防污染

1. 养蚕前实行严格消毒　应选用对真菌药效较好的消毒剂进行蚕室蚕具消毒。蚕室消毒后要开窗换气排湿，蚕具放到日光下充分暴晒，防止养蚕用的竹木器材发霉。

2. 合理处理病蚕　发生僵病后，禁止摊晒僵蚕；发生僵病的蚕沙应沤制堆肥，使其充分发酵腐熟后才能施入桑园。

3. 桑园害虫防治　加强桑园害虫的防治工作，防止桑园害虫感染真菌病后污染桑叶及周围环境。

4. 防止白僵菌等杀虫剂农药的污染　蚕桑生产地区应禁止生产、使用白僵菌等微生物农药，也不能将施用过这种农药的稻草、麦秆等作为隔沙或制蔟材料，必要时须经消毒才能使用。

（二）使用防僵药剂进行蚕体蚕座消毒

使用防僵药剂是防止僵病的发生与蔓延的一项重要措施。防僵药剂的种类很多，常用的有漂白粉防僵粉、防病一号、蚕座净、优氯净等。中国农业科学院蚕业研究所先后研制出对病原真菌有良好灭杀作用的蚕用高效广谱消毒剂，例如，亚迪净，防僵效果明显优于防病一号、优氯净、蚕座净等常用的蚕体蚕座消毒剂，且药量仅为这些消毒剂的 1/25；国家三类新蚕药亚迪欣，刺激性气味与腐蚀性小、10℃以上使用不影响消毒效果、水溶性好、稳定性好；国家三类新蚕药亚迪蚕保，与新鲜石灰粉按 1∶25 拌匀后用于蚕体蚕座的消毒，消毒效果与稳定性好、气味小。这些防僵药剂的成分、原理、配方及使用方法详见本书第八章。

防僵药剂的使用应根据具体情况决定。使用次数则应根据当时僵病的发生情况、历年来僵病流行的规律及饲育形式等灵活掌握。一般在蚁蚕及各龄起蚕饲食前各使用一次。多湿的天气，或经常发生僵病及已经发现病情的蚕室，应加强蚕体、蚕座的消毒工作。施用时需在饲食前或在上回给桑已经吃尽、下回给桑之前进行，撒药后 5～10min 喂新鲜桑叶。防僵药剂多是粉剂，要求调剂时粉粒尽量磨碎，使有效成分与填充料充分混合均匀。否则颗粒粗、黏着力差，撒在蚕体上容易脱落，效果就会受到影响。

大蚕期遇到僵病发生严重时，可选择晴天用有效氯含量为 0.3%～0.5%的漂白粉液进行期中消毒，包括对蚕体蚕座和饲育环境等的消毒。蚕室内消毒后要注意通风换气。

预防僵蛹的重点应放在 5 龄蚕防僵和蔟室蔟具的消毒上。上蔟时采用适宜的防僵粉进行蚕体消毒，既可防僵又不会影响茧丝的品质。种茧育可用甲醛溶液焦糠（1∶30）垫蛹，或用硫黄熏蒸（3～4g/m³，30min），也可用防僵灵二号 1500～2000 倍稀释液体喷。但在蛹期防僵勿用含石灰的防僵药剂，否则由于石灰吸湿后会对蛹体产生不良影响，可用优氯净熏烟剂熏烟防僵。

（三）熏烟防僵

在防僵药剂一时缺乏的情况下可采用熏烟办法，这是群众经验的总结，经科学实验证明是行之有效的措施。直接采用植物性材料，如木屑、谷壳、干草或松毛等作发烟材料，或采用具有挥发性熏蒸作用的材料进行熏烟，对僵病分生孢子的发芽生长有一定的抑制作用。

养蚕前对蚕室、蚕具连续熏烟数次可以预防僵病的发生。熏烟方法：一般每立方米用干燥的熏烟材料 10～15g 进行不完全燃烧，及时关闭门窗，尽量使烟雾在半小时内发散出来充满蚕室，约保持 1h，将烟排出室外。

（四）调节蚕室、蚕座湿度

根据病原真菌分生孢子发芽、发育条件，结合饲育实际情况，注意调节蚕室、蚕座湿度，蚕座内勤用干燥材料、加强蚕座的卫生工作。大蚕期间采取通风排湿、多撒干燥材料、勤除沙等措施，对预防僵病也有一定作用。

（五）及时除去病/死蚕、控制蚕座再传染

一旦发生僵病，在实施上述各种防僵措施的同时，应每天及时将病/死蚕拾除处理，控制蚕座内的再感染。

本章主要参考文献

高红，张冉，万永继．2011．白僵菌的分类研究进展．蚕业科学，37（4）：730-736．

刘静．2021．球孢白僵菌对不同昆虫宿主致病性差异的分子机理及 Bb-f2 过敏原蛋白功能的研究．重庆：西南大学博士学位论文．

卢海泉．2016．经肠道感染家蚕的白僵菌株筛选及感染机制的初步研究．镇江：江苏科技大学硕士学位论文．

王成树．2001．球孢白僵菌分子生态学研究．北京：中国农业大学博士学位论文．

张冉，杨俐，汪静杰，等．2011．莱氏野村菌 cq 菌株感染家蚕的特性及菌株产生的晶体．蚕业科学，37（5）：925-930．

Fang W, Leng B, Xiao YJ, et al. 2005. Cloning of *Beauveria bassiana* chitinase gene *Bbchitl* and its application to improve fungal strain virulence. Applied and Environmental Microbiology, 71: 363-370.

Gu CX, Zhang BL, Bai WW, et al. 2020. Characterization of the endothiapepsin-like protein in the entomopathogenic fungus *Beauveria bassiana* and its virulence effect on the silkworm, *Bombyx mori*. Journal of Invertebrate Pathology, 169: 107277.

Kirk PM, Cannon PF, Minter DW, et al. 2008. Dictionary of the Fungi.10th ed. Wallingford: CABI.

Liu J, Ling ZQ, Wang JJ, et al. 2021. *In vitro* transcriptomes analysis identifies some special genes involved in pathogenicity difference of the *Beauveria bassiana* against different insect hosts. Microbial Pathogenesis, 154: 104824.

St Leger RJ, Cooper RM, Charnley AK. 1991. Characterization of chitinase and chitobiase produced by the entomopathogenic fungi *M. anisopliae*. Journal of Invertebrate Pathology, 58: 425-426.

Wang CS, St Leger RJ. 2007. The MAD1 adhesin of *Metarhizium anisopliae* links adhesion with blastospore production and virulence to insects, and the MAD2 adhesin enables attachment to plants. Eukaryotic Cell, 6(5): 808-816.

Xiao GH, Ying SH, Zheng P, et al. 2012. Genomic perspectives on the evolution of fungal entomopathogenicity in *Beauveria bassiana*. Scientific Reports, 2: 483.

Ying SH, Feng MG, Keyhani NO. 2013. A carbon responsive G-protein coupled receptor modulates broad developmental and genetic networks in the entomopathogenic fungus, *Beauveria bassiana*. Environmental Microbiology, 15(11): 2902-2921.

Zhang YJ, Feng MG, Fan YH, et al. 2008. A cuticle-degrading protease (CDEP-1) of *Beauveria bassiana* enhances virulence. Biocontrol Science and Technology, 18(6): 543-555.

本章全部
参考文献

第五章　微孢子虫病

　　微孢子虫是一类专营寄生生活、无线粒体的单细胞真核生物。之前在分类学上一直归类于原生生物界原生动物亚界，在生物五界分类系统中，微孢子虫被归类于原生生物界中较原始的一类真核生物。但是进入 21 世纪以来，随着对微孢子虫多个真核生物特征分子的进化和系统发育分析研究，认为微孢子虫与真菌具有很近的亲缘关系，新的研究表明微孢子虫并非一开始就没有线粒体，而是后来丢失的，其证据是在蝗虫微孢子虫（*Nosema locustae*）和纳卡变形微孢子虫（*Vairimorpha necatrix*）中发现了微孢子虫存在线粒体的分子痕迹热激蛋白 HSP70，并与其他真核生物的线粒体热激蛋白 HSP70 极为相似；Baldauf 等（2000）在 *Science* 杂志上报道对微孢子虫分析了延长因子 EF1α、肌动蛋白、α 微管蛋白和 β 微管蛋白的氨基酸序列并构建了系统发育树，与传统的 16S rRNA 序列的发育树不同，其中微孢子虫被聚类于真菌，其氨基酸分析同源相似系数为 95%，核酸同源相似系数为 85%；Eisen 和 Fraser（2003）关于兔脑炎微孢子虫（*Encephalitozoon cuniculi*）基因组学的研究也支持微孢子虫属于真菌的观点；Keeling（2003）采集了真菌的子囊、担子菌、接合菌和壶菌，以及部分动物的 α 微管蛋白和 β 微管蛋白的基因与微孢子虫进行了进化分析，认为微孢子虫是真菌接合菌的分支。

　　美国国家生物技术信息中心（NCBI）于 2002 年正式将微孢子虫的定位描述为细胞型生物体（cellular organisms）、真核生物（eukaryote）、真菌（fungi）、微孢子虫（Microsporidia），即将微孢子虫归类于真菌界（Germot et al.，1997；Hirt et al.，1999；Baldauf et al.，2000；Keeling，2003；万永继和沈佐锐，2005）。目前学界及国际生物学分类机构多数已认同微孢子虫属于真菌（Kirk et al.，2008；Adl et al.，2012）。研究认为在真菌界中微孢子虫门及隐真菌门、罗氏菌门和壶菌门等，应单独归为真菌界下一个独立的谱系（万永继和沈佐锐，2005；Bass et al.，2018；Corsaro et al.，2019；Issi，2020）。

　　真菌界的生物多样性非常丰富，由于新成员不断增加，其分类体系一直处在变化中，过去真菌主要分类为担子菌门、子囊菌门、接合菌门、半知菌类等。最近 NCBI 将真菌主要类分为隐真菌门（Cryptomycota）、微孢子虫门（Microsporidia）、芽枝霉门（Blastocladiomycota）、壶菌门（Chytridiomycota）、毛霉门（Mucoromycota）、子囊菌门（Ascomycota）及担子菌门（Basidiomycota）等十余个门。

　　从微孢子虫细胞生物学及生态特征分析，微孢子虫的孢子壁与真菌细胞壁有类似的组分特征，如几丁质、表面蛋白等，外观形态与单细胞的酵母相似，也产生孢子；但细胞内结构、营养生长和生殖等与真菌的差异较大，且微孢子虫只能在动物活体内或动物培养细胞内生长繁育，不能在人工营养培养基上生长；成熟孢子细胞内藏有一根与感染密切相关的极丝结构，与原生动物亚界的黏孢子虫体内藏有的多根极丝的结构相似，推测两者在进化上可能存在某种相似性（万永继和沈佐锐，2005）。微孢子虫迄今已发现 1400 余种，分别对昆虫、鱼类、啮齿类及灵长类动物等产生危害，其中大多数种类从昆虫中发现，对控制昆虫自然种群数量的周期性消长具有重要作用，但对经济昆虫如家蚕和蜜蜂等也会带来严重的危害和威胁。由于微孢子虫生物学特征、感染与传染机制的特殊性，本书将家蚕的微孢子虫病作为一个独立章节论述。

　　寄生家蚕的微孢子虫已发现若干种群。家蚕微粒子（*Nosema bombycis*）为主要的种群，对蚕种繁育的危害及对丝茧育的威胁尤为严重。其他类型的微孢子虫对家蚕的感染为零星发生，也有区域性感染流行的病例。

第一节　家蚕微粒子病

　　家蚕微粒子是第一个被发现和记录的微孢子虫，在显微镜下为一有折光性的微小"粒子"，1857 年德国学者 Naegeli 首先在家蚕中发现并以拉丁文 *Nosema* 来表述这个微小"粒子"，故称家蚕微粒子（*Nosema bombycis*）。Balbiani 等于 1882 年提出"微孢子虫"的概念来概括这一类有生命活动特征的生物类群，故家蚕微粒子被作为模式种归类于微孢子虫，但根据拉丁文学名和习惯仍将其称为家蚕微粒子或家蚕微粒子虫（Sprague et al.，1977）。

　　家蚕微粒子病早在我国元代的《农桑辑要》中对其病征已有记载。19 世纪中叶本病曾在法国等欧洲国家发生大规模的流行危害，给该区域的养蚕业带来了毁灭性打击。1865～1870 年法国微生物学家巴斯德（Pasteur）对该病害进行了一系列的研究，发现了家蚕微粒子的胚种传染及危害性，创立了以单蛾为单位，对母蛾镜检剔除病蛾卵的方法，为保障供应无病和优质的合格蚕种提供了基础。世界各养蚕国家先后建立了蚕种繁育对家蚕微粒子病检验检疫的监管制度。20 世纪 60 年代开始，随着养殖规模和蚕种需求数量的扩大，日本和中国先后研究和实施了母蛾集团检验技术，大大提高了检验效率。20 世纪 90 年代我国养蚕业大省之一的四川研究提出了成品蚕卵的检验检疫方法，以作为对母蛾检验检疫的补正和补充，该技术随后在全国被推广应用。

一、病原

（一）分类

　　家蚕微粒子病的病原归属于真菌界，分类地位属于微孢子虫门（Microsporidia）非泛孢子虫亚门（Apansporoblastina）双单倍期纲（Dihaplophasea）离异双单倍期目（Dissociodihaplophasida）微孢子虫总科（Nosematoidea）微粒子科（Nosematidae）微粒子属（*Nosema*），学名为家蚕微粒子（*Nosema bombycis*）。

　　家蚕微粒子是微孢子虫的典型代表种（Sprague et al.，1992；鲁兴萌和金伟，1999）。目前在美国国家生物技术信息中心（NCBI）的分类状态被记录为：真核生物（Eukaryota）；真菌界（Fungi kingdom）；未定分类位置真菌亚界（Fungi incertae sedis）；微孢子虫门（Microsporidia）；微粒子科（Nosematidae）；微粒子属（*Nosema*）；家蚕微粒子（*Nosema bombycis*）。

（二）孢子的形态与结构

　　家蚕微粒子孢子的形态一般为卵圆形［（2.9～4.1）μm×（1.7～2.1）μm］，由于寄生发育阶段和寄生部位的不同，其大小略有差异。自然标本用普通光学显微镜观察，孢子往往在标本底层（孢子相对密度为 1.30～1.35），呈上下摆动状，在明视野下，具有很强的折光性，并呈淡蓝色。在相差显微镜下，孢子形态呈现出明显的立体质感，在扫描电镜下观察，孢子表面较为光滑（图 5-1A 和 B）。

　　超微结构显示，孢子由孢子壁（spore wall）、极质体（polaroplast，PL）、极丝（polar filament，PF）、孢原质（sporoplasm，Sp）和后极泡（posterior vacuole，PV）等组成（Sato et al.，1982）。孢子壁由蛋白质的外壁（exospore，EX）、几丁质的内壁（endospore，EN）和原生质膜（plasm membrane 或 cytoplasmic membrane，CM）构成，位于中间的几丁质内壁较厚。孢子长轴的一端孢子壁较薄，在此部位内侧有一称为极帽（polar cap）的锚状结构，上为固定板（anchoring disk，AD），下为极丝柄（manubrium，M），极丝柄连着的极丝（polar filament，PF）［又称极管（PT）］在孢子中心直行至孢子长轴方向 1/3 部位后，以 49°的倾斜角贴着 CM 的内侧，盘绕孢原质 12 圈，后端与孢原质相连。电子显微镜的透射观察显示，极丝为一个具有芯状结构的 4 层同心圆管状物；芯状部分电子透明度高，有由 16 个小颗粒体组成的亚结构；次层和最外层呈半透明，与极膜层的膜结构同质，两层之间为电子致密层。以极帽为前端，孢子前部是由平滑的膜层叠成的极质体（polaroplast），其与极丝柄紧密部分称为层状极质体（LP，或称前极质体 ap），后面疏松部分为泡状极质体（VP，或称后极质体 pp）；孢原质的后部，分布有核糖体、沿孢子短轴方向稍伸长的两个细胞核、糙面内质网（rough endoplasmic reticulum，RER）及由两层或两层以上膜所围成的后极泡（PV），此外在 PV 内或附近有小泡囊［又称为液泡（vacuole，V）］等（Sato et al.，1982），见图 5-1C 和 D。

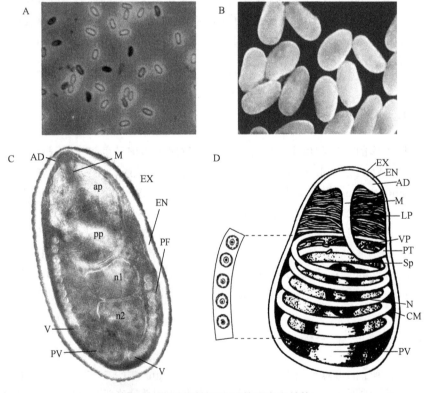

图 5-1　家蚕微粒子孢子的形态和结构

A. 相差显微镜下的孢子形态；B. 扫描电镜下的孢子形态；C. 透射电镜下的超微结构；
D. 结构模式图（Sato et al.，1982）。N. 细胞核（n1 和 n2）

（三）基因组

首次对微孢子虫基因组进行测序的报道是兔脑炎微孢子虫（*Encephalitozoon cuniculi*），其基因组数据在 *Nature* 上发表（Katinaka et al.，2001），之后陆续报道了蝗虫微孢子虫（*Antonospora locustae*）的基因组（Slamovits et al.，2004）、东方蜜蜂微孢子虫（*Nosema ceranae*）的基因组（Cornman et al.，2009）、比氏肠道微孢子虫（*Enterocytozoon bieneusi*）的基因组（Akiyoshi et al.，2009）和家蚕微粒子（*Nosema bombycis*）的基因组（Pan et al.，2013）等，迄今在 NCBI 的 Genebank 数据库登录的微孢子虫基因组已达 30 多个。

家蚕微粒子的基因组有 18 条染色体，全基因组大小约 15.69Mb，GC 含量为 32.3%，预测的编码蛋白质的基因数为 4468 个，非编码基因即核糖体（rRNA）基因数为 84 个，转运蛋白（tRNA）基因数为 175 个。相比兔脑炎微孢子虫基因组（2.9Mb），家蚕微粒子的基因组转座元件和重复家族基因较多（Pan et al.，2013）。

此基因组特征可能意味着家蚕微粒子具有适应感染其他不同寄主的潜力。实际上已有报道家蚕微粒子除感染家蚕外，还可感染 30 多种包括桑园害虫在内的野外昆虫（广濑安春，1979）。

（四）生活史

家蚕微粒子的生活史经历孢子发芽、裂殖生殖期和孢子形成期后即完成一个世代。在蚕体内的发育适温为 20～30℃，低于 15℃和高于 35℃其孢子的形成会受到抑制。在蚕体内发育周期即完成一个世代一般为 6～8d。

1. 孢子发芽　　孢子壁的水通道调控及孢内渗透压的升高是微孢子虫孢子发芽的关键。一般认为这个过程是寄主肠道环境的单价离子（如 K^+、Na^+）扩散进入孢子，通过与钙离子的交换释放来刺激海藻糖酶和海藻糖的结合。当海藻糖被降解为高浓度的葡萄糖小分子时，渗透压就增加，孢外的水分渗透进入孢内，直到极丝发芽开始。渗透压使 PL 和 PV 先后膨大，使进入孢子的水分持续增加以维持极丝和原生质体强制弹出的压力，直至极丝从极帽部弹出，完成发芽（Undeen，1990）。极丝的弹出过程犹如翻出手套中的手指部分。孢原质在极丝弹出前被吸入极丝内，随极丝的弹出而从极帽处排出孢子。发芽后的孢子成为空壳，光泽消失而稍凹陷。微孢子虫极管直径在 0.1～0.3μm，但孢原质从中释放的速度很快，有研究者体外试验采用低浓度的碳酸钾或碳酸钠刺激处理诱发了家蚕微粒子孢子的发芽。万永继等（1988）采用体外 H_2O_2 刺激处理诱发家蚕微粒子孢子发芽，显微镜下观察，从开始发芽到孢原质全部挤出的时间为 5～25s（图 5-2）。

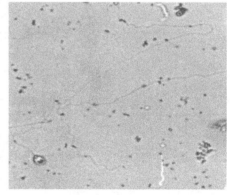

图 5-2　家蚕微粒子孢子发芽弹出的极丝和孢原质芽体（640 倍）

2. 裂殖生殖期　　裂殖生殖期也称为营养生殖期。发芽后弹出的孢原质大小为 0.5～1.5μm，此称为芽体。在寄主细胞内芽体中的 2 个核随即融合为 1 个核，以及细胞器和芽体外膜的重构开始进入裂殖生殖期，通过吸收寄主细胞的营养，体积不断增大，单核细胞开始分裂产生裂殖体（schizont）。裂殖体以细胞核的二分裂（binary fission）形式产生新的裂殖体。

当细胞质和细胞核同时分裂时产生成对的单核裂殖体，当细胞质的分裂滞后于细胞核的分裂时则产生含 2 核或 4 核的裂殖体［又称为多核原生质团（plasmodium）］，也可能会出现一串相连的带状裂殖体，随细胞质的分裂多核裂殖体又会形成单核裂殖体（Ohshima，1973；万永继，1988）。通过裂殖体的不断分裂，微孢子虫代在寄主细胞内获得大量的增殖。裂殖体中具有丰富的内质网（endoplasmic reticulum，ER）、核糖核蛋白体和高尔基体，但没有线粒体，裂殖体增殖需要的大量营养成分和能量靠寄主提供及裂殖体膜的吸收，所以裂殖体细胞膜与寄主细胞质界面紧密且显得较厚。

3．孢子形成期　　在显微镜下观察，较大型的单核裂殖体细胞膜界面变薄及变得清晰是孢子形成期开始的标志（万永继等，1988），此时的细胞为纺锤形，也称为母孢子（sporont）。母孢子的细胞核通过两次分裂形成两个双核的孢子母细胞（sporoblast）。孢子母细胞进一步发育出现细胞膜的肥厚化及与寄主细胞界面的分离，以及内质网、高尔基体、膜系统、极丝及孢壁等的分化和产生，最后形成孢子（Iwano and Ishihara，1991；钱永华和金伟，1997）。裂殖体的二分裂及每个母孢子产生两个孢子母细胞，1 个孢子母细胞形成 1 个孢子，这是微粒子属（*Nosema*）的典型发育特征。孢子的形成并不是同步的，进入孢子形成的早期可同时观察到各种类型的裂殖体、二核的母孢子、孢子母细胞及成熟的孢子（万永继等，1988）。早期形成的孢子为短极丝孢子，继续在细胞内发芽参与寄主体内细胞间或组织间的传播；后期形成的孢子为长极丝孢子，随粪便或尸体解体后释放到环境，参与寄主个体间的传播。家蚕微粒子的发育生活史如图 5-3 所示。

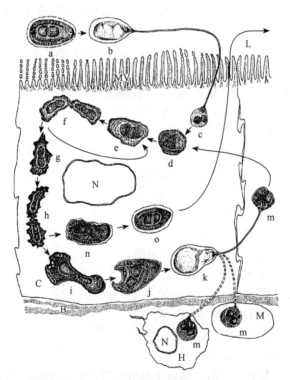

图 5-3　家蚕微粒子的发育生活史模式图（Iwano and Ishihara，1991）

L. 中肠肠腔；MV. 微绒毛；C. 中肠上皮细胞；N. 细胞核；B. 基底膜；M. 肌肉细胞；H. 血细胞。a, o. 长极丝孢子；b. 发芽中的长极丝孢子；c. 芽体；d, e. 裂殖体；f. 分裂中的裂殖体；g. 母孢子；h. 孢子母细胞；n. 长极丝孢子母细胞；i. 短极丝孢子母细胞；j. 短极丝孢子；k. 发芽中的短极丝孢子；m. 二次感染体

（五）孢子的稳定性

孢子是家蚕微粒子的休眠体。坚韧的孢子壁对外界环境中理化因子的冲击具有较强的抵抗性。有机物（如病死的幼虫、蛹、蛾及蚕粪等）内的孢子，对不良环境的抵抗性更强，在自然环境中成活的时间也相当长。将家蚕微粒子病的病蚕尸体放在阴暗处保存 7 年后，其中的孢子对家蚕仍具有感染性，感染率可达 10%；在潮湿的土壤和水中，也能存活相当长的时间；经过一些家畜或家禽的消化管后粪便中的微孢子虫仍有感染性；但在干热和光亮的环境中容易失活；较高温度及消毒药物作用可使孢子形态变形，甚至消失。在沤制的堆肥中（71～82℃）只能存活一周左右。

二、病征和病变

家蚕微粒子病是一种全身性感染的慢性蚕病，除表皮几丁质外几乎所有的组织器官都能被感染发生病变。从感染到出现病征的病程较长，感染轻者可以继续发育并在蚕座内传染，甚至直到化蛹、化蛾和产卵。因此，蚕一生的各个发育阶段，都有不同的症状出现。有病母蛾产下的蚕卵从卵期即开始表现病征。

（一）病征

1. 卵的病征　　重病蛾产的卵，卵色不正常，卵形大小不一，卵粒的排列不规则（图 5-4A），多重叠卵。卵的产附差，容易脱落，不受精卵和死卵多。常有催青死卵、不孵化或孵化途中死亡的现象。点青和转青期参差不一，蚁蚕孵化不齐。

轻病蛾产下的卵，外观看不出明显异常，在催青后期可能会出现少量转青死卵，蚁蚕孵化也未见异常。

2. 幼虫的病征　　由于胚种传染发生家蚕微粒子病，养蚕过程中往往表现为群体发育不齐，大小不一，以及尸体不易腐烂等症状（图 5-4B）。但轻度感染或感染初期病蚕群体症状与健蚕之间较难区别，感染个体一般在 5 龄后期及上蔟时发病。

小蚕期：胚胎期感染后孵化的蚁蚕，收蚁后 3d 仍不疏毛，体色深暗，体躯瘦小，发育缓慢。重病者则当龄死亡，轻者可延续到 2～3 龄死亡。在蚁蚕期食下感染，病征大致同上，但多出现迟眠蚕或不眠蚕。在 2～3 龄感染，将延至大蚕期或熟蚕期才能发病。

大蚕期：饷食后出现表皮缩皱及锈色的起缩蚕，或体壁上有微细不规则的黑褐色斑点蚕（或称胡椒蚕），病斑出现在尾角末端、气门周围和胸腹足等外侧部位的较多。体质虚弱，蜕皮困难，甚至有蜕皮中死亡的半蜕皮蚕（图 5-4C）。

熟蚕期：重病蚕不能结茧。轻度发病的蚕在蔟中徘徊，漫然吐丝，多结不正形茧或薄皮茧，也有成为落地蚕或裸蛹。

3. 蛹和蛾的病征　　病蛹的表皮无光泽，反应迟钝，腹部松弛，甚至可透视到腹中的卵，有的体壁上出现大小不等的黑斑。病情较轻的蛹，较健康蛹羽化要早。病情较重的蛹，大多成为死笼，即使能羽化也较健康蛹迟。

羽化后，病蛾不能展翅或展翅不良，甚至翅脉上出现水泡和黑斑（拳翅蛾）；羽化时胸腹部鳞毛大量脱落，而露出褐色体皮（秃蛾）；腹部膨大，伸长，节间膜松弛，甚至可透视到腹内卵粒（大肚蛾）（图 5-4D）。其他病征如出现鼠色鳞毛蛾、翅血点蛾及焦尾蛾等，病蛾的交配能力较差，产卵不正常，但感染轻者母蛾可正常交配产卵。

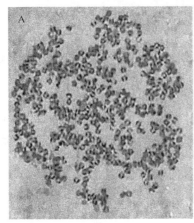

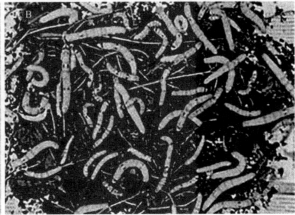

重病蛾产的卵　　　　　　　　　　蚕体大小不一、发育不齐

半蜕皮及不蜕皮蚕　　　　　　　病蛾（大肚蛾、拳翅蛾及秃蛾等）

图 5-4　家蚕微粒子病病蚕的病征

各时期的病征轻重与孢子在幼虫阶段的感染时期及感染量有关，感染时期越早、感染剂量越高蚕发育后期发病越严重。在 4～5 龄期的感染是母蛾带毒发生胚种传染的原因。

（二）病变

家蚕微粒子对蚕的感染是全身性的，除侵入几丁质的外表皮、气管的螺旋丝及前后消化管壁外，还能侵入蚕体的各种组织器官后寄生，并出现各种病变。

1. 消化管的病变　　消化管是最早出现病变的器官。侵入中肠上皮细胞的家蚕微粒子，在细胞内寄生和繁殖后，孢子充满细胞，使细胞肿大和变成乳白色，并突出于管腔。最后中肠上皮细胞破裂，孢子散落在消化管内，随粪排出（图 5-5）。有时消化管还会出现黑色的斑点。

2. 血细胞的病变　　家蚕微粒子主要在颗粒细胞、原血细胞和浆细胞中寄生和繁殖。血细胞被感染后，表现为吉姆萨染料的染色性减退。细胞膨大，直径可达 32～54μm。孢子的大量繁殖可使血细胞破裂，大量孢子和细胞碎片在血液中的悬浮使血液呈浑浊状。

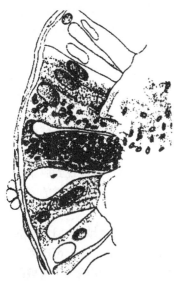

图 5-5　消化管的病变模式图

3. 气管上皮细胞的病变　　家蚕微粒子在气管上皮细胞内寄生和繁殖后，导致细胞膨胀而出现气管膜上皮细胞层的隆起病变，在光学显微镜下可见强折光的孢子（图 5-6）。但气管内的螺旋丝不被感染。

4. 肌肉组织的病变　　家蚕微粒子在感染肌肉组织时，裂殖体沿着肌纤维的方向进行繁殖。组织内的肌质大部分被融化形成空洞，最后仅留下一些离散的肌核和肌鞘。肌肉附近的结缔组织同样受到破坏。

5. 马氏管的病变　　马氏管的主要病变是其颜色呈乳白色或淡黄色，出现许多点状小凸起，像有许多弯曲。有时还会出现马氏管与中肠粘连的现象。马氏管细胞的病变将引起尿酸排泄的障碍。

6. 脂肪组织的病变　　脂肪组织膨大、变形，组织间连接松弛，甚至崩溃。这也是造成血液浑浊的原因之一。

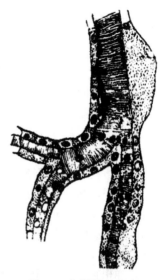

图 5-6　气管膜的病变

7. 丝腺的病变　　前、中和后部丝腺都可以被家蚕微粒子寄生。寄生后在丝腺出现肉眼可见的乳白色脓疱状的斑块（图 5-7）。这也是该病害的典型病变。丝腺内腔充满液状丝蛋白，不适于家蚕微粒子的寄生。丝腺被寄生后，分泌丝蛋白的功能受到破坏，严重时造成病蚕不结茧或仅结薄皮茧。

8. 体壁的病变　　家蚕微粒子在体壁的真皮细胞内寄生和繁殖后，使细胞形成空洞、膨胀和破裂。血液中的颗粒细胞对病变细胞进行包围和氧化，以及进行新生细胞的填补等防御反应。导致病变细胞呈一黑褐色囊状物，同时被挤出真皮层（图 5-8）。在外观上留下一个黑褐色的斑点（胡椒蚕）。这种病斑可随蜕皮而脱去，家蚕微粒子的孢子残留在蜕皮壳内。

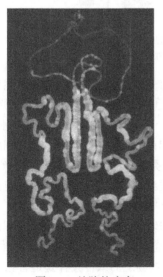

图 5-7　丝腺的病变

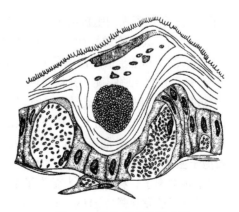

图 5-8　体壁病变的模式图

9. 生殖细胞的病变　　家蚕微粒子可在生殖系统的卵巢外膜、卵管膜、卵母细胞、滋养细胞及睾丸外膜和精母细胞等生殖细胞内寄生和繁殖，这是引起胚胎感染及经卵传染的病理组织学基础。

三、致病过程及机理

微孢子虫的生活史特别是孢子阶段与微孢子虫感染寄主的过程密切相关。微孢子虫的生活史可分为孢子发芽、裂殖生殖期和孢子形成期3个阶段，孢子发芽是可以在寄主细胞外即在环境中较长时间潜伏生存并具有感染力的阶段，其他两个阶段是寄生于寄主细胞内发育增殖并带来病理影响的阶段。

（一）感染入侵

家蚕微粒子的孢子经口进入蚕的消化管后，在消化液的刺激下发芽，即通过极丝的弹出穿过围食膜，将孢原质注入寄主中肠细胞内，或者通过芽体的运动进入寄主细胞（Sato and Watanabe，1986）。极丝发芽时甚至可穿过中肠的上皮细胞层，将孢原质注入体腔，感染各种细胞。也有试验研究认为微孢子虫可通过吞噬作用直接进入寄主细胞。家蚕微粒子孢子对寄主感染时孢原质进入寄主细胞内的可能方式有三种，如图 5-9 所示，通过孢子的发芽装置即极丝弹出后将孢原质注入寄主细胞内可能是主要的侵染方式，否则孢子的极丝结构将退化消失。

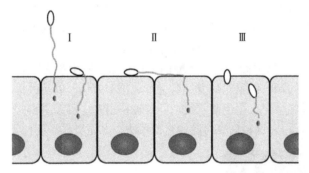

图 5-9　家蚕微粒子在肠道中可能的侵染方式

I、II、III分别代表 3 种可能的方式

微孢子虫孢子侵染寄主细胞包括两个基本的过程：首先是孢子的激活与发芽，然后是孢原质侵入寄主细胞。其侵染过程涉及几个重要的步骤：①微孢子虫孢子的激活；②微孢子虫孢壁通透性的改变和孢子内部渗透压升高；③渗透压升高导致极膜层和后极泡吸水膨胀；④孢子内压升高压迫极丝解螺旋，并从弱化的极帽处弹出；⑤弹出的极管刺入寄主细胞，孢原质经极管被挤入寄主细胞，完成侵染过程。微孢子虫种类繁多，侵染寄主的过程十分复杂，近年来对微孢子虫侵染机理的研究已从外界激活因子推进到孢子生理生化的研究（包括孢壁蛋白及极丝蛋白的作用等），随着研究的推进人们对其的认识在不断深入。

1. 微孢子虫孢子的激活　　对微孢子虫孢子激活的研究，首先是利用一些物理的、化学的刺激因子刺激孢子。科学家认为微孢子虫孢子激活需要特异的 pH 环境，一般为碱性，如家蚕微粒子孢子的发芽需要 pH 9～11 的碱性条件，家蚕肠道的碱性条件是适合家蚕微粒子的孢子发芽的。也有其他一些微孢子虫在中性［如兔脑炎微孢子虫（*Encephalitozoon cuniculi*）］或酸性（如 *V. calicis* 的分离株）条件下更容易被激活。不同种类的微孢子虫可能有不一样的最适 pH，同种微孢子虫也可能在较宽 pH 范围内被激活。微孢子虫孢子激活还需要特定的温度条件，家蚕微粒子发育的最适温度为 20～30℃，这也是家蚕微粒子孢子发芽的最适温度。单价离子是许多微孢子虫激活的重要刺激物，如 Na^+、K^+ 及 Cl^- 等单价离子扩散进入孢内可激活孢子。二价离子 Ca^{2+} 是很多细胞激活过程中必需的第二信使，John 等研究微孢子虫 Spraguea lophii 时发现，随着孢子极管的弹出，孢子壁和原生质膜上结合的 Ca^{2+} 逐渐减少，由此认为孢子壁和原生质膜上很可能存在具有活性的钙离子结合位点和钙离子通道；Undeen 等认为刺激物对孢子的预处理能够改变孢子壁通透性，使得外界离子与孢子内部极膜结构上起骨架支撑作用的 Ca^{2+} 争夺结合位点，钙离子的释放刺激海藻糖酶降解海藻糖产生大量的单糖如葡萄糖或果糖，从而增加渗透压产生内渗效应提升孢内压力并诱发孢子极丝的弹出。从孢子激活到发芽的时间短则约 40min，长则 4～6h，经 8h 仍然未能发芽的孢子则随蚕粪排出体外。

　　近年来，对微孢子虫孢子侵染机理的研究逐渐推进到孢子表面蛋白上，认为孢子表面蛋白在孢子侵染过程中起一定作用。刘强波等（2005）和 Tu 等（2011）报道，抗体封闭家蚕微粒子孢子表面蛋白，其孢子的感染率降低；家蚕微粒子孢子表面蛋白经 SDS 温和处理后感染家蚕，其发病率比未处理的孢子明显降低，说明微孢子虫表面蛋白对家蚕感染过程有一定影响，暗示孢壁蛋白可能在对寄主细胞的识别或黏附及维护孢子内的正常渗透压发挥作用，进一步经 SDS 法处理的孢子经考马斯亮蓝 R-250 染色比未经 SDS 法处理的孢子颜色深得多，说明微孢子虫表面蛋白与孢子壁的通透性密切相关，很可能控制着孢子与外界物质交换的通道；Southern 等（2007）利用人的肠脑炎微孢子虫（Encephalitozoon intestinalis）DNA 文库筛选到了一个由 348 个氨基酸组成的 39kDa 的表面内壁蛋白（EiEnP1），等电点为 9.12，该蛋白质在整个孢子壁（内壁和外壁）及极膜层都有分布，且含有 3 个糖胺聚糖（GAG）的结合序列，显示 E. intestinalis 孢子可能通过 EnP1 蛋白与寄主细胞表面硫酸化的糖胺聚糖黏附到寄主细胞表面，并通过该机制增加感染率。李艳红等（2009）通过单克隆抗体的方法鉴定了家蚕微孢子虫 N. bombycis 的一种孢壁蛋白 SWP26，并推测其可能也是通过黏附作用参与了侵染的过程。

　　2. 微孢子虫的发芽　　　微孢子虫的发芽即极丝弹出向寄主细胞注入孢原质的过程。微孢子虫孢子激活后，后极泡和极膜层吸水膨胀，孢子内压上升，压迫极丝解螺旋，极丝从弱化了的极帽处弹出。关于微孢子虫孢子极丝弹出的研究很多，Weidneret 等（1994）认为极管蛋白（polar tube protein，PTP）是微孢子虫孢子发芽装置的主要组成部分，在极丝弹出前极丝以类结晶状蛋白质盘绕排列在孢子从顶端到末端的内壁空隙里面，孢子未被激活之前，极丝由单层膜包被着，像一个褶状结构贴着孢子的空隙盘绕着上升。极管蛋白种类很多，主要存在三种极管蛋白 PTP1、PTP2 和 PTP3，PTP1 和 PTP2 能够形成聚合体，主要以二硫键连接，孢子激活之前 PTP1 和 PTP2 是类结晶状蛋白质单体，发芽过程中在极管顶端形成聚合体，PTP3 和 PTP1、PTP2 之间存在一些离子键，可与 PTP1、PTP2 在极管组装过程中发生一些特异离子的交换。Peuvel 等（2002）研究认为 PTP3 通过调控 PTP1-PTP2 聚合体的构象状态影响极管的弹出。当极丝盘绕在孢子内部时，PTP3 调控 PTP1-PTP2 聚合体以浓缩的状态存在。当外界离子进入孢子内部后，PTP3 和聚合体之间的离子在与外界离子的竞争中处于劣势，结果被取代，此时 PTP3 失去对聚合体构象的调控，先前处于浓缩状态的聚合体开始向外延伸，这很可能是极管弹出的重要原因，随着极管蛋白的延伸移动，极管蛋白在极管顶端堆积，在压力的作用下极管可能逐渐以"外翻"的方式（像手指套外翻）从极帽处向孢外伸出，孢原质则在后极泡吸水产生的巨大压力作用下挤入膜囊里（外翻的极管内），然后在已向外伸出的极丝（极管）顶端释放出孢原质（图 5-10）。

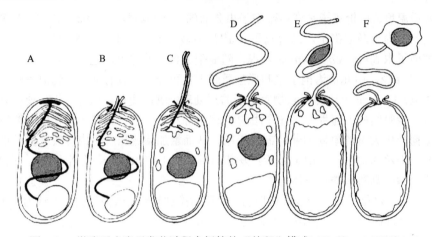

图 5-10　微孢子虫孢子发芽过程中极管的"外翻"模式（Keeling，2002）

A. 未发芽孢子；B. 孢子被刺激后，极质体和后极泡膨胀，极丝解旋并刺穿极帽锚定盘开始外翻；C. 后极泡不断膨胀，
极丝继续外翻；D，E. 极丝被完全外翻，孢原质被后极泡挤压进入极管；F. 孢原质挤出极管

（二）寄生繁殖及器官组织间的传染

孢原质注入寄主细胞后开始寄生生活即进行裂殖增殖及孢子生殖。家蚕微粒子对蚕经口感染的试验显示，感染 6h 左右在蚕的消化管及粪便中即可检测到芽体，感染 24h 后在消化管细胞中可观察到大量的单核裂殖体、二核裂殖体及四核裂殖体，感染 96h 后可观察到母孢子及孢子母细胞，感染第 6～8d 可同时观察到各种类型的裂殖体、二核的母孢子、孢子母细胞及成熟的孢子（万永继等，1988）。

在家蚕微粒子感染培养细胞的情况下，感染后 1h 可观察到芽体；感染后 18h 可观察到裂殖体；感染后 24h 裂殖体开始第一次分裂，即裂殖生殖期的开始；感染后 36h 裂殖体发育为母孢子，感染后 72h 可观察到成熟的孢子。随着感染的进一步加深，家蚕微粒子的世代重叠和交替更为复杂，同一个感染细胞中会存在多种发育阶段的家蚕微粒子（Ishihara，1968；Iwano and Ishihara，1991；钱永华和金伟，1997）。

微孢子虫在细胞内繁殖的过程中，母孢子的形成标志着进入孢子生殖期，家蚕微粒子在蚕体内可形成两种类型的孢子——长极丝孢子（极丝圈数 11～13 圈）和短极丝孢子（极丝圈数 4～6 圈）。短极丝孢子（ST）多在孢子形成初期，由早生型孢子母细胞形成，外形为洋梨形，内部有双核和发达的内质网，内壁较薄，可在寄主细胞内自动发芽，形成二次感染体（secondary infective form），这样可在邻近细胞、组织间不断扩大感染，短极丝孢子是一种适合于体内细胞间或组织间传播的孢子，但不适于抵御恶劣的环境条件。长极丝孢子（LT）为卵圆形、双核、孢子壁厚，能抵御恶劣的环境条件，能在体外较长时间生存，是一种适合于体外传播的孢子（Iwano and Ishihara，1989，1991；Kawarabata and Ishihara，1984）。这种孢子发育的二型性（dimorphic）现象在其他微孢子虫中也有发现（Iwano et al.，1994）。

（三）病理变化及致病作用

家蚕微粒子在蚕体内的繁殖可引起一系列生理生化的变化，如消化液蛋白酶和碱性磷酸酶活性的明显下降，丝腺谷丙转氨酶活性的明显下降，以及体液蛋白质含量的下降（郭锡杰等，1995；沈中元等，1996）。也有寄主细胞的线粒体在裂殖体四周聚集的现象，这种现象在内网虫微孢子虫的发育过程中特别明显（万永继等，1995），推测这可能与寄主细胞的线粒体向微孢子虫提供能量有关。

家蚕微粒子对蚕体的致病作用主要是掠夺蚕的营养和对寄主组织细胞的破坏。家蚕微粒子在细胞内的大量增殖，吸收和消耗了大量蚕的养分，使蚕的生长失去营养支持；裂殖体在繁殖时分泌某些蛋白酶，使寄主细胞的内容物溶解和液化，细胞产生空洞，引起蚕的生理功能障碍；裂殖体的大量增殖和大量孢子的形成，对寄主细胞产生机械破坏力，最终使细胞破裂和解体，使细胞、组织或器官失去正常的生理功能。

至今，尚未发现家蚕微粒子在家蚕体内繁殖时产生特异性毒素的现象。

四、发病与传染规律

家蚕微粒子（*N. bombycis*）可逐渐全身性地侵害蚕的各种组织器官，但由于不产生毒素及需要经过一定时间的发育增殖周期，因此其发病特点表现为慢性传染病的特点。感染的病蚕在尚没有表现病征的时候就已开始通过肠道向体外排放家蚕微粒子孢子，其病原孢子在寄主群体内的扩散和分布是有一定规律可循的，就发病而言感染时间越早、感染病原的数量越多，发病的程度越严重。在生产中，一些技术措施的失当或忽视，也会造成该病害的大量发生和流行。人类在长期的养蚕防病实践及对规律的不断研究认识中积累了大量的经验，并掌握了各种有效的防治方法控制该病的危害。

（一）传染来源

家蚕微粒子病原能在蚕的各个发育阶段寄生和繁殖，其病蚕的尸体、排泄物（蚕粪、熟蚕尿和蛾尿等）和脱出物（卵壳、蜕皮壳、鳞毛和蚕茧等）中都有家蚕微粒子孢子的存在，这些都是直接的传染来源。控制这些病原的污染和扩散工作的失当，就会使整个养蚕环境的被污染，人们也就可从蚕室环境中的地表土、残丝和各种用具或物品上的灰尘，甚至桑园中的地表土和桑叶等处检测到家蚕微粒子孢子。

家蚕微粒子不但可以感染家蚕，还可以感染野蚕、桑尺蠖、桑螟、桑毛虫、桑卷叶蛾、桑红腹灯蛾、菜粉蝶、稻黄褐眼蝶和美国白蛾等野外昆虫。野外昆虫被家蚕微粒子感染，再加上桑园治虫不力，就会使家蚕微粒子的传染来源变得更为广泛和复杂。

（二）传染途径

家蚕微粒子病的传染有食下传染和胚种传染两个途径。迄今在传染性蚕病中被证实具有胚种传染途径的仅有家蚕微粒子病。

1. 食下传染 食下传染有两种情况：一种是食下表面被污染的卵壳所发生的传染，即蚁蚕在孵化时，咽下被家蚕微粒子孢子污染的卵壳而感染；另一种是桑叶食下传染，即蚕食下被家蚕微粒子孢子污染的桑叶而感染。

卵壳如在产卵时被病蛾排泄物等污染即可造成卵壳传染，只要能进行适当的卵面消毒即可防止，所以发生较少；但桑叶传染的发生机会就比较多而复杂。蚕室、蚕具的消毒如不彻底，桑叶有可能被家蚕微粒子孢子所污染；养蚕的过程也要经历一定的时间，在整个养蚕过程中如不注意养蚕卫生，也会导致桑叶被污染；一些特殊的养蚕形式，如广东的桑基鱼塘式养蚕，一旦有家蚕微粒子病发生，容易使桑园也被污染而引起恶性循环；将未经堆沤腐熟的病蚕蚕粪直接施入桑园，不但易使桑叶直接被污染，而且会引起家蚕微粒子与桑园害虫的交又感染，桑园害虫或野外昆虫，一旦从桑园或其他养蚕等环境中感染家蚕微粒子而发生交叉感染，发生桑叶被污染和造成经口传染的可能就会大大增加。总之，家蚕微粒子孢子污染扩散的控制不善、消毒防病工作的不彻底和桑园治虫的不力，都将大大增加其通过桑叶传染的可能性。

2. 胚种传染 胚种传染即通过感染胚胎并随蚕种把家蚕微粒子病原传给下一代的传染途径，此为家蚕微粒子病所特有的传染途径，也是主要的传染途径。当蚕在4~5龄感染本病以后，就有可能发生胚种传染。

家蚕微粒子感染雌蚕以后，可寄生卵巢侵入其卵原细胞。在卵原细胞再分化为卵细胞和滋养细胞的过程中，有3种寄生情况，对蚕的传染和致病结果也不同。

1）卵细胞被感染，而滋养细胞未被感染（图5-11A）。卵细胞被感染和滋养细胞未被感染的情况下，卵细胞不能发育成胚胎，成为不受精卵或死卵。

2）卵细胞和滋养细胞都被感染（图5-11B）。在卵细胞和滋养细胞都被感染的情况下，卵细胞最终也不能发育成为胚胎，成为不受精卵或死卵。

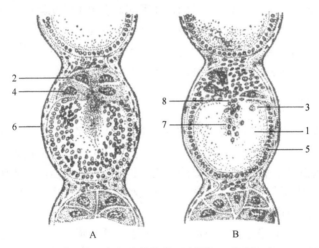

图5-11 家蚕微粒子病胚种传染的示意图（三谷贤三郎，1929）

A. 卵细胞被家蚕微粒子感染；B. 家蚕微粒子感染滋养细胞和向卵细胞的扩散。

1. 卵细胞；2. 滋养细胞；3. 卵细胞核；4. 滋养细胞核；5. 包卵细胞和包卵膜；6. 卵管膜；7. 家蚕微粒子；8. 营养孔

3）卵细胞未被感染，滋养细胞被感染。在未被家蚕微粒子感染的卵细胞吸收感染的滋养细胞养分的情况下，其卵细胞有可能进一步发育到完成受精及形成胚胎，并导致胚种传染的发生。但因家蚕微粒子孢子侵入胚胎的时期不同，又可分为发生期胚胎感染和成长期胚种传染。

发生期胚胎感染是指家蚕微粒子在受精卵产下后到胚胎形成的过程中发生的感染。这种被感染的胚胎不能继续发育而成为死卵，不形成胚种传染。

成长期（发育期）胚种传染是指胚胎发育到反转期后发生的感染，此时才发生感染的胚胎可继续发育，形成胚种传染。当胚胎发育到反转期后，不再通过胚体渗透吸收养分，而是通过第二环节背面的脐孔吸收养分。此时，寄生在滋养细胞的卵黄球内的家蚕微粒子，可随养分的吸收而进入消化管，导致卵内发育中的胚胎被感染。这种卵内胚胎消化管携带家蚕微粒子所孵化的蚁蚕则形成胚种传染（卵胚传染）的个体。同一有病母蛾所产的卵中，孵化的蚁蚕个体也并非都带有家蚕微粒子病，孵化个体的带病率因家蚕品种及感染程度等因素的不同而有较大的差异。一般情况下，家蚕日系或华系品种蚕卵的带病率（胚种传染率，简称胚传率）在 0.5%～30.0%，欧洲品种则可达 100%（三谷贤三郎，1929）。

雄蛾感染本病以后，家蚕微粒子孢子可侵染睾丸、精原细胞、精母细胞及精囊，但精母细胞被寄生后，不能发育为正常的精子，因一个孢子的体积比精子还大，换言之成熟的精子不可能有家蚕微粒子的寄生。在交配时，感染的雄蛾可将寄生在精囊中的家蚕微粒子，随精液带入雌蛾的贮精囊或受精囊，但授精时家蚕微粒子不能通过卵孔或其他途径而进入卵内，因此，不会造成卵胚传染。但是，染病的雄蛾与健康的雌蛾交配后，精液中的家蚕微粒子孢子污染卵壳表面，造成经卵壳传染的可能。另外感染的雄蛾带入雌蛾体内的家蚕微粒子孢子，在母蛾检验时将可能被检出。

（三）发病及传染规律

家蚕感染家蚕微粒子孢子后的发病时期因传染途径、感染时期和感染量的不同而异。

来自胚种传染的蚁蚕，一般孵化迟，发育缓慢。严重感染的蚁蚕个体当龄即可死亡，一般在 2 龄前死亡，轻度感染者也不能发育到 4 龄。

若是食下传染即蚁蚕在孵化时咽下附有家蚕微粒子孢子的卵壳，或者 1～2 龄蚕食下被家蚕微粒子孢子污染的桑叶的情况下，则因感染的程度而异。一般在自然感染的情况下家蚕不会出现当龄死亡的情况，感染者可发育到 4 龄或 5 龄，少数尚可上蔟，但多数成蔟中为死蚕或薄皮死笼茧。在此期间将陆续出现不眠蚕、起缩蚕或半蜕皮蚕等病蚕。

4～5 龄大蚕在食下家蚕微粒子孢子而感染的情况下，一般能正常发育营茧。感染较轻的蚕，其全茧量和茧层量等经济性状与正常接近。往往也能羽化、交配和产卵，在实际生产中也很难发现，但将成为经卵传染的来源。

家蚕微粒子病是一种全身性感染的慢性蚕病，上述发病个体在发病过程中，通过排泄蚕粪和蜕皮等方式将家蚕微粒子孢子排放到蚕座内，引起严重的蚕座内传染，而导致群体的发病。蚕座内传染的发病规律可分为第一期感染和第二期感染两个阶段（Ishihara et al.，1965）。

在养蚕群体中，发生家蚕微粒子病经卵传染的蚕往往只是极少部分的个体，这些带病的蚁蚕排出的孢子传染给 1～2 龄的蚕，称为蚕座内第一期感染；第一期感染的蚕可发育到 4～5 龄，并在 4 龄开始通过蚕粪和蜕皮壳等向蚕座内排放家蚕微粒子孢子，蚕座内其他的 4～5 龄健康个体在食下第一期感染蚕排出的孢子后而发生的感染，称为蚕座内第二期感染。第二期感染的病蚕可发育到上蔟、营茧、羽化和产卵（图 5-12）。

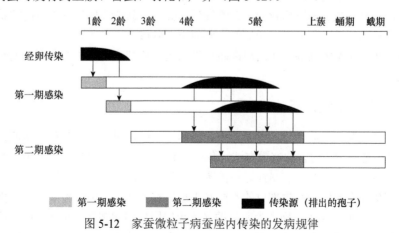

图 5-12　家蚕微粒子病蚕座内传染的发病规律

在养蚕群体中家蚕微粒子病感染发生得越早和感染得越多,则蚕座内家蚕微粒子病的发生和流行越严重。也就是蚕座内家蚕微粒子病的发生和流行在很大的程度上取决于蚕座内第一期感染的发生程度。第一期感染的程度不同,对蚕种生产或蚕茧生产的影响程度也不同。第一期感染的发生,不仅仅是感染个体的死亡,还会造成严重的蚕座内第二期感染,最终导致蚕种生产的失败或蚕茧产量大幅减少。根据实验,在收蚁后第二天,将一头经蚕粪检测确认为经胚种传染的病蚕,混入 400 头或 800 头健康的蚕中进行群体饲养(混入率0.125%~0.25%),试验结果表明:在春蚕饲养期可导致约 1%的感染死蚕,母蛾感染率为5%~10%;夏秋饲养则感染死蚕率可达 4%~9%,母蛾感染率可达 60%~70%(Ishihara and Fujiwara, 1965)。由于胚种传染感染率高,蚕种生产中使用的原种必须是经母蛾检验没有家蚕微粒子的;丝茧育只能使用经母蛾检验及成品检疫符合国家标准的一代杂交蚕种,合格蚕种即使带有家蚕微粒子病(病蛾率<0.5%,病卵率<0.15%),但对蚕茧产量没有明显的影响。当然饲养带有家蚕微粒子病的合格蚕种时,如不注意控制病原的扩散,也会造成养蚕环境被家蚕微粒子严重污染,这种污染如果发生在原蚕区则给蚕种生产带来严重影响。

家蚕微粒子病发病率的高低,因蚕的品种和发育时期及饲养环境等的不同而异。蚕对家蚕微粒子病的遗传抵抗力方面:不同蚕系统中以中国系统的品种较强,欧洲系统的品种最弱,日本系统的品种介于其间;不同化性中以多化性蚕品种较强,二化性蚕品种其次,一化性蚕品种较弱。小蚕、起蚕和饥饿蚕容易感染,发病率高。饲养环境湿度大,蚕座潮湿,残桑凋萎慢,家蚕微粒子孢子存活时间长,蚕容易食下被孢子污染的残桑而增加传染机会。反之,饲养湿度低,蚕座干燥,残桑凋萎快,则食下传染的机会减少。

五、诊断

家蚕微粒子病的常用诊断方法是肉眼诊断法和光学显微镜诊断法。在家蚕微粒子的进化、分类学及鉴定的研究上,血清学和分子生物学方法上有不少研究,其中一些方法在实验室内,对家蚕微粒子孢子的检测具有较高的灵敏度和特异性。

(一)肉眼诊断法

肉眼诊断法主要是根据本病在不同发育阶段所表现的病征和群体的症状而进行。由于家蚕微粒子病病蚕所表现的食欲减退、发育不良、眠起不齐、半蜕皮蚕、不结茧蚕和裸蛹等病征,一般因发病个体数少和发病较轻而较难发现;另外,其他蚕病也有类似的症状。所以,根据对这些病征的观察,只能做出初步的诊断而不能确诊。

家蚕微粒子病病蚕的丝腺,在出现肉眼可见的乳白色脓疱状斑块的典型病变时,可通过肉眼诊断法确诊。

(二)光学显微镜诊断法

从患有家蚕微粒子病的个体(卵、幼虫、蛹和蛾)中,用光学显微镜可检测到家蚕微粒子的孢子,这也是确诊该病害的有效方法。临时标本在光学显微镜的 400~640 倍镜下,可观察到卵圆形并具有很强的折光或呈淡绿色的孢子。另外,孢子往往沉在标本底层,呈上下摆动状,由于寄生发育阶段和寄生部位的不同其大小略有差异(在母蛾检查时一般孢子形状较为整齐)。在相差(衬)镜下,孢子为明显的光滑黑线围成的卵圆形。光学显微镜检测家蚕微粒子孢子不但可用于确诊个体的病害,还可用于迟眠蚕的检查和环境污染状况的检测等。在进行这些检测时，除熟练掌握家蚕微粒子孢子的镜检特征外，做好样本的抽取和标本的制作也很重要。蚕卵和蚁蚕可取整体，大蚕与蛹可取中肠（中肠是家蚕微粒子最早感染的组织器官）或血液，蛾可取腹部，蛹和蛾也可取整体。在所取的样本中，加入碱液（1%～2%的氢氧化钾、氢氧化钠、碳酸钠或食用碱等），用研钵或捣碎机充分磨碎后，做成临时标本，进行检查。样本多，取样面大时，经捣碎机充分磨碎、过滤和离心（3000r/min，3min）浓缩后，可大大提高检出率（鲁兴萌等，1997）。在蚕的整个发育过程中，蛾最容易检出，卵最难检出。有病蚕的卵壳、蚕粪、蛾尿、鳞毛和蜕皮壳等也可检出家蚕微粒子孢子。在检测养蚕环境中的家蚕微粒子孢子污染情况时，对野外昆虫、病死蚕和蛹等生物有机体可用加碱液磨碎及过滤离心的方法进行；灰尘、地表土、蚕粪、残丝和桑叶等可用清水浸泡以后，通过过滤及离心沉淀的方法进行。

镜检蛾的样本时，类似物较少。但在镜检蚕（幼虫）、蚕粪和地表土等样本时，经常会出现真菌孢子、花粉或盐的结晶等在形态上与家蚕微粒子孢子类似的物体。对于这些类似物，除了熟练掌握家蚕微粒子孢子的镜检特征和认真观察外，还可借助酸处理或染色的方法加以区别。例如，在样本中加入碘液后，花粉呈紫色；加入 30%盐酸或硝酸，27℃放置 10min，家蚕微粒子孢子变形消失，真菌孢子的纤维素细胞壁能抵抗酸的腐蚀而保持形态。

（三）其他诊断方法的研究

随着生物进化学和微孢子虫分类学研究的不断深入，以及免疫学和分子生物学等实验技术的发展，应用免疫学和分子生物学技术等方法，对家蚕微粒子孢子的检测和鉴定也开展了许多研究和探索。

1. 基于免疫学原理的诊断技术研究 抗原和抗体能特异性结合的原理是在体内、外检测抗体或抗原的免疫学诊断技术的基础。不同种或属的微孢子虫，其表面抗原决定簇也不相同。所以，在分类学研究中用于区别和鉴定不同微孢子虫的种和属。Sato 等对家蚕微粒子孢子和其他 7 种家蚕来源的微孢子虫，用荧光抗体法（fluorescent antibody technique）进行了鉴别试验，兔抗家蚕微粒子孢子的抗血清（抗体）通过荧光直接标记或间接荧光法在体外进行血清免疫学反应，将家蚕微粒子孢子与其他 3 种微孢子虫的孢子（M_{11}，M_{12}，M_{27}）进行了区别。但高等动物免疫系统产生抗体的机制高度复杂，使重复制备出效价稳定和针对某一抗原决定簇的抗血清（抗体）不能实现，而往往是由多抗原簇诱导产生的抗体（多抗），其免疫结合诊断的特异性有所降低。采用淋巴细胞杂交瘤技术（lymphocytic hybridoma technique）可制备出特异性、效价、产量和重复性大大优于多抗的单克隆抗体（monoclonal antibody，McAb），家蚕微粒子孢子 McAb 的制备成功，以及酶联免疫法（enzyme-linked immunosorbent assay，ELISA）、胶乳凝集法（carbon or latex adhesion test）和金银染色法（IGSS）等免疫学诊断技术在实验室的应用，使检测和鉴定家蚕微粒子孢子的特异性、灵敏度和可靠性等方面得到了很大的提升。

20 世纪 90 年代初，日本曾在母蛾镜检的复检时，使用了包括家蚕微粒子孢子和两种对家蚕感染性较强的微孢子虫（M_{11} 和 M_{12}）单克隆抗体的家蚕微粒子病诊断试剂盒，但未能得到较好的实用化，分析原因可能是母蛾样品经高温烘烤及碱水处理后，孢子的抗原性降低，或是由于样品其他杂质太多。因此，免疫学技术方法，在实际生产上应用于诊断家蚕微粒子病时，除考虑 McAb 筛选、操作的简易化和成本的低廉化等问题外，也要考虑怎样获得抗原及保持处理样品中孢子的抗原性。

2. 基于核酸分子检测的诊断方法研究　　经典的微孢子虫分类主要以生活史中的形态学特征和生物学特性为依据。Vossbrinck 等（1987）应用现代分子生物学技术进行微孢子虫分类学研究，尝试在核酸中寻找新的更为本质性的分类学依据。

Nosema 属和 *Vairimorpha* 属部分种大亚基 RNA 5′端 350nt 的核酸序列比较表明：家蚕微粒子与其他鳞翅目昆虫来源的 *Nosema* 属的同源性较高，其次是 *Vairimorpha* 属，而与钝孢虫属（*Amblyospora*）和拟泰罗汉孢虫属（*Parathelohania*）的同源性低（Baker et al.，1994）。对 16 种微孢子虫的小亚基 RNA V4 可变区域的同源性比较表明：家蚕微粒子与同属的 *N. trichoplusiae* 和 *N. bombl* 同源性较高，但蜜蜂微孢子虫（*N. apis*）与变态孢子虫（*V. necatrix*）的亲缘关系，比与家蚕微粒子的亲缘关系更近（Malone and McIvor，1996）。Gatehouse 等（1998）发表了蜜蜂微孢子虫的小亚基（1242bp）和大亚基（2481bp）的序列。微孢子虫脉冲场凝胶电泳（pulsed-field gel electrophoresis，PFGE）的研究表明：家蚕微粒子和 *N. locustae* 有 18 个条带，*N. pyrausta*、*N. furnacalis* 和酿酒酵母（*Saccharomyces cerevisiae*）有 13 个条带，变态孢子属和具褶孢虫属有 12 个条带，分子量各不相同。这些研究为寻找新的更为本质性的分类学依据积累了有益的资料。随着基因组测序技术的发展，在组学水平比较和区别不同种类的微孢子虫得到了大力推进。

另外，在生产实际中应用分子生物学方法的研究也在不断地推进（陈秀等，1996）。目前选择的检测靶标主要有微孢子虫的小亚单位核糖体 RNA（SSUrRNA）基因、孢子孢壁蛋白（swp1）和极丝微管蛋白（PTP）等，建立了基于聚合酶链反应（polymerase chain reaction，PCR）的方法，即设计针对靶基因的引物从微孢子虫的基因组 DNA 中特异性地扩增出相应的产物，以是否能扩增出结果（靶基因）来鉴定不同种类的微孢子虫，如建立的常规 PCR 方法、环介导等温扩增（LAMP）、巢式 PCR 法（nest PCR）、荧光实时定量 PCR 法、重组酶 PCR 法（RPA）等多种检测方法，这些分子生物学技术的方法在实验室对已知背景样本的检测试验中，其灵敏度和准确性都得到了较好的验证，表明可用于对样本的检验鉴定，特别是对微孢子虫种类的鉴定。但在生产中由于样本的复杂性对检测结果的影响，以及检验工作要求操作简易化、经济可靠与标准化等问题，目前尚未在蚕种生产检验检疫中应用。

第二节　家蚕其他微孢子虫病

其他微孢子虫病是指由家蚕微粒子以外的其他微孢子虫感染家蚕而引起的微孢子虫病。一般认为这些微孢子虫来源于野外昆虫微孢子虫对家蚕的交叉感染，其致病力与胚传率都要明显低于家蚕微粒子。

自家蚕微粒子病防治的母蛾检验改进为概率抽样、集团机磨、过滤沉淀、位相差显微镜检查以后，检测速度加快，检测面扩大，检出率提高。20 世纪 70 年代初期，首先在日本蚕种制造的检疫过程中，发现了一些与家蚕微粒子孢子形态不同的微孢子虫，从而开展了对这些微孢子虫的分离和鉴定工作。20 世纪八九十年代，在我国随着家蚕微粒子病发病率的回升也开展了这方面的研究。根据日本、中国从蚕体及野外昆虫发现分离到的微孢子虫生物学及对蚕的病理学性状与家蚕微粒子的比较，发现如下三类微孢子虫。

一、家蚕微粒子不同属种的微孢子虫

（一）内网虫属微孢子虫（*Endoreticulatus* sp.）

1993 年在对中国重庆铜梁县、潼南县、合川县等原蚕区农家病蚕的镜检中发现。孢子卵圆形，大小为（2.26±0.21）μm×（1.19±0.18）μm，称"小孢子"（报道代号为 SCM$_7$），电镜超微观察：孢子具单核，极丝排列 7~9 圈，各阶段的发育均发生在由寄主细胞内质网膜所形成的寄生囊内。感染家蚕无胚种传染性，但经口传染对蚕的感染致病力较强，仅寄生中肠上皮组织，病重时中肠前部及后部乳白化，感染病蚕死亡后身体黑化（图 5-13）；孢子与家蚕微粒子无抗原抗体反应，生物学分类属于内网虫属微孢子虫 *Endoreticulatus bombycis*（万永继等，1995；张琳等，1995）。

2012 年江苏镇江及浙江嵊州也分别从家蚕分离到内网虫属微孢子虫（*Endoreticulatus* sp.）（Xu et al.，2012；Qiu et al.，2012）。

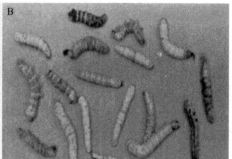

图 5-13　家蚕内网虫属微孢子虫 SCM$_7$ 的中肠乳白化病变（A）及蚕尸体的黑化症状（B）

（二）变形孢虫属微孢子虫（*Vairimorpha* sp.）

1970 年在对日本茨城县蚕母蛾的镜检中发现（报道代号为 M$_{11}$）。孢子长卵圆形，大小为（3.90±0.25）μm×（1.70±0.15）μm，孢子双核，极丝平均 11 圈，经口传染、致病力中等，寄生中肠及其肌肉层、脂肪体、马氏管和丝腺，生殖腺偶有发现，有弱胚种传染性，该微孢子虫与 *N. bombycis* 无抗原抗体反应。该微孢子虫初归于 *Nosema* 属（藤原公，1980），但井口等（1997）将该微孢子虫接种家蚕后，采用高低温度饲养发现二型（*Nosema* 型和 *Thelohania* 型）孢子的形成。同时，Hatakeyama 等（1997）对该微孢子虫 SSUrRNA 全序列与 *Vairimorpha* 属的模式种 *V. necatrix* 进行分析比较，推定 M$_{11}$ 应归类于变形孢虫属（*Vairimorpha* sp.）。

由藤原公（1980）报道的代号为 M$_{12}$ 的微孢子虫于 1970 年在对日本千叶县蚕母蛾的镜检中发现。孢子长卵圆形，大小为（5.10±0.21）μm×（2.00±0.11）μm，经口传染、致病力强，寄生中肠、肌肉、丝腺、马氏管、脂肪体，对生殖腺的寄生性与胚种传染性未明。佐藤（1982）研究发现该孢子双核，极丝平均 14 圈，与 *N. bombycis* 无抗原抗体反应。该微孢子虫初分离时认为是 *Nosema* sp.，后经研究发现可形成二型（*Nosema* 型和 *Thelohania* 型）孢子（佐藤令一和渡部仁，1986），故变更归属于变形孢虫属（*Vairimorpha* sp.）。

（三）具褶孢虫属微孢子虫（*Pleistophora* sp.）

1970 年在日本千叶县蚕母蛾体内发现（报道代号为 M_{25}）。孢子卵圆形，大小为 (5.06 ± 0.28) μm×(2.97 ± 0.25) μm，经口传染、致病力中等，寄生中肠、肌肉、马氏管、丝腺、脂肪体，不寄生生殖腺，无胚种传染，与 *N. bombycis* 无抗原抗体反应。该微孢子虫寄生增殖后期，在寄主组织内可见到内含几个到数十个成熟孢子的孢囊，据此认为属于具褶孢虫属的微孢子虫 *Pleistophora* sp.（藤原公，1984）。

1970 年在对日本长野县农家迟眠蚕的镜检中还发现代号为 M_{27} 的微孢子虫。孢子小卵圆形，大小为 $(0.8 \sim 1.1)$ μm×$(1.8 \sim 2.0)$ μm，经口传染、致病力较弱，仅寄生中肠并乳白化，无胚种传染性，与 *N. bombycis* 无抗原抗体反应。也归属于具褶孢虫属的微孢子虫 *Pleistophora* sp.（田中茂男，1972）。

（四）泰罗汉孢虫属微孢子虫（*Thelohania* sp.）

1970 年在对日本长野县母蛾的镜检中发现（报道代号为 M_{32}）。孢子卵圆形，大小为 $(3.0 \sim 3.7)$ μm×$(1.5 \sim 2.0)$ μm，可经口传染，但感染性与致病力均弱，只寄生肌肉，无胚种传染性，与 *N. bombycis* 无抗原抗体反应。在孢子形成期可见到 2 核、4 核及 8 核的孢子芽母细胞，以及内含 8 个成熟孢子的孢囊，故该微孢子虫属多孢子膜亚目泰罗汉孢虫属（*Thelohania*）（藤原公，1984）。

二、家蚕微粒子同属异种的微孢子虫

微粒子属在微孢子虫门的记录历史上是一个最古老的属。家蚕微粒子作为代表种是微粒子属最早发现的微孢子虫。该属分类主要依据孢子的双核性及一个母孢子分裂为两个孢子母细胞的发育特征。目前发现记录的该属微孢子虫已达 200 余种，但根据资料考查其中有些可能是同种异名，也有少数种尚缺少 *Nosema* 属的特征资料。

日本和我国目前从蚕体分离的微孢子虫有 3 种属于 *Nosema* 属，即日本分离的 M_{14}，以及中国四川分离的 SCM_6 和广东分离的 MG_1/MG_2。

M_{14}，1971 年在对日本新潟县母蛾的镜检中发现。孢子卵圆形，大小为 (4.20 ± 0.29) μm×(2.40 ± 0.29) μm，经口传染，致病性弱，寄生脂肪体、肌肉、马氏管、丝腺，不寄生中肠。对生殖腺的寄生性、胚种传染性及与 *N. bombycis* 抗原抗体的反应未明（藤原公，1980）。

SCM_6，1990 年在中国四川阆中发现，曾一度在四川蚕种生产的母蛾中感染流行发生数年。孢子胖卵圆形，大小为 $(3.8 \sim 4.1)$ μm×$(2.4 \sim 2.6)$ μm，称大孢子或大型微孢子虫，孢子具双核，极丝 14～16 圈，生活史表现为 *Nosema* 属的发育特征，鉴定为 *Nosema* sp. SCM_6。经口感染，对蚕的致病力强，5 龄起蚕出现蜕皮异常等症状，可寄生丝腺、马氏管、肌肉、脂肪体及中肠等（图 5-14），生殖细胞偶有寄生，有较低的胚种传染性，该微孢子虫与 *N. bombycis* 无抗原抗体反应（万永继，1991）。

MG_1，1989 年在对中国广州母蛾的镜检中发现。孢子长卵圆形，大小为 $(3.0 \sim 4.5)$ μm×$(1.2 \sim 1.5)$ μm，经口感染，对蚕致病力弱，寄生中肠、丝腺、马氏管、肌肉、脂肪体等。研究者先后 5 次试验未发现胚种传染性，后于 1993 年进一步报道：孢子为双核，极丝 9～13 圈，表现 *Nosema* 属的发育特征，经进一步的血清学试验表明同时发现的 MG_2 是 MG_1 的形态变异型（方定坚，1991，1993）。

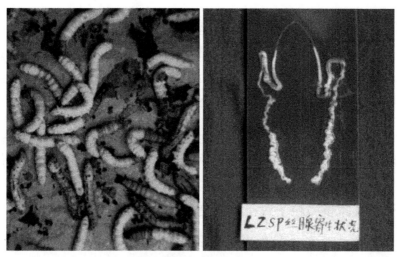

图 5-14 家蚕 *Nosema* sp. SCM$_6$ 经口接种蚕蜕皮异常（左图）及丝腺乳白（右图）

另外，早期从野外昆虫分离微孢子虫的研究大多关注对家蚕的交叉感染性及病原性，近年来我国已同时关注到对野外昆虫微孢子虫的生物学，以及与家蚕微粒子的病理生物学比较研究，但有些种类根据有关报道尚未能确定其分类位置，暂被一并归入 *Nosema* 属，如表 5-1 所示。

表 5-1 从蚕体及野外昆虫分离到的同属异种微孢子虫与家蚕微粒子的比较

来源	孢子大小 （μm×μm）	孢子 超微结构	表面抗原 血清学特征	生活史 发育特征	病原性	胚传性
家蚕 M$_{14}$（日，1978）*	4.2×2.4	—	有差异	—	低	—
MG$_1$/MG$_2$（粤，1991）	（3.0~4.5）×（1.2~1.5）	极丝 9~13 圈	有差异	相似	低	无
SCM$_6$（川，1991）	（3.8~4.1）×（2.4~2.6）	极丝 14~16 圈	有差异	相似	低	低
桑尺蠖（浙，1989）	3.4×1.6	—	有差异	相似	无	无
桑尺蠖（苏，1989）	3.38×1.67	—	有差异	—	有	有
桑尺蠖（镇，1993）	（3.4~4.1）×（1.6~1.9）	极丝 10~14 圈	有差异	—	低	低
丝棉木金星尺蠖（1996）	（3.2~3.7）×（1.6~2.1）	极丝 9~15 圈	相同	—	较低	低
蓝叶甲（粤，1992）	4.75×2.85	极丝 12~16 圈	—	相似	略低	低
蓝叶甲（镇，1994）	（4.6~5.2）×（2.6~3.3）	极丝 11~16 圈	有差异	—	低	有
菜粉蝶（粤，1995）	3.76×2.50	—	—	—	较低	有
菜粉蝶（镇，1993）	4.54×1.71	极丝 11~13 圈	有差异	相似	相似	低
菜粉蝶（苏，1993）	5.36×1.84	—	—	相似	低	有
菜青虫（苏，1993）	4.03×1.79	—	—	—	较低	低
剑纹夜蛾（粤，1993）	3.4×1.3	—	有差异	相似	有	无
龙眼裳卷蛾（川，1987）	—	—	—	—	有	—
蜀白毒蛾（川，1991）	3.88×2.36	—	—	—	有	—
蜜蜂（苏，1992）	（4.1~4.5）×（2.2~2.6）	—	—	—	无	无

*括号内表示发现地和报道时间

三、家蚕微粒子同属同种的形态变异型

在分离研究中出现的一些微孢子虫除孢子形态大小略有差异外，其强病原性及其他生物学性状、血清学反应均与家蚕微粒子相同。例如，日本报道的 No.402（3.9μm×2.1μm），No.408（3.8μm×2.1μm），No.502（3.7μm×2.2μm），No.611（4.1μm×2.1μm）；中国江苏报道的 M-sk［梭形（4.2～4.6）μm×（2.0～2.1）μm，卵形（3.6～3.7）μm×2.0μm］；四川分离的 IS-741（3.9μm×2.2μm），IS-3922（3.9μm×1.9μm），IS-388（4.0μm×1.9μm），IS-4141（4.0μm×1.8μm），IS-2624（4.1μm×1.9μm），其中有些分离株实际上与家蚕微粒子并无大的形态差异（万永继，1988）。

四、微孢子虫及家蚕微粒子对寄主的交叉感染

（一）微孢子虫在野外昆虫中广泛存在

几乎整个昆虫纲各个目的昆虫均发现有被微孢子虫寄生者。广濑安春（1979）对 2.5 万头野外昆虫中微孢子虫的存在情况进行了调查，在 102 种昆虫中有 65 种昆虫被检出带有微孢子虫，其检出率因昆虫的不同而异，孢子形态也有差异，在 15 种昆虫来源的微孢子虫对家蚕的感染试验中，发现 14 种可感染家蚕，但感染率差异较大（10%～100%），有些能胚种传染。对广东部分地区近万头、389 种野外昆虫的调查结果发现，菜粉蝶等 44 种昆虫中有微孢子虫存在，其中 13 种昆虫来源的微孢子虫对家蚕可食下或胚种传染。

（二）微孢子虫在野外昆虫之间及与家蚕之间的交叉感染错综复杂

野外昆虫微孢子虫与家蚕微粒子的交叉感染有的可发生双向交叉感染（家蚕微粒子感染野外昆虫，野外昆虫的微孢子虫可感染家蚕）；有的则是单向交叉感染，如蓖麻蚕微粒子不感染家蚕，但家蚕微粒子可感染蓖麻蚕，并且可回感染家蚕；有的则不能交叉感染；也有的对家蚕没有感染性，但将此微孢子虫先经桑螟、白纹粉蝶或美国白蛾感染以后，对家蚕就有感染性，例如，柞蚕微粒子对家蚕的感染性就有这样的现象，经过中间寄主后即可获得对家蚕的感染性。

（三）微孢子虫易发生形态和感染性的变异

家蚕微粒子和其他微孢子虫都是寄生于活体内的单细胞寄生物，极有可能受不同寄主消化道环境、营养状况、蚕品种、转主再生及地理区域隔离等的影响而产生孢子形态和感染性的变异。一般个体较小的野外昆虫中的微孢子虫初次感染营养较好的家蚕后，所形成孢子的形态都有增大的趋向，但在家蚕体内感染继代几次后孢子形态会变小而趋于稳定，家蚕微粒子在某些野外昆虫体内继代后，也有孢子形态等发生变化的现象。

感染性的变异是随感染适应性的增强而增强，如镇江蚕区桑尺蠖来源的微孢子虫当代添食家蚕 5 龄起蚕（10^4 个孢子/mm^3）的感染死亡率为 3.6%，而在家蚕体内继代一次后，相同条件下，感病死亡率达 100%（沈中元等，1996）。蓝叶虫的微孢子虫也有类似现象。家蚕微粒子在某些野外昆虫体内继代后，也有孢子形态发生变化的现象。这就带来了野外昆虫微孢子虫的来源问题，其可能只有两种：不同于家蚕微粒子的微孢子虫，或本身就是家蚕微粒子。所以，家蚕微粒子有通过野外昆虫带入蚕座内感染的可能性。

（四）分离调查野外昆虫微孢子虫的意义

分离调查野外昆虫微孢子虫是为了明确野外昆虫微孢子虫和蚕种生产中家蚕微粒子病发病率上升的相关因素，但到目前为止还只是一个模糊概念。实际上野外昆虫来源的微孢子虫中应该有两类，一类是在孢子形态、超微结构、表面抗原、生活史和对家蚕的病原性等方面都与家蚕微粒子有所不同：大体上对家蚕的致病力和胚传率都是很弱或没有；另一类是在孢子形态及病原性方面都接近家蚕微粒子。前者如表 5-1 中浙江分离的桑尺蠖微孢子虫，可能是桑尺蠖微孢子虫的原始种，而后者就像从江苏的桑尺蠖中分离的微孢子虫，很可能原来就是由家蚕微粒子感染桑尺蠖，或确实不是家蚕微粒子，但可以感染家蚕。因此，要清除蚕种生产中由野外昆虫微孢子虫和家蚕微粒子带来的危害，对桑园害虫的防治及桑园附近野外昆虫的活动必须引起足够的重视。

（五）从蚕体直接分离鉴定其他微孢子虫的意义

早期对野外昆虫微孢子虫的一些研究由于缺失了其生物学分类及分子生物学的鉴定，因此，对其的认识还是比较模糊的；另外，收集野外昆虫微孢子虫在实验室做病原性感染试验，与自然生态下的实际感染情况也存在差异，尽管昆虫间微孢子虫交叉感染的风险确实存在，但如果野外昆虫与蚕桑生态没有交集，实际对蚕的感染就没有机会。根据日本和我国对家蚕母蛾检验的调查资料，家蚕微粒子分布最广，检出频率也高，其他异属或异种的微孢子虫一般在家蚕母蛾中的检出率较低。但在 20 世纪 90 年代我国西南地区大型微孢子虫 SCM_6（*Nosema* sp.）在蚕种生产母蛾中曾一度流行、发生数年，实属国内外罕见，小型微孢子虫 SCM_7（*Endoreticulatus bombycis*）在蚕预知检查中也常有检出，表明异属或异种微孢子虫成为局部性的流行强势种的可能性也是存在的。

在生产实践中通过显微镜观察发现蚕体有异形微孢子虫，如四川发现的大型微孢子虫 SCM_6 和小型微孢子虫 SCM_7，溯源相对比较困难且时间漫长，尽管不知道其确定的来源，但可以直接从蚕体开展分离鉴定研究，明确其生物学分类和病理学特征与家蚕微粒子的异同，特别是明确其胚种传染的差异性。对胚种传染性很弱或没有胚种传染的微孢子虫，当时四川的处理方法是原种母蛾检验仍然计作毒点，对杂交种则根据胚种传染力的差异性实行了少计毒或不计毒处理，当时挽救了近百万盒蚕种，解决了当时蚕种缺口较大的问题，农村饲养收成不受影响。当然实行分型检验检疫的前提和关键是要准确鉴定、确认其他微孢子虫的生物学种类及胚种传染的危害性（万永继，1990，2002）。

对病理生物学已研究清楚的不同形态微孢子虫的区别鉴定可以采用样品对照进行镜检的方法；也可以采用视频显微镜和电脑连接，对孢子图像采集数据，然后通过识别软件根据形态数值分类鉴定微孢子虫，万永继等（2014）开发了一种家蚕微粒子孢子图像识别软件 V1.0（2014SR90066）。由于设备和图像采集软件的价格较高，尚未在生产中推广应用。也可以对目标微孢子虫种类应用核酸检测方法进行鉴定。

第三节　家蚕微粒子病的防治

家蚕微孢子虫病的重点防治对象主要是针对具有胚种传染性的家蚕微粒子引起的家蚕微粒子病，迄今的流行病学调查表明：在蚕业生产中发生最为普遍和危害最为严重的是家蚕微粒子病，其他微孢子虫病多为零星发生或局部区域性发生，对于家蚕感染的其他微孢子虫病在未知其是否有胚种传染性及致病力强弱的情况下或无法鉴别的情况下，都必须按家蚕微粒子病危害处理。家蚕微粒子病主要是感染为害蚕种，对丝茧育的影响主要是因为使用了未经检验检疫合格的蚕种，往往会出现因家蚕微粒子病而大量减产的情况，因此，检验检疫对家蚕微粒子病的防治具有重要意义。

　　家蚕微粒子病具有胚种传染和经口食下传染的特点，两条传染途径互为因果影响病害的发生和流行，因此，阻断该病害的两条传染途径及传染循环是防治家蚕微粒子病的基本策略。蚕种生产单位承担着家蚕微粒子病防治的重要任务，生产出大量无毒及合格的蚕种是防治本病的根本保证，必须严格执行蚕种生产和经营的基本规范，在蚕种繁育过程中应贯彻"预防为主、综合防治"的方针，切实做好防治食下感染和胚种传染的各项措施。

一、坚持蚕种分级繁育制度、科学规划蚕种生产场所的功能布局

　　防治家蚕微粒子病是蚕种生产的一项长期任务，面对的是一个昆虫生物群体的大规模生产，因此，可以说防治家蚕微粒子病是一项系统工程，而系统的稳定性是防病的基础。应坚持蚕种三级繁育制度，优化蚕种生产场所的功能布局。蚕种的繁育涉及原原种、原种及一代杂交种的生产，分别为下一级蚕种的生产提供种子，由于一代杂交种的繁育规模较大且往往通过原蚕区收茧在场内制造杂交种，会给无毒选原种的生产带来很大的风险和压力，因此，原种场最好是专一的原种生产场，如要同时生产繁育一代杂交种，应做好生产空间布局的隔离；原种场和普种场（生产一代杂交种）在生产、生活等基建规划上均要有防治家蚕微粒子病的总体考虑，科学布局蚕种冷藏、浸酸、检验、催青、保种、消毒设施及桑园、生活区、办公区的布局，使污染源能够做到有效隔离和清除。

二、加强原蚕区的建设和管控

　　原蚕区是目前生产一代杂交种普遍采用的一种形式，即在农村养蚕区域选择或建设用于饲养原种生产一代杂交种的基地，其制种形式有两种，即收种茧回场内制种或就地制种。原蚕区和专业场的蚕种生产形式虽然不同，但在家蚕微粒子病防治的要求上是完全相同的。原蚕区的生产条件，使得在家蚕微粒子病的防治难度上要比专业场大。两种制种形式在对家蚕微粒子病防治的影响上各有利弊：采用收种茧回场内发蛾制种会增加成本及污染场内的机会，但若发生污染容易控制；而就地制种虽然可以节约相关运输成本，但一旦发生家蚕微粒子病对原蚕区的污染较大，将增加消毒工作及毒（病）率控制的难度。

　　原蚕区的家蚕微粒子病防治工作，首要的是根据蚕种生产的要求选好原蚕区。尽可能避免丝茧育对原蚕饲养的影响，例如，选择相对独立或桑园和蚕室远离丝茧育的地方，以及蚕农饲养技术较好的地方作为原蚕区；桑树改冬剪为夏伐，不养夏蚕，不混养丝茧育蚕种；若夏秋蚕期在原蚕区饲养杂交蚕种，所用的蚕种必须是经检验无毒的蚕种，饲养过程中的防病消毒措施要与原蚕饲养的要求相等同。

三、严防病原体的污染、扩散及交叉感染

　　家蚕微粒子病是一种慢性和全身性感染的蚕病。在饲养中如有病蚕存在，往往在饲养人员还没有发现的时候，已经通过蚕粪、蜕皮壳和鳞毛等向环境中排放病原体。因此，认真处理好蚕的排泄物和脱离物是减少病原体污染扩散的有效措施。

蚕粪和制种的废弃物是饲养群体有病时最大的污染源。做好这些病原污染扩散的控制工作是蚕种安全生产的重要保证，也是养蚕消毒工作的基础。例如，将未经处理的家蚕微粒子病病蚕的蚕粪直接施入桑园，极易造成桑叶被家蚕微粒子孢子所污染，使蚕种生产难以进行，即使采用桑叶叶面消毒的措施，也只能是亡羊补牢。病原的大量扩散，特别是在原蚕区和生产用房非专用的情况下，也使消毒工作无法做到全面彻底，病原可通过各种途径进入蚕室或随桑叶而被食下。

原蚕饲养的桑园管理始终要以防污染和治虫为中心，对桑园及周边昆虫的种群应注意监测，特别是在桑园中不要套种十字花科的蔬菜植物等以防治菜粉蝶微孢子虫的污染及交叉感染；饲养计划应严格执行以叶定种，杜绝向外购叶等措施，也是防止桑叶被家蚕微粒子孢子污染及避免原蚕食下家蚕微粒子孢子的基本措施。饲养过程中，洗手给桑、洗手除沙、换鞋入室等防污染养蚕卫生习惯也是减少病原污染扩散的有效措施。

四、严格消毒、杀灭病原

养蚕前的彻底消毒是为养蚕提供一个没有或尽可能没有家蚕微粒子孢子的洁净养蚕环境；养蚕中的消毒是切断可能的家蚕微粒子孢子的污染和传染途径；养蚕后的消毒可及时消灭养蚕过程中残留的家蚕微粒子孢子，减少污染和扩散。所以，全面彻底的消毒工作也是家蚕微粒子病防治的重要保证。

在消毒中，消毒的对象应以家蚕微粒子孢子为重点，采用的物理和化学消毒法必须对家蚕微粒子孢子十分有效。蒸汽灶消毒（或加适量的甲醛）和煮沸消毒等物理消毒法都能有效地杀灭蚕具上的家蚕微粒子孢子。2%甲醛溶液、含 1%或 0.3%有效氯的漂白粉或复方漂粉精消毒液是蚕室、蚕具消毒的良好消毒剂。无论是采用物理的消毒法，还是采用化学的消毒法，裸露的家蚕微粒子孢子均较易消灭，而包含在蚕粪、病蚕尸体和其他有机物内的家蚕微粒子孢子，很难用物理或化学的消毒法加以消灭。所以，消毒前的清洁卫生工作是达到彻底消毒效果的重要基础。

养蚕期中，用含 0.5%或 0.3%有效氯的漂白粉或漂粉精消毒液，进行蚕室或贮桑室等的地面消毒；用防病一号（甲醛混合粉）或新鲜石灰粉等进行蚕体、蚕座消毒；用含 0.3%有效氯的漂白粉或漂粉精消毒液，或者用 2%~4%甲醛溶液（框制种）进行卵面消毒等措施，是防治家蚕微粒子病通过卵的表面食下传染的有效消毒方式。

五、开展补正检查、预知检查及加强"五选"淘汰

（一）补正检查

补正检查是指从母蛾检验合格的原蚕种中，单独取少量的蚕卵用较高的温度（28~30℃）和 80%的相对湿度催青，使其提早孵化，或者饲养一段时间后进行显微镜检查的一种家蚕微粒子病的检查方式。另外，在生产开始时原蚕催青过程中出现的转青死卵或催青后的卵壳等也可以作为补正检查的对象，补正检查主要是作为三级原种生产时控制家蚕微粒子病的一项补救措施而实施，一旦原原种及原种被检出有家蚕微粒子病，要坚决做相对应的淘汰。

（二）预知检查

预知检查是指在原蚕饲养到制种的过程中进行的家蚕微粒子病检查。采用机磨法可大大提高检出率。预知检查的目的是确切掌握原蚕饲养中家蚕微粒子病的发生情况，尽早采取措施，减少损失。根据检查的时期，预知检查可分为迟眠蚕检查和促进化蛾检查。

在原蚕饲养过程中，将各龄的迟眠蚕、发育不正常蚕、半蜕皮蚕等直接用研钵或捣碎机磨碎、过滤和离心后，进行显微镜检查。也可在高温多湿（29℃，90%～95%的相对湿度）的环境中放置一定时间或待死亡后，磨碎进行显微镜检查。当所饲养的原蚕中有部分蚕卵带有家蚕微粒子病时，通过1～2龄的迟眠蚕检查也可检出家蚕微粒子孢子。当发生原种带有家蚕微粒子病时，应及时淘汰该区原蚕，以防止家蚕微粒子孢子的扩散污染以减少经济损失。同时，对所用的蚕室、蚕具等进行严格的消毒。家蚕微粒子孢子从感染家蚕到形成新的孢子和能被检出，需要一定的时间。所以，感染时期越早，检出的时期越早；感染时期越迟，检出的时期越迟。同样，感染的数量越多，检出的时期越早；感染的数量越少，检出的时期越迟。一般小蚕期消毒防病工作较易贯彻和落实，发生经口传染的情况较少。大蚕期由于食桑量的大大增加，发生经口传染的可能性也增加，但大蚕期因感染时间较短，往往难以检出。

促进化蛾检查可取早熟或迟熟的蚕，放在小蔟中营茧，用27～29℃的高温和80%～85%的相对湿度保护，促进提早化蛾，磨碎、过滤和离心后，显微镜检查。如所取样本中有家蚕微粒子病病蚕，经过蛹期的繁殖，则病蛾的检出率会提高，根据检测的结果可决定该批蚕种是否制种，可达到减少经济损失和减轻环境污染的作用。

（三）加强原蚕饲养中的"五选"淘汰

"五选"淘汰是指在蚕种生产过程中开展的选卵、选蚕、选茧、选蛹和选蛾工作，以淘汰病态卵、弱小蚕、迟眠蚕及不正常的茧、蛹、蛾等。原蚕饲养过程中的淘汰要求不仅是淘汰被检验出的有病样本，而且是一个常规性的工作，该技术措施要贯穿在原蚕饲养和制种的全过程，该技术能抑制病原从个体向群体的扩散和蔓延，从而降低毒率，其基本要求是淘汰经常化，技术效果的关键是早发现、早淘汰、深淘汰，对防治蚕座内传染、降低毒率和胚种传染有重要的作用。

六、母蛾的检验检疫

母蛾的检验检疫即对产卵后母蛾进行的检验，检验蚕种是否合格及控制家蚕微粒子病胚种传染危害发生病害流行的风险。该技术是保障制造供应无毒蚕种的关键。在我国，母蛾的检验检疫工作主要由省级主管部门负责实施，部分省区由省级主管部门委托地方单位执行。完整的母蛾检验过程包括母蛾样本的抽取、袋蛾、储藏、运样、集团磨蛾和显微镜检查等环节。整个过程的正确无误，是母蛾检验结果正确性的重要保证。各级蚕种生产单位，必须严格按有关规定［《桑蚕一代杂交种检验规程》（NY/T 327—1997）（附录3）和各省级主管部门的有关规定］，将产卵后的母蛾正确抽样、袋蛾、储藏和运样。母蛾检验的样品抽样方式因原种和一代杂交种的不同而异。原种的母蛾为全部抽样，即全部检验。一代杂交种由于生产量规模较大，实行的是部分抽样，制散卵种以概率抽样袋蛾或制平附种袋蛾以固定比例抽样，即抽样检验。

　　母蛾检验的方法是采用集团检验。原种 28 个母蛾（一个蛾盒），一代杂交种 30 个母蛾（一个蛾盒）为一个检验集团，经集团磨蛾机器磨碎、过滤和离心后，显微镜检查。原种在检到有病蛾时，不但与有病样本相对应的蚕种要淘汰，而且当整批蚕种的有病样数超过一定数量后，整批原蚕种也要淘汰，根据国家标准《桑蚕原种检验规程》（GB/T 19178—2003）规定，原种母蛾的批毒率不得超过 0.2%；《桑蚕一代杂交种检验规程》（NY/T 327—1997），要求病蛾批毒率小于 0.5% 且其判别信赖度大于 98.5%（消费者风险率小于 1.5%），以此原则根据制种批量大小，具体规定了一代杂交蚕种的抽样方案及允许病蛾集团数（见附录 3）。由于我国地域广阔，华南地区有比较特殊的生态环境，该区域另外制定了适应地域特点的蚕种生产母蛾检验方法和标准，按 10% 固定比例逐张全覆盖抽样检验并淘汰有毒张，允许病蛾批毒率小于 1%（如果不能做到逐张全覆盖抽样并淘汰有毒张，采用此毒率标准存在危害风险），超过该毒率标准则整批淘汰。

七、成品卵的检验检疫

　　成品卵的检验检疫是对母蛾检疫中难以判定或难以信任检验结果时的再次检验，家蚕一代杂交种成品检疫技术是在补正检查技术的基础上发展而来。根据对家蚕微粒子病蛾与卵的胚种传染率相关性的调查数据，中日蚕种卵的胚种传染率约 30%，即以母蛾容许病率 0.5%× 胚种传染率 30%＝0.15% 作为卵的容许病率，并以消费者风险率低于 1.5% 设定集团抽检方案，对一代杂交种蚕卵孵化的蚁蚕进行显微镜检验并予以合格性判别。根据病理学试验分析，家蚕微粒子病的病卵率在 0.125%～0.250% 时对养蚕收成是具有安全性的，特别是春季饲养较为安全（Ishihara et al.，1965）。中系和日系蚕种最大的病蛾卵的胚传率约为 30%（三谷贤三郎，1929），因此，容许病卵率低于 0.15% 是根据家蚕微粒子病的病理学试验、病蛾卵胚传率及风险控制提出的标准。四川省最早研究提出了一代杂交种成品卵的家蚕微粒子病检验方法和标准（叶永林等，1992），此后《桑蚕一代杂交种》（NY 326—1997）将一代杂交种成品卵家蚕微粒子病检验列为蚕种质量检验的备检项目，逐渐在全国各蚕区得到了推广应用。该技术得到了生产管理部门的普遍重视，对于加强蚕种流通的质量管理，杜绝家蚕微粒子病对丝茧育的危害和病害流行具有重要意义。

　　成品检验检疫的方法简单，模拟试验表明：样品中家蚕微粒子孢子数目低于 3×10^3 个/mL 时，显微镜镜检到孢子的概率接近于 0；样品中家蚕微粒子数目等于或大于 1×10^4 个/mL 时，镜检到孢子的概率为 100%（刘仁华等，2003）。成品检验蚁蚕样本的孢子含量少，但样品杂质少，而母蛾检验的母蛾孢子含量多，但制备的样品杂质多，两种样本显微镜的检出率差异不大。但是，由于多种原因，成品检验和母蛾检验的结果有时不是完全对应的，其原因比较复杂。在生产实践上的处理是母蛾检验检疫的结果未超过允许毒率，该批蚕种成品卵被抽检进行成品检验检疫时，如果检查的毒率结果为超标，也需对相应蚕卵批做淘汰处理（万永继和曾华明，2002）。

八、其他防治方法的探索

（一）热处理法

　　蚕卵温汤浴种是广东劳动人民自古以来沿用的人工孵化法，该孵化法在提高孵化率的同时对家蚕微粒子病有防治作用。在广东等一年饲养 7～8 季蚕的地区和没有实行集团母蛾检验的地区，因检种时间不足而只能发放未经检验的蚕种的情况下，采用热处理法可减轻家蚕微粒子病的危害。

热处理法有热空气处理法和温汤浸酸处理法。热空气处理法是在卵龄 8～12h，对蚕卵用 48～50℃的热空气处理 40min（华南农学院等，1981）。温汤浸酸处理法是在产卵后 18h 用相对密度为 1.04～1.05 的盐酸，在 47℃浸酸处理 10～20min（刘仕贤等，1981）。

（二）化学治疗

在家蚕微粒子病防治研究中，很早就期望能通过化学药物添食家蚕的途径来治疗和防治家蚕微粒子病。自 1952 年发现烟曲霉素（fumagillin）对微孢子虫的发育有抑制作用之后，又发现苯来特对苜蓿象甲（*Hypera postica*）的微粒子病具有治疗效果（Hsiao and Hsiao，1973），许多学者对各种微粒子病开展了治疗药物的筛选和化学治疗效果的试验。20 世纪 70 年代末期，日本和我国相继对一些化学药物对家蚕微粒子病的治疗效果进行了研究，发现苯并咪唑-2-氨基甲酸甲酯（多菌灵）等含苯并咪唑基类似结构的化学物质、4-（邻-硝基苯基）-3-硫脲基甲酸甲酯（或乙酯）和 1-H-2,1,4-苯并噻二嗪-3-氨基甲酸甲酯（或乙酯）等具有治疗效果（黄起鹏等，1981；Iwano and Ishihara，1981）。治疗效果往往与家蚕食下家蚕微粒子孢子的浓度（数量）、食下孢子和添食药物的时间间隔，以及添食药物的持续时间等有很大的关系。该类化学药物往往有毒副作用（刘仕贤等，1993；王裕兴等，1994；沈中元等，1997）。目前的一些化学治疗药剂由于在药物使用的浓度和时间上的局限性，也导致了其使用上的不稳定性（鲁兴萌等，2000）。在实际应用方面，广东罗定和翁源蚕种场在做好消毒和防病等工作的基础上，应用防微灵取得了较好的效果，但也有蚕种生产单位在蚕种生产时，使用化学治疗药物进行家蚕微粒子病防治未见效果的情况。

本章主要参考文献

陈秀，黄可威，沈中元，等．1996．家蚕微粒子病的 PCR 诊断技术研究．蚕业科学，22：229-234.

方定坚，廖森泰，郑祥明，等．1993．家蚕新微孢子虫 MG$_1$，MG$_2$ 的研究．II. 孢子的超微结构、发育周期及血清学关系．广东农业科学，（1）：39-41.

广濑安春．1979．从野外昆虫采集的微孢子虫的交叉感染试验．蚕丝研究，（111）：124-128.

鲁兴萌，金伟，吴一舟，等．2000．丙硫苯咪唑等药剂对家蚕微粒子病的治疗作用．中国蚕业，（1）：19-21.

梅玲玲，金伟．1989．家蚕微孢子虫与桑尺蠖微孢子虫的研究．蚕业科学，15：135-138.

藤原公．1980．关于从家蚕分离的 3 种微孢子虫（*Nosema* spp.）的研究．日本蚕丝学杂志，49：229-236.

万永继，陈祖佩，张琳，等．1991．家蚕新病原性微孢子虫（*Nosema* sp.）的研究．西南农业大学学报，13：621-625.

万永继，沈佐锐．2005．微孢子虫归类于真菌的评论．菌物学报，（3）：468-471.

万永继，曾华明．2002．几项新的防治家蚕微粒子病技术的评价．蚕学通讯，（2）：1-4.

万永继，张琳，陈祖佩，等．1995．家蚕病原性微孢子虫 SCM$_7$（*Endoreticulatus* sp.）的分离和研究．蚕业科学，21：168-172.

叶永林，邓德菊，陈其芳，等．1992．普通蚕种成品检疫研究．四川蚕业，（2）：11-16.

Adl SM, Simpson AG, Lane CE, et al. 2012. The revised classification of eukaryotes. J Eukaryot Microbiol, 59(5): 429-493.

Baldauf SL, Roger AJ, Wenk-Siefert I, et al. 2000. A kingdom-level phylogeny of eukaryotes based on combined protein date. Science, 290(5493): 972-977.

Katinka MD, Duprat S, Cornillot E, et al. 2001. Genome sequence and gene compaction of the eukaryote parasite *Encephalitozoon cuniculi*. Nature, 414(6862): 450-453.

Pan GQ, Xu JS, Li T, et al. 2013. Comparative genomics of parasitic silkworm microsporidia reveal an association between genome expansion and host adaptation. BMC Genomics, 14: 186.

Sato R, Kobayashi M, Watanabe H. 1982. Internal ultrastructure of spores of microsporidans isolated from the silkworm, *Bombyx mori*. J Invertebr Pathol, 40: 260-265.

Sprague V, Becnel JJ, Hazard EL. 1992. Taxonomy of phylum microspore. Critical Reviews in Microbiology, 18(5/6): 285-395.

本章全部
参考文献

第六章　动物性寄生病害

动物性寄生病害（animal parasitic disease）是指家蚕被其他种类动物寄生而引起的病害，包括蚕被原生动物寄生的病害、线虫寄生的病害和节肢动物寄生的病害。蚕被原生动物寄生的病害曾经有记录的种类分别是变形虫病、锥虫病和球虫病，目前生产上鲜有报道。寄生家蚕的线虫病害曾经在日本和中国的蚕区偶有发现，但危害较小，迄今仅有一个种类的线虫对家蚕的危害记载。节肢动物寄生家蚕的病害包括两类：①昆虫纲的多化性蚕蛆蝇、响蛆蝇及寄生蜂的寄生，我国以多化性蚕蛆蝇的危害比较普遍，响蛆蝇的寄生在我国台湾，以及日本有所发生；②蛛形纲，主要是球腹蒲螨等蜱螨类的寄生，球腹蒲螨的寄生在棉区相邻的蚕区时有发生。

家蚕还会遭受到其他一些动物种类的危害，如鼠害及蚂蚁、黄蜂的侵害，以及桑园中的桑毛虫、刺毛虫的毒毛带入蚕室引起蚕的螫伤症等，由于其危害类型属于非寄生性的伤害，且生产上偶有发生。因此，本章不再赘述。

第一节　原生动物寄生病害

原生动物是生物界最原始和最低等的动物，为单细胞动物或由单细胞聚集而成的群体。原生动物形态多样，大小为 5～150μm，借助光学显微镜即可清晰地辨认，虽然结构简单，但具有一般动物的运动、营养、呼吸、排泄、感应及生殖等基本机能。

生物界分为原核生物界、原生生物界、植物界、真菌界和动物界。原生动物属于原生生物界的一个亚界，过去原生动物亚界下设有肉足鞭毛虫门（Sarcomastigophora）、顶复合体门（Apicomplexa）、迷宫形虫门（Labyrinthomorpha）、微孢子虫门（Microsporidia）、奇异孢子虫门（Ascetospora）、黏孢子虫门（Myxospora）和纤毛虫门（Ciliophora）7 门。目前微孢子虫门做了重新分类，整个门的所有种类已归类到真菌界。

肉足鞭毛虫门、顶复合体门和纤毛虫门中的许多种，可以在昆虫体内寄生。感染昆虫后，昆虫发病常表现为慢性，因传染性较低，迄今在家蚕没有大规模暴发的病例。

一、变形虫病

蚕的变形虫病曾在朝鲜（1918）及日本（1929）发现。本病病原属原生动物亚界肉足鞭毛虫门肉足亚门根足超纲叶足纲裸变亚纲变形虫目变形虫科肠变形虫属（*Entamoeba*），种名未定。

本病病原为球形或梨形，大小为（20～50）μm×（17～43）μm，身体透明，可见虫体中央或一侧有一折光性较强的核，细胞质内有粗颗粒及 1～3 个空胞，做变形虫运动，以二裂法繁殖，能形成包囊。

本病病原是通过食下传染侵入消化道内并寄生，其包囊被蚕食下后，在消化道内破裂脱出虫体，寄生于家蚕中肠上皮细胞的外缘，重病时可侵入中肠细胞内，随着虫体的大量增殖，使组织细胞膨胀、崩溃，甚至脱落，虫体及包囊随粪排出（图 6-1）。

本病多在 3 龄以后发生，病蚕发育迟缓，食欲减退，排不定形绿色软粪，出现半蜕皮或不蜕皮蚕，病重时体躯萎缩，尾角前端凹陷，排泄黑褐色的黏液或念珠状粪。有的病蚕发生脱肛或粪结，蚕死后尸体变成黑色，多数硬化不易腐烂。

本病病原除寄生家蚕外，还可寄生桑螟等桑树害虫，病原随患病虫粪排出污染桑叶传染家蚕。

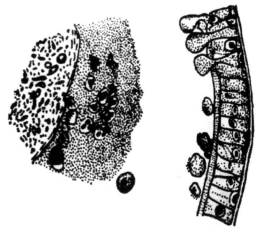

图 6-1　变形虫的形态与寄生
左图为变形虫及包囊；右图为在肠腔内寄生的情况

二、锥虫病

本病曾于 1917～1918 年在意大利发现。本病原属肉足鞭毛虫门鞭毛亚门动鞭虫纲动基体目锥虫科蛇滴虫属。学名为科氏蛇滴虫（*Herpetomonas korschelti*），病原通过创伤传染侵入蚕体体液中寄生。

锥虫期的科氏蛇滴虫为长圆锥形，大小约 20μm，前端有一鞭毛，长 27～33μm。虫体内有主核及运动核（亦称动基体）。主核居中央，运动核在主核与鞭毛之间。虫体运动活泼，沿鞭毛方向前进，以二裂法繁殖。生活环境不宜时，虫体随鞭毛一起收缩变形，逐渐变成无鞭毛的球形包囊进行休眠，包囊可在有生活力的病蚕体内观察到，但多数存在于病死蚕体内（图 6-2）。

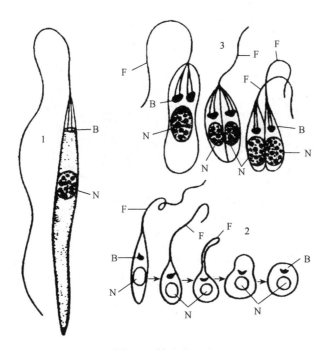

图 6-2　锥虫的形态
1. 成熟的虫体；2. 包囊的形成；3. 锥虫的分裂增殖。N. 核；B. 运动核；F. 鞭毛

本病的传染途径是通过创伤传染侵入蚕体体液中寄生，蚕的病征类似软化病，体色灰白，食欲减退，举动不活泼，血液浑浊，内含大量虫体，蚕的背脉管呈不规则搏动，后逐渐变弱而死亡，尸体呈黑褐色。通过创伤将病蚕血液注射入健蚕，经一天后即可检出锥虫，经 2～3d 病蚕死亡。

1977 年和 1985 年日本曾报道分别在九州地区和琦玉县发现另一类属于锥虫科细滴虫属的鞭毛虫（*Leptomonas*）为害家蚕。虫体大小为 15.5～16.2μm，鞭毛长 15μm 左右，虫体内有很多颗粒状物，经口或创伤感染于家蚕。

三、球虫病

蚕的球虫病于 1900 年曾在日本发现。病原属于顶复合器门孢子虫纲球虫亚纲，属种未定。病原是通过食下传染侵入消化道内寄生。

虫体球形，大小为 10～30μm，中央有不规则的大型细胞核，细胞质中有细小颗粒，能发育形成较大的球形包囊。包囊内虫体逐渐增大至 100μm 左右后，随核的分裂和原生质的分割形成多个新的幼小虫体。包囊膜较厚，类似结缔组织，当包囊膜破裂后释放出的幼小虫体又可侵入其他组织（图 6-3）。

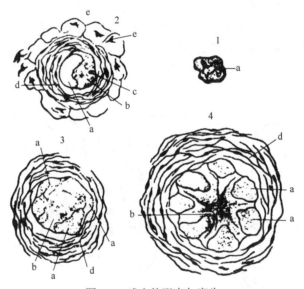

图 6-3　球虫的形态与寄生

1. 幼小虫体；2. 发育的虫体；3. 繁殖性虫体；4. 成熟虫体。
a. 细胞核；b. 内原生质；c. 外原生质；d. 皮层；e. 内层细胞核

病原通过食下传染寄生于家蚕的中肠上皮细胞。发病后，蚕发育不良，体躯萎缩，略有下痢，肛门周围有褐色黏液。病蚕粪中有包囊及幼小虫体排出，可传染健蚕。

第二节　线虫寄生病害

关于线虫寄生家蚕最早的报道是在 1902 年日本的静冈县，其后在岐阜、山口、山梨和群马等县相继发生。20 世纪 70 年代以来，我国江苏、浙江、四川的家蚕饲育地区偶有发现，但危害较小。近年来一些线虫种类被作为生物防治剂研发和应用，但尚未有与家蚕交叉寄生的报道。

我国东北柞蚕养殖地区 20 世纪 30 年代发现线虫危害，迄今已鉴定出 6 种为害柞蚕的索科线虫。在线虫中索科线虫是一类主要的昆虫寄生线虫，其形态多样且具有较高的寄主特异性。

一、线虫的生物学特征

寄生家蚕的线虫在生物学分类上属线形动物门线虫纲无尾感器亚纲索科陆索属细小六索线虫，学名为 *Hexamermis microamphidis*。其也是为害柞蚕的一种索科线虫，发育周期要经过卵、幼虫及成虫。幼虫与成虫体形相似，呈丝线状，身体白色，光滑柔软，初期幼虫体长约 0.25cm，幼虫随生长经若干次蜕皮成为成虫，成虫体长最长可达 30～40cm（图 6-4）。雌成虫产卵于土中，孵化出的初期幼虫，遇雨天沿湿润的树干爬上桑树，侵入桑螟、野蚕、桑尺蠖、桑毛虫等虫体内寄生，或随桑叶带入蚕室寄生家蚕。

图 6-4　从寄生蚕体退出的线虫形态

二、病理学

线虫的寄生借助其口针和降解表皮的酶从蚕体节间膜侵入，小蚕皮肤薄，线虫容易侵入，大蚕除伤口外，侵入困难。受害蚕发育迟缓，体躯缩小，全身乳白，胸部透明，吐胃液、排稀粪。线虫在蚕体内常弯曲扭结在消化管上，迅速成长，体长可增加 10～100 倍，体宽增加 5～15 倍，成熟幼虫从蚕体侧面薄弱部分钻出后，蜕皮变为成虫，蚕则死亡。蚕的线虫病多发生在春季和晚秋，连续阴雨天容易发生。

第三节　节肢动物寄生病害

节肢动物病害是家蚕常见的寄生病害，主要有蚕的蝇蛆病害和蒲螨病害。目前，家蚕的蝇蛆病害除云南部分蚕区外，全国其他绝大多数蚕区多化性蚕蛆蝇的危害仍然较为普遍；而随着棉区向新疆的发展转移，球腹蒲螨的中间寄主棉铃虫减少，因此，在全国其他蚕区该病已发生较少。

一、蝇蛆病

蝇蛆病是由多化性蚕蛆蝇将其蝇卵产于蚕体表面，卵孵化后的幼虫（蛆）钻入蚕体内寄生而引起的病害。

本病对蚕业生产危害很大，世界主要养蚕国均有危害。在我国大部分蚕区每年春蚕期开始发生，夏秋季最烈，整个养蚕季节均受其威胁。过去我国蚕茧因本病而造成的损失为 10%～15%，温湿度较高的南方蚕区更为严重，有时损失达 30%以上。当时采用设帐防蝇，但成本高而效果差，又因妨碍气流的畅通，容易诱发其他蚕病。1962 年我国首先成功地研制出防治柞蚕寄蝇的有效药剂——灭蚕蝇，应用灭蚕蝇防治家蚕的寄蝇也获得成功，多年来在养蚕生产上推广应用效果良好，使蝇蛆病得到了基本控制。目前，本病危害程度虽普遍减轻，但仍然不容忽视。

（一）蚕蛆蝇的形态

多化性蚕蛆蝇简称蚕蛆蝇，分类学上属昆虫纲双翅目环裂亚目寄生蝇科追寄蝇属（*Exorista*），学名为家蚕追寄蝇（*Exorista sorbillans*）。本种除为害家蚕外，也是农林业许多鳞翅目害虫的天敌。蚕蛆蝇是完全变态的昆虫，一个世代经卵、幼虫（蛆）、蛹、成虫（蝇）4 个阶段。

1. 成虫的形态　　雄成虫大于雌成虫，雄蝇体长约 12mm，雌蝇体长 10mm，展翅 12～20mm，由头、胸、腹三部组成。

头部呈三角形，有复眼、单眼、触角和口器。两侧为半圆形的复眼，眼面被密毛。三个单眼呈倒 "品" 字形排列于头顶。头部前端的触角棒状，有芒，不分枝。口器为舐吸式，可吸取液态食物。

胸部有三个环节，腹面有胸脚 3 对，背面有 4 条黑色纵带，中胸背面两侧有一对灰色半透明的膜状翅，后胸背面两侧有后翅退化而来的平衡棒一对，飞翔时可保持身体的平衡。

腹部呈圆锥形，共 9 环节，但外观只见 5 环节，其余转化为外生殖器藏于腹面。第 1 环节背面黑色，其余环节前半部灰黄色，后半部黑色，相间似虎斑。雌蝇外生殖器为圆筒形的产卵管，末端有两丛感觉毛，雄蝇外生殖器为阳具及两对抱握钩。肛尾叶为三角形、橙黄色、被覆黄毛，而雌蝇缺肛尾叶，这是分类及雌雄识别的标志之一（图 6-5 和图 6-6）。

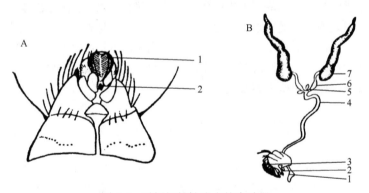

图 6-5　蚕蛆蝇雄性成虫的生殖器

A. 雄蝇外部生殖器。1. 肛尾叶；2. 肛门。

B. 雄蝇内部生殖器。1. 阳具；2. 抱握钩；3. 肛尾叶；4. 射精管；5. 附睾；6. 输精管；7. 睾丸

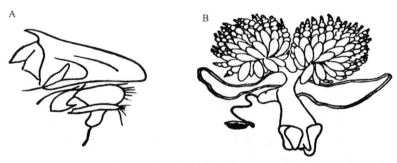

图 6-6　蚕蛆蝇雌性成虫的生殖器

A. 产卵管；B. 卵巢及附属腺

在养蚕环境中尚有其他蝇蛆的存在，其中蚕蛆蝇与麻蝇（*Sarcophaga peregrina*）的形态比较相似（图6-7），但是麻蝇不营寄生生活，是以腐败物为食的昆虫，对环境的适应能力强，生殖力也强，分布广，是一种难以防治的卫生害虫。两者主要的生物学特征如表6-1所示。

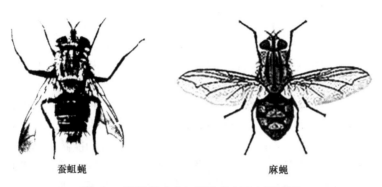

蚕蛆蝇 　　　　　　　　　麻蝇

图6-7 蚕蛆蝇成虫与麻蝇成虫形态的区别

表6-1 蚕蛆蝇和麻蝇主要的生物学特征

蚕蛆蝇	麻蝇
触角芒状光滑不分枝	触角芒状分枝呈丛状
胸部背面有4条黑色纵带	胸部背面有3条黑色纵带
腹部背面为黑白相间的虎斑	腹部背面为黑白相邻斑块
卵生	卵胎生

2. 卵的形态 长椭圆形，乳白色，大小为（0.6～0.7）mm×（0.25～0.30）mm。前尖后钝，背面隆起，腹面扁平而稍凹陷，能牢固地吸附于寄主体表。卵壳薄，有六角形花纹，在显微镜下可透视到其中的胚胎。

3. 幼虫（蛆）的形态 长圆锥形、淡黄色、老熟时长宽为（10～14）mm×（4.0～4.5）mm。蛆体由头部及12环节组成。头部尖小，具角质化口钩及两对突起感觉器。第二环节两侧有前气门一对，末节呈截断状，有后气门一对，后气门具气门环，内有3条气门裂及1个气门钮。肛门在第11环节腹面中央。

4. 蛹的形态 蚕蛆蝇的蛹为围蛹，即幼虫化蛹时不蜕皮，逐渐硬化成蛹的外壳。蛹体圆筒形、深褐色。大小为（4～7）mm×（3～4）mm。有12环节，但不很明显，可见到口钩及后气门的痕迹，蚕蛆蝇的幼虫（蛆）及蛹第2～3环节两侧有纵裂，羽化时自此处裂开，第五环节两侧有呼吸突一对（图6-8）。

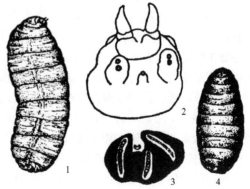

图6-8 幼虫及蛹的形态

1. 幼虫；2. 幼虫头部口沟及感觉器；
3. 幼虫的后气门形态；4. 蛹

（二）蚕蛆蝇的生活习性

蚕蛆蝇一年发生的世代数因气温及寄生的环境而异。我国东北、华北地区一年 4～5 世代，华东地区一年 6～7 世代，华南地区一年 10～14 世代。一世代经过的时间：在 25℃时需 25～30d，20℃以下需 35～40d。各阶段的历期（温度 25℃）：成虫期 6～10d，卵期 1.5～2.0d，幼虫（蛆）在 5 龄蚕体内寄生 4～5d，蛹期 10～12d。蛹在土中可存活数月之久并越冬。

1．成虫的习性　　越冬蛹到翌年春暖时羽化。利用前额囊的伸缩挤破蛹壳而蜕出，穿过土层到达地表。刚羽化时体色淡灰，约经半小时展翅飞翔。从早晨到下午均能羽化，以下午为多。

羽化后，蚕蛆蝇栖息于竹林、蔗地、桑园、花丛、果树及野外树林草丛中，在蚕室附近较集中，以植物的花蜜汁液为食饵。刚羽化时雌蝇的生殖腺尚未成熟，取食 1～2d 后始行交配。交配时间由数十分钟至一小时以上，且能飞行。雌、雄蝇均能做多次重复交配。一般情况下，雌蝇交配后的次日开始产卵，循着家蚕的气味而接近，骤然降下，伏于蚕体上，用产卵管的感觉毛找寻适当的产卵位置，然后产卵。每产 1～2 粒卵后旋即飞去。蝇卵多产于蚕体腹部第 1～2 环节及第 9～10 环节，在同一环节中以节间膜及下腹线附近为多。雌蝇的产卵期可持续 4～6d，高温干燥的天气产卵较多，低温阴雨则较少，大风雨天不产卵。白天以中午为多，早晚则产卵较少。除第 1～2 龄蚕外，其他龄期的蚕均可被产卵寄生，尤其 4～5 龄期的蚕易被产卵寄生。每头雌蝇可形成 300 余粒卵，但产卵数因食料、寄主及环境而异。一般产卵数十粒至 200 余粒，产卵结束后自行死亡。

2．卵的习性　　刚产下的蝇卵容易脱落，经一定时间后，卵壳变硬，收缩，黏吸在蚕体表面。蝇卵在 25℃经 36h 即行孵化，20℃以下则需 2～3d 或更长。孵化前卵背面略为凹陷，幼蛆用口钩在卵的腹面啮穿一孔，再锉开蚕体壁钻入其中寄生。之后卵壳背面凹陷处成一小孔，即蛆的呼吸孔。

3．蛆的习性　　幼蛆侵入蚕体后寄生在体壁及肌肉层之间，以脂肪体及血液为食迅速成长。由于蛆体对蚕体组织的破坏而引起蚕的抵御反应，蚕血液中的颗粒细胞及伤口附近的新增组织将蛆体包围，形成一个喇叭形的鞘套。鞘套随着蛆体的增大而延长、加厚、变黑，鞘套尖的一端色深，另一端色淡。

蛆体在蚕体内经过 3 龄而成熟。寄生天数与蚕发育时期有关，如寄生在 3～4 龄体内，发育较慢，寄生时间可长达 7～8d。寄生在 5 龄蚕体内的蛆发育较快，每日可增长 1 倍以上。开始寄生的时间虽有早晚，但老熟蜕出时期大体接近。5 龄初期寄生的多在上蔟前蜕出；在 5 龄中后期寄生的，蚕仍能上蔟结茧，蛆体在茧内蜕出，成为蛆孔茧。如茧层厚，不能穿出则成为锁蛆茧。蛆孔茧和锁蛆茧均不能缫丝。同一蚕体内寄生蛆数多时，其寄生天数比仅寄生 1～2 蛆者为短，可能与营养有关。温度高，蚕发育快，蛆体寄生的时间相应缩短，反之延长。使用保幼激素类似物使 5 龄期延长，同样也可以延迟蛆体的成熟。

4．蛹的习性　　蝇蛆成熟后从病斑附近逆出。但蚕死亡后蛆体无论成熟与否均离开尸体。蜕出的蛆体有背光性及向地性，借助环节间的小棘蠕动，头部作探索状以寻找化蛹的场所，一般入土化蛹的深度为 2.5～4.0cm，如土壤干燥越冬期的幼虫则钻入较深的土层中化蛹，如找不到适合化蛹的场所亦可就地化蛹。从蜕出到形成围蛹的时间，在夏季需 5～6h，春秋季则需 12～24h。蛆体化蛹时静止不动，体躯收缩，体色由淡黄变褐色。土壤湿度与蛹体生存有密切关系，以 25%最适。过干或过湿均不利，特别是积水可使蛹体窒息而死。

5. 寄主域及天敌　　蚕蛆蝇除为害家蚕外，也可为害柞蚕、蓖麻蚕、天蚕及樗蚕，还可寄生于松毛虫、桑毛虫、野蚕、桑尺蠖、大菜粉蝶等十多种鳞翅目昆虫。另外，也发现了蚕蛆蝇的天敌。在土壤中的蝇蛆，特别是越冬蛹常被蚂蚁、步行虫等消灭。在潮湿的条件下，易被曲霉菌及赤僵菌寄生。刚蜕出的蛆体或刚羽化的成虫，也常被蛙类或家禽捕食。蝇蛆及蛹也发现有天敌寄生蜂，常见的有大腿小蜂（*Brachymeria* sp.），此蜂在蝇蛆尚未蜕出蚕体前产卵于其体内，使重寄生的蝇蛆死亡。珠江三角洲的蚕区多在屋外上蔟，因此，大腿小蜂的寄生率很高，对降低蝇口密度有一定的作用。此外，还在河南省发现重寄生于蝇蛆的巨胸小蜂（*Perilampus* sp.）。

（三）病征

家蚕 3～5 龄上蔟时期均可被蚕蛆蝇寄生危害。最明显的病征是在寄生部位形成黑褐色喇叭状的病斑。病斑的形成，实际上是侵入蚕体内的蛆体周围形成喇叭形鞘套的过程，鞘套透过皮肤显现为蚕体上的病斑，初时较小、褐色，随着蛆体的增大，病斑也增大，颜色逐渐变成黑褐色。因此，观察病斑的大小及多少可判别其危害的程度。病斑上初带有蚕蛆蝇的卵壳，当卵壳脱落后，可见一孔，此乃蛆体呼吸的孔道，如被堵塞蛆体则会向其他地方转移。由于蛆体的迅速长大，蚕体肿胀或向一侧扭曲。蚕蛆蝇寄生的蚕有时体色会变成紫色，易被误认为败血病，实际上是体液被氧化所致。在 5 龄期被寄生的蚕，一般都有早熟现象，因而在始熟蚕中寄生率较高。5 龄后期被寄生的蚕可上蔟结茧或化蛹，如结茧后蛆体始行蜕出，则使蛹体死亡，成为死笼茧、薄皮茧或蛆孔茧（图 6-9）。

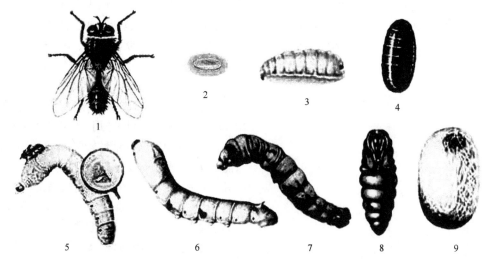

图 6-9　蚕蛆蝇的发育、寄生危害及病征示意图
1～4. 分别为蚕蛆蝇的成虫、卵、幼虫（蛆）及蛹；5. 产卵于蚕体体表；
6. 蚕体寄生部位的喇叭状黑褐色病斑；7. 老熟时全身变为暗紫色的病蚕；8. 被害蚕蛹；9. 蛆孔茧

（四）诊断

蝇蛆病的诊断，可直接肉眼观察蚕体上有无蝇卵和本病特有病斑。本病病斑为黑褐色喇叭状，早期病斑尚留有蝇蛆卵壳。如解剖病斑处，发现体壁下存在黑褐色鞘套和淡黄色蝇蛆，即可确诊为本病。

（五）防治

1. 灭蚕蝇的应用　　1962 年以来，推广灭蚕蝇防治蝇蛆病收到良好的效果，使本病得到基本控制，并为推广家蚕室外饲养创造了有利条件。

（1）灭蚕蝇的性状　　纯品为白色结晶，有特殊臭味，易溶于多种有机溶剂，在酸性或中性液中稳定，在碱性液中迅速分解，高温能促进有效成分的分解，宜于冷暗处贮藏，贮存时间过长会降低药效。灭蚕蝇在稀释情况下，药效降低很快，宜即配即用。对人畜低毒，如小鼠口服急性致死中毒为 150～200mg/kg 体重。

（2）灭蚕蝇的致死剂量　　灭蚕蝇对蝇卵有触杀作用，经口添食或喷布于蚕体表面均能进入体内将寄生的蝇蛆杀死。杀蛆的效果取决于进入蚕体内的有效剂量，与稀释浓度关系不大。家蚕 5 龄期施用剂量为 40～60μg/g 蚕体重时，杀蛆率可达 90% 以上，对蚕的体重、生命力及茧质均无不良的影响。灭蚕蝇对 5 龄蚕的急性中毒剂量为 1400μg/g 蚕体重，每头蚕一次口服 1000μg 也不致死。用 ^{32}P 标记的灭蚕蝇添食被寄生的 5 龄蚕，测知对蛆体的致死剂量为 0.33～0.44μg/g 蛆，与施用于蚕的安全剂量相差 100～150 倍，说明灭蚕蝇对家蚕及蝇蛆有明显的选择性毒杀作用。

（3）灭蚕蝇在蚕体与蛆体内的代谢　　用 ^{32}P 标记的灭蚕蝇添食于家蚕，在消化管内被碱性消化液分解，并迅速排出体外。吸收到蚕体内的灭蚕蝇及其降解物，可由马氏管滤集，输入直肠随粪排出。添食后 6h 排出的放射性磷衍生物达到 50% 以上，24h 后排出 94%。说明家蚕有很强的解毒能力，但又反映了灭蚕蝇在蚕体内的药效持续时间很短，一般为 12～14h，因此，灭蚕蝇在蝇卵未孵化寄生前给蚕添食，其预防效果甚微。^{32}P 标记的灭蚕蝇进入蚕体后多分布于血液、体壁、脂肪体、肌肉及马氏管，但进入神经系统（包括脑球及神经节）的量很少且渗入缓慢。灭蚕蝇在蚕体内很快被磷酸酶、磷脂酶、谷胱甘肽转移酶、酰胺酶等分解为低毒或无毒的降解物。灭蚕蝇对家蚕（血液）的乙酰胆碱酯酶有一定的抑制作用，但能迅速恢复。但对蝇蛆（匀浆）的乙酰胆碱酯酶则有强烈的抑制作用，且不能恢复。另外，蚕血液中酰胺酶活性较强，有解毒作用，能将灭蚕蝇的酰胺键分解为磷酸酯及甲胺等无毒的化合物，但蛆体的酰胺酶活性很弱。^{32}P 标记的灭蚕蝇通过体壁进入蚕体，其速度较慢，施药后 3h 仍能不断渗入，因而对寄生在蚕体内的蛆体需较长时间的接触才能达到杀蛆的有效浓度。

无论经口添食或喷布于体表而进入蚕体的灭蚕蝇，只要达到足够的剂量均能迅速地将寄生的蝇蛆杀死。在施药后 6h 内，蝇蛆吸收灭蚕蝇及其降解物的数量是不断增加的，以后一段时间内维持较高的水平，直到蛆体死亡。^{32}P 标记灭蚕蝇添食后在蚕体及蛆体内的消长见图 6-10。

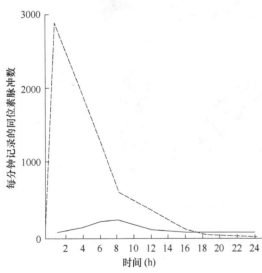

图 6-10　^{32}P 标记灭蚕蝇添食后在蚕体及蝇蛆体内的消长

品种：'南农 7 号' 5 龄第 3 天；剂量：80μg/g 蚕体重；纵坐标为每分钟记录的同位素脉冲数；虚线为在蚕体内的消长数据，实线为在蝇蛆体内的数据

（4）灭蚕蝇的使用方法　　商品用的灭蚕蝇有乳剂、片剂两种。乳剂含有效成分25%或40%，使用时加水稀释成300～500倍；片剂一般按每片加水50mL，但应根据当地情况灵活掌握。使用方法有喷雾法及添食法两种：喷雾法按每张蚕种用灭蚕蝇300倍稀释液1.5～2.0kg，均匀喷于蚕体表面；添食法用500倍灭蚕蝇稀释液与桑叶按1：10的比例充分调匀后添食，每张蚕种喂药叶10～15kg。喷雾法使用方便，既能杀卵又能杀蛆，但会造成蚕座潮湿，喷施宜于给桑前进行。添食法杀卵效果较差，但对寄生在蚕体内的蛆体杀灭效果较好。

使用灭蚕蝇防治蚕蛆蝇，施用时期是关键，应力求做到将蝇卵在孵化之前予以杀灭。蚕在眠起后即可被蚕蛆蝇产卵寄生，在25℃时蝇卵约经36h孵化。因此，施药时间应掌握在5龄起蚕后36h内施第一次药，以后可在5龄第2、4、5或6天各施一次，华东蚕区或蚕种场可在上蔟前再施用一次。如果在蝇害严重的季节应提前在4龄第2～3d增加施用1次。

应用灭蚕蝇乳剂时应注意摇匀，加水稀释后要充分搅拌。无论喷雾法或添食法均应力求均匀，避免遗漏或引起蚕中毒。施用灭蚕蝇的前后4～6h，不宜在蚕座上撒石灰等碱性药物，以免降低药效。

2. 农业方法防治蝇、蛆、蛹　　蚕室门窗设置门帐、纱窗隔离防护，防止蚕蝇飞入蚕室危害。

遭本病危害的早熟蚕要分开上蔟处理，结茧后应及时收、烘蚕茧以杀灭茧内蝇蛆，以防止出蛆破坏茧质。蚕茧收购站是蛆、蛹聚集场所，应尽早收集杀灭。

3. 其他防治方法　　近年来开展了一些其他防治方法的研究。据试验，应用 ^{60}Co 辐射不育技术处理蚕蛆蝇后期的蛹，可达90%不育的效果，辐射剂量为6000R，剂量率为400R/min，辐射适期为化蛹后5～6d，然后通过释放不育雄蝇来防治蚕蛆蝇。用化学不育剂1%噻哌液浸蛹，或用0.25%～0.75%噻哌液饲喂蚕蛆蝇，均有良好的不育效果。但这些方法仍处试验阶段。此外，通过寄生蜂等天敌防治蚕蛆蝇也是值得研究的新途径。

二、蒲螨病

蚕的虱螨病是由球腹蒲螨等寄生在家蚕幼虫、蛹、蛾体表，注入毒素而引起蚕中毒致死的一种急性蚕病，病原同时吸食血液，进行自身的繁殖。最早在日本及中国称壁虱病，后称为虱螨病，最近根据该螨的生物学种群分类称为蒲螨病。本病于1957～1958年先后在我国四川和山东某些蚕区大量发生，给蚕茧和蚕种生产带来了严重影响。据调查，1964年的春蚕期，四川射洪县曾因本病危害损失达全县发种量的约20%。以后江苏、浙江等省也发生了蒲螨病的危害。本病在与种棉区相邻的蚕区危害较大。

（一）球腹蒲螨的形态

迄今已发现寄生家蚕的蜱螨有13种以上，分别属于无气门的粉螨、具中气门的革螨［如家蚕巨螯螨（*Macrocheles bombycis*）］、后气门的硬蜱、隐气门的甲螨及具前气门的辐螨。其中以属于辐螨类的球腹蒲最为常见。

球腹蒲螨俗称壁虱，早期学名为大肚虱螨（*Pediculoides ventricosus*），后由于所属的虱螯螨科（Pediculochelidae）组合到蒲螨科（Pyemotidae），故改名为虱状蒲螨（*Pyemotes ventricosus*），曾用名为赫氏蒲螨（*Pyemotes herfsi*）。根据Krantz（1978，2009）的研究，该螨在分类上属蛛形纲蜱螨亚纲真螨目辐螨亚目蒲螨科蒲螨属，学名为球腹蒲螨（*Pyemotes ventricosus*）。

球腹蒲螨属卵胎生，一世代经卵、幼螨、若螨、成螨4个变态发育阶段，但卵、幼螨、若螨的发育在母体内完成。据切片研究，胚胎发育后期卵为椭圆形，孵出的幼螨已初具螨形，到若螨期则颚体部、体躯及4对足已明显可见。刚从母体产下的成螨淡黄色，雌雄异体。成螨由颚体段（头胸部）、肢体段和末体段构成，形态上雌雄略有差异（图6-11和图6-12）。

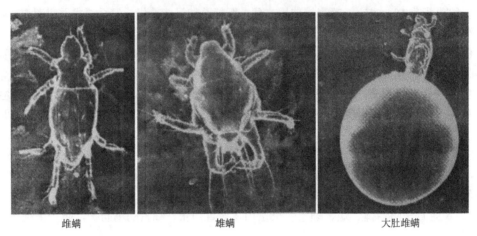

雌螨　　　　　　　　　　雄螨　　　　　　　　　大肚雌螨

图6-11　球腹蒲螨成螨的形态（扫描电镜，约500倍）

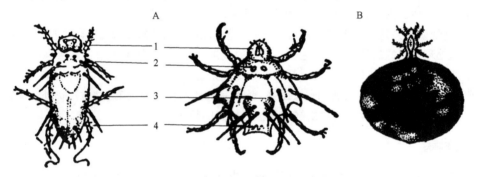

图6-12　球腹蒲螨成螨的形态示意图

A. 雌（左）、雄（右）成螨形态；B. 大肚雌螨。

1. 颚体段；2. 前肢体段；3. 后肢体段；4. 末体段

（1）雌螨及大肚雌螨　　初产的雌螨身体柔软透明，呈纺锤形，长 0.16～0.27mm，宽 0.06～0.09mm，肉眼不易观察。头部小，略呈三角形，生有针状螯肢用于刺入寄主体内取食，颚体段基部两侧有气门一对。前肢体段足Ⅰ和足Ⅱ之间的体侧有假气门器一对，后肢体段有第3、4对足，末体段呈三角形，腹内有贮精囊，生殖孔位于末体段的末端腹面，呈纵沟状。体表及足疏生长毛，第一对足末端有锐爪，第四对足末端各生肢毛一根，长约为体长的3/5，与足成直角。

雌螨完成交配后寻找寄主寄生，吸食血液生长发育，末体段逐渐膨大变成圆球形，直径达 1～2mm，此时的雌螨称大肚雌螨（母螨），体内的受精卵发生胚胎发育，在体内从卵变成幼螨、若螨、成螨，然后从生殖孔产出。大肚雌螨的体色依寄主血液的颜色而异，一般呈淡黄色或黄褐色，表面具有光泽和黏附性。

（2）雄螨　　椭圆形，长 0.14～0.20mm，宽 0.08～0.13mm。头部近圆形，螯肢退化。

前肢体段近三角形，背面生有长刚毛，气门退化，无气管，仅有贮气囊。后体段呈拱形，边缘凹入，前、后缘直。末体段圆形的后缘腹面有琴形板一块，板上有交配吸盘一个，第 1～3 对足类似雌螨，第 4 对足末端有粗壮的爪一对。

（二）球腹蒲螨的生活习性

1. 世代数　　球腹蒲螨的世代数，因温度及寄主不同而异。从 4 月中下旬至 9 月底有 17～18 个世代。一世代所需时间在温度为 16～17℃时为 17～18d，20～21℃为 14～15d，22～24℃约为 10d，26～28℃约为 7d。一般在 13℃以下停止繁殖，以大肚雌螨越冬。翌年春温度回升后，越冬存活的大肚雌螨陆续产下成螨，又开始寻找寄主寄生。

2. 交配和寄生　　卵在母体内孵化，发育成为成螨而产出。一头大肚雌螨可产成螨 100～150 头，白天多产，夜间少产；上午多产，下午少产；先产雄螨，后产雌螨。据调查一般雌螨占 93%，雄螨占 7%。先产出的雄螨常群集在母体的生殖孔附近，等候雌螨产出后进行交配，一头雄螨与若干头雌螨交配后，约经 1d 后死亡。交配后的雌螨举动活泼，爬行迅速，寻找寄主寄生。当雌螨找到寄主后，以针状螯肢刺入寄主体内注入毒素，致使寄主中毒昏倒，之后寄生于昏倒不动的寄主体上继续吸食血液，直至寄主死亡。而雌螨吸收寄主营养后发育形成大肚雌螨，待产完成螨后，球形的末体段萎缩而死亡。

交配后的雌成螨若找不到寄主，经 2～3d 后即行死亡。也有的雌螨发生自残现象，即雌成螨寄生在大肚雌螨上吸食其体液而发育成大肚雌螨，并能产下成螨继代。

一般未经交配受精的雌成螨，不能寄生而自然死亡，也有少数雌成螨能寄生并孤雌生殖，但产出的成螨均为雄螨。

3. 寄主域　　球腹蒲螨寄主广泛，能寄生于鳞翅目、鞘翅目、膜翅目等昆虫的幼虫、蛹和成虫。鳞翅目昆虫除家蚕外，棉红铃虫为最喜好的寄主。蓖麻蚕、柞蚕、麦蛾、桑螟、水稻二化螟、菜粉蝶、米象、谷象和大豆象等都能被其寄生。甚至白蚁及蛛形纲的蜘蛛也有发现寄生，另外也可叮刺人畜，往往引起皮肤红疹、发痒、起疱，重者出现发烧和恶心。

4. 对理化因素的抵抗力　　据试验，太阳光直射对球腹蒲螨生长发育不利，其容易死亡。浸渍水中可忍耐存活 1～2d，热水（50℃以上）中 1min 即可烫死。对蚕用消毒剂福尔马林、石灰水等有较强的抵抗力。球腹蒲螨对理化因素的抵抗力大肚雌螨比幼雌螨强（表 6-2）。

表 6-2　幼雌螨和大肚雌螨对若干理化因素的抵抗力

处理	条件		杀死时间（min）	
	浓度	温度（℃）	幼雌螨	大肚雌螨
日光	—	49～51	5～15	100
干热	—	60～70	2～20	3～5
湿热	—	80～90	0.5	1
三氯杀螨醇	500 倍	25	360	660
杀虫灵	熏烟 2～3g/m³	25	10	—

（三）病征

球腹蒲螨对家蚕的幼虫、蛹、蛾都能寄生，其中以 1～2 龄蚕、眠蚕和嫩蛹危害较严重。

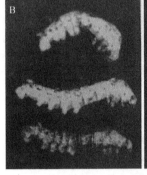 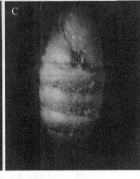

图6-13　蚕被球腹蒲螨为害状

A. 1龄蚕被寄生状；B. 2龄蚕为害状；C. 蚕蛹为害状

受害蚕食欲减退，举动不活泼，吐液，胸部膨大并左右摆动，排粪困难，有时排念珠状粪，病蚕皮肤上常有粗糙的凹凸不平的黑斑。眠中被寄生时，多成半蜕皮蚕而死，尸体一般不腐烂。由于蚕的发育阶段不同病征略有差异（图6-13）。

1．蚕的病征　1～2龄蚕受害，病势很急，立即停止食桑，痉挛，吐液。有的体躯弯曲成假死状，头部突出，胸部膨大，静伏不动，经数小时至十多小时即死亡。

3龄蚕受害，蚕发育不齐，体色灰黄，有起缩、缩小的症状。近盛食时期的病蚕，第十环节以后略现红肿，透视尾部呈红褐色，常流出红褐色黏液，污染肛门，腹脚失去把握力，倒卧而死。

大蚕受害比较少见，病势较小蚕缓慢，多发生起缩、缩小、脱肛等症状。尾部被黑褐色红褐色黏液污染。病蚕胸、腹部褶皱处及腹面常有黑斑。

眠蚕受害，病蚕头胸部左右摆动，吐液，尾部常有红褐色黏液污染，蚕体腹面和胸、腹部褶皱处出现明显黑斑。眠蚕常不蜕皮或半蜕皮而死。

2．蛹的病征　雌螨多在蛹体腹面、节间膜等处寄生为害，肉眼可见黄色珠状的大肚雌螨。蚕蛹呈现较多的黑斑，常不能羽化而死。尸体黑褐色，腹面凹陷，干瘪不腐。

3．蛾的病征　蚕蛾受害，病征不明显。雌螨多寄生在蛾体的环节处，蛾体腹部弹性减弱。雄蛾发病后狂躁，雌蛾受害后产卵极少，不受精卵和死卵增多。

（四）球腹蒲螨的危害规律

球腹蒲螨对家蚕的危害，以产棉蚕区尤为严重，产粮区养蚕也时有发生。棉花产区在收获季节往往挪用蚕室、蚕具堆放和摊晒棉花，蒲螨常随其寄主棉红铃虫而侵入蚕室，并潜藏在蚕室、蚕具的缝隙处越冬。待第二年春季温度回升，越冬的棉红铃虫及蒲螨开始活动，存活的棉红铃虫羽化飞出室外，蒲螨则转移寄主，通过各种途径进入蚕座。据四川省射洪地区各季节室内球腹蒲螨数量变动调查，4～7月上旬虫口密度最大，7月中旬至9月由于高温和寄主缺乏，虫口密度大减，10月以后，棉红铃虫随着收花、晒花过程又进入蚕室，球腹蒲螨数量激增，对棉红铃虫的寄生率可达70%，成为翌春虱螨病大发生的螨源。根据蚕区的调查，虱螨病一般在春蚕和夏蚕发生较多，秋蚕发生较少。这与不同时期蚕室中球腹蒲螨的数量消长有关。另外蚕室堆放粮草麦秆时，球腹蒲螨也可随麦蛾、水稻二化螟、谷象、豆象等害虫进入蚕室。

球腹蒲螨对家蚕的危害程度，因蚕的发育阶段不同而异。在小蚕期危害较大，以眠中危害更甚。蚕被害后死亡的时间，与蚕龄大小、蒲螨寄生数量的多少、寄生时间的长短及当时气温的高低有关。若蚕龄小，寄生数量多，寄生时间长及气温高，则蚕死亡迅速。据试验1头雌成螨寄生1头1龄蚕，该蚕发病至死亡的时间约为3.5h，寄生2龄起蚕死亡时间约为

7h，寄生 3 龄起蚕、4 龄起蚕、5 龄起蚕，其死亡时间达 48h 以上；若 5 头雌成螨寄生 1 头 1 龄蚕，则死亡时间缩短为 1h 左右。球腹蒲螨易寄生蚕蛹，特别是初化蛹的嫩蛹，可在蛹体上生长发育成大肚雌螨并能完成世代产生下一代，但球腹蒲螨寄生于蚕体时未见能完成世代产生下一代。球腹蒲螨还能穿过茧层，寄生茧内的蚕蛹，致使被害蛹不能羽化。

球腹蒲螨的毒素毒性较强，对蚕的致病作用是在寄生过程中其毒素注入蚕的血腔引起蚕中毒而发病死亡。蒲螨的毒素相对于蛇毒、蜘蛛毒、蜂毒、贝类毒具有较强的耐热抵抗性，可被乙醇沉淀，对山羊的血细胞无溶血作用。但关于蒲螨毒素的理化性质及毒理机制尚未明了。

（五）诊断

虱螨病的诊断，可根据蚕、蛹、蛾各期病征进行鉴别。如疑为本病时，可将蚕连同蚕沙或蚕蛹、蛾等放在深色的光面纸上，轻轻抖动数次，如有淡黄色针尖大小的螨在爬动，再用小滴清水固定，用放大镜观察，若看到雌成螨，可确诊为本病。另仔细检查蚕室、蚕具等缝隙，寻找雌成螨潜藏的地方，以便进一步确诊和彻底防治。

（六）防治

1. 严防棉红铃虫等寄主昆虫进入蚕室、蚕具　棉红铃虫是球腹蒲螨最喜好的寄主。因此，蚕室、蚕具最好不要储藏、堆放棉花，以防寄生在棉红铃虫的球腹蒲螨潜藏于蚕室越冬；棉区曾堆放过棉花的蚕室，必须在春蚕前严格进行蚕室、蚕具消毒和杀螨工作。此外，蚕室及蚕室附近也不能堆放稻草、麦秆及谷物等，以防球腹蒲螨随麦蛾等寄主侵入蚕室。若用稻草、麦秆等作养蚕隔离材料，必须经日光暴晒后使用。

2. 养蚕前蚕室、蚕具的消毒与杀螨　结合养蚕前的消毒，将蚕室内外墙壁缝隙、门窗、屋顶进行擦、刮、塞、堵打扫清洁，杀死潜藏的雌螨。蚕具可用烫水（75℃以上）冲淋数分钟，或先浸泡水中 2～3d，取出后充分洗刷暴晒或进行蒸汽杀螨。然后将蚕具架空在蚕室内，用毒消散以常规方法进行熏烟消毒兼杀螨；或用杀虱灵按 2～3g/m³ 计算实际用药量进行熏烟灭螨；或用 500 倍三氯杀螨醇稀释液喷洒蚕室、蚕具杀螨，以喷匀喷湿为度。

3. 养蚕中发现蒲螨病后的处理

（1）切断螨源防止继续寄生危害　发生本病时必须更换蚕室、蚕匾，然后把用过的蚕匾进行蒸煮杀螨；蚕室用毒消散以 4g/m³ 的药量熏烟 2h 杀螨，开放门窗排烟 0.5h，再把蚕搬回；蚕室周围可喷洒 300 倍灭蚕蝇乳剂驱螨。

（2）采用药剂杀灭蚕座中的寄生螨　常用杀虱灵熏杀，或用甲酚皂（煤酚皂）稀释液撒布蚕座杀螨，也可喷洒灭蚕蝇药液驱螨。

1）杀虱灵熏杀，杀虱灵的化学名称为 1,1-二氯二苯基甲醇，深褐色乳剂。有氯气味，不溶于水，对碱稳定，遇酸易分解。使用时按 2～3g/m³ 的药量，熏烟 20～30min，敞开门窗排烟，烟散后 15min 给桑喂蚕。一般情况下，每隔 2～3d 熏烟 1 次，熏烟 2～3 次即可消除蒲螨的危害。也可用 200～300 倍杀虱灵石灰粉撒布蚕座杀螨。

2）甲酚皂（煤酚皂）杀螨，1～2 龄及眠蚕以 200 倍甲酚皂液与 10 倍量的焦糠混合，撒布蚕座杀螨；3～5 龄蚕可直接用 200 倍甲酚皂液于给桑前喷洒蚕体，以雾状为度，然后除沙。

3）灭蚕蝇驱螨，1 龄蚕用 1000 倍，2 龄蚕用 500 倍，3 龄蚕以后用 300 倍稀释液喷布蚕体，以喷湿为宜，喷药后立即除沙驱除蒲螨。

本章主要参考文献

胡永瑶，陈祖佩，苏惠香．1982．家蚕蒲螨病原：赫氏蒲螨生态的研究．四川蚕业，（1）：88-97．

华南农学院．1980．辐射不育技术防治蚕蛆蝇的研究．Ⅰ．^{60}Co-丙种射线辐射不育技术之应用．广东蚕丝通讯，（2）：1-7．

华南农业大学．1989．蚕病学．2版．北京：农业出版社．

黄自然，卢铿明，卢蕴良．1968．灭蚕蝇防治蚕蛆蝇（*Exorista sorbillans* Wied.）之研究．广东蚕丝通讯，（2）：7-20．

李隆术，李云瑞．1988．蜱螨学．重庆：重庆出版社．

栗林茂治．1969．在农家的家蚕被蜱螨危害的实态调查．日本蚕丝学杂志，38：168-175．

辽宁蚕业研究所．1980．柞蚕寄蝇研究论文集．北京：科学出版社．

四川农业厅蚕桑试验场．1960．射洪地区蚕儿壁虱病的研究．蚕业科学通讯，（3）：130．

王一丁．1998．川渝两地马尾松毛虫寄蝇．四川动物，17（4）：176．

忻介六．1989．应用蜱螨学．上海：复旦大学出版社．

杨彪，胡永瑶．1990．危害家蚕的赫氏蒲螨（*Pyemotes herfsi*）研究．Ⅱ．雌成螨内部器官的显微构造．四川蚕业，（4）：1-3．

赵建铭．1964．中国寄蝇科的记述．Ⅴ．追寄蝇属．昆虫学报，13（3）：362-375．

赵建铭，梁思义．1984．中国主要害虫寄蝇．北京：科学出版社．

中国昆虫学会蜱螨专业组．1982．蜱螨学名词及名称．北京：科学出版社．

中国农业科学院蚕业研究所．1991．中国养蚕学．上海：上海科学技术出版社．

Krantz GW. 2009. A Manual of Acarology. 3rd ed. Lubbock: Texas Tech University Press.

第七章　中　毒　症

中毒症（toxicosis）是指一些化学有毒物质作用于家蚕，破坏家蚕正常的生理机能引起的一种非传染性蚕病。能引起蚕中毒的有毒物质很多，生产上较为常见的有农药、某些工厂排出的废气或煤烟。这些有毒物质通过多种途径进入蚕体引起危害。例如，某些工厂附近的桑树，吸收空气中的氟化物，从而使桑叶受到毒害，蚕食下此种桑叶后引起中毒；又如蚕食下农药污染的桑叶引起农药中毒。中毒症是养蚕生产上普遍发生且有较大危害的蚕病，不可忽视。

第一节　农　药　中　毒

农药中毒是中毒症中最常见的一类，特别是夏秋蚕期，是害虫多发季节，又是农药治虫的适期，是蚕易受农药中毒的危险期，稍有疏忽就会造成农药中毒。蚕体由于接触农药的种类、剂量及时间的不同，分为急性和慢性两种症状。一般急性农药中毒使健蚕突然死亡，如处理不当就会造成较大损失；慢性农药中毒，一时虽不表现症状，但由于毒物在蚕体内积累，会降低蚕对病毒的感染抵抗能力，容易诱发病毒病，到后期不结茧和结畸形茧，影响茧质和产量，并影响蚕卵孵化率，死卵和不受精卵增多。

一、农药的种类

农药的种类繁多，且随着环境保护和农药研究事业的发展，以及病、虫害抗药性的变化，各类新型农药不断问世。引起家蚕中毒的农药，根据其化学性质，常见的有有机磷、有机氮、拟除虫菊酯、生物源杀虫剂等。根据其作用方式和进入蚕体内的途径，可分为胃毒剂、触杀剂、熏蒸剂及内吸剂四大类，许多农药对蚕有 2 种以上的作用。按毒杀机理可分为作用于神经系统的神经毒剂、作用于呼吸系统的呼吸毒剂、作用于核酸代谢和核酸生成的化学不育剂，以及肌肉毒剂、拒食剂、驱避剂、生长发育调节剂、除草剂、杀菌剂等，现行农药仍以神经毒剂占主导地位。

农药除污染桑叶被蚕食下引起中毒外，还可污染蚕室、蚕具，以及通过气流进入养蚕环境而引起家蚕中毒。现将常用到的杀虫剂及现阶段出现的一些新型的杀虫剂简介如下。

（一）有机磷杀虫剂

有机磷杀虫剂是一类含有磷的有机化合物，是至今有机杀虫剂中品种最多、产量较大的一类。但由于长期使用，抗性出现较多，且对非靶标生物毒性较高，近年来多个品种已被禁用或被限制使用，使用量逐渐下降。根据化学结构的不同，又可进一步细分为 4 小类：磷酸酯类，如敌敌畏、久效磷等；硫代、二硫代和三硫代磷酸酯类，如对硫磷、乐果、脱叶磷等；磷酸酯、硫代磷酸酯类，如敌百虫、苯硫磷等；磷酰胺和硫代磷酰胺类，如甲胺磷、乙酰甲胺磷等。有机磷类农药在酸性条件下较稳定，对光、热、氧化也较稳定，除敌百虫外，遇强碱性物质则迅速分解、破坏。

（二）氨基甲酸酯类杀虫剂

最早发现的天然氨基甲酸酯化合物是毒扁豆碱，但其并不能作为杀虫剂使用。随后陆续有更多的氨基甲酸酯类化合物被发现，并通过化学修饰获得良好的杀虫、杀螨、杀菌效果，在植物保护中得到广泛使用。常见的品种有西维因、混灭威及灭多威等。氨基甲酸酯类杀虫剂的毒性与结构密切相关，大多数品种速效性好、增效性能多样，且在自然界中易分解、残留低。

（三）拟除虫菊酯类杀虫剂

拟除虫菊酯类杀虫剂来源于对除虫菊酯/素的改造，是一类对人畜低毒，而对昆虫有较强的触杀和胃毒作用杀虫剂，但基本没有内吸作用，近年来发展迅速。常见品种有氯氰菊酯、溴氰菊酯、氟氯氰菊酯、氯氟氰菊酯、醚菊酯等（张一宾，2015）。此类农药大多在酸性条件下比较稳定，而在碱性条件下易分解。醚菊酯在酸碱条件下都比较稳定。

（四）苯甲酰苯脲类和嗪类杀虫剂

在 1973 年筛选除草剂的过程中，偶然发现了能抑制昆虫几丁质合成的苯甲酰苯脲类化合物，并实用化和商品化，随后此类属于影响和调节昆虫生长的杀虫剂迅猛发展。按照其化学结构又可进一步分为七大类，分别为苯甲酰基取代苯基脲类、苯甲酰基吡啶氧基苯基脲类、苯甲酰基烷（烯）氧基苯基脲类、苯甲酰基氧基苯基脲类、苯甲酰基取代氨基苯脲类、苯甲酰基杂环基脲类和苯甲酰基苯基脲类似物、硫脲或异硫脲衍生物。目前常见品种为属于灭幼脲类的杀虫剂，如除虫脲、氟啶脲、氟铃脲、氟虫脲、噻嗪酮等。此类农药在光作用下很容易被分解，在土壤中也易被微生物分解。噻嗪酮等虽然结构与苯甲酰苯脲类化合物不同，但作用机理类似（徐汉虹，2007）。

（五）氯化烟酰类杀虫剂

氯化烟酰类杀虫剂又称为新烟碱型类杀虫剂，是指硝基胍及其开链类似物等，烟碱就属于此类化合物。现阶段常用的此类杀虫剂主要有噻虫啉、吡虫啉、啶虫脒和噻虫嗪等。此类杀虫剂具有较好的内吸性，还可通过植物茎叶吸收迅速传导到各组织内，害虫取食叶片等组织后而发生中毒（徐汉虹，2007）。

（六）大环内酯类杀虫剂

阿维菌素类是从灰色链霉菌发酵液中分离出来的一种十六元大环内酯类化合物，并对其进行修饰。目前商品化的主要品种还有埃玛菌素、伊维菌素、甲维盐、多拉菌素、色拉菌素等，此类农药在光下不稳定，特别是在紫外线下。近年来发展迅速的多杀菌素类也属于微生物发酵产生的大环内酯类。

（七）其他类型的杀虫剂

除上述类型之外，尚有无机及重金属类、有机氯类、甲脒类、沙蚕毒素类、昆虫激素类、吡咯/吡唑类、吡啶类等杀虫剂。

二、农药中毒的机理

农药可以通过蚕的口器、体壁或气门进入体内，破坏蚕的生理机能及代谢作用，遂引起中毒。农药导致蚕中毒的过程如图 7-1 所示。

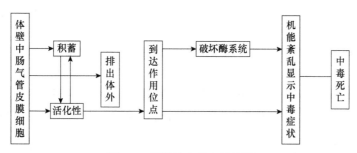

图 7-1　家蚕的农药中毒过程

（一）杀虫剂对组织的渗透

1. 对表皮的渗透　　昆虫的表皮是一个典型的油/水（或者蜡/水）两相的结构。上表皮代表油相，原表皮代表水相。当昆虫接触到药剂以后，药剂溶解于上表皮的蜡层，再按照药剂中的油/水分配系数而进入原表皮。杀虫剂中，亲水性强的药剂不能穿透表皮。脂溶性的药剂比较容易穿透上表皮，但是能否继续穿透原表皮则取决于药剂是否有一定的水溶性。脂溶性强的化合物，向原表皮的穿透很慢。昆虫表皮中的孔道和上表皮丝也有助于杀虫剂向体内渗透。被蜡层吸收的药剂可以通过孔道渗入虫体。另外，在上表皮层中还有永久性的孔道——上表皮丝，上表皮丝既能让脂溶液通过，也能让水溶液通过，这样的特点正可以用来解释为什么杀虫剂的任何剂型都可以从上表皮丝进入虫体。

杀虫剂穿透表皮的机制目前有两种观点：大多数人认为药剂从表皮穿透，经过皮细胞而进入血腔，随血液循环到达作用部位神经系统。在这个过程中可能有部分药剂由血液转移到气管系统，由微气管进入神经系统。另一种观点认为狄氏剂等从表皮施药进入昆虫体内，完全是从侧面沿表皮的蜡层进入气管系统，最后由微气管到达作用部位神经系统。后一种解释的可能性是存在的，特别是一些非极性化合物，从上表皮蜡层向极性的原表皮扩散时有可能从侧面沿蜡层扩散面进入气管。

2. 对消化管的渗透　　昆虫取食了含有杀虫剂的食物后，杀虫剂能否穿透肠壁被消化道吸收，这是决定胃毒剂是否有效的重要因素。昆虫的消化道分为前肠、中肠及后肠。前、后肠对杀虫剂穿透性的反应与体壁相近。

杀虫剂在昆虫消化道中的穿透和吸收除了被动扩散外，还有主动运输。杀虫剂穿透昆虫中肠肠壁细胞，受到细胞质膜的选择透过性影响。质膜表面有细小的、充满水的孔洞，水溶性化合物可以从这水孔进入膜内，而质膜本身可允许亲脂性化合物扩散通过。一些亲水性的化合物不能通过扩散作用进入质膜，但它们可以靠质膜上的嵌入蛋白质作为导体，形成暂时性结合，靠蛋白质分子构型上产生的变化，就可以把结合的物质转移入膜内。大多数外来化合物通过质膜是靠被动的扩散作用，由高浓度向低浓度扩散。一些亲水性化合物及小分子质量的离子化合物通过水孔时，也受浓度梯度的影响，向浓度低的一边扩散。

由于离子化的毒物在非离解形式时通常都是脂溶性，所以化合物的电离度非常重要。

同时，质膜内外溶液的 pH 可影响杀虫剂的解离程度和穿透能力，对化合物的穿透速率起了决定性的影响。消化道的酶促反应可影响杀虫剂的毒性。例如，主要存在于昆虫消化道和马氏管内的多功能氧化酶（mixed function oxidase，MFO），能对许多类型的杀虫剂起氧化作用，从而改变这些杀虫剂的化学结构，影响其穿透力与毒性。杀虫剂穿透肠壁组织还受其他因素的影响，如肠液及血液的流动、杀虫剂在肠组织及血液中被代谢的情况及脂肪体的吸收等。

3. 对神经的渗透　　昆虫神经系统是神经毒剂最明显的作用靶，然而，杀虫剂要进入神经系统，必须穿透各种阻断层，如血脑屏障、神经膜等。昆虫血脑屏障的位置可能在胶质细胞和胶质细胞附近的位置，这一屏障类似生物膜的结构，非离子部分可以穿过，电解质的离子部分被阻挡在外面。杀虫剂的电离常数和溶液的 pH 等因素也影响穿过血脑屏障。控制溶液的 pH，降低电离度，可以增加杀虫剂对屏障的穿透。

4. 昆虫体内排泄杀虫剂的过程　　昆虫中有多种器官具有排泄外来化合物的功能。昆虫能代谢外来化合物，使它们转变为水溶性的轭合化合物。昆虫的马氏管与后肠组成排泄系统，浸在血淋巴中的马氏管能够吸收血淋巴中的小分子外来化合物。昆虫体内的脂肪体能储存代谢外来化合物。由于脂肪体大部分裸露在昆虫的血液中，进入血液的杀虫剂很容易被脂肪体吸收。特别是那些亲脂性强的杀虫剂可被脂肪体吸收，直接影响到达作用部位的药量，而形成在昆虫体内大量储存、缓慢释放的现象，毒效大大降低。

（二）杀虫剂在体内的转运

杀虫剂进入体内后是如何被转运到作用部位的呢？一般认为至少有以下两种方式。

1. 通过血淋巴转运　　家蚕（昆虫）的血液循环系统是一个开放系统，所有的内部器官都浸浴在血淋巴中，杀虫剂一旦进入血液，就能与血浆蛋白结合，并被蛋白质转运到其他内部器官。杀虫剂与蛋白质的结合是杀虫剂转运和贮藏的重要方式。

2. 通过表皮的侧向转运　　杀虫剂在表皮的转运主要是侧向转运，这是通过消耗代谢能的过程而加以控制的。Cerolt（1983）指出，杀虫剂的转运只能在活体部分进行，转运机制必然与真皮细胞层及气管和消化管内的上皮层有关。杀虫剂在表皮内的穿透有两种动向：杀虫剂首先从接触部位进入体壁表皮，再借助扩散作用进入真皮细胞层。另外，杀虫剂也可借助主动运输做侧向转运，而侧向转运的杀虫剂也可能自由地返回体壁表皮。

（三）杀虫剂在体内的分布

杀虫剂在体内的分布动态是比较复杂的，受到多种因素的影响，如杀虫剂的理化性质、家蚕本身的生理生化特点等，不能一概而论。一种杀虫剂接触家蚕体表后，就可能受到各种阻碍，首先在穿透表皮时，有部分可被保留在表皮内，经过血淋巴的转运过程，可与血蛋白结合或被血细胞包围，还可能被转运从而分布到体内其他组织和器官，如被贮存在脂肪体内，或被排泄器官吸收排泄。

（四）各型农药的主要靶标

大多数杀虫剂的靶标是昆虫神经系统中的重要受体或酶，其中主要包括配体门控离子通道、电压门控离子通道和乙酰胆碱酯酶。除此之外，与能量代谢相关的呼吸链相关酶、与肌肉冲动相关的 Ca^{2+} 通道和与生长发育相关的激素受体也是杀虫剂的重要靶标。

1. 乙酰胆碱酯酶　　乙酰胆碱酯酶（acetylcholinesterase，AChE）是一种丝氨酸水解酶，它的主要功能是在胆碱能神经突触处快速水解神经递质乙酰胆碱而终止神经冲动的传递，是有机磷杀虫剂和氨基甲酸酯类杀虫剂的靶标。有机磷杀虫剂和氨基甲酸酯类杀虫剂同 AChE 的反应与乙酰胆碱同 AChE 的反应相似。其分子中的磷原子与乙酰胆碱酯酶酯解部位丝氨酸上的氧原子形成共价键结合，同时酯键断裂，磷酰基与 AChE 结合生成磷酰化酶，使其失去催化水解乙酰胆碱的活性，导致胆碱能神经突触间隙乙酰胆碱大量积累，进而导致中毒和周围胆碱能神经系统功能紊乱。

2. 鱼尼丁受体　　鱼尼丁受体（Ryanodine receptor，RyR）属于配体门控钙离子通道，主要位于细胞的内质网和肌质网上，控制内质网和肌质网中 Ca^{2+} 的释放（Hamilton，2005）。以昆虫鱼尼丁受体为靶标的杀虫剂，如氟虫酰胺和氯虫酰胺等有机氯类杀虫剂，是一类肌肉毒素。以最早用作杀虫剂的鱼尼丁为例，低浓度时鱼尼丁作为鱼尼丁受体结合激活剂，致使细胞内 Ca^{2+} 通道打开，释放 Ca^{2+}；高浓度时作为其抑制剂，致使细胞内钙离子通道失活（Lokuta et al.，2002）。

3. Cl^- 通道　　氯离子通道的生物功能非常广泛，种类繁多，根据调控机制可分为由环磷酸腺苷（cAMP）依赖的磷酸化激活的囊性纤维化跨膜传导因子、由钙离子激活的氯离子通道、电压门控氯离子通道、容积调控氯离子通道和配体门控氯离子通道。其中配体门控氯离子通道主要由 γ-氨基丁酸、甘氨酸和谷氨酸激活，是阿维菌素类杀虫剂的主要靶标。阿维菌素通过阻碍昆虫中枢神经系统的谷氨酸离子通道，使大量氯离子流入中枢细胞，影响中枢神经递质传递，导致昆虫麻痹死亡（Wolstenholme，2005；Cully，1996），而 γ-氨基丁酸受体和甘氨酸受体对阿维菌素同样敏感（Kehoe，2009）。多杀菌素也可作用于 γ-氨基丁酸受体（Watson，2001）。

4. Na^+ 通道　　电压依赖性钠离子通道（voltage-dependent sodium channel）是存在于神经纤维可兴奋细胞膜上的一种糖基化大分子蛋白，主要调控细胞膜 Na^+ 的瞬时通透性，参与形成细胞膜动作电位的上升相，是拟除虫菊酯类杀虫剂的主要靶标。拟除虫菊酯类杀虫剂可影响钠离子通道的激活与失活动力学，表现为通道开放延迟和延长，进而导致在去极化过程中全细胞钠流延长，从而导致神经兴奋性的传导障碍，出现中毒症状（Narahashi，1996）。

5. 烟碱型乙酰胆碱受体　　烟碱型乙酰胆碱受体（nicotinic acetylcholine receptor，nAChR）属于配体门控离子通道蛋白，主要介导快速兴奋性神经传导，是烟碱和新烟碱类/氯化烟酰类杀虫剂的主要靶标。烟碱和新烟碱类/氯化烟酰类杀虫剂使神经突触后膜的烟碱型乙酰胆碱受体被持续激活引起乙酰胆碱释放延长。多杀菌素的主要靶标也是烟碱型乙酰胆碱受体，但其不是抑制乙酰胆碱而是延长其作用时间，它能与乙酰胆碱同时发生作用，但作用位点不同（Salgado，1997）。

6. 呼吸链与 ATP 合成　　呼吸链（respiratory chain）是由一系列的氢传递体（hydrogen carrier）和电子传递体（electron carrier）按一定的顺序排列所组成的连续反应体系，它将代谢物脱下的成对氢原子交给氧生成水，同时有 ATP 生成。线粒体的还原型烟酰胺嘌呤二核苷酸（NADH）泛醌氧化还原酶在线粒体能量产生过程中扮演一个中心角色，是多种植物源及合成农药的靶标，如鱼藤酮、杀粉蝶菌素 A、哒螨灵、喹螨醚、唑螨酯、吡螨胺等（Schuler，2001）。它们可以通过竞争作用于泛醌的结合位点，阻断细胞呼吸链的递氢功能和氧化磷酸化过程，进而导致细胞窒息死亡。

溴虫腈的靶标也是呼吸链，它在昆虫体内的代谢产物可以破坏线粒体内外膜之间的质子梯度，致使 ADP 转化为 ATP 的氧化磷酸化过程因缺少能量而停止，最终导致昆虫死亡。

7. 几丁质合成 几丁质是昆虫表皮、围食膜等的重要成分，因此几丁质的合成与降解对昆虫的生长发育至关重要。在昆虫体内，几丁质的合成始于海藻糖，止于几丁质，中间共有 8 个酶参与，其中几丁质合成酶为最后一个酶。苯甲酰苯脲类杀虫剂和噻二嗪类杀虫杀螨剂对几丁质的生物合成有抑制作用，导致昆虫体表出现伤口，并在蜕皮过程中因不能正常蜕皮而死亡，苯甲酰苯脲类杀虫剂抑制的可能就是几丁质合成酶。多氧霉素 D、日光霉素等也是有效的几丁质合成抑制剂。

8. 激素调控 昆虫的生长、变态和滞育等重要的生理现象多由激素调控完成，因此一些昆虫激素结构或活性类似物也可作为杀虫剂使用，干扰昆虫的正常发育和变态等，从而达到杀虫效果，如吡丙醚在昆虫体内的功能与保幼激素类似，抑食肼与蜕皮激素的功能类似（徐汉虹，2007）。

（五）家蚕微量农药中毒的机理

家蚕食下微量农药后，虽然不表现出急性中毒的典型症状，但其经济性状下降甚至丧失，已成为近年来蚕桑生产中面临的重大问题，但对其机理的研究不多。有研究表明，家蚕微量农药中毒后对病原的抵抗性会有所下降，但其中深层次的原因尚未得到明确阐述。现有文献表明，亚致死浓度的农药会导致家蚕基因表达量的变化，这意味着蚕体内固有的平衡被打破，可能是微量农药中毒后经济性状下降或丧失的原因。

三、家蚕对杀虫剂的抗性

在杀虫剂的选择压力下，昆虫也进化出相应的抗性。一般而言昆虫对杀虫剂的抗性机制可分为行为抗性、生理抗性或生化抗性。家蚕在接触到一些杀虫剂后，会出现停止食桑现象，同时伴随吐出肠液，这是一种避免大量摄入杀虫剂而导致中毒加深的行为抗性。生理抗性主要是通过一些生理现象阻止或减缓杀虫剂进入靶标组织，如表皮层对杀虫剂穿透性的降低，脂肪体对杀虫剂的储存积累等。生化抗性主要包括靶标抗性和代谢抗性两方面。

（一）靶标抗性

在一些抗性昆虫品系中，发现杀虫剂的靶标也会发生相应的变化，主要表现为表达量的变化和与杀虫剂亲和性的变化两个方面。有机磷类和氨基甲酸酯类杀虫剂可以抑制乙酰胆碱酯酶的活性，但在抗性品系中，乙酰胆碱酯酶基因的表达量上升，酶的量增加而产生抗性。同时，乙酰胆碱酯酶基因发生突变，使其对杀虫剂不敏感，其活性不被杀虫剂所抑制。这种现象在 Na^+ 通道基因、Ca^{2+} 通道基因、谷氨酸门控 Cl^- 通道基因均有发现。家蚕对杀虫剂的靶标抗性，研究比较深入的是对灭蚕蝇的抗性，灭蚕蝇虽然对家蚕血淋巴中的胆碱酯酶有一定的抑制作用，但能够迅速恢复。

（二）代谢抗性

代谢抗性是指昆虫体内解毒代谢酶基因的扩增或过量表达，导致解毒酶活性增加，加速进入体内杀虫剂的代谢，使其变为无毒或低毒物质，从而减少或阻止杀虫剂进入靶组织。代谢抗性涉及的解毒酶主要包括细胞色素 P450 单加氧酶系（Jeffrey，1999）、羧酸酯酶系（Est）

（张柯，2002；Oppenoorth，1960）、谷胱甘肽 S-转移酶（GST）（Kristensen，2005）三大类，其他的还有 α-乙酸萘酯酶、醛氧化酶和过氧化物酶等。家蚕血淋巴中的酰胺酶活性较高，能将灭蚕蝇分解为磷酸酯及甲胺等无毒的化合物。

四、农药中毒蚕的症状

（一）农药中毒的一般过程

蚕对农药很敏感，很容易发生农药中毒。由于农药的种类、浓度的不同，蚕的中毒症状也不同。一般情况下，蚕中毒表现的中毒过程可分为潜伏期、兴奋期、痉挛期、麻痹期及死亡期 5 个阶段。

潜伏期：接触农药后活动仍保持正常或接近正常。

兴奋期：活动异常，如拒食、乱爬、避忌等。

痉挛期：持续苦闷状，强烈痉挛，挣扎，吐液，排不正形粪等。

麻痹期：体躯收缩，失去把握力而倒卧于蚕座上。但尚有刺激反应，背管有微弱搏动。

死亡期：蚕体全无反应，背管停止搏动。

（二）急性农药中毒

1. 作用于乙酰胆碱酯酶杀虫剂的中毒症状
有机磷类杀虫剂、氨基甲酸酯类杀虫剂的靶标主要是乙酰胆碱酯酶，此类农药具有胃毒、触杀作用，有的还具有内吸作用和强烈的熏蒸作用。它们引起蚕中毒的症状大致相同（图 7-2）。现以敌百虫为例进行介绍。

敌百虫可通过接触、食下而引起急性中毒，潜伏期短。蚕中毒后停止食桑，有向四周乱爬等避忌反应，继而头部收缩，胸部膨大，痉挛，吐液，有时污染全身，排不正形粪或带红色污液；最后麻痹而倒卧于蚕座；濒死时腹足抽搐，前半

图 7-2　家蚕辛硫磷中毒症状

身膨大肿胀，后半身皱缩，特别是后端几环节更为明显，并有脱肛现象。敌百虫对家蚕的致死剂量为 20～50μg/头。

敌敌畏有击倒作用，在几分钟内即使家蚕中毒死亡。

2. 氯化烟酰类杀虫剂的中毒症状　　烟碱及其类似物氯化烟酰类杀虫剂的作用靶标为乙酰胆碱受体，氯化烟酰类杀虫剂具有内吸、触杀和胃毒作用。有研究认为沙蚕毒素类杀虫剂（如杀虫双）也作用于乙酰胆碱受体，但杀虫双似乎主要是占领突触后膜的受体，阻止神经递质乙酰胆碱与突触后膜的受体结合，抑制突触后膜对 Na^+ 和 K^+ 的通透性，主要表现为瘫痪的症状，与烟碱及氯化烟酰类明显不同。氯化烟酰类杀虫剂使突触后膜的烟碱型乙酰胆碱受体被持续激活，引起乙酰胆碱延长释放反应的症状。现以吡虫啉为例进行介绍。

家蚕食下含有吡虫啉的桑叶后，通常经过 0.5h 后出现中毒症状，且随浓度增加而缩短潜伏期。中毒后家蚕食桑缓慢或停止食桑，胸部明显膨大，狂躁爬行，续而痉挛，头尾部上翘，身体左右摇摆，扭曲呈"C"或"S"形，侧卧在桑叶上，口吐褐色肠液，身体皱缩，尾部明

显缩短（图7-3），尔后身体变软，死亡后家蚕体色变暗。

3. 拟除虫菊酯类杀虫剂的中毒症状　　拟除虫菊酯类农药对蚕有强烈的触杀作用，并具有一定的胃毒和拒食作用。拟除虫菊酯类杀虫剂的主要靶标可能是氯离子通道，同时有研究表明对钠离子通道（Vincent，1983）也产生影响，而且还能影响多巴胺神经递质的释放（Karen，2001）。

该类农药中毒蚕的症状大致相同。中毒初期，蚕头、胸略举，胸部膨大，尾部缩小，继而痉挛，头胸及尾部向背面弯曲，几乎可以互碰；不定期表现乱爬现象；腹足失去把持力，常在叶面上翻滚仰卧；或身体扭曲呈"C"或"S"形；临死前口吐肠液，尸体缩小，蚕体胸腹部弯曲似螺旋状蜷曲而死（图7-4）。

图7-3　家蚕吡虫啉急性中毒症状

图7-4　家蚕溴氰菊酯急性中毒症状

4. 阿维菌素类杀虫剂的中毒症状　　阿维菌素类和苯基吡唑类杀虫剂均可作用于外周神经系统的氯离子通道。多杀菌素类杀虫剂除作用于乙酰胆碱受体，延长乙酰胆碱与受体的结合时间，使昆虫超兴奋外，也可作用于昆虫的氯离子通道，改变配体门控氯离子通道的功能。现以阿维菌素为例进行介绍。

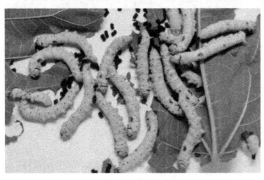

图7-5　家蚕阿维菌素急性中毒症状

家蚕食下阿维菌素处理的桑叶后，主要中毒症状表现：初期食桑减缓，静卧蚕座，无摇头狂躁爬动等现象，少量吐液；随着中毒程度的加深，头胸伸出，腹足后倾，头尾向背略弯曲呈"C"形侧卧，呈麻痹假死状，中毒后期（约2d）蚕体逐渐软化，部分蚕体尾部出现皱缩，死后蚕的体色不变（图7-5）。阿维菌素的中毒症状表现较快，但致死时间较长。

5. 作用于鱼尼丁受体类杀虫剂的中毒症状　　鱼尼丁受体是广泛分布于动物肌细胞内质网和肌质网上的钙离子通道蛋白，通过在特定的开放-闭合构象之间转变来调节细胞质内钙离子浓度变化，维持细胞稳定的生理机能。鱼尼丁受体类杀虫剂包括四氯虫酰胺、氯虫苯甲酰胺、氟苯虫酰胺和溴氰虫酰胺，均为肌肉毒剂。斜纹夜蛾幼虫取食氟苯虫酰胺后表现为虫体收缩、变粗、变厚。家蚕食下四氯虫酰胺后，停止食桑，并伴随吐液现象，随后胸部膨大，体躯缩小（图7-6）。

6. 作用于呼吸链杀虫剂的中毒症状　　鱼藤酮、溴虫腈等杀虫剂的作用靶标为线粒体呼吸链。鱼藤酮对蚕具有触杀和胃毒作用。蚕中毒后,停止食桑,静伏不动,渐次麻痹,不乱爬,很少吐出肠液,胸部不膨大,体躯不缩短,腹足失去把持能力,倒卧于蚕匾;初呈死状态,背管仍做微弱搏动,经数小时后,体躯伸直而死(图7-7)。

图7-6　家蚕四氯虫酰胺急性中毒症状　　　　图7-7　家蚕鱼藤酮急性中毒症状

7. 昆虫生长调节剂类杀虫剂的中毒症状　　保幼激素类和蜕皮激素类杀虫剂、苯甲酰苯脲类和嗪类杀虫剂等均为昆虫生长调节剂类杀虫剂。保幼激素类杀虫剂使昆虫变态受阻,形成超龄幼虫,蜕皮激素类杀虫剂则促进害虫提前蜕皮,形成畸形小个体,易脱水、饥饿而死。苯甲酰苯脲类和嗪类杀虫剂主要抑制几丁质合成,中毒症状基本相似,通常引起幼虫不能蜕皮而死亡或蜕皮一半而死亡,不能化蛹或呈现半幼虫半蛹状态。现以苯甲酰基类的杀虫剂灭幼脲为例,阐明其中毒症状。

蚁蚕期添食高浓度灭幼脲会引起拒食现象,1龄眠蚕期间出现中毒症状,表现为头部发黑,部分蚕能够进入2龄,但蚕体皱缩,不能进食而死亡;添食2龄蚕,发病时就眠困难,能够进入3龄的往往不能正常蜕皮、进食,伴随吐液现象,最后死亡;大蚕期中毒,会出现条状或不规则多边形病斑,部分病斑可见表皮破裂,严重时身体破裂,内脏流出而死(图7-8)。

图7-8　家蚕灭幼脲中毒症状(王彦文提供)

(三)微量农药中毒

蚕受微量农药危害时,开始不表现症状。后来,由于农药不断在体内积累而引起蚕的生理障碍,表现为生长发育不齐,体质虚弱,对疾病的抵抗力降低及不结茧等。例如,有机磷农药杀螟松,按0.13μg/头的剂量(致死中量以下的剂量)处理3龄蚕,外观表现与正常蚕无区别,但4龄起蚕时用10^5个/mL的质型多角体给蚕添食,对照区的发病率只有51%,而添食微量农药区为70%。杀虫双1000倍稀释液的3龄微量中毒蚕,次龄蚕对CPV的感染抵抗性比正常蚕下降81倍,说明农药中毒削弱了蚕体的抵抗性。

不同发育阶段的蚕对农药的感受性不一样,一般小蚕期比大蚕期敏感。但从整个饲育成绩来看,5龄蚕遭受微量中毒的危害却比小蚕更大。据试验,从5龄第5天起,每天以杀虫双$1.0×10^5$倍稀释液喷洒的桑叶喂蚕,结果,5龄后期外观症状虽然不明显,但添食区不结茧率为 10%，畸形茧达 67%，全茧量、茧层量及茧层率都显著低于对照区，丝质变差。微量辛硫磷和灭幼脲中毒的两组蚕的产茧量、结茧率均显著低于对照组，死笼率显著高于对照组。

因此，防止 5 龄后期微量农药中毒，是预防不结茧、减少畸形茧的有效措施。蚕受微量农药中毒后对母蛾产卵也有不良影响。例如，从 5 龄第 5 天起，每天以杀虫双 1.0×10^5 倍稀释液喷洒的桑叶饲养，则母蛾的产卵数显著减少，不受精卵增加，蚕卵的孵化率明显下降。给家蚕 5 龄幼虫经口投予低浓度的杀虫剂倍硫磷（MPP，250mg/L）及苯硫磷（EPN，90mg/L），MPP 在卵中的浓度达 11.6mg/L，EPN 在卵中的浓度达 16.6mg/L，证实农药可以经过蛹、成虫向卵内转移。大多数农药都会导致产卵数减少，孵化率降低，除草剂、有机磷农药易引起催青死卵，有机汞制剂使胚胎在发生初期死亡。而微量啶虫脒可引起卵巢损伤并导致产卵量下降。

五、诊断

（一）肉眼鉴定

大多数蚕农药中毒后，有兴奋、痉挛、麻痹和死亡几个阶段。蚕一旦食下或接触农药，往往表现出举动异常，如乱爬、翻身打滚、头胸大幅度摇摆或忌避桑叶等，接着大量吐液，麻痹后大多体躯弯曲，有时蚕拒不食桑、胸部略膨胀、静伏蚕座、吐乱丝等，均可疑为农药中毒。此时，可根据中毒蚕的症状特点与农药种类的关系进行诊断。当蚕接触微量农药后，有时虽不表现上述急性中毒症状，但这种蚕用手接触易见吐液，蚕徘徊蚕座四周逸散，多吐丝现象，发育不齐，也可初步诊断为农药中毒。

（二）调查毒源

发现以上症状后，立即调查毒源，采集桑叶，给正常蚕喂饲，如蚕很快中毒即可判定为桑叶带毒而引起的农药中毒；如不引起中毒需调查其他途径（如蚕室附近是否使用过农药，饲养人员、运输和贮放桑叶的工具是否接触过农药等）将农药带到蚕座的可能性。通过调查，查明毒源，不仅可以帮助我们确诊农药中毒，而且便于尽快清除毒源，解除农药对家蚕的继续危害。

（三）乙酰胆碱酯酶活性检验法

家蚕农药中毒后，特别是有机磷农药中毒后，往往乙酰胆碱酯酶的活性下降，因此可以通过测定蚕体中乙酰胆碱酯酶的活性判别蚕是否农药中毒。测定时，一般都采用乙酸萘酯-牢固蓝法。由于蚕血（或头部）中的乙酰胆碱酯酶能将 β-乙酸萘酯分解，生成 β-萘酚，β-萘酚与牢固蓝反应生成一种紫红色偶氮盐。当蚕农药中毒后，蚕体内乙酰胆碱酯酶的活性受到抑制，分解 β-乙酸萘酯生成 β-萘酚的能力减弱，甚至消失，因此与牢固蓝生成紫红色的偶氮盐就减少，从而可简易测知是否为抑制乙酰胆碱酯酶的农药中毒。一般正常蚕血液的反应呈紫红色，而中毒蚕血液反应的颜色呈淡红色。

（四）桑叶、蚕体中农药的简易检测

在生产上，农药中毒蚕的诊断一般都是根据中毒蚕的症状来进行的，为提高诊断的准确性和可靠性，可直接检测桑叶或蚕体中的农药，根据桑叶或蚕体内农药的种类，判别蚕农药中毒的类型。

1. 待检材料的处理　　农药污染量一般甚微，供检材料必须预先处理，如怀疑是有机磷农药污染，可以用中等极性或强极性的有机溶剂萃取；如怀疑为拟除虫菊酯类农药污染，可在中性或酸性溶液中萃取。

2. 定性检验　　供检液在碱性条件下，用 1%亚硝酰铁氰化钠检定，若显紫红色，或用 0.5%氯化钯检定，生成黄褐色物，可判定待测液中含有某种有机磷农药；如待测液与氯锌碘试剂（30g 氧化锌溶于 20mL 水中，4g 碘化钾与 0.1g 碘共溶于 10mL 水中，二液相混，避光保存）反应产生橙红色沉淀，或在 80℃水溶液中与 5%的香草醛反应生成棕色至红色沉淀，可判定为拟除虫菊酯类农药；烟碱等挥发性物质可用水蒸气蒸发，以碱式硝酸铋-碘化钾液检定，有烟碱存在时呈橙色。

此外，还可以通过薄层层析、气相色谱、液相色谱和光声光谱等方法对桑叶及蚕体中残留的微量农药进行定量分析。大多数情况下，极其微量的农药污染桑叶就能引起蚕中毒，而这种微量的污染目前尚难以用仪器分析的方法较快地从桑叶或蚕体中检出。

六、农药中毒的预防与处理

由于农药中毒大多突然发作，很快吐液，麻痹死亡，且迄今为止，一旦发生农药中毒，尚无有效的解毒措施，故农药中毒的防治应着眼于预防。

（一）严防农药的污染

农药污染多数情况是通过污染桑叶而造成的。为预防农药中毒，必须采取隔断农药污染的途径，具体措施如下。

1. 防止农药污染桑叶　　农药污染桑叶主要是农田、桑园施用农药的污染或桑烟混作，为此，农田使用农药时要考虑到方法和风向，宜进行泼浇、低施或使用内吸性的颗粒剂，少用高压喷雾器、喷粉机和弥雾器等药械施药，以减少桑叶污染的机会。桑园施药治虫必须注意安全，不允许在桑园配药。施药后牢记残效期，或选用残效期短的农药。养蚕用的水源不能浸洗农药的器皿。烟草产区不能烟桑混作，两者的距离要求间隔 100m 以上。烟草开花时期，桑叶要事先试验后才可以喂养。桑园土壤用的农药也可被桑树吸收，输送到叶内，对蚕也有影响。

2. 防止蚕室、蚕具和养蚕用品农药污染　　做到蚕室不堆放农药，蚕具不盛放农药，养蚕用品不接触农药。贮放养蚕用品要严格与农药分开。

饲养人员在养蚕期间不宜接触农药，以及防止衣、物、手、足沾染或携带农药，以免携带农药而引起中毒。

3. 试叶　　有可疑的桑叶，先采叶试喂少量蚕，如无中毒现象方可养蚕。

（二）掌握常用农药的残效期、以防误食留有残效农药的桑叶

桑园施药治虫后，要牢记施药时间，在残效期内不能采叶喂蚕。残效期又因天气、用药浓度而有变化，要注意掌握。常用农药的残效期见附录4。

（三）中毒蚕处理

一旦发现蚕农药中毒，立即打开门窗，通风换气，保持新鲜空气。蚕座内立即撒隔沙材料，及时加网除沙，以隔离毒物。中毒的大蚕吐液较多，可用冷水浸洗后放到阴凉通风地方，

再喂以新鲜桑叶，当部分蚕复苏后，应加强管理。烟草中毒蚕会自然复苏，不要轻易倒掉。被农药污染的蚕匾、蚕网等蚕具应立即更换，用碱水洗涤，日晒后再用。根据蚕中毒的症状及农田、桑园等用药情况的调查，分析中毒原因及有毒桑叶的来源，避免因毒源不明而继续发生蚕中毒。农药在桑叶表面附着后残留时间的长短，直接受到日光、风雨、气温等影响，随着施药时间的延长，受外界条件的影响减少，而受叶内酶的影响增大。

第二节　氟化物中毒

　　工厂排放废气中的氟化物污染桑叶，家蚕食下这种桑叶后，造成蚕体生理机能的破坏，从而引起蚕中毒，这就是蚕的氟化物中毒。氟化物作为大气污染的主要物质引起污染事故的频率非常高，20世纪80年代广东、浙江、江苏等省的部分蚕区曾发生大面积的蚕氟化物中毒。仅浙江省杭嘉湖（杭州、嘉兴、湖州）地区1982年春蚕期就因此减产春茧数千吨，造成极大的损失。因此，发展工业的同时，决不能忘记环境保护。

一、氟化物的污染源

　　氟是电负性最强的元素，是最活泼的元素之一，以各种化合形态广泛存在于土壤、水、大气中。地壳中氟的自然丰度为270mg/kg，空气中平均含氟量为0.04～1.20μg/kg，几乎所有的动植物体内都含有氟。环境中氟化物污染的主要来源是钢铁、制铝、化学、磷肥、玻璃、陶瓷、氟化工、砖瓦等生产企业和生产过程中燃煤排放的含氟废气，据估计，在20世纪末，我国每年的工业排氟量约为200万t（杨飏，2000）。电解铝企业以冰晶石（Na_3AlF_6）为电解质，NaF、CaF、AlF_3为添加剂，在高温下电解产生HF，每生产1000kg的铝，可排放15kg的HF、8kg的氟尘、2kg的SiF_4；磷肥工业以磷灰石（含氟1%～3.5%）为原料，生产过程中1/3～1/2成为SiF_4排出；每烧制1万块砖要排放4～7kg氟化物气体。从氟污染的程度看，以生产氟利昂的化工厂污染最为严重，钢铁厂和瓷釉厂次之，玻璃厂更次之，磷肥厂最轻；砖瓦厂因地区而有差异。

二、氟化物对桑树生长发育的影响

　　氟化物污染桑叶，以气体的氟化氢毒性较大，微尘态的氟化物危害较轻。大气氟化物浓度很低的情况下，植物可以通过叶片吸收而在体内积累氟化物。有些植物吸收氟化物的能力很强，叶片的含氟量可达到相当高的水平。因此，植物常成为大气氟污染物对人体和其他生物产生危害的中间介质。桑叶就是其中的一种，蚕食下这种氟化物污染的桑叶就会引起中毒。

（一）氟化物污染桑叶的症状

　　暴露于30μg/kg氟化氢气体中时，经过大约12h，桑叶外观上显示出被害症状，约72h后，叶面全部变褐；暴露于200μg/kg的气体时，经过约1.5h，桑叶外观显示出被害症状，8h后叶面全部变褐。气态的氟化物侵入桑叶的叶肉，一般多积累在叶尖或叶缘，使叶尖和叶缘组织首先坏死，显示出浅褐色至红褐色的焦斑，尔后逐渐向内部扩展。嫩叶受害多出现枯焦卷缩现象。另外，氟化物还会使桑叶发生褪绿现象，褪绿由叶缘向较大的叶脉区扩展，初为黄绿色，危害严重时全部变黄。但肉眼还看不出严重症状，在低倍显微镜下可观察到污染桑叶内部的病变。

（二）桑叶积累氟化物的规律

1. 桑叶对大气中氟化物的吸收积累 桑叶中的氟主要来源于大气，桑叶含氟量与土壤含氟量无明显的相关性。在未污染地区，桑叶中含氟量的本底值为（10.5 ± 3.7）mg/kg，而污染地区桑叶的含氟量每千克达到几十至几百毫克。桑叶积累氟的速度相当惊人，以干叶计，每克桑叶每天的吸收积累量可达 $1.559\sim4.706\mu g$；以单位叶面积计，每平方分米桑叶每天积累量在 $1.426\sim3.780\mu g$。桑叶暴露在污染的空气中，经过 $5\sim13d$ 含氟量就可超过 30mg/kg 这一对蚕产生危害的临界值。不同叶位的桑叶吸收氟的能力不同，以生长旺盛的中部功能叶最强。

2. 桑叶中氟的状态 桑叶组织中所含的氟以水溶性氟为主，一般清洁区桑叶所含水溶性氟较低，而污染区所含水溶性氟的比例显著上升，达 $65\%\sim72\%$。不同的叶龄水溶性氟所占比例不同，一般嫩叶较高，而老叶较低。

3. 桑叶不同部位的含氟量 桑叶内氟化物的分布是不均匀的，与所有氟化物在植物体内的流向是一致的。含氟气体由气孔或水孔侵入，穿过细胞间隙进入导管，再顺着蒸腾方向向叶尖和叶缘输送，从而形成了叶边缘含氟量明显高于其他部位的分布特点。桑叶中心的含氟量仅相当于最外一层的 60%。

4. 桑叶的含氟量与叶位的关系 同一枝条上不同叶位的桑叶，其含氟量明显不同，自上而下逐渐增加。顶部第 $1\sim3$ 位叶的含氟量为 31.4mg/kg，而底部老叶的含氟量则可达 102.7mg/kg。这与不同叶位桑叶的吸氟能力及桑叶在空气中的暴露时间有关。一般认为（汤良玉，1984），植物体内的氟积累量 F（mg/kg）与大气中氟浓度 C（$\mu g/dm^3$）和桑叶在大气中的暴露时间 t（d）成正比，即 $F=KCt$，其中 K 为植物对氟的积累系数。

因此，叶片在空气中的暴露时间越长，所含氟的量就越高。新梢第一叶的总氟量 Q_1（μg）与大气氟在叶片上的浓度 q（$\mu g/dm^2$）有下列关系：

$$Q_1=0.459+0.756q \quad (r=0.940)$$

第 $2\sim5$ 位叶每天每张叶的氟积累量 Q_2（μg）与大气氟在叶片上的浓度 q（$\mu g/dm^2$）有下列关系：

$$Q_2=-1.308+1.081q \quad (r=0.947)$$

成熟叶每天氟浓度的增加量 c（mg/kg）与大气氟在叶片上的浓度 q（$\mu g/dm^2$）有下列关系：

$$c=-1.259+1.270q \quad (r=0.942)$$

5. 氟化物的积累与气象环境的关系 氟化物是通过植物叶片上的气孔侵入，也有部分从叶缘的水孔侵入，植物气孔的开闭受气象条件影响。一般气温高，桑叶生理活动旺盛，吸收氟的量较多，受害严重。在一昼夜中，由于白天光照强，光合作用和呼吸作用旺盛，气孔开放，吸收氟较多，受害严重；夜间则相反，受害较轻。空气湿度大，能阻碍氟化物的扩散，但氟化物弥散的地方则浓度较大，故危害面积虽小，但危害程度较大；当空气湿度达到 90% 以上时，桑叶附近的水蒸气几乎达到饱和，在叶面凝结成雾，氟化物气体易于溶解，可以减少侵入叶内的机会；降雨可使大气中的氟化物等溶于水，含氟粉尘被吸附于雨滴而难以扩散，桑叶受害显著减少，故阴雨天比晴天或少雨天气的危害轻。有研究认为，经过某一段时间降雨后，桑叶含氟量的变化有下列定量关系：

$$q=q_0e^{-\beta}$$

式中，q 为降雨后桑叶的含氟量；q_0 为降雨前的含氟量；$e^{-\beta}$ 与降雨时间、总量及叶位等因素有关。

此外风向、风速也影响氟化物的危害程度，在污染源下风方向的危害重，无风或风速小时，氟化物易局部积累而增加其浓度，危害严重。

（三）氟化物对桑叶产生危害的机理

气态氟化物从桑叶气孔进入叶内，向叶尖和叶缘移动并积累起来，而气孔附近的组织并不受危害。氟化物溶液在叶肉组织的水分中，形成氟氢酸，作用于栅状组织和叶绿体使叶绿素破坏而引起褐色现象，其后引起海绵组织细胞中毒，出现质壁分离；另外，氟离子与组织中的钙盐反应，形成难溶的氟化钙沉淀，当氟化钙积累到一定程度便会干扰各种酶的活性。当 NaF 浓度达到 30mmol/L 时，叶绿体的希尔反应速率被抑制 42%，低浓度的 NaF 对桑叶淀粉的合成有抑制作用，而对蔗糖的合成有刺激作用，高浓度 NaF 影响则有相反趋势。对氟污染桑叶有机酸分析显示，丁二酸、柠檬酸、苹果酸大量积累（曾清如，1993），表明了桑叶中的琥珀酸脱氢酶受到不可逆抑制；NaF 的浓度达到 1mmol/L 时，谷氨酰胺合成酶的活力被抑制 80%；此外，氟化物对线粒体、质膜的 ATPase 的活性及细胞色素 C 氧化酶的活性都有较大抑制作用。

三、氟化物对蚕生长发育的影响

（一）氟化物中毒蚕的症状

氟化物引起蚕中毒症状因桑叶中氟化物的浓度、家蚕的品种及龄期不同而不同，一般桑叶中的含氟量（干物质计）在 35～50mg/kg 就会对蚕有害，且表现出中毒症状。小蚕中毒，首先表现出食欲减退，龄期推迟，龄期经过延长，群体发育显著不齐。继而体躯瘦小，体壁多皱，体色略呈锈色，胸部萎缩，空头空身，在眠前蚕体节隆起，产生黑色环斑；大蚕中毒，群体发育差异较小，但饱食桑叶几天后开始食桑不旺，体色不转青而呈黄褐色，蚕平伏呆滞，行动不活泼，中毒蚕有的节间膜隆起，形似竹节，且节间膜上出现由黑点连成的环状轮斑（图 7-9），有的腹部各环节出现成片粗糙的黑褐色病斑，病斑易破，但血色正常。中毒蚕排粪困难或排念珠状粪，有的第 5 腹节以后呈半透明，最后全身透明，吐液而死。尸体多呈黑褐色，不易腐烂。5 龄期氟中毒蚕食桑量减少，营养积累差，造成功能障碍，上蔟后多吐平板丝，或茧小、茧层薄，丝量少，解舒差，出丝率不高。

图 7-9　家蚕氟化物中毒症状（王彦文提供）

（二）家蚕氟中毒的组织病变

中肠细胞层结构松弛，在中肠内壁细胞质内观察到大量镁、磷、氧等成分组成的微小颗粒，细胞膜严重受损，细胞内出现空泡、线粒体空化、内质网膨胀、核膜退化及核质凝成团状。周垂桓等认为：添食 50μg/mL 氟化钠时，细胞内的糙/光面内质网开始时较发达，从第 48h 后糙面内质网、线粒体开始变性，但在细胞质内变性领域还比较小，当继续添食氟化钠，细胞变性则继续进行，直到中肠细胞彻底崩坏；添食高浓度（300μg/mL）的氟化钠，则在 12h 内内质网产生了膜变化，产生诸多空泡，细胞出现崩坏。对中毒蚕的皮肤组织观察，发现体壁上皮细胞出现空泡，严重的在外表皮层出现沉积物，这可能是迟眠蚕的半蜕皮或不蜕皮及体表出现黑斑等现象的原因，氟化物造成血细胞和真皮细胞坏死后，沉积于表皮层，加之黑褐色颗粒状物的积累而形成黑斑，含有高浓度氟化物的血液则从此部位渗出于表皮。

（三）氟化物中毒对蚕生长发育的影响

蚕食下含氟化物的桑叶后，生长发育受到明显的影响，表现在蚕生长发育不齐，龄期经过明显延长，自 4 龄起蚕（'浙农 1 号'）连续食下含氟 53.3mg/kg 的桑叶，4 龄、5 龄经过比对照延长近 1d。添食氟化物后，蚕体重的增长受到抑制，抑制效果随着桑叶中氟浓度的增加而趋明显，这种毒害在蚕连续食下含氟桑叶 24h 后已明显表现出来，而且这种毒害作用也表现在蚕的积累及丝腺的发育上。氟化物对蚕经济性状的影响主要是由于氟中毒导致蚕生命率的下降，随着氟浓度的增加，全茧量、茧层量有较明显的下降趋势，雄性蚕比雌性蚕表现更为明显；尽管蚕氟化物中毒对蚕的产卵数和产卵量都有不良影响，但氟化物对生殖的影响要比对生命率及经济性状的影响小得多。蚕食下含氟量达 30mg/kg 的桑叶后，对蚕的生长发育无太大的影响，但会降低蚕对病毒的抵抗力。

（四）蚕的氟化物中毒机理

1. 氟化物在蚕体内的积累与分布　　对蚕体内氟浓度的分析表明，蚕体内的氟随着桑叶中氟浓度的增加而增加，表现出对数线性关系，停喂含氟桑叶后，蚕体内氟化物的浓度随蚕的发育而逐渐下降，特别是在血液中氟的下降更为明显。蚕体内各组织对氟的吸收也存在一定的差异，蚕体内的氟主要分布在肠壁和马氏管，丝腺中的氟则相对较低。体壁、脂肪体中的氟积累浓度远远低于桑叶中氟的浓度，且不随添食时间的增加而加剧，也不随添食的终止而下降；中肠和马氏管是重要的氟浓集器官，其中的氟积累浓度大于桑叶中的氟浓度，但中肠中氟的浓度不因氟添食时间的延长而加剧，停止添氟 48h 后，氟含量也不下降。马氏管中氟浓度与添食氟的时间呈正相关关系，但停止添氟后，在一定时间内，氟的浓度仍不断增加，说明马氏管可不断地吸收血液中的氟而起排毒作用。从总体上看，氟一旦被组织吸收，就比较稳定地存在于该器官中，无明显的组织之间转移，也很难被逐渐排出体外。蚕卵中氟的浓度很低，且与桑叶中氟浓度无关。蚕体对氟的积累与桑叶的含水率有关，桑叶的含水率低，通过蚕粪排出的氟减少，蚕体对氟的积累就增加。

2. 中毒机理　　氟化物的种类较多，添食试验表明，AlF_3、CaF_2、MgF_2 几乎对蚕无毒；各种氟化物对蚕的半数致死浓度如下：BaF_2、$(NH_4)SiF_6$ 为 10mg/kg 以下，KF、K_2SiF_6、NaF、Na_2SiF_6、NH_4F 为 15mg/kg 以下；$Al_2(SiF_6)_3$、CaF_2、$MgSiF_6$ 为 30mg/kg 以下。氟化物对蚕的毒理作用是其在蚕体内，与蚕的组织、器官及细胞互相作用，引发一系列生物物理或生物化学的过程，最终导致效应器官表现出毒副作用。氟化物的任何生物效应与氟的化学特征是密切相关的。

1）对细胞的损伤。氟化物对细胞的损伤主要表现为细胞的结构与功能的改变。氟化物作用于细胞膜，导致膜结构与功能的改变，影响离子经质膜的通透性，抑制质膜上 ATP 酶的活性，通过对膜内侧的腺苷酸环化酶影响 3',5'-环磷酸腺苷，使腺苷酸环化酶和 3',5'-环磷酸腺苷的含量同步增加或减少；可以诱致线粒体和完整细胞能量活动发生组织学和功能性的变化，破坏线粒体的完整性，降低 ADP 和 ATP 的水平；蚕体组织中 ATP 酶的活性主要分布在圆筒状细胞的微绒毛和肠壁肌的肌质膜上及部分细胞质膜上，氟不仅能抑制 ATP 酶的活性，而且可引起 ATP 酶亚细胞分布的改变。蚕食下氟化物以后，首先破坏中肠的基底膜，引起中肠组织中溶酶体的增多，随着氟浓度的升高，中肠组织的破坏程度加重，中肠壁细胞出现大量空泡，线粒体内嵴肿胀甚至破裂，内质网形成小泡状，细胞核扭曲变形，核质浓缩，最终组织全面瓦解，细胞失去生命功能。血液中血细胞的数量也显著降低。

2）损伤生物大分子。氟化物可以与生物大分子共价结合，导致生物大分子的化学性损伤，从而影响生物大分子的功能，引起一系列的毒副作用。氟化物与蛋白质中酪氨酸的酚羟基形成氢键，破坏正常的蛋白质空间结构；与核酸的共价结合，造成 DNA 和 RNA 的化学损伤；破坏胶原纤维的规则性。

3）抑制酶的活性。氟在生物体内能与所有的金属离子构成复合物，在体内可强烈抑制需 Mg^{2+} 或 Mn^{2+} 的酶。在有磷酸存在时，氟与磷酸结合，形成氟磷酸离子后与 Mg^{2+} 结合，从而导致需 Mg^{2+} 作为辅助因子的烯醇化酶活性受到抑制，阻断糖酵解途径。氟可以取代其他配位体如 OH^-，致使酶与底物错位，最终使酶失去活性。蚕氟化物中毒后，中肠碱性磷酸酶、酸性磷酸酶、ATP 酶、糖原磷酸化酶、琥珀酸脱氢酶、细胞色素氧化酶、烯醇化酶等多种酶的活性受到抑制，这是蚕氟化物中毒的重要机制之一。

4）影响金属离子的代谢。氟化物可以影响 Ca、Mg、Fe、Zn 等元素的代谢。蚕氟中毒后，血淋巴、中肠中的 Ca、Mg、Fe 浓度有降低现象。蚕血淋巴中，Ca 的浓度随桑叶中氟浓度的增加而减少，其幅度与蚕的抗氟性有关，Ca 可稳定生物体内蛋白质的构象，是多种酶的激活剂，Ca 浓度的下降严重影响 Ca 参与的一系列生化过程。Mn 是精氨酸、丙酮酸羧化酶的辅基，氟中毒蚕血液中 Mn 含量下降，将影响与之有关的生化过程。

四、蚕的抗氟性

蚕对氟化物的抗性是一种遗传特征，受遗传基因控制。有研究认为家蚕对氟的抗性由显性主基因控制。蚕的不同系统、不同品种、不同化性之间抗氟性有很大差异。张远能等（1982）对 32 个品种的抗氟性调查表明抗性品种和敏感性品种之间存在 40 倍以上的差异。同一品种不同系之间，由于自然选择的作用，对氟的抗性也表现出明显的差异。也有报道认为家蚕的抗氟性遗传表现为不完全显性，主要由基因的加性效应控制，但也有显性效应和母体效应，并表现出非母体的正反交差异。F_1 代杂交种的抗氟能力表现出正向优势，但也有超亲优势，有时也有负向优势存在。蚕的抗氟性与幼虫生命率、抗逆性有一定的相关性，生产上氟污染蚕区采用秋种春养，稳定蚕茧产量就是其中一例。蚕对氟化物的抗性与蚕体内的过氧化氢酶、血液酸性磷酸酶有关，对高抗品种而言，引起酶活性变化需要较高浓度的氟。血液中血细胞的数量与抗氟性水平也有显著相关性。

五、诊断

（一）蚕中毒病征的诊断

氟化物中毒蚕从群体上表现为发育显著不齐，蚕就眠迟缓或难以入眠，龄期延长，蚕体大小参差不齐。病蚕在节间膜处出现带状病斑，有时节间膜肿起，成为"竹节蚕"。病斑易破，流出淡黄色体液，但镜检病蚕体液或消化液均无病原微生物。

（二）氟化物污染桑叶的诊断

受害轻的桑叶不显示症状。受害重的叶尖、叶缘出现焦斑。已污染叶的病斑与健康组织之间常有一明显的暗绿色界限。肉眼诊断困难时，可以进行显微镜检查。如果观察到叶肉中有红褐色的斑点及红褐色丝状物即为氟化物污染叶。

1. 定性测定 取烘干的桑叶粉约 0.5g，置于蒸发皿中，加石英砂（SiO_2）少许（约 0.2g）、浓硫酸（H_2SO_4）0.5mL，同时覆上一片滴有 1%食盐（NaCl）液的清洁玻片（盐滴朝下），在酒精灯上加热反应。待盐滴蒸干出现白色晶体时，熄灭火焰，将玻片盐滴结晶处放在显微镜下观察，如有六角形晶体出现，即为氟化物与氯化钠作用生成的氟硅酸钠（Na_2SiF_6），表示桑叶受到氟污染。如果观察到四角形和长锥形晶体，则不可判断为氟污染。

2. 氟离子选择电极测定桑叶含氟量 以氟电极为指示电极、饱和甘汞电极为参比电极，用电位法测定试液中氟的含量。

氟离子选择电极的分析技术有标准曲线法和一次标准加入法等。标准曲线法是置电极在一系列的标准液中，测定电极电位。标准溶液应包括预计的样品溶液的活度（浓度）。然后测量样品溶液的电极电位，绘制在标准溶液的活度（浓度）（对数轴）与相应的电极电位的标准曲线上，求得样品溶液的活度（浓度）。一次标准加入法又称为已知添加法，将已知量的标准液加入定量的液样中，由电极电位的变化确定液样中待测氟离子的浓度，具体可由下列公式计算得出。

$$CF = \frac{Ma}{m\left[\log^{-1}\left(\frac{\Delta E}{s} - 1\right)\right]}$$

式中，CF 为样品氟浓度（μg/g）；Ma 为加入标准氟溶液中氟的量（μg）；m 为桑叶样品的重量（g）；ΔE 为加入标准氟后的电极电位 E_2（mV）与加入前电极电位 E_1（mV）的差；s 为电极的斜率，性能良好的电极 $s = 0.1983T$（T 为绝对温度）。当桑叶中氟的浓度超过 30μg/g 时，即可认为该桑叶为污染超标。

（三）大气氟化物的诊断

大气中氟化物的检测一般都采用碱性滤纸法，测定滤纸上吸附的氟量，计算成每平方分米的氟量表示大气的浓度。把 NaOH 处理的滤纸片放在大气中，大气中的气态和气溶态氟与滤纸上的 NaOH 反应生成 NaF，并在滤纸上固定下来，然后用氟离子电极法测定滤纸上氟的含量。由下列公式计算大气中氟含量。

$$M = \frac{Ma}{\left[\log^{-1}\left(\frac{\Delta E}{s} - 1\right)\right]}$$

式中，M 为每张滤纸上的总氟量（μg），其他同上式。则大气中氟浓度 F [μg/（$dm^2 \cdot d$）] 为

$$F = \frac{M - m}{S \times N}$$

式中，S 为滤纸样品的有效面积（两面）（dm^2）；N 为采样天数（d）；m 为滤纸的本底含量（μg）。

一般认为大气中氟浓度 F 达到 1.2μg/（$dm^2 \cdot d$）时，桑叶就受到污染。

六、氟化物污染的预防措施

（一）工厂设置及桑园规划必须统筹兼顾

工厂排出氟化物对桑、对蚕有影响的距离，因工厂的种类、规模、烟囱高度及排出量的多少而有差异；同时还与当时的风向、风力强度、地形高低及气象等各因素有关，因而难以做出普遍性的规定。但是综合各方面的调查结果，一般认为制铝厂距离 3～10km、金属厂距离 0.3～1.4km、磷肥厂距离 0.6～0.7km、玻璃厂距离 0.8～1.5km、砖瓦厂距离 150～700m、瓷砖厂距离 500～800m 有害。因此一般要求工厂和桑园的距离超出上述距离。另外要求工厂做好废气回收综合利用，按照国家的标准排放废气，以免废气污染而引起蚕中毒。

（二）建立大气、桑叶含氟量检测制度

建立大气、桑叶含氟量检测制度，及时了解大气污染和桑叶受害程度，必要时对桑园周围的污染工厂采取短期停火措施，以降低大气中氟的浓度。并根据气象情况、蚕龄大小灵活安排桑叶的采收，合理安排蚕期，避免中毒。

（三）减轻桑树的受害

干旱季节注意进行抗旱。工业废气污染附近的桑叶，在用叶前进行喷灌，以冲洗桑叶表面的氟化物或叶面喷施 1%～3%石灰浆，以减轻危害。

（四）降低喂饲桑叶含氟量

在发现蚕有氟化物中毒症状时及时更换含氟量低的桑叶喂饲，可使蚕得到恢复。在无其他桑叶可换的情况下，可适当提高桑叶的叶位以减轻蚕的中毒。特别是在蚕将眠和起蚕时期，通过提高桑叶叶位喂饲，待蚕完全入眠或起蚕食桑 1d 后，蚕自身的抗氟性得到提高后再喂饲含氟量偏高的桑叶，可减轻危害。

（五）应急处理

蚕发生中毒时，应立即更换新鲜良桑，对污染桑叶可进行水洗，或喷洒石灰浆用于解毒。小蚕期用 3%，大蚕期用 4%～5%石灰浆。或雨后采叶喂蚕，还可以将受害轻的桑叶与无害叶间隔使用，以减轻损失。钙盐、乙酰胺、亚硒酸钠对家蚕氟化物有一定的解毒作用。

第三节　其他废气中毒

某些工厂等因原料或燃料等因素，不仅排放氟化物，还排放出大量的 SO_2，造成对蚕桑的复合危害作用。此外氯气工厂、食盐工厂、苛性钠、盐酸合成工厂所产生的氯气及碘厂排放的 I_2 污染桑叶也会危害桑树，导致蚕中毒。排放硫化物的工厂，同时也排放氮氧化物，同样可污染桑叶引起蚕中毒。

一、二氧化硫中毒

（一）桑叶的被害症状

当桑叶暴露在 1mg/kg SO_2 气体中 82h 或者在 2mg/kg SO_2 气体中暴露 28h 后就出现明显的异常症状。由 SO_2 引起的桑树被害症状随桑叶叶位的不同而不同，成熟叶叶脉间出现油浸状的褐色斑点，但是嫩叶或者老化的桑叶则在叶尖或叶的边缘褪色成油浸状为多。叶面损伤是成熟叶最大，其次是嫩叶，再次是老叶。用低倍显微镜检查可见叶背气孔周围出现红褐色圆点，叶肉中有丝状红褐色物质。污染严重时，叶尖和叶缘枯焦，叶片萎缩或弯曲，直至落叶；对叶细胞的危害表现为桑叶受 SO_2 胁迫时，细胞结构的变化是由表皮细胞逐步向内发展的，表皮细胞及维管束上层细胞首先出现原生质收缩，局部产生质壁分离，甚至出现细胞坏死。桑叶栅栏组织和海绵组织排列不规则，出现扭曲或瓦解，叶绿体外膜破裂，伤害严重处栅栏组织大部分消失。

（二）桑叶对 SO_2 的吸收

桑叶中 S 的本底含量约为 0.196%。但是随着暴露在 SO_2 气体中的时间增加，或者 SO_2 浓度的增高，桑叶含 S 量也相应增加。在 0.2mg/kg SO_2 中暴露 133h，桑叶含 S 量为 0.42%，在 1mg/kg SO_2 中暴露 96h，含 S 量为 0.74%，而在 2mg/kg SO_2 中暴露 72h，含 S 量达到 0.68%。

（三）SO_2 对桑树的危害

桑树对 SO_2 的抗性较强，SO_2 的浓度达到 0.2mg/kg 时桑叶的呼吸量与对照无大的差异。但是当 SO_2 的浓度达到 2mg/kg 时，在出现被害症状之前，桑叶的呼吸量先是急骤地加速，在出现症状时达到最大呼吸量，其后，随着伤害面积的增大其呼吸量逐渐趋于降低（本间慎，1988）。SO_2 通过气孔进入桑树组织后被叶肉吸收，转变成 H_2SO_3，并进一步被氧化成 H_2SO_4。由于 SO_2 变成 SO_3^{2-} 的速度比变成 SO_4^{2-} 快，而 SO_3^{2-} 的毒性比 SO_4^{2-} 大 30 倍。所以大量 SO_3^{2-} 积累，使桑叶受害，导致水分大量蒸腾，叶组织内容物破坏，叶片结构发生严重层次紊乱，代谢受到干扰。SO_2 也可与 α-醛基作用对细胞结构产生破坏。

（四）SO_2 对蚕的影响

当用总含 S 量为 0.35%～0.45% 的桑叶喂 3 龄蚕时，蚕的发育经过稍微延迟，几乎无死亡，可以大致认为没有毒性。然而当桑叶中含 S 量超过 0.63% 时，则蚕的发育过程延迟，死亡率极高。蚕食下硫化物后，逐渐出现食欲不振，举止不活泼，进而出现发育不良，蚕体大小不齐等；最后，蚕体细小似软化病征而死。

二、氯化物中毒

氯化物（主要是 Cl_2 和 HCl 烟雾）对桑的危害不及 HF 和 SO_2，伤斑与 SO_2 相似，并以枝条下部老叶受害较大，叶片叶脉之间呈不规则的象牙白、灰黄或棕红色伤斑，还有均匀性的漂白、褪绿或发黄，最后掉落，受害轻的叶尖叶缘出现焦斑。

蚕食下氯化物污染桑，丧失食欲，吐浮丝，吐胃液。

三、碘化物中毒

蚕食下碘化物污染的桑叶也会表现出中毒。中毒蚕各环节的边界呈白色，环节高起，外观上类同家蚕核型多角体病的病征，眠前气门周围出现黑色轮斑，呈带状包围着环节，形似黑缟蚕，节间膜处半透明；重症蚕不能就眠，环节间膜呈油蚕状半透明，蚕体呈茶褐色而死亡。轻者虽能就眠，但大多数以半蜕皮状态而死去。5 龄蚕中毒后，体色如同熟蚕，重者呈麻痹状而死，轻症蚕可以上蔟，但多不能结茧，呈幼虫体态而死，有些虽能结成薄皮茧，但多呈半蜕皮蛹或黑气门蛹而死。在人工饲料中添加不同碘浓度的养蚕试验结果表明，家蚕碘中毒的浓度大致在 50mg/kg，如碘的浓度在 25mg/kg 以下，则对蚕无明显的毒性。不同形式的碘对蚕的毒性不一致，50mg/kg 碘化钾和碘酸钾对蚕无明显的毒性；而碘化镉和过碘酸无论多少都会对蚕表现出毒性。

四、氮化物中毒

桑树在 $5mg/m^3$ NO_2 气体中熏蒸 1h，桑树中下部叶片叶脉间会出现褐色斑块，蚕直接接触 NO_2 或喂食 NO_2 处理桑，对蚕的生长发育无不良影响，用黏附亚硝酸盐的桑叶喂 3 龄蚕时 LD_{50} 为 0.14mg/头，在 0.05～0.09mg/头连续添食，体重和就眠率下降。其对蚕的毒性属于低毒级，通常不会引起蚕中毒。

高能液体燃料及石油产品的改进剂偏二甲基肼（UDMH）在生产和使用过程中会污染空气。用 $5mg/m^3$ UDMH 气体熏蒸桑树 1h，会使桑叶叶片叶脉之间出现褐色点状或斑状伤斑，桑叶的栅栏组织、海绵组织细胞排列紊乱，间隙增大，叶绿体含量减少。蚁蚕食下这种桑叶一个龄期，就眠率降低，发育经过延长，眠蚕体重减轻。当桑叶中 UDMH 的含量达到 3600～7200μg/g 时，蚕体出现点状斑。桑叶吸收后并不稳定地积累在桑叶中，24℃经 6～8d 就消失，故对蚕的危害不是太大。

五、煤气中毒

煤气中毒大多发生在小蚕期或催青卵。同一龄中以起蚕或眠蚕容易中毒，而盛食期发生较少。蚕室中直接燃煤，产生不良气体，如 CO_2、CO、SO_2 及 H_2S 等，其中的 SO_2 及 H_2S 会引起蚕中毒，蚕对 CO、CO_2 气体有一定的抵抗性。当有毒气体进入蚕体内后，破坏蚕体内的呼吸酶系统，导致代谢发生障碍而死。

（一）症状

煤气中毒轻的蚕表现为食欲减退，举动不活泼，静伏于蚕座中；严重中毒时停止食桑，吐液，胸部膨大、尾部收缩而死。死后尸体头胸伸出，有时环节间或气门附近有块状黑斑，稍经触动即流出黑色污液。眠蚕中毒，常成半蜕皮蚕或不蜕皮蚕而死于眠中，尸体体壁紧张发亮（胡世叶，1996）。催青中发生煤气中毒多成为催青后期死卵。蚕卵大部分不能孵化，即使局部孵化也极不齐一。

（二）预防措施

改良加温设备和方法，减少蚕直接接触煤气的机会，如用电加热。如果用煤加热，要注意选用质量较好的煤，室内定时开窗换气。发现蚕中毒后迅速开窗换气，或将蚕移到空气新鲜的地方。以后精心饲养尚能恢复。

六、重金属中毒

重金属元素对环境的污染来源于金属冶炼厂及金属化工厂所排出的锌（Zn）、镉（Cd）、汞（Hg）、铜（Cu）、铅（Pb）等金属元素的废气、废水污染大气、水体和土壤。桑树吸收过量则易引起蚕中毒。

（一）镉中毒

Cd 引起蚕中毒的主要症状是发育特别延迟，如 Cd 的浓度过高则在给桑后 1～2d 全部死亡，但这些蚕无摇头等激烈动作。有时也会吐液，但一般动作迟钝，除尾部稍有污染外，多数呈原态死亡。中毒较轻时，发育参差不齐，蚕体瘦小，后逐渐死亡。1～5 龄连续给予含有不同浓度镉的人工饲料，在 1～10mg/kg 蚕的生长发育与对照无明显的判别。25mg/kg 区蚕的生长发育显著延迟，经 6d 蚕的体重显著减轻，只有对照区的一半。虽能结茧，但化蛹率仅有55%。50mg/kg 区经过 6d，大多数蚕 1 龄仍不能就眠，全部不能结茧。

也有研究认为，镉污染的农田仍能进行栽桑养蚕，并取得较好的经济效益。

（二）锌中毒

Zn 对蚕的毒性一般比镉慢，从出现症状开始到死亡的时间较长，发育参差不齐的情况，也没有 Cd 那么明显。结茧后死亡时，死蚕蚕体匀整而稍小者比较多，畸形死亡蚕几乎没有。100mg/kg 以下对蚕无明显的毒性，200mg/kg 经 6d 后蚕的体重减轻，800mg/kg 化蛹率下降，茧质明显降低。在饲养杂交种单独使用锌的条件下，饲料中含 Zn 最大允许量为 100mg/kg。

也有研究认为，在桑叶上喷施低浓度的硫酸锌（0.2%），能够提高蚕体重、全茧量、茧层量和茧层率，提高产卵量和良卵率，并增强对家蚕核型多角体病的抵抗性。

（三）铅、砷和铜中毒

铅（Pb）、铜（Cu）、砷（As）引起家蚕中毒的共同症状是蚕动作迟钝，下痢，尾部轻度污染，多数呈"昂头"状态死亡。即使浓度很高，也不呈摇头苦闷状态，似 Cd、Zn 中毒症。只是 As 中毒症状是蚕体揉成一团，侧倒而死，并有小黑斑点发生。

Pb 的浓度在 10mg/kg 以下对蚕无不良影响，10～80mg/kg 可显著降低 3 龄起蚕的体重（李艳梅，2011）；200～400mg/kg 蚕的生长发育受到抑制，1600mg/kg 蚕发育明显不良，6d 后过半数的蚕仍处在 1 龄期，中毒死蚕将近 40%。

在 1～5 龄期连续用不同浓度的 Cu 添食，200mg/kg 以下蚕的生长发育基本正常，400mg/kg 茧质开始下降，800mg/kg 经 10d 后有 75% 的蚕中毒死亡。

As 对蚕的毒性很大，1～5 龄用 10mg/kg 的 As 添食，化蛹率仅有 85%。

在饲养杂交种并单独使用的条件下，饲料中 Pb 的安全浓度为 10mg/kg，Cu 为 100mg/kg，As 在 2.5mg/kg 以内。

复合的重金属对蚕毒性较强，Cd-Cu、Cd-As、Pb-F、Cd-F 共存时，是强毒的基本组合形式。在全龄 5 种重金属元素复合共存的条件下，饲料中各种元素的安全浓度：Cd=2.5mg/kg，Zn=100mg/kg，Pb=10mg/kg，Cu=50mg/kg，As=1.25mg/kg。

此外，喂给蚕不充分成熟的桑叶时，日照不足的嫩桑叶中含有的某些有害物质也会引起中毒。例如，广东省发生的叶质中毒症，主要是桑树密植栽培，在高温多湿、阳光不足的情况下荫蔽的桑叶由于同化作用受到影响，其中含有较多的游离氨基酸、酰胺及草酸，蚕食下这种叶会引起中毒。

<h2 style="text-align:center">本章主要参考文献</h2>

崔新倩，张骞，王开运，等. 2012. 新烟碱类杀虫剂对家蚕的急性毒性评价与中毒症状观察. 蚕业科学，38（2）：288-291.

李卫平. 2012. 阿维菌素的研究进展. 中国药业，21（19）：108-110.

李云芝，石瑞常，刘文光，等. 2008. 灭幼脲对家蚕的毒性试验及中毒症状. 北方蚕业，29（3）：18-19.

童益利. 2011. 杀虫剂吡丙醚. 现代农药，10（2）：40-45.

徐汉虹，吴文君，沈晋良，等. 2007. 植物化学保护学. 4 版. 北京：中国农业出版社.

杨吉春，李淼，柴宝山，等. 2007. 新烟碱类杀虫剂最新研究进展. 农药，46（7）：433-438.

张文庆，陈晓菲，唐斌，等. 2011. 昆虫几丁质合成及其调控研究前沿. 应用昆虫学报，48（3）：475-479.

Guo JX, Wu JJ, Wright JB, et al. 2006. Mechanistic insight into acetylcholinesterase inhibition and acute toxicity of organophosphorus compounds: a molecular modeling study. Chem Res Toxicol, 19(2): 209-216.

Jeffrey GS. 1999. Cytochromes P450 and insecticide resistance. Insect Biochemistry and Molecular Biology, 29: 757-777.

Karen DJ, Li W, Harp PR. 2001. Striatal dopaminergic pathways as a target for the insecticides Permethrin and Chlorpyrifos. NeuroToxicology, 22(6): 811-817.

Kehoe J, Buldakova S, Acher F, et al. 2009. *Aplysia cys*-loop glutamate-gated chloride channels reveal convergent evolution of ligand specificity. J Mol Evol, 69: 125-141.

Masanori T, Hayami N, Takashi F, et al. 2005. Flubendiamide, a novel insecticide highly active against Lepidopterous insect pests. Journal of Pesticide Science, 30(4): 354-360.

Susan LH. 2005. Ryanodine receptors. Cell Calcium, 38(3-4): 253-260.

Tomizawa M, Casida JE. 2003. Selective toxicity of neonicotinoids attributable to specificity of insect and mammalian nicotinic receptors. Annu Rev Entomol, 48: 339-364.

本章全部
参考文献

第八章 蚕的流行病学

流行病学（epidemiology）是一门研究生物群体疾病发生因素、疾病分布及健康管理与疾病控制的科学。因此,流行病学又称为群体病理学（group pathology）或应用病理学（applied pathology）。昆虫及蚕的流行病学是一门相对年轻的学科,涉及的流行病学概念、流行病学术语及流行病的类别还没有统一的认识,如怎样确认疾病的发生为散发、暴发、流行和大流行状态等。过去认为流行病仅仅是指由病原微生物引起的传染性疾病,不包括非传染性疾病,但这个认识是不全面的,流行病学的定义已发生巨大的变化,它的研究范围已不再限于传染病,而被扩展到非传染病。另外,流行病学研究已从定性描述分析发展到对疾病的定量研究,数理统计学是流行病学研究中一个非常重要的工具。在蚕流行病学的量化研究中最成功的案例当属对家蚕微粒子（*Nosema bombycis*）在蚕群体中分布与危害特征的研究（大岛格,1961；李泽民,1983）,该研究为建立家蚕母蛾的集团检验技术体系奠定了坚实的理论基础。流行病学不仅仅是理论概念的定义,更重要的是流行病学研究的方法论和应用。

家蚕疾病的发生和流行是由寄主、病原（生物致病因素或非生物致病因素）及环境三者互相作用的结果,阐明其疾病流行发生的关键性因素、影响因素及疾病的发生分布与流行规律是制订防治策略的理论基础。

本章主要介绍蚕的免疫及蚕病发生流行的主要因素、蚕流行病发生的基本观察、蚕流行病发生的诊断及预防等。

第一节 蚕的免疫及蚕病发生流行的主要因素

免疫的概念,狭义来讲主要是指生物机体对病原微生物的免疫应答,广义而论是指生物体整个防卫系统的作用。免疫力反映的是寄主抵抗病原微生物感染（或毒物侵害）、适应环境变化及抵抗任何疾病发生的能力,它是由整个防卫系统的功能和作用来体现的,是寄主抗感染性、抗逆性及抗病性的基础。家蚕个体及种群的免疫力是抵抗流行病发生的关键因素之一。在生物进化上家蚕属于无脊椎动物,其免疫进化与脊椎动物存在明显的差异。蚕的免疫以先天性免疫为主,没有获得性免疫能力,因此难以通过接种"疫苗"的方式来获得对某种特定病原的感染产生有效的免疫能力。

家蚕为集中饲养的昆虫,有限空间生存的种群数量规模大,饲养密度高,相互接触被感染的概率高;另外,家蚕体型小、体重轻,相对病原微生物的高繁殖力及对微量有毒有害物质的高敏感性,在与致病因子对抗的过程中往往是弱势的一方。致病因子对蚕的感染或侵害的龄期越小,危害性越大。因此,仅仅依靠家蚕的基础免疫力即先天性的免疫作用,而不加强对病原微生物的控制及对环境中毒源的排除,不重视控制病原微生物的传播及毒物的扩散,则疾病发生流行的风险将显著增高。

家蚕饲养过程中是否发生疾病的流行及流行规律取决于寄主、病原、环境的状况及三者相互作用的过程和结果。

一、蚕体的防卫免疫系统及作用

家蚕在长期的进化过程中，发展形成了一套具有自身特点且极其复杂而又快速的生物防卫系统，这个系统包括：①组织器官的天然屏障与代谢防卫；②共栖微生物系统的互作防卫；③血淋巴细胞及脂肪组织等的免疫应答防卫。

（一）组织器官的天然屏障与代谢防卫

体壁、消化道及气管是对病原微生物的天然屏障，但同时往往也是病原微生物和毒物（包括有毒有害气体）的侵入门户和途径；体内的其他组织如脂肪体、马氏管也扮演了重要的防卫作用。

1. 体壁的防卫作用　　家蚕的体壁从外到内由表皮层、真皮层和底膜构成。底膜是一层由中性黏多糖构成的透明薄膜，直接与家蚕体液接触，阻挡体液向外层自然扩散。真皮层由来自外胚层尚未分化的上皮细胞构成，随家蚕的发育进程有的细胞分化成蜕皮腺、绛色细胞、感觉细胞及毛原细胞等，上皮细胞从体液中主动吸收营养，主要担负体壁新陈代谢的作用，合成向外分泌蜕皮液消化旧表皮并合成分泌新的表皮以完成新旧表皮的更替。真皮细胞还能分泌一些具有抵抗细菌和真菌作用的其他产物。表皮层是真皮细胞向外分泌形成的非细胞性的复合层状结构物，主要由几丁质、蛋白质和蜡质组成，其间贯穿有许多孔道作为上皮细胞与表皮层间物质运输的通道。

（1）体壁表皮层的天然屏障作用　　体壁的表皮层为非细胞结构，从外向内依次由上表皮、外表皮和内表皮组成。上表皮（epicuticle）是位于表皮层最外且最薄的多层结构，依次为护蜡层、蜡质层和角质层，主要成分是脂类、蜡质和鞣化蛋白质，蜡质层和角质层均具有较强的疏水性，既可以阻止外界水分和非脂溶性杀虫剂进入体内，也可以防止体内水分的过度蒸发。外表皮（exocuticle）由内表皮转化而来，主要成分是蛋白质和几丁质，蛋白质鞣化为骨蛋白与几丁质紧密结合，是表皮中最硬的一层，除节间膜等柔软部位没有或很薄外，其他部位表现为较强的硬度，在蜕皮时不会被蜕皮液溶解，也难以萃取和降解。内表皮（endocuticle）的构成与外表皮相同，厚度约占表皮层的 4/5，据估计几丁质约占 40%，蛋白质占 60%左右，蜕皮时被蜕皮液中的蛋白酶和几丁质酶溶解并被重复吸收利用。近年来通过家蚕基因组生物信息学分析预测，家蚕的表皮蛋白多达 163 种（Liang et al.，2008），部分表皮蛋白游离于片层结构中，另外一部分表皮蛋白与几丁质共价结合，形成比较稳定且具有柔韧性的复合结构。表皮层的物理屏障作用使病毒、细菌和原虫一般不能直接通过完整的表皮层而侵入蚕体，但真菌、线虫及寄生性的节肢动物，有的能够越过这种屏障侵入体内，表皮层如果受到某种伤害形成创伤，家蚕核型多角体游离的病毒粒子和败血病病菌（细菌）能由此经皮感染。上表皮和外表皮对抵抗创伤和抵抗病原微生物的侵入发挥着重要的作用。在表皮层尚未完全形成的起蚕期，或在没有外表皮及外表皮较薄的区域如气门周边、节间膜、尾部和腹足等部位容易被病原性真菌侵入。

上表皮的护蜡层和蜡质层对杀虫剂农药的渗透具有阻隔作用。由于杀虫剂的配方中往往掺入了乳化剂等，上表皮的蜡质层被破坏之后则丧失阻断杀虫剂对表皮层渗透的作用。

（2）体壁真皮细胞分泌物的抗菌作用　　真皮细胞除分泌蜕皮液、表皮代谢合成物外，还能分泌一些抗菌物质如脂肪酸、多元酚类物质等，并通过孔道输送到表皮层。

家蚕表皮层中含有的脂肪酸主要存在于上表皮的蜡质层中，用机械或化学的方法去除家蚕幼虫表皮层的蜡质层后,黄曲霉菌(*Aspergillus flavus*)和白僵菌(*Beauveria bassiana*)的分生孢子对幼虫的感染速度和感染率有所增加。用乙醚从家蚕的蜕皮壳中抽提的游离短链脂肪酸(辛酸或癸酸)对黄曲霉菌显示了较强的抗菌作用,这种抗菌作用表现在对孢子发芽、菌丝伸长和孢子形成等方面的抑制作用。在离体条件下,己酸、癸酸和月桂酸等短链脂肪酸等对白僵菌的发芽和发育都有强烈的抑制作用。

家蚕表皮层游离脂肪酸中主要是中链脂肪酸,短链脂肪酸的含量较少。白僵菌对不同蚕品种的感染性和乙醚抽提物的测定结果表明,家蚕的抵抗性与表皮层中类脂物的含量和组成有关(时连根,1987)。

家蚕表皮层中的多元酚类物质由真皮细胞层的绛色细胞分泌,通过孔道运输至外表皮后被多酚氧化酶氧化成苯醌,这些酚类物质及苯醌在外表皮的存在被认为对真菌分生孢子的发芽生长均有抑制作用。真皮细胞还能转录表达一种真菌蛋白酶抑制剂(FPI-F),其属于丝氨酸蛋白酶抑制剂,对热稳定,在较大的酸碱范围(pH 3~11)内都有活性,可对抗病原真菌分泌的蛋白酶,对白僵菌分生孢子芽管的发育有明显的抑制作用(Yamashita and Eguchi, 1987; Yoshida et al., 1990; Eguchi et al., 1993, 1994; Pham et al., 1996; Itoh et al., 1996)。不同昆虫的表皮和组分是有显著差异的,因此被白僵菌感染及致死率的差异也较大,家蚕相对于其他昆虫如棉铃虫、豆青虫、斜纹夜蛾等对白僵菌表现为更加容易感染(Liu et al., 2021)。

另外,家蚕的表皮层在受到损伤和细菌侵入时,通过合成抗菌肽和激活多酚氧化酶系统,表皮层的抗细菌活性可大大提高(Brey et al., 1993; Ashida and Brey, 1995)。

真皮细胞可分泌各种抵抗细菌和真菌生长发育的代谢产物,但自身不能避免被其他病原微生物感染,家蚕微粒子和核型多角体病毒这两种病原可以感染体壁真皮细胞,感染途径不是从体壁外表皮侵入,而是发生在家蚕被感染后的晚期,病原伴随体液向真皮细胞提供营养的过程中感染细胞,真皮细胞被感染后体壁上常呈现出病斑及出现蜕皮障碍等。

2. 肠道的防卫作用　　肠道的功能主要是食物的消化和营养的吸收,所以又称消化道。家蚕的消化管是一条由口腔至肛门从中央纵贯体腔的管状器官,分为前肠、中肠和后肠,各部分的肠道在结构上从外向内由肌肉层、底膜、肠道上皮细胞和内膜(或围食膜)构成,最外层分布的肌肉及神经纤维,担负肠道蠕动挤压食物残渣排泄的作用。苏云金杆菌的伴孢晶体毒素可以造成消化管肌肉组织功能的障碍,造成肠梗阻"粪结"症状。中肠是消化管最发达的部分,中肠上皮细胞分泌消化液并吸收营养,中肠也是经口食下的病原微生物最易入侵的部位。肠道的防卫作用主要依靠内膜及围食膜的屏障、肠液的强碱性环境及消化液中存在的抗病原活性物质对病原微生物的拮抗作用。

(1)内膜及围食膜的屏障作用　　前肠和后肠都是由外胚层分化内陷而来的,与体壁同源,其内膜相当于体壁的表皮层。前肠的内膜比较厚且生有小刺,适应对食物的磨碎等,对病原微生物的屏障作用非常强。为适应对水分和无机盐的吸收,后肠的内膜变得较薄,对病原微生物的屏障作用减弱,但该区段多为食物残渣及排泄物,其有限的营养不利于微生物的大量生长。一旦后肠上皮细胞被病原微生物感染或危害,将破坏对水分和无机盐的吸收,会出现尾部萎缩、焦尾及肛门出现褐色污液等症状。

中肠是由内胚层分化而来,最内层不是内膜结构而是围食膜。围食膜是具有一定弹性的无色透明薄膜,主要成分有几丁质、蛋白质、黏多糖及少量的透明质酸等,其结构有一定的透过性,但不允许食物残渣、大分子物质及形体较大的微生物通过。病毒粒子及微孢子虫发芽弹出的极丝可以穿过围食膜去感染中肠的上皮细胞,一些病原性较强的细菌分泌的蛋白酶等可溶解围食膜，从而穿过肠壁进入体腔繁殖造成败血症或让其他一些组织液化。蚕的生长发育过程中在每一眠期，围食膜都要更新，主要由位于前肠与中肠交界处的特殊细胞群分泌合成，中肠的上皮细胞也参与了新围食膜的形成，眠起初期围食膜的形成尚未完善，病原微生物容易侵入和感染。

（2）肠液的强碱性环境对病原微生物生长繁殖的抑制作用　　　家蚕的消化道是一套具有高消化能力和营养吸收能力的系统，以支撑丝蛋白的合成与输出。因此，在对桑叶利用的食性进化中形成了最佳优化的消化系统，其中肠液的 pH 是系统的一个重要组成特征。多数昆虫肠液的 pH 为 6~8。家蚕的肠液为强碱性（pH 9~11），中肠的肠液碱性最强，pH 可达 10~11。肠液的强碱性环境有利于增强蛋白酶、淀粉酶及酯酶等各种消化酶的活性，也限制了耐碱性环境较弱的微生物类群的生长和繁殖，白僵菌等病原真菌的分生孢子一般不能通过食下在家蚕的消化道中有效发芽并侵入体腔。适合在酸性及中性环境下生存的细菌，如家蚕败血病菌黏质沙雷菌即使超高浓度（10^9cfu/mL）添食家蚕，进入消化道后也基本不表现致病性（卢延，2020）。肠液的强碱性对游离的病毒粒子，特别是对不具有囊膜结构包裹的病毒粒子也具有显著的灭活作用。

病毒粒子的包涵体（多角体）和微孢子虫的厚壁对肠液的强碱性环境有一定的抵抗性，特别是微孢子虫发芽或未发芽的孢子即便是通过肠道后尚能保持原有的形态。另外，多角体病毒和微孢子虫也利用适应了肠液的强碱性特性，让其溶解多角体蛋白和孢壁蛋白，并释放出病毒粒子或极丝去感染肠壁细胞或直接穿过肠壁进入体腔。

家蚕肠液的强碱性环境对许多种类的杀虫剂农药都有一定的降解作用。有机磷农药（除敌百虫外）、菊酯类农药、氨基甲酸酯类农药等在家蚕的消化道能被部分降解。

（3）消化液中抗病原微生物的活性产物　　　研究表明中肠细胞合成分泌的脂肪酶-1（Bmlipase-1）和丝氨酸蛋白酶-2（BmSP-2）具有抗核型多角体（BmNPV）感染的作用，从蚕体分离提取酶蛋白，在体外与 BmNPV 的病毒粒子混合，处理一定时间后经口添食家蚕，试验结果显示感染率显著降低，推测可能是脂肪酶及丝氨酸蛋白酶对 BmNPV 病毒粒子的囊膜有破坏作用（Ponnuvel et al.，2003；Nakazawa et al.，2004）；中肠分泌的一种红色荧光蛋白（RFP）能与病毒粒子产生特异性的沉淀，使 BmNPV 等病毒失活，该蛋白质是来源于桑叶的叶绿素和中肠分泌蛋白的复合物，在强碱性和有光的条件下形成（Hayashiya et al.，1976），人工饲料中 RFP 缺乏或很少，易感染病毒病。中肠还能分泌一种专一性防御耐碱性细菌肠球菌繁殖的抗菌蛋白（Utsumi et al.，1983），对细菌具有一定拮抗作用的代谢产物还有来自桑叶的有机酸（绿原酸、原儿茶酸、对羟基苯甲酸等）和酚类化合物。

3. 气管的防卫作用　　　家蚕的呼吸系统是由气门和气管组成的一个复杂分布的管状结构系统。气管在体壁上的开口为气门，从气门开始向体内不断延伸并分支，最后以微气管的形态广泛分布到各组织器官。气管是蚕体内外进行气体交换的通道，主要的功能是从空气中吸入氧气，氧化分解体内营养物质，产生高能化合物腺苷三磷酸（ATP），为生命活动提供能量，并将产生的二氧化碳排出体外。

气管组织的防卫作用主要体现在气门的筛板结构，气门的筛板能过滤空气，阻止尘埃及病原微生物等的直接侵入。但白僵菌的分生孢子在体壁气门周围发芽后菌丝有机会从气门口伸入体内。具有熏蒸作用释放挥发性气味的农药等及环境中排放的有毒有害气体能通过气门侵入体内，如硫化氢（H_2S）气体是一种无色、有毒的酸性气体，有特殊的臭鸡蛋气味，通过气门侵入蚕体后会严重影响蚕的神经系统及呼吸系统。当养蚕环境中饲养人员能嗅到气味时，该浓度对蚕即会表现出中毒症状，如是短时间及间歇性接触蚕体一般无明显症状表现，长时间持续性接触则蚕体软化且不能恢复，尸体易变黑腐烂，5 龄蚕受害则影响吐丝结茧（万永继，1995）。

有的病毒种类能巧妙地利用气管通道在昆虫体内迅速地将病毒粒子传播到各个组织器官，已研究证实苜蓿银纹夜蛾核型多角体病毒（AcMNPV）可通过气管的管壁基膜细胞传播病毒粒子（Kirkpatrick，1994）。家蚕核型多角体病毒（BmNPV）可以感染气管的管壁细胞，推测除了体腔的血液循环传播病毒外，气管组织可能也是 BmNPV 被输送到各个组织器官的快速通道之一。

4. 脂肪体的防卫作用　脂肪体是由众多脂肪细胞聚集形成的简单"器官"，形态有球状、带状及块状等，广泛分布在其他组织器官的周围，其功能类似高等动物的肝，承担物质的吸收、合成、转化、贮存及降解等功能。

脂肪体有一定的解毒作用，可吸收从体外侵入血液中的部分微量毒素，并予以降解，如脂肪体中分泌合成的谷胱甘肽 S-转移酶（GST），是一类多功能蛋白酶家族，主要参与解毒和抗氧化防御过程，对除草剂、杀虫剂等多种有毒物质有解毒作用。

脂肪体还是昆虫（家蚕）重要的非特异性免疫应答反应的组织，外源病原微生物的感染诱导免疫反应，脂肪组织开启抗菌蛋白基因的表达，可合成分泌多种抗微生物蛋白，拮抗病原微生物的生长和繁殖。

5. 马氏管的防卫作用　马氏管的生理功能相当于高等动物的肾，主要分布在消化管中后部两侧，马氏管的膀胱连接小肠，隐肾管插入直肠壁，其余大部分浸浴在血淋巴中，吸收血液中的排泄物经膀胱进入后肠，并随蚕粪一同排出体外，同时隐肾管从直肠的食物残渣中回收水分和无机盐类离子（如钾离子、钠离子），并回流释放到血液和直肠细胞中，在排泄循环过程中以维持血液正常的渗透压，同时也为消化道对无机盐离子的需要提供补充，以维持肠液的强碱性特性，以增强对病原微生物的拮抗作用。

（二）共栖微生物系统的互作防卫

家蚕体表和消化道是栖居微生物的主要场所，对寄主来讲这些栖居的微生物包括共栖关系或互利共栖关系的微生物，以及具有潜在致病性的微生物。共栖或互利共栖关系的微生物除了具有协助寄主对营养物质的消化吸收作用外，还可通过竞争性的生长优势（competitive growth advantage）、定植抗力（colonization resistance）、分泌抗生物质（antibiotic substance）及通过刺激寄主免疫调节（host immune modulation）诱导寄主产生抗菌肽等方式，去拮抗病原微生物的生长和感染入侵，共栖微生物通过微生物与寄主、微生物与微生物之间的互作来影响或抑制病原微生物的感染入侵。

其他组织也有可能栖居微生物，如在大多数昆虫组织细胞内共生的可调控生殖活动的沃尔巴克氏菌（*Wolbachia*）。研究表明沃尔巴克氏菌可阻止登革热病毒在蚊子体内复制增殖。之前认为家蚕体内没有 *Wolbachia* 的共生，最近有研究者在不同地区的野蚕和不同品种家蚕个体的总基因组 DNA 中，均克隆获得了 *Wolbachia* 两个特异基因 *wsp* 基因和 *ftsz* 基因，并研究了其在卵巢中的表达，暗示蚕体中可能有沃尔巴克氏菌的存在（张文姬，2011）。

1. 体表微生物的防卫作用　家蚕体表微生物主要来源于环境和桑叶微生物的黏着，体表环境的酸碱度为中性或微酸性（谷彩霞等，2020），适合微生物栖居，但表皮的主要成分是脂类、蜡质、鞣化蛋白及几丁质，为寡营养状态，仅适合部分细菌栖居，以及支撑少数真菌如球孢白僵菌等的发芽生长。

体表附着的共栖细菌可激活寄主的先天性免疫系统产生适度的免疫反应，如家蚕表皮在受到创伤或细菌刺激时，可诱导合成抗菌肽及激活多酚氧化酶系统使表皮的抗菌活性大大提高（Brey et al.，1993；Ashida and Brey，1995），产生的抗菌肽及醌类物质对病原细菌和真菌具有拮抗作用。

病原细菌黏质沙雷菌能分泌磷脂酶和卵磷脂酶，容易在体表栖居，且对蚕的毒力较强，一旦有伤口门户，寄主的免疫反应难以抑制该菌侵入血腔繁殖，从而引起败血病。

对蚕非致病性芽孢杆菌分泌的脂肽类代谢产物芬枯草菌素和伊枯草菌素对病原真菌具有拮抗作用。例如，在平板培养基上解淀粉芽孢杆菌 SWB$_{16}$ 的生长可显著地拮抗球孢白僵菌的生长，菌体发酵液的脂肽类粗提物可裂解白僵菌的分生孢子并使菌丝先端膨大及菌丝出现瘤状畸形（汪静杰等，2014），研究结果表明，若体表附着有能合成并分泌枯草菌素的芽孢杆菌，则不利于白僵菌的发芽和生长。

2．肠道微生物的防卫作用　　肠道微生物主要来源于食物和环境，蚕的肠道内具有丰富多样的营养物质，适合大量微生物的栖居或生长繁殖，它们协助寄主对食物营养的消化吸收，同时也为自身生长提供了丰富的物质基础。在家蚕肠液强碱性条件的选择压力下，家蚕肠道栖居的微生物类群和组成具有一定的趋向性，比较适合大多数细菌的栖居和生长，但真菌类一般不能生长。研究表明耐碱性的肠球菌属（*Enterococcus*）细菌容易在家蚕的肠道中定植，有研究报道用含桑叶粉的人工无菌饲料饲养家蚕，其肠道中肠球菌的相对丰度可达 80% 左右，无桑叶粉的无菌饲料饲养，其肠道中肠球菌的丰度也达到了约 60%（相辉等，2007）；但用未消毒的桑叶饲养，从 4～5 龄蚕的消化道内则可培养分离到丰富的微生物种群，包括葡萄球菌属（*Staphylococcus*）、芽孢杆菌属（*Bacillus*）、肠杆菌属（*Enterobacter*）、寡养单胞菌属（*Stenotrophomonas*）、短杆菌属（*Brevibacterium*）、短波单胞杆菌属（*Brevundimonas*）、埃希菌属（*Escherichia*）、气单胞菌属（*Aeromonas*）、柠檬酸杆菌属（*Citrobacter*）等十几个属的优势微生物菌群（向芸庆等，2010）；若采用宏基因组对肠道内容物进行 16S rDNA 测序分析可检测到更丰富的细菌类群，仅鉴定到的种群有 30 多属（卢延，2020）。

由于家蚕品系和环境条件的差异，不同研究报道的家蚕肠道优势菌群的组成也有所差异。肠道优势菌群随着饲料的改变而发生明显的变化，桑叶饲养的蚕肠道优势菌类型比柘叶饲养蚕的丰富（向芸庆等，2010），同时桑叶饲养蚕也比人工饲料育蚕的肠道菌群种类更多、更复杂（张剑飞等，2002）。

人工饲料饲养的蚕，对病毒病的抵抗力较差，当从人工饲料转变为桑叶育时，容易发生核型多角体病毒的感染。另外，从桑叶改用柘叶饲养的蚕也容易感染核型多角体病毒，感染中量（ID$_{50}$）降低约 2 倍，致死中量（LD$_{50}$）降低约 4 倍，分析柘叶饲养蚕的肠道及消化液中脂肪酶和胰蛋白酶活性，结果显示酶活性显著低于桑叶饲养蚕（谢洪霞，2010）；进一步对桑叶和柘叶饲养家蚕肠道细菌产脂肪酶菌株进行鉴定表明：柘叶饲养蚕的肠道分泌脂肪酶的细菌类型远不如桑叶饲养家蚕肠道中的丰富，从桑叶饲养家蚕肠道分离鉴定到的一株短小芽孢杆菌 SW41（*Bacillus pumilus* SW41）脂肪酶的活性最高（冯伟，2011）；研究发现该菌株的发酵液及重组表达的脂肪酶液处理 BmNPV 病毒粒子后，病毒粒子对家蚕细胞的感染性显著降低。同时也发现有些菌株如肠杆菌 SW75（*Enterobacter* sp. SW75）的发酵液不仅没有拮抗病毒感染家蚕细胞的作用，相反具有促进病毒感染的作用（Liu et al.，2018；王文慧，2019）。

另外，对家蚕肠道中的一类优势菌群如肠球菌属（*Enterococcus*）菌株的发酵上清液进行体外试验，显示对微孢子虫的发芽具有抑制作用（鲁兴萌和汪方炜，2002），进一步研究发现蚕粪肠球菌 LX10 分泌的肠球菌素可抑制家蚕微粒子孢子的发芽（Zhang et al.，2022）。

（三）血淋巴细胞及脂肪组织等的免疫应答防卫

病原微生物及其他寄生物侵入时，昆虫及家蚕通过血淋巴细胞的细胞免疫和体液免疫去阻止病原体的感染。蚕的免疫组织如脂肪组织、血细胞等发生免疫应答，合成分泌免疫蛋白等抗菌物质于血淋巴中以保卫自己免受外源入侵物的危害。这些免疫防卫反应即先天性免疫应答包括血细胞的包囊反应和吞噬作用及体液的凝集反应、多酚氧化酶原的激活及黑素形成，以及合成分泌抗菌蛋白等。免疫防卫反应的过程大致可分为 3 个时期：感染诱导期、免疫应答前期及免疫应答效应期（吕鸿声，2008）。

1. 感染诱导期　在病原微生物或寄生生物突破体壁、气管壁及肠道感染入侵时，立即诱导蚕体的免疫反应。首先是血淋巴通过入侵伤口流出并很快凝固封住伤口，并迅速启动血淋巴中凝集素（lectin）的作用。家蚕基因组中含有 20 余个凝集素基因，通常在家蚕的免疫组织如脂肪体和血细胞中表达并分泌到血淋巴中，家蚕的凝集素是一类含有 C 型凝集素结构域（C-type lectin domain）并依赖钙离子作用、能特异性识别糖类结构并与之结合的非酶非抗体的蛋白，它是一类重要的病原识别分子，通过对病原体细胞壁表面相关保守的模式分子（如 G^- 细菌胞壁的脂多糖 LPS）进行识别并启动免疫反应，诱导血细胞的凝集反应；另外，血淋巴中一些具有识别作用的蛋白对 G^+ 细菌胞壁的肽聚糖或对真菌胞壁的 β-1,3-葡聚糖进行识别，表皮及血淋巴中的丝氨酸蛋白酶原被激活，引发多酚氧化酶原的级联反应，通过丝氨酸蛋白酶及丝氨酸蛋白酶抑制剂的反向作用，扩增或限制其免疫识别信号，被扩增的病原感染识别信号通过 Toll 途径或 Imd 途径传导到免疫器官如脂肪体等进一步诱导抗菌肽的表达。

2. 免疫应答前期　免疫应答前期即以细胞免疫为主及抗菌蛋白的合成期。家蚕的凝集素通过对病原模式分子等异物的识别后，使血淋巴中血细胞很快包囊或形成结节包裹并限制病原微生物，或吞噬消化病原微生物，或在表皮及血淋巴中最终引发多酚氧化酶的级联反应而导致黑色素的形成，如蚕的细菌病、真菌病及家蚕微粒子病体壁的各种病斑及蚕蛆蝇寄生处的黑色病斑均是该免疫反应的痕迹。抗菌蛋白合成依赖的 Toll 信号途径主要介导抗真菌肽和抗 G^+ 细菌肽的表达合成，而 Imd 途径主要介导抗 G^- 细菌肽的表达（Imd 途径的机制尚不清楚）。Toll 受体是一类细胞表面的跨膜转导蛋白，病原被识别的信号被转运到核内后，激活细胞核因子 NF-κb、Dorsal 蛋白和相关的免疫因子 Dif（dorsal-related immune factor），从而启动抗菌肽蛋白的转录和合成并分泌到血淋巴中（Gottar，2006）。蚕体中的抗菌肽分为 6 个家族，分别是天蚕素（cecropins）、富脯氨酸肽（lebocins）、蚕蛾素（gloverins）、家蚕素（moricins）、大蚕素（attacins）和防卫素（defensins）。另外一个重要的抗菌蛋白是溶菌酶，它和凝集素一样在非诱导的家蚕血淋巴中均有低浓度的存在，当遭到病原微生物的攻击时，其溶菌酶和其他抗菌肽一起被诱导产生，在家蚕脂肪体及血淋巴中溶菌酶的表达水平可被明显提高。

3. 免疫应答效应期　免疫效应贯穿整个免疫应答过程，包括体液免疫应答和细胞免疫应答一系列免疫反应的效应，如早期激活的家蚕凝集素即病原识别分子，也是凝血止血的效应因子，在免疫应答效应期主要是由新合成的抗菌蛋白对病原体发挥清除效应，对于逃逸的病原如果免疫组织还没有受损有可能引发新一轮的免疫反应。

昆虫对病原微生物的清除作用主要通过免疫反应的三大效应系统：①丝氨酸蛋白酶与 Toll 受体介导的抗菌蛋白与抗菌肽合成系统，其表达产物主要破坏病原微生物的细胞壁结构使病原细菌或真菌失活；②多酚氧化酶原级联反应系统，多酚氧化酶催化血淋巴中的酪氨酸转化为苯醌化合物及黑色素，中间产物多巴醌具有很强的活性，可使蛋白质变性，对病原有致死作用，但过强的多酚氧化酶反应即血淋巴多巴醌的高量表达对昆虫本身也有毒害作用；③细胞凋亡系统，寄主的细胞凋亡（apoptosis）是昆虫主动性抵抗病毒感染的一种自卫机制，通过自身细胞凋亡机制来抑制病毒的复制增殖和体内扩散，但有些病毒具有阻止寄主细胞凋亡的能力，如杆状病毒编码的 p35 蛋白可以阻止病毒感染而引起的细胞凋亡，促进病毒在感染细胞中长时间的复制和增殖。

病原微生物与昆虫互作最后时期的结局，或者是免疫系统充分发挥有效性而使寄主康复；或者是病原逃逸或突破了免疫系统的作用而得到寄生繁殖，寄主出现明显的病理变化并最终导致死亡。

（四）蚕的免疫与脊椎动物免疫的比较

1. 免疫应答的相似性与差异性　　生物体的免疫系统随着物种的进化由简单到复杂不断完善。在漫长的生物进化过程中由于病原的感染和不良环境因子的胁迫，生物体逐渐发展了先天性免疫和适应性免疫两种密切相关的免疫系统。先天性免疫（又称天然免疫或非特异性免疫）广泛存在于所有多细胞生物体中包括无脊椎动物和脊椎动物；适应性免疫（又称获得性免疫或特异性免疫）是生物进化到脊椎动物才进化出现的免疫特性，如鱼类、禽类、哺乳动物所具有的免疫应答能力。在脊椎动物适应性免疫应答所启用的细胞也是先天性免疫系统中的一些细胞。

家蚕属于昆虫纲的无脊椎动物，其免疫应答以先天性免疫为主，它和脊椎动物的先天性免疫一样，由组织屏障、免疫细胞（如吞噬细胞、细胞因子等）及天然的体液免疫因子（凝集素、溶菌酶等）组成，这些构成的免疫能力是与生俱来、代代遗传且相对较为稳定的，对外来异物的免疫应答反应迅速，担负着"第一道防线"的作用。但当突破防线被感染入侵后，家蚕和脊椎动物的免疫反应则出现了明显的分化，家蚕对异物包括病原微生物的识别及诱导合成的抗菌蛋白的拮抗作用没有严格的特异性，对相同病原的再次接触没有"记忆性"应答能力，其免疫作用也不会增减；但脊椎动物血淋巴细胞中的 T 细胞和 B 细胞具有"克隆选择"（clonal selection）增殖和分化的能力，当病原微生物感染或病原因子刺激时，通过克隆型识别及抗原呈递细胞可产生对病原某一抗原因子的特异性细胞（单克隆的免疫细胞），并进一步分裂成熟形成效应细胞和记忆细胞。B 细胞分化成熟的效应细胞合成并分泌抗体即特异性的免疫球蛋白，对同一抗原发挥中和与清除的作用。记忆性 T 细胞（包括中央型记忆 T 细胞）被分别迁移至淋巴结或非淋巴组织，记忆性 B 细胞保留在血淋巴中。当机体再次受到相同抗原的刺激后，记忆细胞被迅速激活和大量增殖，然后分化成熟为效应细胞对同一病原发挥拮抗作用，且免疫强度被显著加强。基于这一原理，对于脊椎动物中一些重要传染性疾病的预防，临床上研发和采用了接种"疫苗"的方案。而在家蚕血淋巴中没有 T 细胞和 B 细胞的存在，因此，对家蚕传染性疾病的预防难以采用接种"疫苗"的方案。

先天性免疫反应快，但强度低；适应性免疫启动缓慢，但免疫强度高。家蚕一个世代的生命周期较短，难以进化出特异性（适应性）免疫。但在家蚕周而复始的世代交替中不断地人为接种同一种病毒，也能人工选择积累出具有"适应性免疫"的后代个体，如近年来对家蚕核型多角体病毒的抗病育种所育成的杂交种。脊椎动物的适应性免疫（产生抗体的免疫）是不能遗传给后代的，需要新生个体接触抗原后逐渐形成，而家蚕的这种所谓的"适应性免疫"则是一种可遗传的特征，推测增强的抗性可能仍然是先天性免疫的机能。然而当亲代解除病毒的选择压力后，或子代生长在其他不利的环境条件下，子代则会丧失或降低对该病毒的抗性，暗示家蚕对病毒抗性的增强与遗传可能属于另外一套机制的作用，只不过它是在强选择压力下短时间内形成的，具体形成的机制尚不清楚。

2. 病原体对寄主免疫的逃逸 无论是蚕还是脊椎动物，病原体在寄主免疫的压力下也在积极进化，发展了一些逃避寄主免疫系统的能力和策略，特别是对病毒的免疫逃逸最为典型。主要有以下免疫逃避的途径：①病原体变异及主要表面抗原基因的突变，依此逃避寄主的识别或躲藏在非免疫器官或降低寄主特异性抗体的中和作用，如病毒、寄生虫及细菌都有这样的策略。甚至有的 RNA 反转录病毒可以反转录为 DNA，以一定的方式整合到寄主细胞的 DNA 中并在寄主细胞内长期保留，在适当时机如机体免疫力低下时，正向转录产生 RNA 子病毒并形成新的感染。家蚕的病毒、细菌、真菌及微孢子虫都有变异株系的报道，但是否关联到免疫逃避未有报道，而脊椎动物的病原体通过变异后躲避寄主免疫的报道较多。②对寄主调控的相关免疫蛋白及蛋白酶进行干扰或修饰，阻碍免疫信号通路的激发和转导，抑制寄主的细胞免疫和体液免疫，如昆虫病原真菌白僵菌面对不同寄主压力时，病原体的过敏原蛋白通过高量表达来抑制 Toll 信号通路和抗菌肽的表达，从而提高感染性（刘静，2021）；病毒基因组通过编码病毒 micro RNA 来逃避或者抑制寄主的抗病毒免疫系统，如家蚕核型多角体病毒（BmNPV）编码的 BmNPV-miR-1 可以抑制寄主核转运蛋白 EXP-5 的辅助蛋白 Ran 的表达从而促进病毒的增殖（Singh et al.，2012；Jiang，2021）。③劫持寄主的生理代谢转向有利于病原体生存和繁殖的方向发展，如家蚕的杆状病毒（BmNPV）表达病毒 *p35* 基因能抑制启动寄主凋亡的蛋白酶 Caspase 的活性，以阻止寄主细胞的凋亡或程序性死亡，充分支持病毒在寄主体内的复制、增殖和扩散；家蚕的杆状病毒编码蜕皮甾体尿苷二磷酸葡萄糖转移酶（EGT）使得寄主的蜕皮激素失去活性，阻碍和延长寄主幼虫的蜕皮变态，增加幼虫的取食时间，同时也增加寄主生产病毒的产量。

二、传染性蚕病发生流行的主要因素

传染性蚕病包括病毒病、细菌病、真菌病、微孢子虫病及原虫病和线虫病。其中原虫和线虫繁殖能力和传染性很低，实际发生的病例很少，没有发生流行的可能性。但是，蚕的病毒病、微孢子虫病、真菌病及细菌病存在发生流行的潜力，生产上也有这类疾病流行的病例，其疾病发生流行的潜力主要与下列因素有关。

（一）寄主种群的特性

1. 寄主种群的抗性 抗性是指寄主种群抵抗致病因子侵害及抵抗不利环境影响的能力，包括抗病性和抗逆性。家蚕种群抗病性的差异主要来源于先天性免疫应答的差异、抗病性的遗传变异及环境胁迫下的抗病性差异。寄主种群的抗逆性则是指寄主承受不利环境因素胁迫的能力，抗逆性与抗病性之间一般为正相关的关系。

抗性可以通过对寄主生物试验测试某个致病因子来获得抗性的指标，来评价某一特定寄主对某一特定致病因子的抗性强弱，如致死中量（LD_{50}）表示在规定时间内，通过指定感染途径，使一定体重或龄期的某种动物半数死亡所需的最小病原数或毒素量。其他抗性指标有半抑制浓度（IC_{50}）和致死中时（LT_{50}）等指标，可用来评价寄主的感染抵抗能力和发病抵抗性。致死中量（LD_{50}）等指标的计算方法见附录1。

传染性疾病流行与否，其寄主种群对病原微生物的感受性（感染性）是一个重要的先决因素。家蚕不同品系间对同一种病毒的感受性存在很大的差异，且这种差异在其后代也有同样的呈现，体现为抗性遗传的特征，通过分析不同途径的感染性差异认为家蚕对多角体病毒BmNPV和BmCPV的防卫机制可能都是发生在中肠腔内（渡部仁，1985），但迄今为止，寄主对病毒防卫或容易感受的分子机制还不清楚；不同家蚕品系对白僵菌感染的抵抗性由于体壁脂肪酸及类脂物含量的差异而有不同（时连根，1987），这也是在长期的进化过程中形成的抗性差异。

另外，寄主对某一种病原微生物的感受性还受到感染途径、幼虫发育龄期、食物、温湿度、化学物质及其他病原干扰等的影响。研究表明，饲料质量对家蚕在病毒的感受性方面影响较大，如柘叶、人工饲料、偏嫩桑叶、氮肥施用过多的桑叶及秋季老化的桑叶饲养的家蚕对多角体病毒BmNPV的感染更加敏感。在含有秋季收获的桑叶粉的人工饲料上取食的家蚕幼虫易感染多角体病毒 BmCPV，某些杀虫剂的亚致死剂量即微量中毒能提高家蚕对病毒的感受性（渡部仁，1985）。

肠道微生态的组成和结构是寄主内环境和外环境共同作用的结果，家蚕肠道微生态的状况与寄主的免疫和抗病性有密切的关系（Sun et al.，2020）。

2. 寄主种群的密度　　　家蚕饲养的蚕座密度、区域密度均较高，是多数野外生存的昆虫所无法比拟的。传染性疾病在寄主种群密度高时容易发展成流行病，寄主种群密度高意味着感染个体与未感染个体之间、寄主与病原之间互相接触的机会多，可侵染更多的寄主个体。

家蚕微粒子病和肠道病毒病为慢性发病，其病程较长，感染个体在病征出现前，病原已通过粪便释放到蚕座，感染蚕的龄期越小，病原在蚕座的传染率越高。

由于养蚕模式集约化、规模化的发展，一定区域内的饲养密度较高，病原物通过蚕沙、水系及风雨等扩散，能造成寄主种群发生较大面积的流行病。

寄主种群存在有家蚕微粒子病胚种传染的个体，可在相应寄主种群批次所分布的区域内发生感染流行，包括对该区域内非胚种传染寄主种群造成感染。因此，在蚕种生产的过程中，原蚕饲养区域存在种、丝茧混养的情形下，如果用于饲养丝茧的蚕种有胚种传染的个体，种蚕将存在感染率（毒率）增加的风险。

（二）病原种群的特性

1. 病原种群的密度　　　寄主种群接触病原种群的数量越多，越容易突破寄主的免疫系统而发生感染。在环境中分布的病原种群密度越高即意味着一定区域内分布的病原数量越多，与寄主种群接触的机会越多，发生感染的概率越高；另外，病原种群分布的区域越广，则疾病发生流行的面积越大。例如，昆虫病原真菌白僵菌由于寄主范围广、菌株的分生孢子质量较轻，易于随风扩散，特别是在养蚕区域对周边森林采用病原微生物杀虫时，如果释放了白僵菌生物农药，该区域的白僵菌分生孢子的密度将会成倍增加，容易引起家蚕白僵病的发生和流行。

传染性蚕病在某区域发生了流行之后，环境中的病原密度会显著增加。例如，在蚕种制造过程中，如果暴发了家蚕微粒子病的感染，即母蛾检验家蚕微粒子孢子检出率高，不仅会影响当季生产蚕种的合格率，负面作用是暴发流行之后，相关环境的微孢子虫病原密度增加，在环境中容易检出微孢子虫，如蚕沙、蚕蛾鳞毛等所污染的环境，甚至环境中生活的其他动物（如鸡、鸭等取食病蚕）的排泄物都有可能检出微孢子虫。

在环境中分布的病原密度一般随养蚕次数的增加而增加，实施消毒是降低养蚕环境病原种群密度的有效方法。

2. 病原在环境中的存活能力　　家蚕的病原体在生物体内（初始寄主、中间寄主及其他动物）均能存活，但释放到环境后由于病原的结构和所处的环境不同，存活时间及生命力（再感染能力）显著不同。

在环境中存活能力最强的是家蚕的病毒多角体和家蚕的微孢子虫，因为它们都有较坚实的保护层。成熟的核型多角体病毒和质型多角体病毒在病毒粒子外均有很致密的特殊结构即包涵体（多角体晶体蛋白）包围，在室温条件下一般可以存活2～4年，在低温条件存活更长；微孢子虫的孢壁是几丁质和蛋白质的复合结构，既坚硬又比较密实，在室温条件下最长可以存活7年。多角体病毒及微孢子虫在环境中的存活能力强是它们容易发生流行病的一个重要的因素。

裸露的病原体与被病蚕污物、蚕粪等各种有机物包埋的病原体对环境因素的抵抗性是不同的，有机物的存在会影响消毒剂的作用；病原微生物对环境的各种自然因子的抵抗性也是不一样的，病毒多角体和微孢子虫对光、热、水都有较强的抵抗力，即使在水塘中也能存活较长的时间；微孢子虫对低湿度环境较为敏感，在干燥条件下微孢子虫容易失活。

3. 病原种群的毒力　　毒力是病原引起疾病即侵入和损伤寄主组织的能力，因此毒力相对应的概念即寄主的抗性。同样是通过生测试验，即寄主对已知病原接种后的表现来测量，如致死中浓度（半致死浓度，LC_{50}）、致死中量（半数致死剂量，LD_{50}）和致死中时（半数致死时间，LT_{50}）等，计算方法见附录1。毒力与病原菌株、感染性、增殖能力及是否产生毒素有关。

感染性涉及病原菌株、感染途径、环境条件及寄主的生理状态等。感染性由于病原株系不同而有变异，如家蚕的白僵菌、苏云金杆菌都有毒力变异菌株；家蚕的败血病原黏质沙雷菌（*Serratia marcescens* SCQ1）发现了不产色素的突变菌株，菌落为红色的野生菌株和自然突变的白色菌株通过创伤感染对蚕均有很强的毒力，但没有明显的毒力差异（Zhou et al.，2016），基因组测序表明突变位点基本上发生在色素基因簇之外，但转录组表达差异较大（Xiang et al.，2021，2022）；家蚕微孢子虫也有形态变异株，但对寄主的感染性没有明显差异（万永继，1988）；家蚕的病毒除BmCPV形态株变异外，其他菌类病毒的变异尤其是毒力是否变异的研究报道较少。传染性蚕病的感染途径主要有经口（食下）传染、创伤传染、经皮接触传染及经卵（胚种）传染，根据病原种类的不同主要的传染途径有所不同。改变感染途径的接种试验表明，病原的感染性将显著降低或丧失，如将黏质沙雷菌株通过经口食下接种，则对家蚕基本不表现致病性（卢延，2020）；病原体在侵染时的体内外环境条件如温湿度、pH也能影响病原体的感染性；家蚕病毒病的感染性受到寄主生理状态（体质）的影响较大。

通常病原在寄主体内侵入的组织器官越多，感染增殖的速度越快，则毒力越强，表现为致死时间短，即病程较短，如核型多角体病毒病属于亚急性发病的特征，而蚕的其他病毒病仅在肠道中感染则为慢性病；家蚕微粒子可侵入蚕的大多数组织器官，但在体内传播和增殖的速度相对较慢，因此仍然表现为慢性发病的特征。

　　家蚕病原性丝状真菌和细菌均能产生毒素，可增强病原本身的致病性。家蚕病原微生物中的病毒和微孢子虫迄今还未见有产生毒素的报道，病理作用主要表现为对寄主营养的掠夺和对组织器官结构的破坏。

　　4. 病原的寄主域　　同一种病原感染寄生的范围称为寄主域，可感染的寄主种类越多，越有利于病原的增殖和持续传播。

　　在昆虫病毒中，通常杆状病毒具有高度的寄主特异性（Ignoffo，1968），除原始寄主外一般没有第二寄主，如核型多角体病毒特异性感染家蚕、苜蓿银纹夜蛾多角体病毒感染苜蓿银纹夜蛾。但在同一生态系统中如果存在有替代寄主，病原经过替代寄主再造后寄主范围将会扩大，如家蚕核型多角体病毒经过替代寄主（野蚕等）再造后可感染桑园中的许多害虫。

　　微孢子虫的寄主特异性较低，特别是在同一生态系统中不同昆虫的微孢子虫容易发生交叉感染。研究发现家蚕微粒子可感染 30 多种昆虫（包括桑园害虫和野外昆虫），但对原始寄主家蚕的感染性最强。从家蚕或野外昆虫分离的其他属种的微孢子虫也能感染家蚕，感染性比较复杂，感染率有高有低。不在同一生态系统中的其他昆虫微孢子虫由于某种原因（如灯光诱杀）引入了其他昆虫会污染桑园，可直接或通过替代寄主造成对家蚕的感染，这种情形对丝茧育几乎没有影响，但对种茧育影响较大。

　　昆虫病原真菌球孢白僵菌具有非常广泛的寄主域，可感染数百种昆虫，有报道认为染病死亡的野外昆虫中约有 20% 是由白僵菌引起的，因此，白僵菌作为生物农药开发的研究得到了高度关注。由于生境的不同带来了球孢白僵菌的遗传多样性，形成不同的亚种或血清型。根据试验报道显示，从家蚕分离的球孢白僵菌（*B. bassiana* GXsk1011）对原始寄主家蚕的感染性最强（Liu et al.，2021）。其他来源的球孢白僵菌对家蚕的感染性比较复杂，试验表明既有感染性很强的菌株，也有感染性弱的菌株（石美宁和朱方容，2010；骆海玉，2012；米红霞和刘吉平，2010）。

　　5. 传播途径　　传播是病原体通过传染源进入新寄主的一个过程。家蚕病原体的传播主要是直接传播，也存在通过野外昆虫交叉感染的间接传播。病原体在家蚕种群内主要以寄主-环境-寄主或以寄主-寄主的途径传播，即水平传播和垂直传播。阻止病原体的有效传播是预防蚕病发生流行的重要策略。

　　（1）病原体的来源与分布　　家蚕的病原体主要来自饲养过程中发生的病蚕，病蚕的数量越多，繁殖出的病原体数量越多，据调查一头 5 龄期的病毒病蚕、白僵菌病蚕及微孢子虫病蚕，其产出的病毒多角体、白僵菌分子孢子及微孢子数量可达上亿的数量级。这些病原体通过尸体、排泄物、脱离物等主要分布在蚕座、蚕室地面、上蔟室、蚕沙坑及养蚕用具等，可通过物理搬运或其他生物的搬运污染扩散到外环境甚至是污染桑园。通常情况下，在一年的养蚕过程中，病原体的数量随养蚕次数的增加而增加，在一季养蚕过程中，随龄期增加发生的病蚕和病原数量增加，至上蔟期病原数量达到高峰，因此，对于布局开展农村多批次养蚕，其消毒工作及大、小蚕隔离饲养至关重要。

　　另外，野外昆虫特别是桑园害虫也是病原体的一个重要来源，如微孢子虫、多角体病毒通过家蚕和野外昆虫间存在的交叉感染途径带来传染源。

　　（2）水平传播　　水平传播是指蚕的病原体在外环境中借助传播因素实现寄主同一世代或不同世代个体之间的传播过程。传播因素如病蚕、蚕沙、空气、风、水系、土壤、野外昆虫、饲料及相互接触等，最终通过在蚕座内的传染引发大量发病或流行。

　　传染性蚕病的病原体包括病毒、细菌、真菌分生孢子及微孢子虫，分别可以通过口器食下或体壁感染途径引发蚕座内传染，其中食下感染进入消化道的病原体包括微孢子虫、质型多角体病毒及浓核病毒等，容易造成严重的蚕座内传染，质型多角体病毒的蚕座传染情况见表 8-1。这些肠道性病害都是慢性发病，在没有出现明显的病征时，病原体在寄主体内已大量繁殖并随粪便排泄进入蚕座内或扩散到环境，通过污染桑叶造成同一世代生活的寄主种群感染，或者是病原体留存在环境中引起不同空间后续生活的不同世代寄主种群的感染。过去也有蚕病学者将病原体在同一空间、非亲子关系的不同世代寄主中的传染类型称为垂直传播，然而其意义与以寄主亲子传染关系定义的垂直传播是不同的。

表 8-1　家蚕质型多角体病病蚕混育感染的发病率（金伟，2001）

混入头数或百分比	总头数	混入蚕龄（起蚕）	总发病率（%）
1	100	2 龄	29
3	100	2 龄	52
5	100	2 龄	72
2%	—	1 龄	13
2%	—	2 龄	6
2%	—	3 龄	11
10%	—	1 龄	76
10%	—	2 龄	67
10%	—	3 龄	54

（3）垂直传播　　垂直传播是指蚕的病原体从亲代母体直接传给子代的传播过程，传染途径有胚种传染和经卵传染两种方式。胚种传染源于病原体对昆虫母体卵巢及相关生殖细胞的感染，在卵内胚胎发育的过程中，胚胎表面或脐孔直接从卵黄中摄入了病原体并进一步发育成携带病原的子代个体；经卵传染是已发育完成的子代个体在孵化时通过口器从卵内或卵表摄入了病原体，或病态亲代造成的卵表面污染，卵表传染是经卵传染的主要方式。

在家蚕传染性疾病的病原中，家蚕微粒子能通过胚种传染和卵表传染实现对病原的垂直传播。卵表传染也是家蚕核型多角体病毒及质型多角体病毒垂直传播的主要方式，但没有发现这两种病毒的胚种传染性，也没有其他先天性传染的充分证据。卵表消毒可以减少或消除病原体的卵表传染，但难以阻止胚种传染。巴斯德研究提出的母蛾家蚕微粒子病原检验、剔除病卵的方法可有效阻止家蚕微粒子病的胚种传染。

通过垂直传播携带病原体的子代个体进入子代寄主种群后即引发水平传播。兼具有水平传播和垂直传播能力的病原体容易引发相关疾病的流行。家蚕微粒子之所以给蚕种生产带来很大的挑战，是因为病原体的两个传播途径（食下传染和胚种传染）容易形成完整的传染链条，并互为因果推动家蚕微粒子在寄主种群中的感染流行。

（三）环境因素

养蚕的环境因素包括气候因素、环境生物因素及环境化学与物理因素，这些环境因子不仅影响寄主种群的抗性，对病原种群的动态变化、感染性及传播方式也有深刻的影响。

1. 气候因素　　家蚕寄主种群的生活环境虽然不同于自然界的昆虫种群，但是仍然受到气候因素的深刻影响。气候因素包括区域性大气候和蚕室微气候，对农村大面积养蚕而言，区域性大气候的特征基本决定了蚕室微气候的特征。

（1）气候因素对寄主的影响　　区域性大气候（光、热、水、季风等）影响不同养蚕区域不同蚕种品系的适应性。蚕的化性遗传变异实际上是由不同的区域性气候特征所引起的，一化性品种适合中暖温带养蚕区域，二化性品种适合中亚热带区域，而多化性血统的蚕品种则适合热带及南亚热带养蚕区域。

蚕室的微气候特征主要由温度、湿度、光照、气流等构成，蚕是变温动物，温度剧烈变化、持续过热或持续高湿等异常微气候对蚕体的生理代谢平衡及蚕的抗病性具有非常大的影响。

寄主生命活动的本身也会带来相关环境的变化，如蚕室内寄主的密度（蚕座密度、空间密度）过高，即过于拥挤会影响室内环境的空气质量，如没有充足的气流交换，将影响蚕的呼吸作用及蚕的体质。

（2）气候因素对病原的影响　　即使同一区域由于地貌及海拔的不同，温湿度、光照、气流等气候因子也有明显的差异。例如，地理上基本处于相近纬度的云贵高原和华南两广地区明显不同，云贵区域每年冬初到春末的干旱及长年的强紫外线照射不利于病原体在外环境中的存活，而两广地区水热资源丰富，养蚕的批次和其他野外昆虫繁殖世代数多，有利于病原体的传染和生长繁殖，另外典型的季风性气候也有利于白僵菌等真菌分生孢子的传播。

蚕室内的微气候若为多湿环境能提高多角体病毒、微孢子虫及苏云金杆菌在蚕座内的传染机会，有利于病原真菌分生孢子的发芽感染。许多研究表明：多湿是蚕的真菌病、微孢子虫病、病毒病及细菌性中毒病发生流行的一个重要因子。

2. 环境生物因素　　环境生物因素是指家蚕生活环境中有可能直接或间接接触的所有生物性因子。在传染性蚕病发生流行的过程中，除寄主与特异性病原微生物之间的博弈外，其他生物因子如桑叶质量、环境微生物及桑园害虫等均对家蚕的发病状况带来不同程度的影响。

（1）饲料因素　　家蚕是一种寡食性昆虫，主要以桑叶为饲料，其他几种植物性替代饲料及人工饲料（含桑叶粉或不含桑叶粉），在对蚕的体质方面不如桑叶的饲料价值高（谢洪霞，2010；Utsumi，1983）。

桑叶质量由于不同品种、叶位、生长季节、肥培管理、病虫害、采运贮及给桑过程等的影响，其营养价值会受到不同程度的影响并影响蚕的体质及抗病性。例如，桑园偏施氮肥或过度密植会使桑叶蛋白质含量下降、游离氨基酸及酰胺增加、糖分（单糖或二糖）含量减少和淀粉含量明显下降，桑叶的营养价值降低；日照不足或偏嫩的桑叶蛋白质和碳水化合物含量明显不足，同时水分和有机酸含量大大增加，特别是草酸含量增加对蚕的危害更大；桑叶采运贮和给桑等一系列采后过程，都要求尽可能保持桑叶原有的品质，这些过程中的一些技术措施的失当都会使叶质下降，从而影响蚕的体质及抗病性；桑叶白粉病、褐斑病、赤锈病及小型昆虫的虫口叶的桑叶质量严重下降，对蚕体质产生影响。

（2）环境微生物　　在养蚕环境中除可能存在家蚕的病原微生物外，还存在大量的其他种类的微生物，多数是有益或无害的微生物，通过桑叶饲料经口进入消化道内，适合肠道环境的微生物种类或定殖或暂时定居下来形成肠道的微生态环境；有的种类可能是潜在的机会性病原微生物，当家蚕对肠道微生物的调控能力降低，或桑叶运输和贮存失当导致桑叶叶面微生物大量发酵繁殖后经口喂食，将打破肠道微生态环境的动态平衡，影响消化道的营养功能及免疫作用，出现非特征性的病害或家蚕的典型病原微生物乘虚而入感染发病。

（3）桑园害虫　　生产上总结的经验"桑园虫多，蚕室病多"，准确地诠释了在桑园的害虫及其他昆虫的活动对蚕病发生的影响。

微孢子虫及多角体病毒容易在鳞翅目昆虫间交叉感染，感病个体排出的粪便、脱离物及病死体污染桑叶而进入蚕室引起感染。这个过程的本质结果就是通过多种昆虫的交叉感染繁殖，增加了环境中病原微生物种群的密度，从而增加了对寄主种群的感染机会，容易引发传染性蚕病的突然暴发或流行。

（4）土壤　　　土壤是含有大量微生物的最复杂的生物环境因子。由于含有水分和光保护特性，能保护微生物有机体避免干燥和被阳光钝化。未经处理的蚕沙或病死虫体通过投放或搬运进入桑园土壤或蚕房的土壤地面，所携带的病原体能较长时间存活在土壤中，特别是病毒多角体和微孢子虫一般能存活 1 年到数年。因此，养蚕大棚房内的地面做硬化处理及桑园土壤的翻耕晾晒能大幅度降低病原体的存活时间。一般认为土壤是多角体病毒的一个有效的存贮库，是昆虫多角体病毒病发生流行的一个重要因子。

昆虫病原真菌的分生孢子在土壤中的存活时间较短，特别是在含水率低的土壤或地表温度高时影响更显著，如白僵菌分生孢子在干燥的土壤（25℃，含水率 25%）或温度达到 50℃时，经过 10～14d 即失去活性，但在低温 10℃、土壤 75%的含水率的条件下分生孢子则可存活 276d（Lingg and Donaldson，1981）。

土壤中含有的大量微生物细菌能部分拮抗病原细菌，有研究报道土壤中有约 25%的细菌对苏云金杆菌有拮抗作用，发现在自然土壤中的苏云金杆菌比在灭菌的土壤中的菌体更容易失去活性，在自然土壤中苏云金杆菌的存活时间为 3～6 个月，但在灭菌的土壤中经 2 年多时间苏云金杆菌的 δ-内毒素活性仍然没有显著丧失（West et al.，1984）。

3. 环境化学与物理因素　　　家蚕对环境中的化学因素非常敏感，如释放到环境中的农药、工厂废气及有挥发性毒物释放的植物烟草等，它们本身就是一个致病因子，可直接引起蚕的中毒死亡。若接触的毒物为亚致死剂量或微量中毒，蚕不立即表现为急性中毒的症状，但导致寄主种群体质下降易诱发病毒病的感染和流行，或后期发生吐丝结茧障碍。

在农药中杀虫的神经性毒剂如有机磷农药、新烟碱性农药、氨基甲酸酯农药、有机氮农药及菊酯类农药等对蚕的影响多表现为剧烈的急性中毒症状；激素类农药、植物性杀虫剂、杀菌剂及工厂废气等对蚕的影响多表现为慢性中毒，多次接触在蚕体内积累到一定程度后，蚕会出现明显的中毒症状或导致不结茧蚕的发生。

病原微生物对化学消毒剂敏感，但对农药、工厂废气等化学因素多数不敏感，有许多试验报道病毒、真菌及苏云金杆菌杀虫剂可与其他农药配伍使用。

物理因素对蚕的影响主要是饲养操作过程中的物理性创伤，创口成为病原细菌入侵的门户，但由创口引起的原发性败血病为零星发生，很少有流行的病例发生。物理因素如紫外线、超声波、激光及微波等对病原微生物有较大的影响，这些物理因子可直接或通过热效应导致病原微生物活性的丧失，因此，在生产中对养蚕用具的物理消毒采用了简便易行的阳光暴晒方法或热蒸汽消毒的方法。

（四）发病因素的互作及传染性蚕病发生流行的一般规律

家蚕传染性疾病发生流行的主要因素：①寄主种群对病原的抗性或感受性；②病原种群对寄主的感染性或毒力；③寄主种群与病原种群的密度；④有效的病原传播方式；⑤影响寄主、病原及二者相互博弈的环境因素。

在多数情况下，蚕病的发生和流行是各种发病因素共同作用的结果。各种发病因素在流行病发生过程中所发挥的作用，即传染性蚕病发生流行的一般规律：寄主种群的抗性弱是传染性蚕病发生流行的关键因素，一定密度病原种群的存在和有效的传播方式是传染性蚕病发生流行的决定性因素，影响寄主抗性及有利于病原传染的环境因素是诱发和增强传染性蚕病发生流行的重要因素（图8-1）。但是，在生产上发生的具体流行病例中，各种因素的实际情况、作用与影响程度是比较复杂的，应根据生产实际情况和各种致病因素的相互关系正确地分析和诊断发生疾病流行的主要或决定性因子，对于及时采取有效措施、控制疾病流行和防止后续类似蚕病的发生具有十分重要的意义。

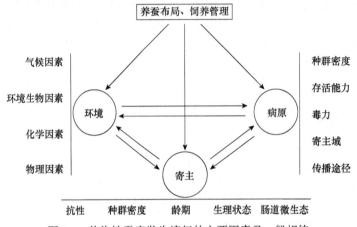

图8-1　传染性蚕病发生流行的主要因素及一般规律

　　家蚕是一种受到人为因素深度干预和调控的经济昆虫，不同于自然界的昆虫种群，其种群的消长和疾病的发生流行基本上是依赖寄主种群密度和病原种群密度及自然界的环境因素的，而养蚕业则创造了一个寄主较高密度生活的场景，因此，深度干预病原种群密度及调控环境因素尤为重要。家蚕的饲养管理过程对寄主、病原、环境三者及它们的互作过程都具有支配性的深刻影响。首先是养蚕布局的影响，如家蚕品种的区域适应性布局，养蚕季节及批次的布局，大、小蚕分养及设施的布局，桑树品种及栽植形式的布局，蚕种生产三级制种及原蚕基地养殖的布局等，这些布局本质上就是在宏观上要协调寄主种群的生活与环境的匹配关系，以及设计规划好对病原传播链的阻断；其次是饲养管理技术的影响，如蚕室环境、用具及全过程的消毒与卫生管理、蚕座管理，以及贯穿于从催青、养蚕到上蔟阶段的温湿度管理、气流管理与规范化饲养技术等，这些措施的作用就是要在微观上降低病原种群的密度，合理控制寄主种群的密度、减少蚕座传染及创造对寄主友好的生活微环境。在科学的养蚕布局和饲养管理下一般不会发生疾病的流行。对潜在的流行因素认识不足及农村养蚕区域的饲养管理不能满足维持寄主种群的良好生活状态时，特别是遭遇环境因素的异常变化和影响，也有可能引发疾病的突然暴发和流行。

三、非传染性蚕病发生流行的主要因素

　　非传染性蚕病是指蚕的节肢动物寄生病害和农药、工厂废气等引起中毒症。多化性蚕蛆蝇寄生后不在蚕体内繁殖增殖，也不在寄主个体间转移寄生；球腹蒲螨寄居在蚕的体表需要经过较长时间的寄生才能发育成大肚雌螨并产下数量有限的子代，且不发生及时的转移寄生。因此，它们的寄生是非传染性的，不具有造成流行病的潜力。目前由于灭蚕蝇的广泛应用及球腹蒲螨最喜欢寄生的中间寄主棉铃虫向非养蚕区域的转移，节肢动物病害已很少有发生暴

发或流行的病例。

球虫、锥虫等原生动物及线虫在蚕体内寄生后有一定数量的分裂增殖，排出体外也有一定的传染性。尽管它们属于具有传染性的动物性寄生病害，但这类对家蚕显示有一定病原性的原虫及线虫在养蚕环境中的分布有限，很少有机会进入蚕室，因此在生产上发生的病例罕见。

农药、工厂废气等化学毒物对蚕的危害是直接或间接作用于寄主群体，影响到所有接触到毒物的个体，然而个体间不存在中毒可传染的情形即属于典型的非传染性蚕病。由于蚕业生态不是孤立及封闭的环境，蚕和桑树都是暴露在大环境下，因此，其他相邻产业的活动如农药的施用、工厂废气的排放会直接或间接影响到蚕的生长发育乃至中毒死亡，如果疏于防范和管理，这类病害极可能突然暴发或流行，甚至危及养蚕业在相关区域的生存。该类病害发生或流行涉及下列主要因素。

（一）家蚕对有害化学物质的敏感性

家蚕对有毒化学物质非常敏感，微量接触都会引起蚕体的生理病理影响。环境中影响蚕的化学物质较多，主要是农药和工厂废气。

农药的种类繁多，使用的农药种类也在不断地变化，甚至有复配或混合使用的情况。农药的毒性根据不同农药种类的化学性质，其作用途径、毒性、致毒机理及表征有所不同。对家蚕的毒性，神经性杀虫毒剂的实验数据较多，如对蚕的胃毒致死试验，吡虫啉对 4 龄起蚕的致死中量为 0.034μg/头，杀灭菊酯为 0.0332μg/g 蚕，氧化乐果为 37.11μg/g 蚕；杀虫双食下和接触的致死中量分别为 0.329μg/g 蚕和 1.275μg/g 蚕（叶志毅等，1991；鲁兴萌等，2000）。据此推算，这些农药对蚕的亚致死剂量（或称最大耐受剂量）更低，在亚致死剂量作用下，虽然不直接杀死家蚕，但是通过对虫体的生理、生殖、生长发育和拒食作用的影响，如杀虫双、吡虫啉等对家蚕有明显的拒食效应，引起蚕的饥饿，从而减弱蚕的体质和抗病性。

酸性气体硫化氢（H_2S）是一种具有类似臭鸡蛋气味的无色气体，空气中当 H_2S 的质量浓度达到 0.18～6.00mg/m³（体积浓度为 0.000 013%～0.000 460%）时，人体可嗅到明显的臭鸡蛋气味。在养蚕生产中已发生多起蚕硫化氢中毒的病例，该气体通过直接接触蚕体引起蚕的中毒，主要作用于蚕的呼吸与神经系统，在 5 龄蚕后期及上蔟期尤为敏感，导致不结茧蚕的大量发生。万永继（1995）在实验室的生物模拟实验表明：养蚕环境中的臭鸡蛋味气体持续接触蚕 5～10min 即可引起中毒效应，持续接触时间超过 30min，蚕体出现软化瘫痪症状且不能恢复。

蚕的氟中毒主要是由工厂废气排出的氟化氢（HF）气体及烟尘污染桑叶后被蚕食下后引起的。氟化氢通过桑叶气孔进入组织内形成氟化钠、氟化钙及氢氟酸等在桑叶中积累，当桑叶的氟含量超过 30mg/kg 即表现对蚕的中毒效应。有个别家蚕品种通过氟胁迫选择，抗氟能力显著增加，其亚致死剂量可达 100～200mg/kg。

（二）有害化学物质对养蚕环境的污染形式和扩散方式

对蚕有毒有害的化学物质在环境中的污染形式和扩散方式影响蚕中毒症发生的范围，工厂废气和农药等的污染形式和扩散方式有所不同。

工厂废气为典型的点源污染特征，排放到大气中的有害气体随风扩散，其扩散范围受到排放量、排放口的高度、有毒气体的相对密度、风力风向、晴雨天气及地貌的影响，一般距离污染源 3～5km 都会引发蚕的中毒。硫化氢气体的相对密度比空气重，因此通常情况下扩散距离较近，但氟化氢气体的相对密度比空气轻，扩散距离较远，甚至远达 10km 处也有家蚕氟中毒的病例，如电解铝工厂排放的氟化氢气体。硫化氢和氟化氢等气体都易溶于水，在降雨过程中有害气体的扩散范围受到抑制。尽管是点源污染，但排放量较大或是在某个区域存在多点污染，则会造成较大范围的受害影响。

农药污染多数为面源污染特征，即在一个相对大的区域施用农药对作物、蔬菜或森林进行防虫作业，其扩散范围受到农药种类、施药方式、风力风向和地貌的影响，如无人机喷药或直升机喷药比手动或机动喷雾装置喷药的扩散范围远，与喷药区域相邻的桑园及从配药装运点到喷药区域附近的桑园均能被飘来的农药污染后引发蚕的中毒。也有农药点源污染造成中毒的病例，如农药生产厂和其他涉及用药的场所封闭和排放控制出现问题，相关的农药成分通过空气传播或地表水流入污染桑园的桑树也会引发蚕的中毒。

（三）有害化学物质对环境污染的持续时间

就全国养蚕区域而言，农药中毒症的发生是比较普遍的，发生的病例此起彼伏，其危害仅次于家蚕的病毒病。但相同的中毒症在某一特定区域连续发生或流行的情形比较少见，如果发生这种情形毫无疑问是真正意义上的流行病，其发生流行的关键是污染源排放和残留的存续时间。污染物不管是农药还是工厂废气排放在环境后经过一定时间都会被降解或转化，对蚕中毒的残效期最长的菊酯类农药有的可达 60～100d。桑园本身的防虫作业只要考虑了养蚕间隔期和农药残留期，对养蚕通常是安全的。但是在养蚕区如果有污染源长期存在，且污染物未消减，则每年或每养蚕季连续出现相同的中毒症则不可避免。

第二节　蚕流行病发生的基本观察

某种蚕病大发生，即可称为流行，少数病例不能构成流行病。怎样才能算是大发生或大量病例呢？一般是根据过去几年中该疾病的病史来评估，如对蚕种生产中家蚕微粒子病感染的历史数据资料保留存档及统计分析，建立时间序列流行曲线并计算流行阈值，如果当期的感染发病率超过了流行阈值，则说明家蚕微粒子病在蚕种繁育过程中发生了流行。

流行病评估除了病例数量，还要调查在时间上发生的持续性及发病的区域性。新发疾病即便短时间内大量发病，如果没有持续性发生也不构成流行，时间是评估流行病的重要特征；另外，根据发病的区域范围可称为区域性流行或大流行。

病原微生物感染引起的传染性蚕病都具有传染性，理论上均有发生流行的潜力。其中某些传染性蚕病在时间和空间的发生分布上具有大发生的特征，且危害严重，这些类型的传染性蚕病即称为疫病，如家蚕微粒子病、多角体病毒病及白僵病等。

非传染性蚕病不具有传染性，但是如果某种或某类非传染性蚕病在某区域持续性发生，且发生病例数巨大，该疾病也可称为流行病。

一、流行病观察的重要参数

流行病学研究中最常用的指标为"率"，代表总体中出现的事件叫作概率，在样本中出现的事件叫作频率。由于家蚕饲养的规模数量较大，对发生病害事件的认知是从样本研究入手到对总体的推断，研究样本获得的数据称为观测值，推断总体依据的数据是估测值，估测值的可信度来源于对样本观测值的重复调查和统计分析，因此获取观测值是调查评估流行病发生的重要基础。

1. 感染率　　　在特定时间内某区域饲养的家蚕（寄主）感染某种病原微生物的比例为感染率。感染个体数量可以通过典型病征及对特定病原微生物的检测予以确定，分母是指被观察的可能受影响的寄主样本或总体的数量。通过寄主样本或可计数总体所测定的感染比例为频率值，寄主总体不可数或未知时通过抽样测定的感染比例则为概率值。在农村生产现场调查时由于饲养数量规模较大，只能采用随机抽取样本调查，如抽取 10 头、30 头、50 头及 100 头样本（分母）调查其中的感染个体数（分子），通过 3~5 次的抽样调查结果来估测调查现场总体的感染情况。重复抽样调查的次数越多，观测值越接近于真实值。或将 10 头、30 头、50 头及 100 头打包作为集团样本调查是否感染的集团数（分子），将一批总调查的集团数作为分母，这个感染率则是批感染率，如果要确定感染集团中究竟有多少感染个体，需要对感染集团中的个体逐个通过复检来确认。目前蚕种生产家蚕微粒子病的母蛾检验采用的就是集团样本（30 头母蛾）检验，但集团样本中究竟是有 1 头病蛾，还是 2 头或以上？由于母蛾检验是样本破坏性检验，不能通过复检确认，而是在假定总体的感染率为某个阈值的基础上通过概率计算分析来评估推断出现 1 头、2 头或 2 头以上病蛾的概率。

流行病学中的感染率是指特定时间的感染比例，不同时间点对寄主调查测定的感染率是不同的。由于病原微生物的传染性，在寄主群体感染的中后期进行调查感染率最高，若是对同一群体在不同时间点分次调查，最近一次的感染率包括前面时间点调查的感染率之和，称为现患率（或称当前累计感染率），即表示在一定时间间隔内家蚕群体中感染某种蚕病的新老病例数量占寄主总数的比例。对于大多数家蚕传染性病害而言，感染后意味着最终的结局是发病，即均会出现外观病征和组织器官的病变，因此在家蚕流行病学上感染率有时也可以视为发病率。对非传染性蚕病发生的调查显然不适合用感染率的概念来定义，通常用发病率来表示。比较不同时间点的感染率可应用于分析病原微生物在群体中的传染规律及感染的消长趋势，如家蚕微粒子病胚种传染个体造成的子代蚕座内传染所呈现的第一期感染和第二期感染的规律（Ishihara and Fujiwara，1965）。

计算感染率的分母可以是样本也可以是总体，分母不同，其意义和作用不同。如果将某种疫病的抽样调查感染率做检验检疫的处理依据，分母所代表的总体则称作"危险种群"，如蚕种生产对母蛾的家蚕微粒子检验，当一代杂交种母蛾的制种批的毒率（母蛾感染率，又称病蛾率）超过 0.5% 的阈值时，尽管检验结果是来自抽样检验（概率抽样、二次检验、允许消费者的风险率低于 1.5%）获得的数据，则该批杂交种的蚕卵将会被销毁。在蚕种生产中所说的家蚕微粒子病的带毒合格率或超毒率分别是指在检验的所有生产的所有蚕种批次中低于阈值的感染批次或超过阈值的感染批次所占的比例，虽然生产上允许带毒合格种使用，但饲养后被繁殖的病原会污染环境，成为新的感染源，因此，在蚕种生产过程中蚕区提倡使用无毒种，即感染率为零的无毒批次的蚕种。

感染数和感染率是计算传播率的基础数据，可应用于评估病原微生物在寄主种群中的危害性和传播能力。认知感染率的概念并控制感染率对传染病的防治具有十分重要的意义，在养蚕生产上淘汰病卵、对家蚕发育群体分批提青和淘汰弱小蚕，以及蚕体、蚕座喷撒新鲜石灰粉等常规技术，都是基于控制和降低感染率所采取的隔离病原微生物的措施。

　　动物流行病学及人类医学流行病学通常采用发病率的概念，其概念的主要含义是衡量新病例的发生状况。由于高等生物被感染后并不一定意味着可见明显的发病或病亡，所以通常只重视对发病后的诊治。但是对新发传染病的流行病而言，在没有构建起有效的群体免疫屏障和开发出有效的治疗药物之前，检测和控制感染率则比侧重于控制发病率对流行病防治所发挥的作用效果更好，当然标准要求也更严。在养蚕业方面，家蚕饲养种群相互接触的密度远高于人类活动中的接触程度，蚕群个体间的接触非常密切，因此防止在蚕座内发生蚕体的相互感染是蚕病防治必须重视的一个重要环节。

　　2. 死亡率　　死亡率是指特定时间内某区域饲养的家蚕由于各种致病原因或某一种原因造成的死亡数占寄主总数的比例。在调查观测时，如果限定时间、区域或死亡原因等，会有多种形式的死亡率。

　　1）年度死亡率即以年份统计的死亡率，将发生的各种蚕病死亡数均予以统计计算。该观测值不论死亡原因笼统统计，对流行病学的研究意义不大，主要可应用于对不同区域蚕病损失率的评估。理论上采用抽样调查得出样本死亡率来评估总体的死亡率是比较科学的，但在一个大的区域，养蚕环境的同质性比较差，需要考虑样本的代表性。实践上有用产量推算的方法来评估死亡损失率的，即饲养蚕种的理论收茧量减去实际收茧量后除以理论收茧量，这个方法要求有统一的单张蚕种的蚕卵数量，即要严格执行单张蚕卵数装盒标准。当然即使如此估测的损失率也不是蚕病损失率，其中还有其他原因如孵化率影响、饲养过程中的自然遗失或其他非自然遗失（如鼠害等）等造成的损失，需要扣除这些影响以后才能认为是对蚕病损失率的大致估计。

　　2）季节死亡率即一年中不同养蚕季（批次）蚕死亡的比例。该观测值可体现出一年中总的蚕病发生或总的生产损失情况的季节特点，可用于观测某一种蚕病在不同季节的发生规律。

　　3）龄期死亡率是指在家蚕的生长发育过程中某一龄期或虫态的死亡数占该阶段寄主总数的比例。该观测值往往应用于调查某一种特定病因对蚕的致病规律，如判断该致病因子是急性危害还是慢性危害。对传染性蚕病而言，可应用于鉴别急性传染病、亚急性传染病或慢性传染病，传染病的病程越长，其水平传播的范围越广。另外，也可应用于对蚕的健康性评价，如蚁蚕绝食生命率、健蛹率等。

　　4）原因特异性死亡率与年度死亡率不同，仅仅是指一种致死原因造成的死亡率，即单位时间内特定原因引起的寄主死亡数占该时间段内的寄主种群总数的比例。在实践中简单的情形是如果群体中出现的死亡症状相类似则容易统计，如果不是单一的症状，则有可能是同一原因引起的继发性症状，也有可能是其他原因引起的死亡，需要区分统计。在群体中非特异性原因的死亡病例极少时，可以忽略不计它的影响。该观测值可应用于昆虫疾病或蚕病的流行诊断。

　　5）病死率通常应用于病理学研究，指特定疾病造成的寄主死亡数除以染上这种疾病的寄主总数，也可称为致死率。该观测值可以有多种形式，在病理学研究中为了测定和评估致病因子的毒力或寄主的抗病性，常用指标为寄主达到一定致死率后所需致病因子的浓度或剂量（如 LC_{50} 或 LD_{50} 等），或特定剂量下受害寄主达到一定致死率所经过的时间（如 LT_{50}、LT_{90} 等）。在流行病学的意义上，病死率涉及对传染率的影响，病死时间越早及病死率越高，传染率越低。

　　3. 传播率　　传播率是指患病寄主个体的病原微生物扩散到相互接触的寄主群体中或转移到其他种群可感染寄主中的概率。相互接触种群的感染称为传染，如蚕座内传染等；对不相互接触种群的感染称为传播，如通过患病蚕粪、病蚕尸体、用具等扩散污染水源或桑园造成其他农户饲养蚕的感染，野外昆虫的病原与家蚕的交叉感染，以及由于某些病原的胚种传染性造成对子代的感染，根据发生传染或传播的时空性可分为水平传播和垂直传播。

传播率主要看感染病例的数量增长率和传播速率。增长率可以简单地用基本传染指数即基本再生数 R_0 来衡量，即在没有外力介入干扰的情况下，一个感染个体在一个全是易感者的群体中扩散造成二代感染个体的平均数，R_0 的数值越高说明病原体的传染性越强，当某种病原的基本再生数小于 1 时则丧失流行能力；传播速率主要是指增殖的时间速率，即单位时间内感染个体的增加数，在流行病学上可以简单地用倍增时间或感染代际间隔时间来衡量。感染代际间隔时间 T_g（time generation）是指一个感染周期进入下一个感染周期所需要的时间，感染代际间隔时间越短，说明重复感染的速度越快，病原体传播的能力越强。

R_0 值的高低主要与病原的感染性（包括病原毒力、体内增殖率、环境存活力等）、感染机会（病原密度与寄主种群密度、感染与传播途径、寄主敏感性、环境因素等）及感染的持续时间（感染期、重复感染间隔期、病死个体退出群体的时间等）等因素有关。对 R_0 的计算方法是首先构建较为科学的数学模型，然后根据各因素变量回归计算出 R_0 值，如果已知或假定感染病例的增长是指数增长及已知感染期和重复感染间隔期，也可以简单地基于现有感染率的数据直接推导出 R_0 的估计值（Wallinga and Lipsitch，2007）。

为研究家蚕微粒子病胚种传染对子代可能的危害情况，1965 年 Ishihara 等做了一个模拟胚种传染的实验并得到了如下数据：在健康蚁蚕中混入 0.25%（1/400）的胚传个体，春蚕饲养实验可导致约 1%的病死蚕，母蛾感染率约 10%；在夏秋饲养实验中病死蚕可达 4%～9%，母蛾感染率可达 60%～70%。根据目前的方法基于上述数据可以推导出 R_0 值，已知增长曲线为指数增长，由于家蚕微粒子在蚕体的发育周期为 4～8d，感染的代际间隔时间 T_g 为 6～10d，即从蚁蚕开始将经历第一期感染和第二期感染，由于家蚕微粒子病病死个体基本都发生在饲养后期，其病死率基本不影响感染增长曲线的斜率，所以可用母蛾感染率反推得出 R_0 值。家蚕微粒子病的传播率即基本再生数 R_0 值，春季 $R_0=6$，夏秋季 $R_0=15$，即春季发生病情的蚕座内每头病蚕可传染 6 头健蚕，夏秋季则可传染 15 头健蚕，R_0 值的具体推导过程如图 8-2所示。

二、流行曲线与发生分布图

一种疾病在寄主种群中的发生状况并非一成不变，养蚕发生病例数的多少在不同时空中总是一直变化的，有时表现为流行，有时表现为不流行，两者衔接成一个连续不断的过程且密切相关。因此，在研究疾病的流行机理时，不仅要研究流行时的状态，也要研究不流行时的状态，如不流行期间的感染或发病水平、分布特点及有关因素等。

1. 流行曲线　　流行曲线即某种疾病发生的时间分布曲线，纵坐标为家蚕群体内蚕病发生的频率（如感染率、死亡率及病死率等），横坐标为时间，时间单位主要依据调查目的而定，可以分别以蚕期、养蚕季节、1 年或数年为时间单位。流行曲线中以曲线特征及曲线峰的起伏为重要指标，据此可以直观地了解蚕病的发生过程和特征（包括不流行时的特征），并结合对影响因素的分析揭示出该疾病的流行机理或在某时期发生流行的关键因素。

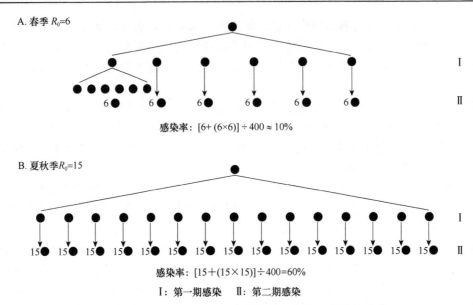

感染率：[6+ (6×6)] ÷ 400 ≈ 10%

感染率：[15+ (15×15)] ÷ 400 = 60%

Ⅰ：第一期感染　　Ⅱ：第二期感染

图 8-2　家蚕微粒子病胚种传染基本再生数 R_0 的推导过程

蚕种生产的历史就是一部人类与家蚕微粒子病斗争的历史，从微生物学家巴斯德研究提出母蛾检验技术以来，该技术被主要蚕丝生产国作为法规施行，不仅为大面积农村养蚕饲养合格蚕种提供了保障，同时也为各区域及蚕种生产单位积累了母蛾检验丰富的历史数据。例如，20 世纪 80 年代我国部分区域在蚕种生产过程中曾经发生过两次家蚕微粒子病的流行危害，致使蚕种供应紧张。根据母蛾检验数据资料，万永继和杨彪（1989）对某个地区构建了这一时期的流行曲线并进行了流行原因分析和防治对策讨论，流行曲线如图 8-3 所示，纵坐标设有两个指标，即蚕种生产批的带毒合格率和超毒率（不合格率），横坐标以年为时间单位。

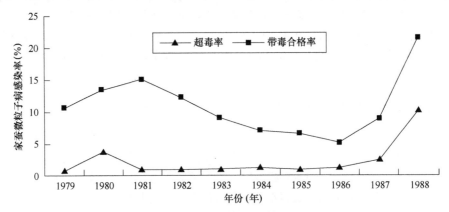

图 8-3　某区域蚕种生产家蚕微粒子病感染的年度危害情况

从该流行曲线获得了三个方面的重要信息：①以母蛾感染率 0.5% 为超毒阈值判别，该区域在不流行期间（1981～1986 年）蚕种生产发生的超毒率均在 1.5% 以内，这个数据体现了该区域当时正常可达到的防治水平（正常值）。根据资料全国除两广区域外，其他大多数区域的防治水平也大约如此。②带毒合格率曲线和超毒率曲线具有相关性，不流行期间带毒合格率曲线呈逐年下降趋势，从 15% 下降到 5%，超毒率曲线一直被稳定在正常值的合理区间内，但当带毒合格率走高时，则超毒率增加并可能带来下一年度的进一步增加，显示带毒合格率指标有反馈效应，原因是带毒合格率高意味着当季生产过程中环境被污染的概率高，同时带毒合格种的使用虽然对丝茧饲养不造成影响，但会让微孢子虫得到再生繁殖，因此，带毒合格率曲线也可称为病原的复利曲线，如果原蚕区使用带毒合格种，即形成病原的传染链，且病原返回输入蚕种生产系统中进行正反馈调节。对家蚕微粒子病的防治来说，该复利曲线具有重要的预警作用。③寄主种群数量和密度也是影响该疾病感染流行发生的一个重要参数。根据曲线峰值观察，发生两次流行的时间分别是 1980 年和 1987~1988 年，而巧合的是该区域在 1980 年的蚕茧量首次超过了日本全国的年产茧量，而在 1996 年开始全国发生了"抢蚕茧大战"，蚕种生产规模迅速扩大，生产设施及原蚕区基地建设滞后，蚕种生产处于超负荷的状况，使该时期种群数量和密度成为一个重要的流行因子（万永继和杨彪，1989）。

2. 发生分布图 发生分布图即疾病发生的地理分布图，是将某（些）疾病在一定时间内的发生状况标识在区域地图上，发生区域的范围可以是全球、全国或某个区域、乡镇，依据调查的需要确定区域范围，而发生的频度状况可以用不同颜色或数据来注释，据此可以直观地观察到不同地方某疾病发生的差异及分析找出流行的据点或流行的轨迹。例如，日本蚕病学专家渡部仁等于 1980 年 9 月从日本全国蚕业指导所中选取了 50 个指导所，委托各所于晚秋蚕结束后未消毒前，从各自管辖范围内的农家中采集尘埃并填写表格，包括农家姓名、地址、蚕品种、产量收成，以及是桑叶育还是人工饲料育等，共收到 243 个农家的尘埃试样，依据尘埃生物试验的检测结果，制成了家蚕核型多角体病毒（NPV）检出农家与未检出农家在日本全国的分布图（图略），生物试验检出 NPV 的农家数占调查总数的 60.5%，主要分布在日本的东北地区、关东地区与周围一带及关西地区的西部，根据病原检测的分布图及结合实际发生 NPV 危害情况的调查表明：日本 1978~1980 年核型多角体病毒病的发生是显著的流行特征，主要发生流行在日本的重点蚕区（渡部仁，1985）。

三、简单描述流行状况的术语

在流行病学上表示流行强度的术语有散发、暴发、流行及大流行等，这些术语怎样使用才是合理的？需要建立在正确认识不同生物体某种疾病的感染发病率及时空分布的基础上。

1. 散发 散发是对疾病处于不流行状态即对通常发病水平的简单表述，在时间和空间上处于不确定零星发生的一种状态。例如，蚕的原发性败血病即细菌通过体壁伤口感染而引起，受限于养蚕过程中蚕群体中个体受伤的机会和病原接触伤口的机会；或是蚕的疫病处于不流行的状态也可以称为散发。

2. 暴发 暴发是指某种疾病在一定的区域范围和短时间内突然发生大量同类病例的现象，也称点暴发。暴发的突然性不是无缘无故的，它是养蚕农户或相关区域内病原量逐渐积累或从区域外通过其他途径（如苏云金杆菌、白僵菌等生物农药的使用、野外昆虫的交叉感染等）引入了大量的病原并有效地在家蚕群体内发生了相互感染所致；非传染性蚕病虽然没有传染性，也有暴发的现象，如多化性蚕蝇蛆病、有害化学物质的中毒等。

家蚕疾病暴发后如果不及时加以有效控制将会演变为流行甚至是大流行，如 19 世纪中叶在巴斯德发现家蚕微粒子病的胚种传染性并予以控制之前，欧洲蚕丝业曾经历过一次家蚕微粒子病的大流行。

自然界的昆虫种群由于疾病暴发后可感染种群数量显著减少，流行强度将会逐渐降低或停止流行，待种群休养生息，易感种群规模恢复后将面临再次暴发和流行风险。家蚕疾病在某个区域暴发后，如不及时控制病原或毒源，相同的疾病会延续发生或流行。

3. 流行　　　流行是指某种疾病发病率显著超过历年一般水平（散发水平或正常值水平）的疾病发生状况，其特点是发生的区域范围扩大或发生持续的时间长，如连续几个养蚕季节或年份均发生同类疾病。家蚕的多角体病毒病、白僵病及微粒子病都有发生流行的潜力，生产上也有许多流行病例的出现。非传染性蚕病中节肢动物的寄生病害鲜有流行发生的状况，而中毒症中有些病例的发生则表现出了流行的特征即连续重复发生，如某些蚕区连续多年发生 5 龄后期不结茧蚕的现象。

疾病发生区域不扩大但发生时间具有一定持续性的流行病称为区域流行病或地方性流行病，如微孢子虫SCM_6（大孢子）曾经于 1989～1991 年在川西北蚕区蚕种生产过程中的感染流行事件即表现为区域流行的特征。

4. 大流行　　　大流行是指空间分布非常广的流行病，在空间上可跨省、跨国界乃至洲界。家蚕微粒子病具有胚种传染性并具有造成大流行的潜力，该病有记录的大流行历史是曾经发生在欧洲的大流行，该病通过蚕种的流通可以传播到更广的地域，因此，国际上主要的蚕业生产国家均制定法规对该病进行检验检疫。

四、家蚕的疫病种类

疫病是指发生在人、动物和植物，具有传染性并能造成流行的一类疾病，即泛指流行性的传染病，它不同于普通的传染性疾病。

根据疾病流行与危害的严重性，我国对人的传染病、动植物疫病实现分类分级管理。动物疫病种类分为一、二、三类，其中对存在人畜共患风险或对经济、社会可能造成重大或较大影响的疫病种类分别列为一、二类，对经济、社会可能造成较大影响的疫病种类列为三类疫病。目前在国家动物疫病名录中，蚕的多角体病、白僵病及微粒子病被列为动物的三类疫病（附录 2）。根据《中华人民共和国动物防疫法》，需要对列入动物疫病名录的疫病种类加强分级管理。如果二、三类疫病呈暴发性流行时，需按照一类动物疫病处理。

根据蚕流行病例发生的历史、现状及病原体发生感染流行的潜力，传染性蚕病中最重要的疫病种类当属家蚕微粒子病、多角体病（包括核型多角体病毒病和质型多角体病毒病）和白僵病。

1. 家蚕微粒子病　　　家蚕的微孢子虫病中最典型最具有流行潜力的是家蚕微粒子病，对家蚕具有全面的传染途径和侵染链，包括食下传染、胚种传染、蚕座传染及在不同昆虫间的交叉感染，且病原体孢子具有较厚的孢壁（包括蛋白质的外壁和几丁质内壁），在环境中能存活较长时间，仍然具有感染力。

首次记录发生流行的病例是 19 世纪中叶欧洲规模化养蚕发生的家蚕微粒子病大流行，波及的国家范围广、时间长。我国大面积推广饲养一代杂交种以来，20 世纪 80 年代中期及 90 年代中期长江中下游和中上游蚕区曾经分别发生过区域性流行，均是由蚕种的胚种传染引起的。因此，认真对待蚕种的检验检疫对杜绝家蚕微粒子病在农村大面积养蚕中的危害具有关键性的作用。

在蚕种生产过程中家蚕微粒子病的感染或暴发性感染在全国范围内此起彼伏，一直处在被感染的威胁状态。蚕种生产从业者承担了防治家蚕微粒子病感染的繁重任务，尚无一家蚕种场生产的所有蚕种批均为无毒批，即没有一家生产单位所有母蛾均没有被感染的记录。在蚕种生产过程中某一个蚕种场或某一区域的蚕种生产基地或某一生产季节，曾经出现过不少因蚕种母蛾家蚕微粒子病原暴发性感染流行致使几乎所有生产的蚕种批被淘汰的病例记录。

　　微孢子虫病列入国家动物疫病名录的有蜂孢子虫病（*Nosema apis* disease）、虾肝肠胞虫病（*Enterocytozoon hepatopenaei* disease）和家蚕微粒子病（*Nosema bombycis* disease）。对家蚕微粒子病的防疫管理依照行政法规《蚕种管理办法》和行业标准《桑蚕一代杂交种检验规程》（家蚕微粒子病检验方案见附录 3）开展管理和检验检疫；家蚕微粒子病也被列入了《中华人民共和国进境动物检疫疫病名录》，根据《中华人民共和国进出境动植物检疫法》，针对列入名录的家蚕微粒子病，需要对蚕种进出境时进行管理和检验检疫。

　　2. 多角体病　　蚕的多角体病包括核型多角体病毒病和质型多角体病毒病，病原体分别为 BmNPV 和 BmCPV，对蚕的传染途径除胚种传染没有被证实外，具有食下传染、蚕座传染及不同昆虫间的交叉感染，BmNPV 游离的病毒粒子还可通过伤口感染，两种病毒都有可能通过感病的母蛾污染卵表面传染；另外，成熟病毒的病毒粒子外包被大量晶体状的蛋白质，特别是核型多角体病毒在包涵体外还有一层非常致密、含硅的多角体膜，在体外环境中的存活能力更强。病毒多角体对非碱性的消毒剂具有很强的抵抗力，从环境中重新进入寄主种群内感染的机会和能力较强，因此，在蚕区不同世代间也有可能发生类似垂直传染特征的水平传播。

　　目前在农村养蚕中蚕的多角体病特别是核型多角体病发生较为普遍，国内外无论是历史上还是现在也时常有暴发或流行的病例。蚕的多角体病及白僵病在养蚕生产上没有硬性规定是检验检疫对象，病例和发生情况没有被相关机构记载进入历史档案。相关部门曾要求各地上报家蚕多角体病及白僵病发生流行的情况，由于没有明确多大的病死率作为流行上报的标准，以及地方及基层缺乏调查和上报的机制，所以该要求尚未成为一项制度性的工作。但蚕的多角体病和白僵病的流行发生对养蚕业的危害较大，根据动物防疫法加强防控是非常必要的。

　　3. 白僵病　　蚕白僵病的病原有球孢白僵菌（*B. bassiana*）和卵孢白僵菌（*B. tenella*），其中发生流行危害的主要是球孢白僵菌。该菌具有遗传多样性，具有非常广的寄主域，不同昆虫间容易发生交叉感染，加之白僵菌生物农药的推广，会造成环境中白僵菌病原密度的突然增加。另外，在我国白僵蚕是一味重要的中药材，大多数是来自大面积农村养蚕中自然发病且干燥的虫体，因此，农户晾晒僵蚕比较普遍，在晾晒过程中分生孢子易于扩散污染养蚕环境，也存在人为将白僵菌种输入传播到重点养蚕区域养蚕农户中接种感染的情形。白僵菌分生孢子的相对密度较轻，容易随风扩散，环境中白僵菌病原分生孢子密度的增加将加大病原接触蚕体导致感染的机会。

　　20 世纪 60 年代之前白僵病的发生非常普遍，但在我国推广蚕体表面施防僵消毒粉之后，白僵病得到了有效控制。近年来，甲醛防僵粉逐渐推出，单纯用石灰粉即在石灰粉中不加或少加含氯消毒剂用于蚕体消毒，其消毒防僵的效果有所降低。另外，白僵菌的感染性是与环境湿度密切相关的，在多湿的环境下易发生白僵病的感染和流行。2008～2011 年广西蚕区曾发生了白僵病的持续流行，研究认为与防治森林树木害虫的白僵菌农药在相邻蚕区的使用有关（石美宁和朱方容，2010；骆海玉，2012）。

　　蚕白僵病不仅是国家动物疫病目录中的病种，也是国家规定的动植物检疫进境动物传染病名录中的疫病。

五、农药中毒的发生状况

农药中毒是非传染性蚕病中一类发生较普遍的蚕病，在全国范围内每年都有发生农药中毒的病例。农药的种类较多，如果不具体区别是由什么农药引起的、什么地方发生的，仅就蚕的农药中毒而言是完全符合流行病特征的。具体到某种农药的中毒主要表现为突然的暴发，很少有同一种农药在某个地方连续引起中毒的流行病例，除非对中毒病例没有进行诊断预防，或对该种农药认识不足，或没有阻止该农药在同一养蚕区域的连续使用。

近年来在某些养蚕区域连续出现了蚕慢性中毒的病例，前期未见到明显的症状，但在 5 龄末期出现吐丝结茧障碍，一般认为农药的微量中毒是导致这种中毒现象出现的原因之一。甚至有的病例表现为蚕 5 龄期发育时间超长，蚕不停地吃桑叶，但就是不上蔟结茧，这种生长发育紊乱的现象极有可能是家蚕在饲养过程中桑叶受到了类似昆虫保幼激素作用的杀虫剂或相关药剂的污染所致。

第三节　蚕流行病发生的诊断及预防

蚕病发生流行的诊断即病因推断，不是简单地只对发生蚕病的种类予以诊断，如肉眼识别病征、观察组织病变及采用显微镜检验或其他方法对病原的鉴定，或只是对毒物的检测，而是需要对疾病发生流行的原因和诱因进行诊断，找出致病因子、相关的发病因素及发生流行的主要因素。对于致病因子明确且有典型症状蚕病的流行，重点是揭示具体引起发病流行的主要因素和相关因素或是对致病因子的溯源。对于未确立特异性致病因子的非典型症状蚕病的流行，首先是要对疾病与某个因素的相关性或因果关系进行分析和试验，来推断和识别致病因子，以及对致病因素的溯源。

在蚕流行病发生的诊断过程中需要对蚕病发生的危害情况、分布情况、传染源（病原体或病原毒物）、传播危害途径、影响因素及流行趋势等进行调查研究和分析，才能为制订精准有效的防控措施提供科学依据。

一、病因的诊断

（一）蚕病发生流行的现场调查

1. 定性调查　蚕病暴发及发生流行时，需要及时深入现场进行调查，调查工作的内容和大致步骤如下。

1）首先需要观察病蚕的主要症状、发病进程及群体发病程度，并调查了解在该区域是否所有养蚕农家都发生大体相同程度的同一类蚕病，抑或相邻农家间发病程度显著不同。

2）根据传染性蚕病和非传染性蚕病的典型症状，识别和确诊病害的种类，如果症状非典型，现场尚不能立即确诊，应对危害症状及时拍照记录，采样收集病蚕进行病原微生物的显微镜检验，如果未检测到典型的病原微生物，或检测到的微生物不是相关症状的致病因子，需扩大调查病因范围，并及时采集包括病蚕样本的其他样本，如桑叶样本、空气样本、水体样本等，送实验室进一步检验。

3）向养蚕农家及相关人员进行采访调查，听取有关蚕病发生及流行的经过，以及环境的状况有无异常变化等方面的介绍与说明。

4）在失去现场调查适期的情况下，对于传染性蚕病而言，可以收集蚕室的尘埃做病原学检测或生物实验鉴定；对于非传染性蚕病如农药中毒，可以采集桑叶进行检测，但由于农药种类多、污染方式多样、桑园范围广、抽样准确性差，宜通过对比现场的症状及农药使用情况进行生物模拟试验鉴定，对于工厂废气中毒，由于污染源不会轻易搬迁，可对空气或桑叶采样检测及通过生物模拟试验鉴定。

2．定量调查

1）对发生流行区域的农户数量、养殖数量或区域范围进行调查，判断是大面积减产，还是个别减产，同时分析致病因子的侵入途径。

2）对于传染性蚕病，抽样调查实时感染率、感染发病率及感染病死率，对于非传染性蚕病如中毒症，调查实时中毒死亡率及实时中毒发病率（具有中毒症状的比率），同时分析致病因子的传播速率或范围，或分析判断蚕的中毒是急性中毒，还是慢性中毒。

3）至 5 龄期末，调查总的发病率、病死率或蚕不结茧率，同时分析致病因子对蚕茧收成的影响。

（二）致病因子的检验及生物模拟试验

1．病原微生物的检验　　典型病征与特异性致病因子有很强的对应关系，根据典型病征和病变基本可以确认相关的致病因子，如核型多角体病毒病、白僵病等，但对于症状有相似性的蚕病，则需要进一步的病原学检验。大多数传染性蚕病的病原体都可以通过显微镜来检验识别，如核型多角体、质型多角体、微孢子虫、各类真菌孢子及苏云金杆菌等，其他细菌病的病原及无包涵体的病毒可以通过生物试验鉴定、病原分离鉴定或核酸检测。

在病原学检测的过程中，需要对样品中病原体的数量予以关注，若在发病蚕或病死蚕的体内存在的微生物种类较多或目标病原体只是少数，这个情形仅能证明是感染了病原体，不一定是直接的致病原因，可能尚有其他致病因素的存在。

2．工厂废气中毒的检验　　氟化氢和二氧化硫是通过桑叶吸入累积后蚕吃下引起的中毒，随着在桑叶中的积累桑叶面出现褪绿，氟化物危害严重的桑叶叶尖或叶边缘出现焦褐色，因此，对桑叶可以做到有目的地采样和检测；如果需要检测某个工厂排放的废气是否含有氟化氢，可以自制石灰水滤纸挂在环境空气中采集 7~10d，对滤纸进行检测。一般实验室的离子计或酸度计只需要配备氟离子电极就可以开展该项目的检测。

硫化氢是一种有臭鸡蛋气味的有害气体，家蚕对该气体非常敏感，可直接影响蚕体的呼吸与神经生理，低浓度状况下人的嗅觉可以清楚地嗅到臭鸡蛋样气味。但如果是复合气体尽管其中含有硫化氢，也可能会对气味特征有所干扰，可以在现场采用便携式硫化氢检测仪对环境进行检测，如果是专业人员可以采集气体样品通过气相色谱仪进行检测。

3．农药中毒的检验　　蚕农药中毒的途径主要是桑叶被农药污染所致，桑叶被农药污染后一般不会有异样的症状，因此不能做到有针对性地抽样及检测样品，而是随机抽样，另外对桑叶的采样有时效性，雨水冲刷或光降解都会降低桑叶中或表面的残留量。

对农药中毒蚕或桑叶农药残留量的检测比较困难，需要对样品萃取后采用高效液相色谱仪检测，但检测结果受到很多因素的影响，有时分明是蚕中毒，但对蚕、桑样品不一定能检测出结果，其主要的原因：①样品本身的含量为痕量级；②样品抽样的影响，中毒死亡的蚕样品容易腐败、不易抽取和萃取，以及对桑叶样品抽多少数量、什么时限内抽样、怎样做到有针对性地抽样等方法上的差异都会影响检测结果；③样品萃取处理过程的损失；④对照品的定标和色谱条件的选择等。因此，在实践中对蚕农药中毒的流行病学诊断应以现场环境分析、症状分析及生物模拟试验为主。

4．生物模拟试验　　生物模拟试验是对发生的流行病案例通过分析把推断出来的致病因子及相关主要因素组合起来进行生物试验，根据蚕病发生的再现性，验证病因推断的结果。

对传染病流行基于生物模拟试验的诊断过程类似于科赫试验，科赫法则是德国细菌学家罗伯特·科赫（Robert Koch）提出的一套应用于验证病原与病害发生关系的科学方法，在感染性疾病尤其是新的疾病诊断与鉴别中得到广泛应用。根据科赫法则，从病蚕尸体或发病蚕室环境中的土壤或野外昆虫采集样品，立即制成 5%～10%（m/V）浑浊液，置于冰箱中保存，使用时将浑浊液或经过离心处理的悬浊液滴在人工饲料或清洁桑叶上，喂食 2 龄或 3 龄起蚕，发病后对病征和病原的再现性进行检查，该方法可应用于对家蚕病毒病及微孢子虫的诊断和鉴别。渡部仁（1979）曾通过流行病学分析和生物模拟试验检测发现了家蚕病毒性疾病浓核病的流行发生与桑螟虫的关系。对于真菌或细菌病，发病后观察到的优势真菌或细菌可以通过分离培养后接种（体壁或食下接种）进行检测。但是，其中对肠道细菌病原性的检测比较困难，往往不会呈现疾病的再现性，因为家蚕正常肠道的菌群组成具有一定的稳定性，会排挤新接种的疑似病原细菌在肠道中的繁殖和生态占位；另外，疾病的发生可能存在复合病因，如一种微生物细菌和其他理化或生物因子的混合感染，因此，对肠道细菌病原性的诊断和鉴别需要在共存观察、分离菌株和接种检测时，对科赫试验采取适当的改进措施，最为关键的是在现场能捕获到疑似病原细菌以外的其他相关因素，以设计出较为完善的生物模拟试验。

非传染性蚕病流行病的诊断和鉴定可以通过生物模拟试验，特别是对农药及工厂废气中毒，现场有可能采集不到可供有效检测的含有致病因子的蚕、桑样本，可以通过对环境异常状况和蚕病征的分析，推导出可疑的致病因子，然后进行生物模拟试验。诊断农药中毒时可采集现场使用过的农药残留品或购买可疑的同类农药进行生物模拟试验以检测病征的再现性，或采集残效期内现场可疑桑叶进行生物模拟试验；对工厂废气直接影响蚕体的中毒，可在实验室通过化学反应生成相关可疑有害气体去测试家蚕病征的再现性。家蚕对有毒有害化学物质非常敏感，其他因素很难干扰到生物模拟试验的结果，急性或慢性中毒病征的再现性主要依赖于毒物接触的剂量和时间。

二、流行病学分析

通过现场调查和对致病因子的检测及生物模拟试验检测，基本可以明确在当前的暴发病例中其疾病发生与致病因子或当前相关因素的关系。但流行病学的诊断不仅仅止步于"临床诊断"，更高要求的诊断是去追溯该疾病过去发生的影响、疾病未来的消长和演化，甚至是建立起疾病流行发生的数学模型以对该疾病进行预测预报。这些调查分析和研究主要基于对过往病史及当前状况的数据资料分析，因此基于这种意义的流行病学诊断通常称为流行病学分析。家蚕疾病的病史资料记录最全的是蚕种生产对母蛾家蚕微粒子病感染的检验数据和报告，生产单位和检验检疫机构均有多年长久的档案记录，对流行病学分析最有参考价值。关于流行病学分析主要有如下方法。

1．回顾性分析　　回顾性分析是以现在为结果，回溯过去的一种研究方法，该方法在疾病诊断应用上也可称为病史分析或病史流行病学诊断，通过直接的病史分析或病史类比分析，寻找当前疾病严重发展或暴发流行的病因。家蚕有病史资料记录的是蚕种生产微粒子病的母蛾检验数据，如本章第二节所述从某区域蚕种母蛾家蚕微粒子病的历史数据构建的流行曲线中，发现的重要流行因素之一是母蛾感染率高低不仅涉及蚕种的合格率，还是一个重要的病原种群的复利曲线，是一个关键的"前因"，会影响到"后果"即后续蚕种生产过程中母蛾感染率的走向，因此，当母蛾感染率逐渐走高时要警惕后续蚕种生产中家蚕微粒子病可能的暴发风险。

家蚕的其他流行病害案例目前大多数没有系统的病史资料记录，但也可以通过自身或他人的经历或记忆为当前发生的流行病例寻找病因，经手或积累的病例越多，经验越丰富，越容易找到相关的病因线索。

2. 前瞻性分析 前瞻性分析是以过去或现在为起点追踪到将来的一种研究方法，该方法应用于流行病学分析上，前者可称为病史前瞻性分析，后者称为临床前瞻性分析，即分别从过去或现在获取病因的线索，然后通过进一步的生物模拟试验或时序表现分析，观察后续是否继续发生同类病例，以验证疾病的因果关系及验证病因的可靠性和显著性。例如，在图 8-3 的家蚕微粒子病流行曲线分析中发现有 2 个时间段的暴发流行与蚕种生产量有关，超负荷生产量与母蛾的高家蚕微粒子病感染率有对应关系。但是，万永继（2014）对其他地区一个蚕种生产单位的数据分析中却没有显现出这种相关性（图 8-4），说明对家蚕微粒子病的防治措施精准有效的情形下，蚕种生产量（寄主密度）与母蛾感染率之间的正相关关系不具有必然性。

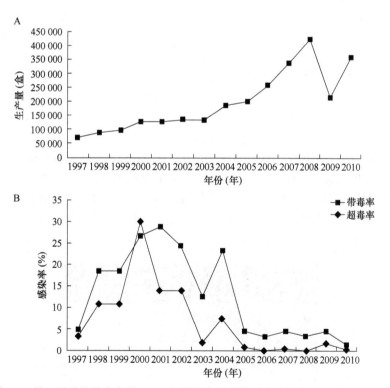

图 8-4 某一蚕种场的生产量（A）与母蛾家蚕微粒子病感染率（B）的对比分析

前瞻性分析除应用于验证病因外，还可以用于对疾病流行趋势的预测预报。由于疾病特别是疫病的流行受到多因素的影响，因此，如果没有长久的资料积累及对多个因素影响的评估，难以对疾病的流行趋势做预测预报。

3. 疾病发生流行的多因素分析　　　多因素分析首先是要从回顾性分析中去找到所有可能的影响因素。传染病发生流行往往是多因素影响的结果，一种疾病在不同的暴发流行病案中具体的影响因素可能存在差别，但至少有一种主要因素和一种协同因素，即有传染源（流行的必要因素），也有协同传染的充分条件如易感因素或风险因素。

根据对蚕种一代杂交种生产发生家蚕微粒子病的流行病史分析，对蚕种生产家蚕微粒子病感染流行的影响因素归纳如下：①传染源因素，包括当季生产使用的原种是否存在胚种传染影响的风险（X_1）、上季生产的杂交种母蛾带毒率（X_2），以及生产过程是否存在野外昆虫交叉感染因素的影响（X_3）；②影响传染机会的因素，蚕种场布局及原蚕区的传染链状况（X_4）、消毒状况（X_5）、"五选"淘汰状况（X_6）及气象因子湿度状况（X_7）等。仅仅确定一种疾病是受多种因素的影响，对流行趋势的分析和评估意义不大。只有将各个因素对终极结果的影响，做出质与量的评价才有指导意义和价值，即对影响因素开展定量的数学分析。将上面列出的因素数值化、赋予各因素不同的影响权重，即可以列出一个多元回归方程：$y=aX_1+bX_2+cX_3+dX_4+eX_5+fX_6+gX_7$（$a\sim g$ 表示权重系数），其中上季生产的杂交种母蛾带毒率（X_2）本身是已知的一个数据，不需要做 0～1 的数值化处理。

在具体流行发生的病例中不是所有的因素都在发挥作用，可以通过逐步回归分析把自变量 x 对 y 作用不显著的因素随时从回归方程中剔除，直到回归方程中的变量都不能剔除，且再没有新变量可以被引入回归方程。

对上述所列出的回归方程仔细分析发现，蚕种生产中上季生产的杂交种母蛾带毒率是一个中心变量，其他因素变量都会反映到这个中心变量上。因此，上述回归方程被简化为 $y=bX_2$，权重系数 b 为 100%，X_2 为上季生产的杂交种母蛾带毒率，y 为风险值，并根据流行曲线中一代杂交种的母蛾带毒率与超毒率的相关关系，设置风险值 y 的等级：$y\leqslant0.05$（5%）为蚕种生产发生母蛾家蚕微粒子病感染流行（超毒）的低风险区，$0.05<y\leqslant0.10$ 为中风险区，$0.10<y\leqslant0.20$ 为高风险区，$y>0.20$ 为超高风险区，如图 8-5 所示。风险值越高，后续蚕种生产母蛾感染家蚕微粒子病发生超毒率偏离正常值的概率越高。根据上述对蚕种生产影响家蚕微粒子病对母蛾感染的多因素分析及回归方程的简化，初步构建了对蚕种生产防治家蚕微粒子病具有预警作用的数值分析方法。因此，在蚕种生产的过程中应经常关注和分析蚕种生产过程中母蛾的带毒率即风险值的变化，母蛾带毒率不只关系蚕种的合格批比例，也是流行状况的指标性反映，当风险值增高时应予以警觉，认真分析和弥补防治工作的漏洞，提高防控的精准度及适时增加防控措施的强度。

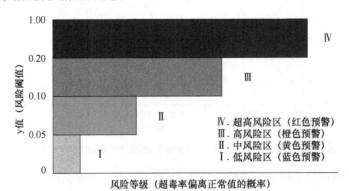

图 8-5　蚕种生产中家蚕微粒子病发生流行的预警阈值及风险等级

三、蚕流行病发生的预防

（一）传染性蚕病流行发生的预防

1. 疫病的检验检疫和监督管理　　疫病的检验检疫包括两层含义，检验是应用各种手段对病原微生物的检测鉴定或科学研究，而检疫是一种风险管理，是基于特定的或法定的检验手段进行检测以确认某种病原微生物数量达到危害风险的评定过程，涉及生产者、使用者及管理者的利益，因此，作为检疫性的检验往往具有强制性的特征，同时检验的手段和标准通常是各方都基本予以认同接受的检验检疫方案。

传染性蚕病目前被列入《一、二、三类动物疫病病种名录》的有蚕多角体病（核型多角体病毒病和质型多角体病毒病）、白僵病和家蚕微粒子病。

由于家蚕多角体病毒及白僵菌病原体在环境中的初始数量及与疾病流行发生的关系难以精确检测和明确，因此，其检验检疫主要是在定性检验的层面，通过各种检测手段诊断和鉴定病原体的种类或溯源。万永继等（2012）曾研发了一种可悬挂在环境中采集检测细菌和真菌的吸附垫型培养基（ZL201020233237.1 及 CN 102337324 A），尝试检测养蚕及相关环境空气中的微生物种类和来源。

对家蚕微粒子病则是检疫性的检验，在蚕种生产过程中需严格按照行政法规《蚕种管理办法》和行业标准《桑蚕一代杂交种检验规程》（在规程中规定需要检验的指标有良卵率、孵化率、杂交率及家蚕微粒子病率，其中母蛾家蚕微粒子病检验方案见附录3）开展检验检疫和管理。最理想的是检验单蛾，选择无病的蚕卵饲养，但对于大规模饲养是不太可能也不经济的，因此根据蚕卵家蚕微粒子病危害的病理学试验即对养蚕收成的影响试验和检验质量风险控制分析制订了一代杂交种的抽样检验方案，允许通过母蛾概率抽样检验其毒率（病蛾率）不超过 0.5% 的蚕种（广东、广西蚕区是按比例全覆盖抽检平附种并淘汰带毒张，母蛾毒率不超过 1% 的蚕种），可以发放到农村生产丝茧的饲养。母蛾的检验检疫方法如第五章所述。目前生产上执行的对母蛾家蚕微粒子进行显微镜检验检疫的方法是经过科学设计、实验并已被广泛应用验证的有效方案，生产上应用显微镜检验具有眼见为实、系统性风险小、操作和判别标准容易掌握的优点。目前，抗原检验及核酸检验可用于实验室对病原的鉴定性诊断，但应用于蚕种合格性的检验检疫首先在技术上需要解决样本检验出现"假阴"和"假阳"结果对蚕种合格性判定即涉及蚕种生产者及消费者风险评估的影响。蚕种家蚕微粒子病的检验检疫是一项重要的预防措施，如果不严格执行检验检疫规程及毒率的控制标准，农村养蚕将会有暴发家蚕微粒子病危害的风险。历史上曾经有过发放到农村的蚕种发生家蚕微粒子病严重危害的病例，因此，需要加强对家蚕微粒子病的检验检疫管理。

2. 卫生与饲养管理　　卫生管理是家蚕连续饲养成功最基本、最重要的疾病管理措施，主要的技术是清洁和消毒。清洁是饲养过程日常的卫生操作和卫生制度的执行，消毒是专门采用物理或化学方法杀死病原微生物的技术措施，通过有效的消毒工作大幅度减少初始病原数量或基本清除病原微生物。由于家蚕疫病病原结构的特殊性，即病毒粒子有多角体包埋、家蚕微粒子孢子有较厚且致密的几丁质内壁，在酸性条件下比较稳定。碱性的消毒液容易破坏多角体的结构，在碱性条件下，加之消毒液有一定氧化消毒能力才能使微孢子虫孢子解体消失及病毒粒子失活。万永继等（2009）研制了一种简易、快速检测含氯消毒剂的检测试纸（ZL200910103810.9），用于检测含氯消毒剂溶液的酸碱度和氧化灭菌能力。

　　饲养管理是围绕改变不良的饲养条件、消除易感因素所采取的所有措施和技术，包括养蚕布局、蚕房设计、蚕座管理、蚕室温湿度与气流管理及桑叶（饲料）质量的保障等一系列技术措施的优化。

　　3. 选育抗性品种　　抗性品种的选育和应用无疑是最为经济的防治疾病措施，其中抗病性是家蚕品种抗性的重要特征之一。选育抗病性品种的目的是增强蚕的品种对某种或多种病原微生物的感染抵抗性和耐病性，成功的关键是要找出寄主的抗病基因或易感基因，并将相关基因应用到家蚕抗病育种的方案中。

　　目前的育种方案主要是基于对抗病基因素材的利用。在品种资源中如果发现寄主的抗病性受单一主效基因控制，则通过直接杂交把抗性基因转移到适宜的品种中，育种过程相对比较容易，但由于是单基因调控，如果病原体发生变异，这种抗性有可能会受到影响，据报道已发现家蚕浓核病毒（DNV）的一株新分离株，对以前报道的抗浓核病毒的品种仍然具有明显的致病力（Seki，1985）。另外，在品种资源中如果寄主抗病性是受微效多基因的控制，则通过添食相关病原体施加一定的选择压力（感染率），进行蛾区选拔和个体选拔，通过多世代选拔累积抗性基因的频度以增强抗病性，这种多基因遗传的抗性可能是稳定的，其涉及的基因越多，抗性被病原征服的可能性越小，但涉及的基因越多，受环境条件变化影响的可能性也越大。家蚕对 NPV、CPV 及 IFV 的抵抗性及对氟化物的抗性是受微效多基因控制的。目前已发现有的品系对 NPV 的抗性还存在主效基因，家蚕育种专家徐安英研究团队等通过杂交的方法将抗 NPV 的主效基因导入生产上的现行高产优质蚕品种中，并在添食 NPV 的选择压力下，通过蛾区及个体选拔，成功地育成了多个抗 NPV 的蚕品种。

　　品种抗病性的体现往往与蚕体内环境和外环境的条件有关，因此，抗病育种还有很重要的一个策略是扩大品种"总的生态系统适应性"。该适应性不仅与品种的血统有关，也与育种过程经历的环境有关，同时也关系育成品种的区域适应性。家蚕病理学专家渡部仁（1985）认为：将某个具有特征性血缘的品系或品种放在几个有代表性的饲养地点，并在影响疾病发展的各种不良环境条件下选育出高产优质且强健好养的品种，可能优于选拔单一的抗病性品种；不同血缘的杂交育种以四元杂交（A×B）×（C×D）比二元杂交（A×B）品种更适应耐病性的要求，建议在生产实践中春季养蚕使用二元杂交的品种，夏、秋季饲养使用四元或三元杂交的品种。

　　4. 疾病的预测预报及预警　　对家蚕疫病预测预报及预警的工作尚有很多困难，但对流行病学研究者的最高要求就是能对疫情的发展进行预测预报及预警，以便采取可行有效的措施预防和抑制疾病的流行。预测预报是对疫情可能走势的分析报告，预警是根据疫情走势分析预先提出的风险警示。最基本的方法就是对病原体初始数量、消长变化及感染潜力进行定量化的分析评估。生产上有的养蚕管理机构在小蚕共育前对蚕房环境消毒前后病原微生物的镜检，即对消毒效果的评价，也是预警意识的体现，但是从广大的养蚕环境中去抽样检测病原的工作量较大，经济成本较高，且难以准确度量病原体的初始数量及消长变化，因此，依此建立预测预报及预警系统尚不具有可操作性和可靠性。

　　蚕种生产中家蚕微粒子病的母蛾检验是法定的检验工作，积累了长期的历史数据。母蛾感染率即母体内家蚕微粒子的感染情况是对蚕体内外环境中家蚕微粒子初始数量及消长变化的镜像反映，依此建立的预测预报及预警系统是具有可行性和科学性的。万永继（2014）通过多因素分析及回归方程的简化，并根据部分地区及蚕种场大量的历史数据，首次尝试构建了蚕种生产家蚕微粒子病防治的预警系统，如图 8-5 所示，为蚕种生产者在蚕种繁育过程中预防家蚕微粒子病的流行提供了一个具有预警作用的分析方法。

（二）非传染性蚕病流行发生的预防

1. 家蚕蝇蛆病流行发生的预防 多化性蚕蛆蝇是一种完全变态的双翅目昆虫，可能是家蚕的气味吸引蝇蛆寄生蚕的缘由，故学名为家蚕追寄蝇（*Exorista sorbillans*），全国蚕区从北方到南方都有家蚕蝇蛆病的危害，但意外的是在云南省的大多数蚕区没有发现家蚕多化性蚕蛆蝇的危害，可能是因为云南高原地理气候不适合蚕蛆蝇的生存和繁殖，然而在该区域却有其他对蚕非寄生的蝇蛆种类的活动和繁衍，形成此生物学现象的谜底尚未解开。

20 世纪 60 年代前，柞蚕饰腹寄蝇和蚕的多化性蛆蝇的发生和危害都非常普遍，1962 年我国成功研制出了对这两种蚕寄生蝇有效的防治药物灭蚕蝇，可选择性地杀灭蝇蛆，而对蚕体是安全的。由于柞蚕为天然场所放养，容易受到饰腹寄蝇的危害，随着灭蚕蝇长期的大量使用，饰腹寄蝇的抗药性显著增加，药效降低，因此，近年来又研制推广使用了一些新的药物如蝇毒磷来防治饰腹寄蝇的危害。在家蚕饲养方面，广大农村区域使用灭蚕蝇防治家蚕的多化性蚕蛆蝇也有很长时间了，但蚕种场在三级蚕种生产和繁育的过程中很少使用该药剂，据此推测农村使用的家蚕一代杂交种可能尚未对该药剂形成明显的抗药性，灭蚕蝇对家蚕蝇蛆病的防治仍然是有效的。由于饲养家蚕有蚕房，对多化性蚕蛆蝇的袭扰有一定的物理屏障隔离，再配合灭蚕蝇的使用，蚕多化性蝇蛆病一般不会流行发生。

近年来柞蚕饲养中推荐使用的蝇毒磷，其化学名称为 *O,O*-二乙基-*O*-（3-氯-4-甲基香豆素基-7）硫代磷酸酯，化学式为 $C_{14}H_{16}ClO_5PS$，结构式如图 8-6A 所示。蝇毒磷的化学结构和氧化乐果（图 8-6B）的结构有相似性，而氧化乐果对家蚕有很强的毒性，不能用于蚕蝇蛆病的防治。因此，从蝇毒磷的结构分析，该药物对家蚕可能存在较高的毒性风险，目前对蚕的安全性试验尚没有相关数据，在家蚕饲养中不可轻易推荐应用蝇毒磷来防治家蚕的蝇蛆病。

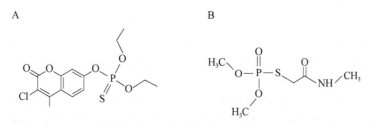

图 8-6 蝇毒磷（A）和氧化乐果（B）的化学结构比较

2. 农药中毒及工厂废气中毒的预防 近几十年中，许多昆虫获得了对农药的抗药性，其抗性被遗传下来，如柞蚕饰腹寄蝇对灭蚕蝇的长期使用产生了明显的抗药性，接触药物后存活率有了明显的提高。因此，理论上家蚕对杀虫剂的中毒预防是可以尝试抗性遗传途径的，但是实践上不具有可行性。主要的原因：①农药的种类较多，品种较多；②为了克服害虫的抗药性，农药研发机构在不断推出新的农药产品替代或对已有的相关农药进行结构修饰；③在农药的使用上常有多种药剂复配混合使用；④各种农药使用的浓度和剂量差异较大，无论是蚕的急性中毒还是微量慢性中毒对养蚕业均有明显的危害和影响。因此，在经济昆虫家蚕和蜜蜂的饲养过程中为避免突然暴发农药中毒危害，首要的工作是农药的生产和使用管理应严格执行国家农药管理相关条例，如在产品标签上对毒性、适用范围及残毒期等进行标识。临近养蚕前及养蚕用桑叶期间严禁在桑园中使用杀虫剂，慎用杀菌剂和除草剂等。在农业生产、蔬菜种植和森林防虫使用杀虫剂及其他农药时，应避免对附近桑园的污染和危害等，协调平衡好各产业的布局及在农药使用时预先的通报和协调工作。

工厂废气一般是点源污染的特征，因此相关工厂的规划建设与桑园、蚕房需要间隔一定的距离，应认真履行农业农村部和养蚕重点省（自治区、直辖市）制定的法规中相关条款的要求。由于工厂有害气体及粉尘的相对密度较轻，在晴朗天气及风口方向有可能传播到更远的地方。蚕区应注意对点污染源的排放情况及对指示生物的观测，环保部门应督促加大对有害气体的回收和排放管理，或调整养蚕布局远离污染源，以保障农户养蚕的安全性。

本章主要参考文献

大岛格. 1961. 家蚕微粒子病蛾的分布与检查抽样法. 日本应用动物昆虫学会杂志，4：212-225.

李泽民. 1983. 家蚕普通种微粒子病母蛾抽样检查法的改进及其科学性的论述. 四川蚕业，（2）：1-15.

吕鸿声. 2008. 昆虫免疫学原理. 上海：上海科学技术出版社.

汪静杰，赵东洋，刘永贵，等. 2014. 解淀粉芽孢杆菌 SWB16 菌株脂肽类代谢产物对球孢白僵菌的拮抗作用. 微生物学报，54（7）：778-785.

王文慧. 2019. 家蚕肠道微生物对核型多角体病毒感染具有拮抗作用菌株的发现和鉴定. 重庆：西南大学硕士学位论文.

相辉，李木旺，赵勇，等. 2007. 家蚕幼虫中肠细菌群落多样性的 PCR-DGGE 和 16S rDNA 文库序列分析. 昆虫学报，50（3）：222-233.

向芸庆，王晓强，冯伟，等. 2010. 不同饲料饲养家蚕其肠道微生态优势菌群类型的组成及差异性. 生态学报，30（14）：3875-3882.

Lydyard PM, Whelan A, Fanger MW. 2004. 免疫学. 林慰慈，薛彬，魏雪涛，译. 北京：科学出版社.

Gu CX, Zhang BL, Bai WW, et al. 2020. Characterization of the endothiapepsin-like protein in the entomopathogenic fungus *Beauveria bassiana* and its virulence effect on the silkworm, *Bombyx mori*. J Invertebr Pathol, 169: 107277.

Jiang L. 2021. Insights into the antiviral pathways of the silkworm *Bombyx mori*. Front Immunol, 12: 639092.

Liu J, Ling ZQ, Wang JJ, et al. 2021. *In vitro* transcriptomes analysis identifies some special genes involved in pathogenicity difference of the *Beauveria bassiana* against different insect hosts. Microbial Pathogenesis, 154: 104824.

Liu RH, Wang WH, Liu XY, et al. 2018. Characterization of a lipase from the silkworm intestinal bacterium *Bacillus pumilus* with antiviral activity against *Bombyx mori* (Lepidoptera: Bombycidae) nucleopolyhedrovirus *in vitro*. J Insect Sci, 18(6): 1-8.

Ponnuvel KM, Nakazawa H, Furukawa S, et al. 2003. A lipase isolated from the silkworm, *Bombyx mori* shows antiviral activity against nucleopolyhedrovirus. J Virol, 77: 10725-10729.

Sun Q, Guo H, Xia Q, et al. 2020. Transcriptome analysis of the immune response of silkworm at the early stage of *Bombyx mori* bidensovirus infection. Dev Comp Immunol, 106: 103601.

本章全部

参考文献

第九章 蚕业消毒

蚕业生产中每年因蚕病的发生而造成的减产和质量降低是非常惊人的，其中传染性蚕病是最为主要的一类病害。传染性蚕病的发生，必然有病原体的存在。我国目前的养蚕生产过程是一个开放的系统，也就是在养蚕的过程中，病原体可随时通过各种途径进入蚕室，接触家蚕和发生感染；同时养蚕的过程在一定程度上也是一个向环境排放病原体的过程。随着养蚕过程的进行和养蚕次数的增加，养蚕环境中的病原体数量也增加。所以，在养蚕生产中除了做好病原扩散、污染的控制工作外，还需要通过消毒来杀灭或清除蚕的病原微生物。有效的消毒工作可以使养蚕环境中的病原体种类及数量密度显著降低或环境被基本净化，达到不使蚕感染发病或不会影响蚕茧和蚕种产量和质量的程度。因此，消毒是预防和控制传染性蚕病的发生和流行，保障蚕茧、蚕种优质高产的一项重要技术措施。

本章系统地论述蚕业消毒的特点、消毒效果的评价，以及消毒方法特别是化学消毒法常用药物的种类、性质、消毒对象、使用浓度及影响消毒效果的因素等。

第一节 蚕业消毒的基本概念

蚕业消毒与预防医学和畜牧兽医学中的消毒有类似之处，但也有很多不同的地方。人类栽桑养蚕已有 5000 多年的历史，蚕业发展的历史也可以说是一个与病原微生物斗争的历史，人们在长期的养蚕过程中也积累了大量消毒防病的经验。蚕业消毒也正在从经验科学向试验科学的阶段发展。

一、消毒的基本概念和蚕业消毒的种类

对微生物的杀灭或抑制分为 4 个层次，由高到低分别为灭菌、消毒、抗菌与抑菌，其中对消毒的要求是能够杀灭或清除传播媒介上的病原微生物，使其达到无害化的目标。

（一）消毒与消毒剂

消毒（disinfection）是指应用化学或物理的方法清除或杀灭外环境中的病原微生物及其他有害微生物。消毒是相对的，而不是绝对的，它只要求也只能达到将有害微生物的数量减少到相对无害的程度，而并非杀灭所有有害微生物。蚕业消毒是指清除或杀灭蚕体外环境中的蚕业病原微生物。消毒剂（disinfectant）是指能达到消毒目的的化学药剂。

灭菌（sterilization）是指应用化学或物理的方法清除或杀灭一切微生物，包括病原微生物和非病原微生物。灭菌的概念是绝对的。灭菌广泛应用于制药工业、食品工业、微生物实验室、医疗器具和传染病疫源地处理等，但在实际工作中往往因各种原因难以达到完全无菌的条件，如在工业灭菌上可接受的无菌标准为百万分之一以下。灭菌剂（sterile agent）是指能杀灭一切微生物的药剂。灭菌剂均为高效消毒剂。

消毒剂在低浓度的情况下往往具有杀灭或抑制微生物生长和繁殖的作用。具有杀灭或抑制细菌或真菌微生物生长和繁殖作用的化学药剂称为抗菌剂或防腐剂（antiseptic），仅仅

具有抑制和妨碍细菌或真菌微生物生长和繁殖作用的药剂称为抑菌剂（bacteriostat 或 fungistat）。

能破坏或杀灭病毒的化学药剂可称为杀病毒剂（virucide），能杀灭真菌的化学药剂可称为杀真菌剂（fungicide）。这些只有单一或有限杀灭作用的化学药剂，也可称为专用消毒剂。对多种病原微生物具有杀灭作用的化学药剂称为广谱消毒剂。

（二）蚕业消毒的种类

蚕业消毒的种类很多，大致可按消毒方法、消毒范围和消毒时期等来划分。

按消毒方法，蚕业消毒可分为物理消毒和化学消毒。

按消毒范围或对象，蚕业消毒可分为蚕室、蚕具、蚕体、蚕座、蚕卵和叶面等的消毒。消毒范围或对象物的不同，消毒的要求也不同。例如，蚕具的消毒，就要求能够达到较为彻底的消毒效果和目的；在方法上，既能采用物理的消毒方法，也能采用化学的消毒方法。而蚕体、蚕座的消毒则要考虑消毒对蚕体的影响，所以很难达到彻底消毒的效果，在消毒方法的采用上限制也较多。蚕室、蚕具、蚕体、蚕座、蚕卵和叶面等的消毒，都属于预防性消毒（preventive disinfection），其消毒目的是预防与蚕接触的物品或被蚕食下的饲料（包括卵壳）被病原微生物污染。

按消毒时期，蚕业消毒可分为养蚕前消毒、养蚕期中消毒和养蚕后消毒（回山消毒）。养蚕前消毒主要包括蚕室、蚕具和蚕室周边环境的消毒，属于一种预防性消毒。养蚕前消毒对消毒的彻底性要求较高，要求蚕室、蚕具上残留病原微生物的数量，不能引起发病而影响蚕茧或蚕种产量。养蚕期中消毒的内容较多，有蚕具消毒、蚕体消毒、蚕座消毒和蚕室地面消毒等，属于一种随时消毒（concurrent disinfection）。养蚕期中消毒主要是针对养蚕过程中，可能出现或已出现的病蚕所造成的蚕座内污染和蚕室、蚕具污染，通过消毒工作控制病原体的进一步扩散和污染，达到切断传染途径等目的。养蚕后消毒在生产上常称为回山消毒，主要包括蚕室、蚕具消毒和养蚕废弃物消毒等。养蚕后消毒属于一种疫源地终末消毒（terminal disinfection of epidemic focus），主要目的在于杀灭或消除在养蚕过程中难以避免的病蚕所造成的养蚕环境的污染。养蚕后消毒是在较易取得彻底消毒效果的时期进行的消毒，也是防止养蚕环境被病原微生物污染和切断垂直传播的有效时期。

二、蚕业消毒的特点

家蚕的生理学特征和在免疫进化上的地位，以及养蚕过程的开放形式和养蚕生产的防病要求，决定了蚕业消毒不同于预防医学和其他的一些消毒，具有其自身的特点。

（一）环境消毒的要求高

家蚕是一种无脊椎动物，不具备人等免疫系统高度进化的脊椎动物的高效免疫机构和防御功能。33 个家蚕品种对 5 种传染性蚕病的抵抗性测定表明：不同的蚕品种对同一病原微生物的感染性不同，易感染的蚕品种在食下 1mg/L 浓度的卒倒菌毒素就会使一半的蚕发病（表9-1）。少量的细菌通过创口侵入蚕体以后就会引起细菌性败血病，各龄不同发育时期对 CPV（以多角体的量来计算）的 LD_{50} 为 $1.64 \sim 3.97$，白僵菌的 LC_{50} 为 $1.95 \times 10^3 \sim 9.42 \times 10^3$ 个分生孢子/mL。而且同一蚕品种龄期和发育时期的不同，以及饲养条件等的不同都会影响蚕对病原微生物的易感性（张远能等，1982；吴友良等，1986；时连根，1987）。

表9-1　家蚕对5种传染性蚕病的抵抗性（张远能等，1982）

蚕病种类	最大 IC_{50}	最小 IC_{50}
核型多角体病	333×10^6/mL	0.38×10^6/mL
质型多角体病	200×10^6/mL	0.1×10^6/mL
空头性软化病	>10	$<10^{-5}$
卒倒病	134mg/L	<1mg/L
家蚕微粒子病	$>100\times10^4$/mL	$<1.1\times10^4$/mL

注：表中空头性软化病和卒倒病的 IC_{50} 为病蚕组织原液的稀释倍数或浓度

家蚕的饲养是大量个体在有限空间中进行饲养的一个过程。群体中难免会出现患病的个体，患传染性蚕病的个体不但自身的终结是死亡，而且通过蚕粪、蜕皮壳和血液等排放病原体，造成蚕座内感染。质型多角体病和家蚕微粒子病等蚕座内传染非常严重的蚕病，其患病个体出现的时间往往决定了对生产的影响程度。发病越早，危害越大；发病越迟，危害越小。小蚕期蚕病的发生往往会导致对产量的严重影响。所以，养蚕前的蚕室、蚕具消毒是蚕业消毒中最为基本的消毒，同时对消毒效果的要求也最高。养蚕期中的消毒，因消毒环境中同时有蚕体的存在，而有局限性。

（二）杀灭对象的抵抗性强

在预防医学中，根据消毒目的及对象等的不同将消毒剂分成各种类型，如杀菌剂、抑菌剂等专用消毒剂，或者按消毒效果分高、中和低水平消毒剂等。预防医学中对杀灭对象病原微生物有着严格的要求。杀菌剂要求能有效杀灭大肠杆菌（*Escherichia coli*）和肺炎克雷伯菌（*Klebsiella pnenmoniae*）等；杀芽孢剂要求能有效杀灭蜡状芽孢杆菌（*Bacillus cereus*）的芽孢、枯草芽孢杆菌（*Bacillus subtilis*）的芽孢和皮炎芽生菌（*Blastomyces dermatitidis*）等；杀病毒剂要求能有效杀灭疱疹性口角炎病毒（vesicular stomatitis virus）和猪霍乱病毒（hog cholera virus）等。

蚕业消毒中主要病原微生物有核型多角体病毒、质型多角体病毒、苏云金杆菌、曲霉菌、白僵菌和家蚕微粒子。因此，蚕业消毒必须针对这些病原微生物而进行。在预防医学中细菌芽孢是较难杀灭的病原微生物之一，但是许多强碱性的消毒剂（液）都能有效地杀灭细菌芽孢。预防医学中对消毒剂所配成的消毒液酸碱度一般没有特别的要求（Stonehill et al.，1963；Gorman and Scott，1977）。蚕业主要病原微生物中，不但有形成芽孢的细菌，还有包埋于多角体蛋白之内的 NPV 和 CPV，这种现象也是昆虫病毒所特有的（吕鸿声，1982）。结晶状的多角体蛋白能非常有效地保护 NPV 和 CPV，使其自然生存力和对外界理化因子的冲击抵御能力大大提高，但强碱性的溶液可以比较容易地将其溶解（Hukuhara and Hashimoto，1966）。从蚕业主要病原微生物对理化因子和环境的抵抗性来看，蚕业消毒杀灭对象病原微生物的面更广，或者说对达到彻底消毒目的的难度更大，要求更高。用于蚕室、蚕具的消毒剂（液），必须具备强碱性的特点或其他有效打开多角体的性能，使其中的 NPV 或 CPV 充分暴露，同时也能有效地杀灭其他病原微生物。

（三）消毒环境复杂

蚕室（包括小蚕室、大蚕室、贮桑室、调桑室和上蔟室等）和蚕具的结构往往比较复杂。

一些经济相对不发达的地区使用的蚕室比较简陋，泥地、泥墙和草屋顶等都给消毒的有效性带来困难。生产和生活用房的兼用，以及蚕室套用等都会给消毒工作的进行带来不便。养蚕中蚕体、桑叶（饲料）和蚕粪同在一个蚕匾中，使蚕期中蚕体、蚕座消毒的效果十分有限。所以，对蚕业环境消毒的要求也比较高。

三、消毒效果的评价

消毒效果的评价可以了解某种消毒方法或消毒剂所能达到的消毒或灭菌的能力。通过消毒效果的评价，有利于蚕业生产的管理人员、技术人员和蚕农科学地选择和使用消毒方法和消毒药剂。

（一）蚕业消毒的广谱性、高效性和消毒效果的安全性

1. 广谱性　　蚕业消毒的广谱性是指消毒剂或消毒方法对主要蚕业病原微生物都具有杀灭作用的特性。广谱性的蚕业消毒方法或消毒剂必须能有效地杀灭多角体内的 NPV 和 CPV、苏云金杆菌的芽孢（包括毒素）、曲霉菌和白僵菌的分生孢子，以及家蚕微粒子的孢子。蚕室、蚕具的消毒必须采用广谱性的消毒方法和消毒药剂。养蚕期中和蚕体、蚕座等的消毒可采用针对某种蚕病或单一病原微生物的专用消毒法。

目前蚕业生产上常用的煮沸消毒法、蒸汽灶消毒法和焚烧消毒法等都能杀灭全部的蚕业病原微生物。漂白粉和消特灵等都属广谱性的消毒剂。

2. 高效性　　蚕业消毒的高效性是指消毒法或消毒剂在较短的时间内，或以较低的浓度杀灭全部蚕业病原微生物的特性。

用于蚕室、蚕具等消毒的液体消毒剂对病原微生物杀灭的高效性可用最低杀菌浓度（minimum sterilizing concentration，MSC）和最短杀菌时间（minimum sterilizing time，MST）来表示。蚕季安和蚕康宁在较高稀释倍数（2000×）的情况下仍能杀灭白僵菌分生孢子（浙江省农科院蚕桑所蚕病组，1983；陆雪芳等，1985），与其他蚕业消毒剂相比，在针对白僵菌的杀灭作用上具有较好的高效性。实用浓度下的消特灵消毒液杀灭苏云金杆菌芽孢的 MST 为 1min，杀灭曲霉菌分生孢子的 MST 为 4min；而含 1%有效氯的漂白粉消毒液杀灭苏云金杆菌芽孢和曲霉菌分生孢子的 MST 分别为 15min 和 14min，说明消特灵在消毒时间上比漂白粉更高效（金伟等，1990）。

3. 消毒效果的安全性　　消毒效果的安全性是指消毒法中的消毒因子在不断增加负荷的情况下，仍保持足够杀菌能力的特性，即对消毒效果可靠性的评价。

热力消毒法杀灭病原微生物时，热作为消毒的主要作用因子是否能有效地作用于病原微生物，是能否达到目的消毒效果的关键。例如，煮沸消毒法消毒有机物（小蚕网）时，随着有机物与水之间的比例增加，消毒因子的负荷增加，要达到相同的消毒效果，必须增加时间或者增加压力等，以利热有效地作用于病原微生物。

同样，利用化学因子进行消毒时，化学因子与病原微生物的有效接触，是达到目的消毒效果的关键。许多化学消毒剂在低浓度时就能杀灭病原微生物，但在一些有机物的影响下或病原体包埋在有机物中时，杀灭效果大大下降。例如，无论是有机含氯消毒剂（二氯异氰尿酸钠等），还是无机含氯消毒剂（次氯酸钙等），对家蚕微粒子的孢子都有很好的杀灭作用，在室温、有效氯为 10mg/L 和 5min 的条件下，就能有效地杀灭悬浮在液体中的孢子。但是当这些孢子包埋在蚕粪或病死蚕的尸体内时，要达到良好消毒效果的有效氯含量将大大提高（金伟等，1998）。

（二）评价消毒效果的实验室试验

评价蚕业消毒中的物理消毒法和化学消毒剂消毒效果的试验内容和方法很多,包括实验室的消毒效果评价试验、模拟试验和农村实际应用试验等。其中,实验室试验是消毒法可行的基础。

根据消毒方法和消毒目的等,实验室消毒效果评价的方法可采用不同的系列试验来进行。蚕用消毒法和消毒剂研究的方法（胡鸿均,1957;曹诒孙等,1965;陈难先和金伟,1985;卢亦愚,1986;贡成良等,1994;鲁兴萌和金伟,1998 ；Kobayashi et al.,1968;Furuta,1981）、国家卫生健康委员会的《消毒技术规范》（2022）、美国官方农业化学与分析化学家协会（Association of Official Agricultural Chemists,AOAC）、德国卫生与微生物学协会（Deutsche Gesellschaft fur Hygiene and Mikrobiologie,DGHM）及英国的 Kelsey-Sykes 测试法等评价系统中的方法都可借鉴（Bass and Stuart,1986;Adametal,1969;Kelsey and Maurer,1974）。蚕业消毒法消毒效果评价的常用方法有悬浮试验（suspension test）和载体试验（carrier test）。

1. 悬浮试验　　悬浮试验也称为单体法,是在病原微生物呈分散状的病原液中,加入一定量（浓度）的消毒液,在一定温度下作用一定时间,去除消毒液的消毒作用,通过检测病原微生物的存活数,衡量消毒液的消毒能力。

应用该方法可测定一种消毒剂杀灭病原微生物的 MSC 和一定浓度下的 MST。高水平的消毒剂,可直接用 MSC 和 MST 为指标衡量杀灭病原微生物的能力。低水平的消毒剂可用杀菌效果（germicidal effect,GE;GE=lgNc-lgNd,Nc 为对照组生长菌数,Nd 为消毒组生长菌数）和杀菌率等为指标。苏云金杆菌、白僵菌和曲霉菌等杀灭对象,可用微生物培养试验进行。NPV、CPV 和 Nb 等杀灭对象可用蚕体生物试验进行。

2. 载体试验　　载体试验是将杀灭对象病原微生物附着在载体（载玻片、竹片、丝线、布条和滤纸等）上,然后将染菌载体暴露于消毒剂（液或气）或物理消毒因子中,作用一定时间后,去除消毒剂的消毒作用,通过检测病原微生物的存活数,衡量消毒剂的消毒能力。

载体试验的应用范围更广,既可应用于物理消毒法,也可应用于化学消毒法中的液体消毒剂和熏蒸剂的消毒效果评价,而悬浮试验更多地用于液体消毒剂的消毒效果评价。载体试验的消毒能力评价指标与悬浮试验相同。

3. 试验中残余消毒剂的去除　　悬浮试验和载体试验都是要求定量的消毒试验,在试验中对消毒液消毒作用的去除是试验正确的重要保证。一些消毒剂在较短时间内就能杀灭全部病原微生物的情况下,以及在较短消毒时间内比较和评价消毒剂的杀灭能力时,准确控制消毒时间必须依赖可靠的去除残余消毒剂的方法。在去除残余消毒剂时,因消毒目的和病原微生物对象等的不同而采用不同的方法。最为常用、可靠和有效的方法是化学中和法（Croshaw,1977）和吸附法（Gelinas and Goulet,1983）,另外还有离心沉淀法、水洗法和过滤法（李达山等,1986;黄可威等,1992）等。离心沉淀法、水洗法和过滤法等因时间控制上的滞后,而造成在评价消毒剂的时间高效性上的缺陷相对较大,而没有使用任何去除残余消毒剂方法的消毒剂高效性和消毒能力的评价都是缺乏科学性的评价。阳离子季铵盐对苏云金杆菌与巨大芽孢杆菌芽孢的消毒作用的试验,就是很好的一个例子（卢亦愚,1986）。

在采用化学中和法时所用的中和剂（单方或复方）应具有两方面的特性。一方面,对相应的消毒剂具有切实可靠的中和作用;另一方面,中和剂本身或与消毒剂反应的产物,对试验用病原微生物没有任何的杀灭和抑制作用。实验中所用中和剂应得到这两方面的验证。连二亚硫酸钠（$Na_2S_2O_4$）和亚硫酸钠（Na_2SO_3）曾被作为戊二醛的中和剂，用于消毒剂消毒能力的评价。但是，后来二者都被证实具有抗菌和杀菌的作用。Cheung 和 Brown（1982）也指出消毒剂和中和剂之间的浓度具有密切关系。

因此，蚕业消毒剂的研究和评价中，中和方法的研究和论证也是一个非常值得重视和探讨的问题。在蚕业消毒剂中和方法的研究中，可以将可培养蚕业病原微生物为材料，培养计数与显微镜观察相结合；而化学中和剂对病原微生物的杀菌或抑菌作用的论证，可选用对化学药剂较为敏感的白僵菌分生孢子和细菌繁殖体（如灵菌）。

悬浮试验和载体试验是蚕业消毒法消毒效果评价中常用的方法，其他还有表面消毒试验、空气消毒试验和酚系数测定法等。

（三）化学消毒剂的评价程序

化学消毒剂，特别是蚕室、蚕具消毒剂是蚕业生产中使用最多和最为主要的消毒法。化学消毒剂的评价程序可分为实验室消毒效果评价、使用性能试验和农村试验。

1. 实验室消毒效果评价　　实验室消毒效果评价包括消毒剂消毒能力的测试、消毒作用影响因子的测试和消毒效果安全性的测试。消毒剂消毒能力的测试和消毒作用影响因子的测试方法，可采用上述的悬浮试验和载体试验的方法。在测定代表消毒剂本身消毒能力的 MSC 和 MST（高效性和广谱性等）的基础上，测试有机物、pH、温度和湿度等对消毒效果的影响。用悬浮试验或载体试验测定的 MSC 和 MST，是在实验条件被基本控制的情况下所得到的结果。因此，它反映了消毒剂本身（该种化合物或该种化合物组合）对病原微生物的杀灭能力。但是，在此基础上进行消毒剂消毒效果的安全性评价即消毒效果可靠性评价也是必不可少的内容之一。

消毒效果的安全性作为一种实验室可评价特性，更能体现消毒剂的消毒液使用稀释度的安全性和科学性。Kelsey-Sykes 试验、应用稀释度试验（use-dilution test）和将杀灭对象病原微生物在血清或琼脂糖等有机物保护下的玻片载体法或脱脂棉白布片法模拟载体试验（carrier test）等方法都是值得参考的评价方法（高东旗和刘育京，1995；鲁兴萌和金伟，1998；徐庆华和袁朝森，1996）。在衡量指标上，可以将常用或公认的消毒剂作为对照组进行比较，或者通过对消毒效果（%）协同系数（T/E 值）或综合 D 值（杀灭微生物 90% 所需要的时间值）等的测定加以比较评定（高东旗和刘育京，1995；袁朝森等，1995）。通过消毒效果安全性的评价可较为科学地把握和确定使用浓度。

2. 使用性能试验　　使用性能试验包括稳定性试验、对物品的损害试验和毒理学评价等试验。

稳定性试验包括原药的稳定性和实用浓度下配制药的稳定性。原药的稳定性要考虑运输、销售和储藏等因素的影响。消毒剂在配制成实用浓度消毒液后，其有效成分的含量和杀灭病原微生物的能力在半天以内应没有明显变化。测试方法可根据化学药剂的有效成分测定法和以测定实用浓度下的 MST 为指标（鲁兴萌等，1991）。

对物品的损害试验包括对织物损害作用的试验、对金属的腐蚀性试验和对橡胶制品损坏试验等。将织物、金属和橡胶制品在实用浓度消毒液中处理一定时间后，通过对织物褪色性的观察和断裂强度降低率（%）的测定，对金属的腐蚀速率（R）和重量增减的测定，对橡胶的膨胀性、硬化度、弹性、发黏与变色观察，以及断裂强度、断裂伸长率（%）和拉断变形率（%）等的测定，综合分析消毒剂对物品的损害性。对物品的损害试验是指导正确使用消毒剂的参考指标。

毒理学评价是针对消毒剂对人体是否有害而进行的测试。毒理学评价包括生物毒理学和环境毒理学等内容，其测试的内容非常多。考虑到消毒剂的使用对人的安全性，对一些新的化学药物的要求很高。蚕业上使用的消毒剂多数为现有化学药剂的应用，蚕业消毒本身是一种环境消毒，相对而言在毒理学评价上的要求较低。

3. 农村试验　农村试验是检验一种消毒剂在农村或蚕种场等养蚕生产单位使用后，能否达到稳产和高产的目的，以及消毒剂的价格和使用方法（使用是否方便）、消毒液的刺激性与对物品的腐蚀性等是否能被蚕种场和蚕农等生产单位和个人所接受。

农村试验可在 2~3 个蚕区，分别选择 2~3 个养蚕生产单位，以常用消毒剂为对照进行比较试验。通过统计分析蚕期的发病情况和蚕茧产量等进行评价。

第二节　物 理 消 毒

物理消毒就是利用光、热和蒸汽等物理因素杀灭或消除环境中病原微生物的消毒法。在养蚕生产中应用较广泛的物理消毒法有蒸汽消毒、煮沸消毒、日光消毒和焚烧消毒等。物理消毒也是最为有效和最为经济的消毒法，但相对而言限制较多。

一、物理因素对微生物的杀灭作用

蚕业生产中常用的物理消毒法主要是利用热和紫外线作为杀菌因素，热和紫外线杀灭微生物的基本原理是破坏微生物的蛋白质、核酸、细胞壁和细胞膜，从而导致其死亡。

（一）对蛋白质的作用

蛋白质是微生物的主要成分，是微生物基本结构的组成部分，与能量、代谢和营养等密切相关的酶等都是由蛋白质构成的。因此，破坏微生物的蛋白质，抑制一种或多种酶的活性，即可导致微生物的死亡。

湿热主要是通过凝固蛋白质而使微生物死亡。微生物受到湿热的热力作用时，蛋白质分子运动加速，互相撞击，导致连接肽链的副键（氢键）断裂，使其有规则的紧密结构变为无次序的松散结构，大量的疏水基暴露于分子表面，并互相结合成为较大的聚合体而凝固和沉淀。湿热灭菌对酶和结构蛋白的破坏是不可逆的。蛋白质凝固变性所需的温度随其含水量而变化，含水量越高，凝固所需的温度越低。

干热主要是通过氧化作用而使微生物死亡。干热即使到 100℃，蛋白质也不会变性。干燥的细胞没有生命功能。在缺乏水分的情况下，酶也没有活力，甚至停止内源性代谢，而使微生物死亡。

（二）对核酸的作用

热不但可以破坏微生物的结构蛋白和酶蛋白，还可导致微生物单链 RNA 中磷酸二酯键的断裂，以及导致单链 DNA 的脱嘌呤和变性，甚至发生断裂。

紫外线照射的能量较低，不足以引起被照射物的原子电离，仅产生激发作用。紫外线使微生物诱变和致死的主要作用是胸腺嘧啶的光化学转变作用。紫外线作用于 DNA 后，可使一条 DNA 链上相邻的胸腺嘧啶键合，形成二聚体，这种二聚体成为一种特殊的连接，使微生物 DNA 失去转化能力并死亡。核酸中胸腺嘧啶和胞嘧啶、胞嘧啶和胞嘧啶，以及尿嘧啶和尿嘧啶二聚体等都会导致微生物的死亡。经紫外线照射的细菌可在光复活酶（photoreactivating enzyme）、水解酶和聚合酶的作用下，将损伤的 DNA 和 RNA 通过光复活作用进行逆转和修复。芽孢经紫外线照射后，因其核酸受损、5-胸腺嘧啶基-5,6-二氢胸腺嘧啶的累积而致死，其光复活的机制与繁殖体细菌也不同。

（三）对细胞壁和细胞膜的作用

细菌的细胞壁和细胞膜是热力的主要作用位点。细菌可由于热损伤细胞壁和细胞膜而死亡。轻度热损伤的细胞壁和细胞膜对化学药物的敏感性大大增强。

二、蚕业常用的物理消毒方法

（一）煮沸消毒法

煮沸消毒法，方法简单、操作方便、经济实用，且相对效果比较可靠。养蚕中的煮沸消毒主要适用于一些零星蚕具，如蚕筷、小蚕网和切桑刀等。煮沸消毒的杀菌能力比较强，一般水沸腾以后再煮 5～15min 即可达到消毒的目的（表 9-2）。当水温达到 100℃时，几乎能立刻杀死细菌繁殖体、真菌和病毒。卒倒菌芽孢的抗煮沸能力较强，应延长作用时间至 30min，以达到彻底消毒的目的。在水中加入 0.2%甲醛、0.5%肥皂或 1%碳酸钠等可以增强消毒效果。

表 9-2　物理因素对病原体的杀灭能力

病原体	湿热（蒸煮，蒸汽）	干热	日光
核型多角体	100℃，3min	100℃，45min	40℃，20h
质型多角体	100℃，3min	100℃，30min	44℃，10h / 36℃，29h
浓核病病毒	100℃，3min	—	40℃，4h
白僵菌分生孢子	100℃，5min / 62℃，30min	90℃，1h	32～38℃，3～5h
曲霉菌分生孢子	110℃，5min / 62℃，30min	110℃，20min	35℃，5～6h
卒倒菌芽孢	100℃，30min	100℃，40min	45.7℃，28h
家蚕微粒子孢子	100℃，5～10min	—	39～40℃，7h

煮沸消毒时应注意的事项：①消毒时间从煮沸后计时；②煮沸过程中不要加入新的消毒物品；③被消毒物品应全部浸入水中；④消毒物品应保持清洁，消毒前要做好清洁工作；⑤一次消毒的物品不宜过多，一般应少于消毒锅容量的 3/4；⑥煮沸棉织品（围兜、盖桑布等）时应适当搅拌。

（二）蒸汽消毒法

蒸汽消毒法也是一种杀菌效果较全面和彻底的消毒方法，但需要一定的设备，即蒸汽灶（或称消毒灶）。蒸汽消毒法主要适用于蚕具、蚕架、蚕网等所有耐热的养蚕用具和物品，蚕种场等养蚕规模较大的单位可设专用蒸汽灶用于消毒。

蒸汽消毒中蒸汽具有较强的穿透力，可以使消毒物品深部也能达到消毒温度。但蒸汽消毒对卒倒菌芽孢的杀灭能力略差。蒸汽灶如密封性不好，灶内温度就难以达到 100℃，从而降低消毒效果。在蒸汽消毒时加入少量甲醛溶液可以提高消毒效果。一般要求蒸汽灶内温度达到100℃后保持1h，然后停火、降温和出灶（约56℃）。

蒸汽消毒时应注意的事项：①消毒时间从蒸汽冒出后计时；②蚕匾等扁平物品宜垂直放置；③零星蚕具宜分散放置，不宜包装；④消毒物品以干燥状放入蒸汽灶为佳。

（三）日光消毒法

日光消毒法是利用太阳直射光中的紫外线和红外线进行消毒的一种消毒法。紫外线可直接使病原体失活，红外线可使病原体表面温度升高和失水。

洗涤后的各种蚕具在日光下暴晒可杀灭各种病原体。日光消毒对蚕具和一些不能耐热的物品都有一定的消毒效果，但日光消毒只能达到表层消毒，蚕具等物品遮蔽部位的病原体由于不能直接接受日光照射而存活下来，消毒不彻底，而且受天气的影响较大，日照强度无法掌握，所以在养蚕生产中只能作为一种可经常使用的辅助消毒法。

在日光消毒时，经常调换蚕具的正反面和多晒几次，使蚕具等消毒物品充分接受直射阳光的暴晒，有利于提高消毒效果（表9-2）。

（四）焚烧消毒法

养蚕中使用过的蔟具（蜈蚣蔟和伞形蔟）和上蔟用的垫纸等往往污染有大量的病原体，这些物品可以通过焚烧达到彻底消毒灭菌、防止病原体扩散的目的。

焚烧消毒主要适用于可以燃烧的一些养蚕用品。对于一些难以燃烧的物品（废弃蚕种）可以浇上汽油或在柴火上焚烧。

（五）堆沤法

堆肥是指以植物性物质为主，一般略加粪尿，经混合堆积腐熟而成的有机肥料。厩肥是指用褥草（植物性物质）垫厩、吸收畜牧动物的粪尿，经混合堆积腐熟而成的有机肥。蚕粪是一种良好的有机肥，一些蚕区也将其作为鱼或羊等的饲料，但蚕粪中往往含有大量的病原微生物，其中的许多病原微生物在经过动物体消化、排出后，对家蚕仍有致病性。所以，将蚕粪或喂养家畜后的排泄物直接施入桑园，往往会造成桑叶的病原体污染。将蚕粪和家畜的排泄物制成堆肥，经过一个高温发酵及腐熟的过程，这些病原微生物就会死亡，而且肥料的价值更高。

三、影响物理消毒法杀菌效果的因素

（一）病原微生物的种类和数量

蚕业病原微生物种类的不同，对热和紫外线等物理因素的抵抗力不同，这是由遗传决定的。其中的卒倒菌（芽孢）对热的抵抗力最强，多角体病毒（NPV）对紫外线的抵抗力也很强（表9-2）。蚕业病原微生物生长阶段和类型的不同，对热和紫外线等的抵抗力也不同。细菌的芽孢比营养体、多角体病毒比游离病毒、真菌的分生孢子比菌丝等对热和紫外线等的抵抗力要强。病原微生物数量多的情况下，物理因素的作用强度要增强，作用时间要延长。

（二）病原微生物所处的环境

蚕业病原微生物所处的环境可影响消毒效果。病原微生物混在有机物内时，有机物一方面提高了病原体的抵抗力，另一方面大大影响了物理因素穿过有机物对病原体的作用。蚕粪、死蚕(蛹、蛾和卵)、死蚕的脓汁和蛾尿等有机物内的病原微生物，在热(煮沸和蒸汽)消毒时，必须提高温度和延长时间，而日光消毒无法达到良好的消毒效果。物体表面的病原微生物较易杀灭。

（三）消毒环境条件

热力消毒时，温度是最为主要的杀灭因子。温度越高，消毒效果越好。日光消毒时，温度的升高有利于紫外线对病原微生物的杀灭作用。病原微生物的含水量由其所处的环境相对湿度（RH）决定。杀灭同一病原微生物所需的时间，湿热消毒法比干热法更短（表 9-2）。RH 越高，消毒灭菌效果越好。压力不是微生物的直接杀灭因子，但压力越大，蒸汽的温度越高，杀菌的速度也就越快。其他如 pH 和离子环境等消毒环境条件也会对消毒效果有一定的影响。

第三节　化学消毒

化学消毒就是利用化学药剂杀灭病原微生物的消毒方法。化学消毒主要是通过化学药剂与病原微生物接触，使病原体的原生质变性、酶类失去活性等，从而使其死亡，达到消毒防病的目的。

化学消毒的使用范围比物理消毒更为广泛，养蚕前和养蚕后的蚕室、蚕具消毒，以及养蚕中的蚕体、蚕座消毒、蚕室地面消毒、蚕具消毒和桑叶叶面消毒等都可运用化学消毒法来进行。所以，化学消毒也是养蚕生产中主要的消毒方法。

一、化学消毒的方法

化学消毒根据消毒范围、消毒对象和消毒剂等不同，可采用多种形式和方法。

（一）喷雾消毒

喷雾消毒是常用的一种化学消毒法。喷雾消毒就是将消毒剂充分溶解于水（或溶剂）中，然后用喷雾器等工具将消毒液喷于消毒对象物上的方法。它适用于蚕室、蚕具、蚕体、蚕座、地面和桑叶叶面等的消毒。喷雾消毒要求：消毒液浓度配制准确，消毒对象物清洗干净，喷雾的雾滴越细越好，保持 30min 的湿润，以及避免在阳光和强风下进行等。蚕室消毒的用量一般在每平方米 250mL 左右，蚕具消毒以充分湿润为标准，或根据药品的说明书要求进行。

（二）浸渍消毒

浸渍消毒是将消毒对象物放入已配制成消毒目的浓度的消毒液中进行的消毒。浸渍消毒主要适用于蚕具和桑叶叶面等的消毒。浸渍消毒除要求消毒对象物清洗干净和消毒液浓度配制准确外，由于在同一消毒液中重复使用，消毒液的有效成分不同程度地发生下降而偏离消毒的目的浓度要求，所以，还要求在消毒时，根据不同消毒剂的性质，适时加入一定量高于消毒目的浓度的消毒液。

（三）熏烟消毒

熏烟消毒是熏烟剂加热或燃烧后有效成分散发到空气之中，并在一定温度下达到一定的密度和维持一定的时间，从而达到消毒目的的消毒。熏烟消毒主要适用于密封条件较好的蚕室及蚕室内的蚕具和蚕体、蚕座等的消毒，同时消毒时蚕具要架空。熏烟消毒时熏烟剂的用量、加热或燃烧方法可根据具体熏烟剂的种类而定。

（四）撒粉消毒

撒粉消毒是将粉末状的消毒剂均匀地撒布于蚕体、蚕座表面的一种消毒法。撒粉消毒时的消毒剂用量以表面呈一层薄霜状为适度。

二、常用化学消毒剂和使用法

（一）含氯消毒剂

含氯消毒剂是指溶于水中能产生次氯酸的消毒剂，以次氯酸为杀毒成分。根据含氯消毒剂的化学性质可分为无机含氯消毒剂和有机含氯消毒剂（表9-3）。在表9-3中列入的二氧化氯，其杀毒成分与含氯消毒剂不同（见表注）。蚕业消毒中常用的含氯消毒剂的类型有两种：一种是单剂使用，如漂白粉；另一种是复配使用，如消特灵、消毒净和优氯净石灰浆等的复配剂等。含氯消毒剂都是强氧化剂，都不同程度地有腐蚀性和漂白作用，除了不宜对金属物品和棉织品进行消毒外，蚕室消毒时要注意蚕室内的金属物品和电器等必须用塑料薄膜或防干纸等包扎好后，再进行消毒。

表 9-3　几种含氯消毒剂的部分性状简介

含氯消毒剂	分子（结构）式	性状	溶解度	有效氯含量（%）	1%溶液的 pH
漂白粉（次氯酸钙）	Ca(OCl)(OCl)	白色颗粒物	可溶	25～30	11.7
漂粉精（纯次氯酸钙）	Ca（ClO）₂	白色粉末	易溶	60～85	11.0
次氯酸钠	NaOCl	白色粉末	易溶	10	强碱性
二氧化氯*	ClO₂	橙黄色气体	2.9g/L	263	—
二氯异氰尿酸钠（优氯净）	(结构式)	白色晶粉	25%	60～64	5.8
二氯异氰尿酸（防消散）	(结构式)	白色晶粉	微溶	70	2.7～2.9
三氯异氰尿酸（强氯精）	(结构式)	白色晶粉	2%	90	2.7～2.9

*二氧化氯的杀毒成分为游离的二氧化氯，不同于含氯消毒剂的杀毒成分为次氯酸；二氧化氯极不稳定，在其各种商品类型中含量较低，在酸性溶液中易释放出游离的二氧化氯，但在碱性溶液中则形成亚氯酸盐和氯酸盐

含氯消毒剂对病原微生物的主要杀灭因子是其的氧化力，有效氯能反映含氯消毒剂氧化力的大小。所以，有效氯含量越高，消毒能力越强，反之，则越弱。

含氯消毒剂的有效氯含量不是指氯（Cl）的含量，而是指消毒剂的氧化能力相当于多少氯的氧化能力，即用一定量的含氯消毒剂与酸作用，在反应完成时，其氧化能力相当于多少

重量氯气的氧化能力。碘量法是测定有效氯含量较为准确的方法。

1. 漂白粉　　漂白粉（bleaching powder）是氢氧化钙、氯化钙、次氯酸钙的混合物，为白色颗粒状粉末，是由消石灰粉充分氯化而制成的产品，所以又称含氯石灰。在组分中含有次氯酸钙 32%～36%、氯化钙 29%、氧化钙 10%～18%、氢氧化钙 15% 及水分约 10%，其主要的成分为次氯酸钙，通常以 $CaOCl_2$ 代表其分子式，一般工业产品有效氯的含量为 25%～30%。漂白粉有氯臭，能溶于水，溶液呈浑浊状，是一种无机含氯消毒剂。漂白粉消毒剂的优点：价格低廉，消毒时对温度的要求不高，不需密闭消毒，能杀灭所有蚕业病原微生物，杀灭作用强而快。其缺点：原药稳定性差及有效成分易散失，不易配制准确目的浓度的消毒液，消毒液的漂白作用和腐蚀性强，易产生大量沉渣。

（1）消毒液喷雾和浸渍消毒　　根据市售漂白粉包装上标明的有效氯含量进行配制，如储藏了一定时间的漂白粉要测定其有效氯的含量后，方可使用。有效氯太低时不宜使用。

配制时应先用少量水将漂白粉调成糊状，再将全部清水加入（如有效氯含量为 25% 的漂白粉 1kg，要配成含有效氯 1% 的目的浓度消毒液时，则需加入约 25kg 的清水），充分搅拌，加盖静止 1h，即可使用。如喷雾消毒必须取澄清的上清液，以避免喷雾器堵塞。不同消毒对象的有效氯浓度要求见表 9-4。

表 9-4　不同消毒对象的有效氯浓度要求

消毒对象	有效氯浓度（%）
蚕室、蚕具，养蚕环境和塑料折蔟等	1.0
蚕期中蚕体、蚕座（防僵），蚕室地面	0.5
桑叶叶面	0.3（或 0.5，需清洗后饲养）
卵面	0.3

（2）配制防僵粉消毒　　将漂白粉与新鲜石灰粉均匀混合，进行撒粉消毒。小蚕期和大蚕期的有效氯浓度标准分别为 2% 和 3%。如果漂白粉的有效氯含量为 26%，那么配制小蚕期用漂白粉防僵粉时，只要将 1 份漂白粉与 12 份新鲜石灰粉混合即可。

（3）熏烟防僵　　按每立方米 10g 漂白粉的用量进行熏烟消毒。熏烟时关闭门窗，在每 10g 漂白粉中加入 10% 盐酸 160～240mL 即可。

2. 漂粉精　　漂粉精，别名次氯酸钙、高效漂白粉，或称三次氯酸钙合二氢氧化钙粉。由消石灰加水配成石灰乳，除去大颗粒渣滓，将石灰乳充分反复氯化，然后过滤、分散细化、干燥而成，为白色或淡黄（或淡蓝）色粉状或颗粒状，有效氯含量不低于 60%，有氯臭，能溶于水，溶液呈浑浊状。由于生产工艺复杂，该产品的销售价格远高于普通漂白粉。优点：原药较稳定，贮藏一年，有效氯损失仅约为 1%，较易准确配制目的浓度的消毒液，腐蚀和漂白作用明显低于漂白粉；消毒时对温度要求不高，也不需密闭，消毒液沉渣较少。在养蚕消毒上对漂粉精的使用多采用多组分复配的方式，如养蚕上使用的消特灵及消毒王等，其配制后消毒液含有效氯均为 0.3%，它们的其他组分由于各产品增效剂不同而有明显的差异和特点。例如，消特灵是无机含氯消毒剂（漂粉精）与辅剂（增效剂）配合使用的一种复配型含氯消毒剂。辅剂为无色或淡黄色液体（冬季为糊状），或白色软颗粒状，有效成分不低于 38%，具有明显的增效作用，能杀灭所有蚕业病原微生物，杀灭作用强，且比漂白粉更为迅速。其缺点：主剂和辅剂必须严格分开运输和贮藏；价格略高于漂白粉；仍有腐蚀和漂白作用；辅剂对蚕有轻微的毒性，因此，桑叶叶面消毒不能加入辅剂。消特灵具体使用方法如下。

（1）喷雾和浸渍消毒 配制时先用水将主剂研调成糊状，然后加水配至目的浓度，再将辅剂加入主剂溶液中，搅匀，加盖静止 30min，即可使用。如果喷雾消毒必须取澄清的上清液，以避免喷雾器堵塞。加水量以小包装（主剂 125g，辅剂 25mL 或 25g）为例，则每包装主剂加水 25kg，即成有效氯浓度为 0.3%的目的浓度消毒液。

（2）其他使用方法及注意事项 在其他消毒用途方面，只要不加辅剂，与漂白粉的使用基本相同。但贮藏时间在一年以内的消特灵不必测定有效氯含量，可直接配制。

消特灵消毒时要注意蚕体、蚕座消毒不要加辅剂。另外，在贮藏时严禁主、辅剂原药直接接触。

3. 二氯异氰尿酸钠 二氯异氰尿酸钠是一种有机含氯消毒剂，商品名为优氯净。分子式 $C_3Cl_2N_3NaO_3$，分子质量为 220Da。原药为白色晶粉，有浓厚的氯臭，含有效氯 60%～64%，原药稳定性好。易溶于水，但使用浓度高时，往往不能完全溶解。溶液呈弱酸性（pH ≤6.4）。价格较高。

优氯净的水溶液为酸性，不能溶解多角体蛋白，所以优氯净对多角体病毒（NPV 和 CPV）无效。生产上一般通过与石灰或其他碱性物质复配以后使用，以弥补对多角体病毒的杀灭作用，从而达到杀灭所有蚕业病原微生物的消毒效果。有机氯制剂在碱性条件下有效氯极易散发，消毒效果往往难以保证，所以在使用时必须现配现用。

优氯净石灰浆适用于蚕室、蚕具和尼龙薄膜等的消毒。调制法同漂白粉，用量按每 100kg 水加入 0.5～1.0kg 优氯净和 0.2～0.5kg 新鲜石灰粉配制。充分搅拌后使用，喷雾时要注意防止喷雾器堵塞。优氯净防僵粉的调制方法同漂白粉防僵粉，也是用新鲜石灰粉调制。

此外，还有以二氯异氰尿酸钠为主要成分与其他不同组分配合使用的药剂应用于蚕业生产，如优氯净熏烟剂、蚕用消毒净及亚迪蚕保等。

优氯净熏烟剂的成分为二氯异氰尿酸钠（76%）和固体甲醛（24%）。蚕室、蚕具消毒时的用药量为 $5g/m^3$，密闭 12h。蚕体、蚕座消毒时的用药量为 $1.5g/m^3$，密闭 0.5h。

蚕用消毒净对所有蚕业病原微生物都有杀灭作用。适用于蚕室、蚕具和尼龙薄膜等的消毒。用于蚕室、蚕具消毒的有效氯浓度为 0.3%（即 250 倍水稀释液），配制好的消毒液以现配现用或配好后 5h 内用完为佳。

亚迪蚕保主要成分为二氯异氰尿酸钠和百菌清，与新鲜石灰粉按 1∶25 拌匀后用于蚕体、蚕座的消毒，消毒效果与稳定性好、气味小。

4. 三氯异氰尿酸 三氯异氰尿酸是一种有机含氯消毒剂，有效氯含量可达 90%以上，商品名为强氯精。化学式 $C_3O_3N_3Cl_3$，分子质量为 232Da，原药为白色结晶性粉末，有氯臭味，微溶于水，水溶液不稳定，溶液为强酸性（pH 2.6～3.2），遇碱液则迅速分解挥发出强烈的氯气刺激味。由于强氯精的水溶液为酸性，不能溶解多角体蛋白，所以单纯使用三氯异氰尿酸对蚕的多角体病毒（NPV 和 CPV）无效，生产上往往通过与石灰或其他碱性物质复配以后使用。但要求使用时现配现用，否则，加入石灰后的消毒液中次氯酸被完全降解挥发，仅剩下石灰的作用，难以达到全面的消毒效果。另外，在配制三氯异氰尿酸+其他碱性物质类型药剂的消毒液时需要注意安全，不能像配制漂白粉消毒液那样在容器内先把漂白粉加少量水浸润分散后再加定额水分，如果两种药剂混合后仅有少量水的情况下会大量产生和积累 NCl_3，有发生爆炸溅出药液的风险。

三氯异氰尿酸（主剂）与不同辅剂组合配合使用的复配型含氯消毒剂，在生产上使用的种类有亚迪净、亚迪欣等，如亚迪欣的辅剂为磷酸三钠，配制的消毒液可用于蚕室、蚕具、养蚕周围环境和桑叶叶面消毒，消毒液腐蚀性相对较低，水中溶解速度快、水溶液澄清，基本没有沉淀，对家蚕病原体具有广谱的消毒作用。

5. 含氯消毒剂对病原微生物的杀灭机理　含氯消毒剂的主要杀毒成分为次氯酸，杀灭作用包括次氯酸的氧化作用、新生氧作用和氯化作用，三者在杀灭作用中不是平行的关系，次氯酸的氧化作用是主要的。

（1）次氯酸的氧化作用　含氯消毒剂在水溶液中形成次氯酸不仅可与细胞壁发生作用，而且因其分子小、不带电荷，而容易侵入细胞内。次氯酸与蛋白质发生氧化作用，使蛋白质变性或破坏磷酸脱氢酶等，使糖代谢等生命活动失调而死亡。次氯酸根较次氯酸的杀灭作用要小得多。在高浓度的情况下（如含1%有效氯的漂白粉液），含氯消毒剂可使整个病原微生物的形态被破坏，甚至消失。

$$R-NH-R+HClO \longrightarrow R-NCl-R+H_2O$$
（菌体蛋白质）

（2）新生氧作用　由次氯酸分解产生的新生氧（$HClO \longrightarrow HCl+[O]$），可将菌体蛋白质氧化。

（3）氯化作用　消毒剂中的氯可直接作用于菌体蛋白质，形成氯-氮复合物，干扰细胞的代谢，引起死亡。

$$R-NH-R+Cl_2 \longrightarrow R-NCl-R+HCl$$
（菌体蛋白质）

（二）甲醛消毒剂

甲醛消毒剂是另一大类蚕业消毒剂。常用的剂型是甲醛的饱和水溶液和固体甲醛。甲醛消毒剂对金属的腐蚀性小，但有强烈的刺激性，消毒时消毒人员要用手套、防毒面具和湿毛巾等保护好自己的眼、鼻、嘴和皮肤等后，方可操作。甲醛消毒剂消毒的效果与消毒温度有很大关系，蚕室、蚕具消毒时的消毒温度一定要保持24℃，消毒时间在5h以上。

1. 福尔马林　福尔马林是甲醛的饱和水溶液。一般含甲醛35%～40%，呈弱酸性。蚕业上常用2%甲醛溶液消毒。甲醛溶液能杀灭所有蚕业病原微生物，但对质型多角体病的多角体病毒和曲霉菌分生孢子的杀灭作用稍差（表9-5），需加入生石灰（新鲜石灰粉）或适当增加浓度和延长时间，才能达到彻底消毒的效果（Saijo，1970；Miyajima，1976）。福尔马林适用于蚕室、蚕具和蚕体、蚕座等的喷雾、浸渍和熏蒸消毒。

表9-5　常用消毒剂对病原体的杀灭能力

病原体	漂白粉	消特灵	蚕用消毒净	优氯净	福尔马林	石灰
核型多角体病毒	有效氯0.3% 25℃，3min	有效氯0.1% 辅剂0.04% 25℃，5min	400倍稀释液 常温，15min	—	2%甲醛 25℃，15min	1% 25℃，3min
质型多角体病毒	有效氯0.3% 20℃，3min	有效氯0.2% 辅剂0.04% 25℃，5min	400倍稀释液 常温，15min	有效氯0.5% 石灰0.5% 常温，15～20min	2%甲醛 饱和石灰水 25℃，20min	1% 23℃，3min

续表

病原体	漂白粉	消特灵	蚕用消毒净	优氯净	福尔马林	石灰
浓核病毒	有效氯0.3% 23℃，3min	—	—	—	2%甲醛 25℃，20min	0.5% 23℃，3min
卒倒菌芽孢	有效氯1% 20℃，30min	有效氯0.06% 辅剂0.015% 25℃，5min	1600倍稀释液 常温，15min	有效氯0.8% 常温，5min	2%甲醛 25℃，40min	—
白僵菌分生孢子	有效氯0.2% 20℃，5min	有效氯0.02% 辅剂0.005% 25℃，5min	800倍稀释液 常温，15min	有效氯0.8% 常温，5min	1%甲醛 20℃，7min	—
曲霉菌分生孢子	有效氯0.3% 常温， 20～30min	有效氯0.09% 辅剂0.03% 25℃，5min	800倍稀释液 常温，15min	有效氯0.8% 常温，5min	1%甲醛 24℃，20min	—
家蚕微粒子 孢子	有效氯1% 25℃，30min	有效氯0.001% 辅剂0.04% 25℃，5min	1600倍稀释液 常温，5min	有效氯0.6% 常温，30min	—	—

注：表内数据为不同科技人员，用不同方法（悬浮试验或载体试验）得到的结果。消特灵的数值是悬浮试验（单体法）的MSC和MST。有些消毒剂是对提纯病原体的杀灭能力，并非实用浓度

（1）喷雾消毒和浸渍消毒 用2%甲醛溶液喷雾消毒时，要求蚕室密闭。目前农村养蚕生产用房密闭性较差，以及养蚕用房与生活用房混用的情况较多，所以该方法一般只在专业蚕种场作为含氯消毒剂消毒后的补充消毒而应用。

福尔马林石灰浆可作为蚕室、蚕具消毒剂。配制时将市售的福尔马林按含36%计算，即每千克市售福尔马林加17kg水，再加90g新鲜石灰粉，如此配制即成含2%甲醛和0.5%石灰的消毒液。喷雾消毒的用量为180mL/m²，喷雾后关闭门窗24h，次日开门窗换气，待药味散发后（约一周）养蚕。蚕具浸渍消毒时一般要求浸8h以上。

消毒液要当天配制当天使用，新鲜石灰粉要过筛后使用。

（2）熏蒸消毒 蚕室（蚕具）的熏蒸消毒，可按比例（福尔马林：水：工业硫酸：块状生石灰＝10：2：1：10）配制熏蒸剂，用量按15mL/m³福尔马林原液使用。按上述顺序逐个加入药品后，即会冒出带甲醛味的白烟，关闭门窗24h，次日开门窗换气，待药味散发后（约一周）养蚕。

尼龙薄膜覆盖熏蒸消毒，可将待消毒的蚕具（蚕匾、蔟具和蚕网等）放置于晒场，用6%甲醛溶液（1kg福尔马林原药加5kg水）洒湿蚕具，然后用尼龙薄膜覆盖，四周用砖块等重物压紧薄膜，防止漏气，在日光下晒半天，次日取出，晒干即可使用。

2. 固体甲醛 固体甲醛即多聚甲醛，分子式为$(CH_2O)_n$，工业产品甲醛含量达90%以上，为白色或浅黄色粉状物，有甲醛气味，本产品有多种工业用途，还可以作消毒剂、杀菌剂、除草剂等应用。在养蚕生产上以多聚甲醛为主要成分研制的消毒剂有防病一号、毒消散及蚕座净等。

防病一号是多聚甲醛与苯甲酸、酸性白陶土混合制成的一种蚕体、蚕座消毒剂，用于取代之前的含有机汞的防僵药剂赛力散，对僵病有很好的防治效果，分大蚕用和小蚕用两种，其甲醛含量分别为2.5%和1.25%。防病一号的使用，一般自收蚁后，每龄起蚕使用一次。经常有僵病发生的地区和季节，或已经发生僵病的情况下要适当增加使用次数。见熟时撒一次粉可防止僵蛹的发生。

　　毒消散是以 60%固体甲醛（多聚甲醛）、20%苯甲酸和 20%水杨酸的比例混合而成的熏蒸消毒剂。可用于蚕室、蚕具的熏蒸消毒。用药量为 4g/m³。在经充分补湿的蚕室（蚕具）中，将药品（不超过 0.5kg）放于经木炭烧红的铁锅上，使其发烟即可。关闭门窗 24h，次日开门窗换气，待药味散发后（约一周）养蚕。消毒时注意炭火要适当，太旺则毒消散着火失效，太温则毒消散不能完全气化而影响消毒效果。同时蚕具要远离炭火源，以防着火。

　　蚕座净是由甲醛、抗菌剂 402 及酸性白陶土混合而成的蚕体、蚕座消毒剂，组分比例及使用方法同防病一号。

　　3. 甲醛消毒剂对病原微生物的杀灭机理　　甲醛对细菌的杀灭作用以两种方式进行。一种是不影响细胞质的蛋白质合成和生长，但抑制细胞核蛋白质的合成和抑制细胞的分裂，造成不平衡生长（unbalanced growth）；另一种是甲醛与高半胱氨酸作用，形成 1,3-噻嗪烷-4-羧酸，使细菌的必需氨基酸甲硫氨酸不能合成，从而破坏细菌的基本代谢，导致细菌死亡的竞争反应（Neely，1963）。

　　甲醛也是一种烷基化剂，它可直接作用于病原微生物蛋白质分子上的氨基（—NH₂）、羧基（—COOH）、硫氢基（—SH）和羟基（—OH），生成羟甲基胺、亚甲基二醇单酯、羟甲基酚和硫代亚甲基二醇等次甲基衍生物，从而破坏蛋白质和核酸的活性，导致病原微生物的死亡。

（三）石灰

　　石灰是由碳酸钙岩石经煅烧分解排出二氧化碳后的产品，又称生石灰，为白色及灰色的块状产品。根据使用的需要不同，块状生石灰可加工成生石灰粉、消石灰粉或石灰乳。生石灰粉是由块状生石灰磨细而得到的细粉，其主要成分是氧化钙（CaO）；消石灰粉是用块状生石灰加入适量水熟化而得到的粉末，又称熟石灰，其主要成分是氢氧化钙 [Ca(OH)₂]；石灰乳是块状生石灰用较多的水（为生石灰体积的 3～4 倍）熟化而得到的膏状物，加入超量的水则成为石灰浆，其主要成分也是氢氧化钙 [Ca(OH)₂]。块状生石灰加水熟化的过程中会放出大量的热量，生石灰粉有很强的吸潮作用并释放热量。在养蚕上使用石灰的作用有消毒、干燥和隔离三个方面，起消毒作用的主要成分是氢氧化钙，对蚕病毒有强烈的杀灭作用。

　　养蚕生产中常用 1%的新鲜石灰浆作为蚕室、蚕具消毒剂，或直接用新鲜石灰粉（新鲜熟石灰粉，如用生石灰粉需注意对蚕的安全性）作为蚕体、蚕座消毒剂，或将新鲜石灰粉作为复配剂与含氯消毒剂和甲醛消毒剂复配使用。石灰消毒价格低廉，1%的石灰浆浑浊液对 NPV、CPV 和 DNV 非常有效（表 9-5）。

　　石灰浆单独使用，或与其他药剂（如有机氯制剂和福尔马林等）复配使用进行喷雾消毒时，石灰粉一定要过筛，以避免喷雾器堵塞，同时要边搅边喷。浸渍消毒也要边搅边浸；石灰在保存中要杜绝与水分和空气中的二氧化碳接触，以避免石灰消毒作用的散失（否则将成为无消毒作用的碳酸钙）。石灰可采用缸贮法和尼龙袋法等方法贮藏。

　　石灰的消毒机制主要是石灰中的氢氧化钙在水中溶解成 OH⁻ 和 Ca²⁺，具有强碱性，能快速溶解家蚕病毒的多角体蛋白，裸露出病毒粒子，能直接作用于病毒粒子及细菌病原体的蛋白质或核酸，夺取水分使蛋白质或核酸凝固变性而失活。但石灰水在低浓度下，或单纯使用石灰粉消毒对细菌芽孢、真菌孢子及家蚕微粒子孢子的杀灭作用较弱或无效。

（四）季铵盐类消毒剂

季铵盐类消毒剂的化学性质是阳离子表面活性剂，在消毒效果上是一种低效消毒剂。溶于水时，与其疏水基相连的亲水基是阳离子。分子的模式结构为 $[N-R_{1\sim4}]^+X^-$，其中 $R_{1\sim4}$ 代表有机根，一般有一个碳链长达 8～18 的烷烃，它们与氮原子结合成一阳离子基团，为杀菌的有效部位；X^- 表示阴离子，如卤素、硫酸根或其他类似的阴离子。

季铵盐类消毒剂在较高浓度时，可杀灭大多数种类的细菌繁殖体和部分游离病毒。其杀菌作用的机制：改变细胞的渗透性，使菌体破裂；具有良好的表面活性作用，高度聚集于菌体表面，影响细菌的新陈代谢；使蛋白质变性；灭活细菌体内的脱氢酶和氧化酶，以及分解葡萄糖、琥珀酸、丙酮酸的酶系统。在低浓度下，季铵盐类消毒剂对酶系统的抑制作用是可恢复性的，所以，其作用也只是抑菌作用。

蚕业上使用的季铵盐类消毒剂有：蚕季安Ⅰ号（新洁尔灭，十二烷基二甲基苯甲基溴化铵）、蚕季安Ⅱ号（1231，十二烷基三甲基溴化铵）和蚕康宁（1631，十六烷基二甲基乙基溴化铵）。季铵盐类消毒剂对多角体病毒、细菌芽孢和家蚕微粒子孢子没有杀灭作用，加入石灰后可弥补对多角体病毒的杀灭作用。

三、影响化学消毒法杀菌效果的因素

（一）病原微生物的种类、数量和所处的环境

不同病原微生物对不同化学消毒剂的抵抗性不同。蚕室、蚕具的消毒必须采用高效广谱的化学消毒法和消毒剂。病原微生物在呈堆集状或被覆盖时，将大大影响消毒的效果。例如，在病蚕尸体内或蚕粪中的病原体，因被大量有机物所覆盖，含氯消毒剂、甲醛消毒剂等消毒因子难以穿透这些有机物而影响消毒效果，另外。化学消毒因子在穿透这些有机物时，将大大消耗有效成分而达不到消毒的效果（表 9-6）。

表 9-6　含氯消毒剂对蚕粪中家蚕微粒子孢子的消毒效果（鲁兴萌和金伟，1998）

处理		家蚕微粒子病感染率（%）	
消毒剂	时间（min）	开放容器内	密闭容器内
漂白粉	20	92.5	77.5
	40	51.7	45.0
	60	3.3	0.0
消特灵	20	71.7	68.3
	40	30.0	25.0
	60	6.7	4.2
蚕用消毒净	20	76.7	47.5
	40	53.3	19.2
	60	15.8	5.0
未消毒对照	60	100.0	100.0

注：三种含氯消毒剂的使用浓度都是实用有效氯浓度，即漂白粉为 10 000mg/L、消特灵为 3000mg/L，蚕用消毒净为 3000mg/L。家蚕微粒子病感染率是指经消毒的蚕粪添食家蚕后的感染率。蚕粪和消毒液之比为 1∶600

因此，在蚕室、蚕具消毒之前必须打扫和清洗干净，在病原微生物的数量大大减少的同

时，使病原微生物充分暴露，便于消毒时消毒因子直接和快速地与病原微生物作用，并杀灭这些病原微生物。

（二）消毒方法和消毒药剂

根据不同的消毒要求和具体情况可采用不同的消毒方法和消毒药剂。例如，蚕室、蚕具的消毒要求是彻底全面，所以，选择的消毒方法或消毒药剂必须能有效地杀灭所有蚕业病原微生物，尤其是生产蚕种的蚕种场和原蚕区，在全年的养蚕中必须采用对家蚕微粒子孢子十分有效的消毒方法和消毒药剂进行消毒。而蚕体、蚕座消毒的作用往往是预防病原体在蚕座内的扩散，或针对某一种蚕病的发生或曾经发生过此种蚕病而使用，所以不要求（也难以达到）消毒彻底全面，而强调要有针对性，如在发生核型多角体病毒病和质型多角体病毒病时强调要用新鲜石灰粉对蚕体、蚕座进行撒粉消毒。在蚕室密闭条件较好的情况下，可采用甲醛类消毒剂和其他熏烟剂进行消毒。在密闭条件较差的蚕室、外走廊和蚕室周围环境等，可采用含氯消毒剂喷雾消毒。

（三）消毒药剂的配制

蚕用消毒剂都是由一种或多种成分组成。消毒剂运输或贮藏不当，都会引起有效成分的严重损失，有些消毒剂在贮藏过程中也会自然散失有效成分，特别是漂白粉有效成分很容易散失。因此，在认真做好消毒剂的运输和贮藏工作外，在配制前还要确认贮藏的有效期，对超过贮藏的有效期和容易散失有效成分的漂白粉等消毒剂，一定要测定其有效成分后才能使用。

配制消毒剂的用水以自来水为好，没有自来水的情况下也可用深井水。池塘水的有机物含量较高，而有机物能消耗消毒剂的有效成分，特别是对含氯消毒剂有效氯的影响。池塘水中的微小生物、糖类、蛋白质和氨基酸等都会大大消耗含氯消毒剂溶液中的有效氯。

（四）消毒液的浓度和作用时间

一种消毒剂可能有一种或多种消毒范围、消毒形式和消毒方法，但无论哪一种消毒剂，适用于哪一种消毒范围、采用哪一种消毒形式和消毒方法都有其特定的消毒浓度和消毒时间等的要求。例如，漂白粉在用于蚕室、蚕具消毒时要求有效氯的浓度是 1%，浓度过高对蚕室、蚕具的腐蚀过重，浓度过低达不到彻底消毒的要求；而用于蚕种的散卵消毒时要求有效氯的浓度是 0.3%，桑叶叶面消毒的有效氯浓度为 0.3%，浓度过高会伤害蚕卵及桑叶，浓度过低达不到消毒效果。同样在消毒作用时间上也有要求，蚕室、蚕具消毒要求喷湿或浸湿后保湿 30min，后两者要求接触 5～10min。一般来说，在一定浓度时消毒时间越长，消毒效果越好。但也要考虑使用时对人和蚕生理等的影响。

（五）消毒温度和湿度

消毒时的温度越高，消毒效果越好。温度对含氯消毒剂消毒效果的影响较小，一般在 15℃以上没有明显影响。甲醛类消毒剂（福尔马林和毒消散等）受温度和湿度的影响较大。温度和湿度越高，甲醛类消毒剂的消毒效果越好，当温度低于 24℃或相对湿度低于 70%时，甲醛类消毒剂的消毒效果就大大下降。因此，在春蚕期或晚秋蚕期等气温较低或湿度较低时，要用甲醛类消毒剂消毒的话，必须注意加温和补湿，否则达不到预期的消毒效果。

消毒效果受多种因素影响，了解这些因素的影响有利于提高消毒效果。应用各种消毒方法和消毒剂进行消毒时，应该切实贯彻各种消毒方法和消毒剂所要求的操作规程，只有这样才能达到杀灭病原微生物和有效切断病原体扩散途径的目的。

本章主要参考文献

高东旗，刘育京. 1995. 新洁尔灭等四因子复合杀灭芽孢方法的研究. 中国消毒学杂志，12（1）：71-75.

贡成良，朱军贞，潘中华. 1994. 养蚕熏烟消毒剂熏毒威的研究. 蚕业科学，1（1）：35-38.

黄可威，陆有华，覃光星，等. 1992. 全杀威对蚕的病原体消毒效果研究. 蚕业科学，18（1）：232-236.

金伟，陈难先，鲁兴萌，等. 1990. 新型蚕室蚕具消毒剂：消特灵. 蚕桑通报，1（4）：3-7.

卢亦愚. 1986. 常用国产阳离子季铵盐在蚕业消毒中的性能与应用. 蚕业科学，1（3）：161-167.

鲁兴萌，金伟. 1998. 含氯制剂对家蚕微粒子虫孢子消毒效果评价的研究. 蚕业科学，1（3）：191-192.

陆雪芳，李荣琪，马德和. 1985. "蚕康宁"蚕室蚕具消毒剂的研究. 蚕业科学，1（1）：36-41.

张远能，刘仕贤，霍用梅，等. 1982. 若干家蚕品种对六种主要蚕病的抗性鉴定. 蚕业科学，8（1）：94-97.

浙江省农科院蚕桑所蚕病组. 1983. 蚕室蚕具新型消毒剂"蚕季安 1 号"和"蚕季安 2 号"简介. 蚕桑通报，1（4）：32-34.

Bass GK, Stuart LS. 1986. Methods of Testing Disinfectants. In Disinfection, Sterilization and Preserration. Philadelphia: Lea & Febiger.

Cheung HY, Brown MRW. 1982. Evaluation of glycine as an inactivator of glutaraldehyde. J Pharmaceutical Pharmacol, 34: 211- 214.

Croshaw B. 1977. Pharmaceutical Microbiology. Oxford: Blackwell Scientific Publication.

Furuta Y. 1981. Pathogenicity and solubility of silkworm nuclear and cytoplasmic polyhedra treated with formaldehyde. J Sericult Sci Jap, 50: 379-386.

Gelinas P, Goulet J. 1983. Neutralization of the activity of eight disinfectants by organic matter. J Appl Bacteriol, 54: 243-247.

Hostetter DLPB. 1991. A new broad host spectrum nuclear polyhedrosis virus isolated from a celery looper, *Anagrapha falcifera* (Kirby), (Lepidoptera: Noctuidae). Environmental Entomology, 20(5): 1480-1488.

本章全部
参考文献

第十章 蚕病的综合防治

"预防为主"是普遍适用于生命体疾病防治的根本方针。《中华人民共和国传染病防治法》规定对人类传染病防治的方针和原则是预防为主，防、治结合，分类管理，依靠科学和依靠群众；《中华人民共和国动物防疫法》规定对动物防疫实行"预防为主"的方针，在防治措施上实行分类管理，采取疫情报告与通报、控制扑灭、检疫及诊疗等综合防控措施；对植物病虫害的防治我国明确提出了"预防为主、综合防治"的方针，要优先选择安排能起预防作用的防治措施或方法，防患于未然，必要时才补充应用其他的防治方法。对于动植物繁殖和生产过程中病虫害的防治均要遵照经济、有效、安全和简易的原则。

蚕病既有传染性蚕病，也有非传染性蚕病。蚕病发生和流行往往是多因素作用的结果，甚至有些致病因素来自环境；蚕的免疫主要为先天性免疫，在与致病因素对抗的过程中是弱势的一方。因此，以单一的防治措施来达到防病的目的是不可能的，蚕病防治必须贯彻"预防为主、综合防治"的方针。

贯彻"预防为主"的方针首先要立足于防患于未然，如蚕种推广使用前的区域适应性试验、蚕种的检验检疫及养蚕前的彻底消毒以减少环境中的病原微生物数量等；"综合防治"就是要从蚕业生产的全过程及蚕业生态系统的整体出发，构建防治蚕病的技术体系。本章主要论述养蚕生产过程中对蚕病的综合防治措施和原则。

第一节　贯彻消毒防病工作于养蚕生产的全过程

彻底消毒、消灭病原，是蚕病综合防治工作中极为重要的一环，也是贯彻"预防为主，综合防治"方针的重要措施。养蚕生产中危害最严重的是传染性蚕病，它们的发生是病原微生物传染的结果。病原微生物在自然界广泛分布，病蚕和某些患病昆虫尸体或它们的排泄物都是传染来源，它们在自然界中存活力一般较强。此外，又可借助于病蚕尸体或蚕沙的搬运、雨水的冲洗流动、空气中的尘土飞扬，以及家畜、家禽食下后排出的粪而传播，致使蚕室、蚕具、桑叶及周围环境受到污染。在养蚕过程中蚕座内的反复传染及饲养人员的携带也是重要的传染来源。由于蚕病病原多、分布广、适应性强，加上消毒的技术水平、设备条件等跟不上，桑叶也不可能全部经过消毒后才使用，因而，彻底消毒实际上只能是最大限度地消灭病原，减少病原菌的数量，达到无害化的处理。

养蚕前和养蚕结束后的消毒，是消灭病原体的极好机会，可将用过的蚕室、蚕具及蔟具等集中全面消毒。但养蚕期中的消毒工作不但不能忽视，而且是经常性、持久性的工作，对防止蚕病的传染蔓延是不可缺少的。

一、养蚕前的消毒

在蚕的饲育过程中，蚕室内外环境和蚕具可能会受到病蚕尸体、蚕粪、消化液和体液等而来的病原体的污染，成为下一批养蚕的重要威胁。因此，养蚕前对蚕室内外环境和蚕具的清洗消毒十分重要。养蚕前的消毒应注意以下要点。

（一）严格按扫、洗、刮、刷、消的步骤进行

对养蚕场所及蚕具等，进行全面打扫，清洗。扫除室内外灰尘、垃圾，疏通阴沟。把蚕具搬出，用清水冲房屋顶棚、四壁及地面，以流下的水滴不见污浊为度。若蚕室是泥土墙壁和地面，宜将地面表土刮去一层，垫上新土。房屋清洁后用新鲜石灰浆粉刷墙壁。蚕具要用流水浸泡，认真刷洗，以不见污迹为度，可去除部分病原体，并使病原体充分暴露，以使药物能直接、快速地起到消毒作用，洗后的蚕具要晒干。

如果上一批养蚕发病较多，或养蚕结束后未做蚕后消毒，则蚕室、蚕具等均要先消毒、后清洗，再消毒。

（二）选择适宜的消毒方法

消毒时，对桑室、蔟室、大小蚕具（蚕网、鹅毛、蚕筷、切桑板等）、防干纸、塑料薄膜等必须同等重视。药剂消毒时，要了解药品的性质、有效浓度、使用方法，必须按规定严格执行。蚕室（包括蔟室、贮桑室、贮藏室、附属室等）进行喷雾消毒。密闭性好的，可采用含 2%甲醛的石灰水或其他药物熏蒸消毒；密闭性差的，用含氯制剂、石灰浆等液体消毒。蚕筷、鹅毛、蚕网、盖桑布、切桑刀等小件蚕具可用蒸汽或煮沸消毒 15～30min，煮消时间应从水煮沸时开始计时。蚕匾、蚕架、板、塑料薄膜等大的蚕具可用药液浸渍消毒或密闭喷洒消毒。浸渍消毒比喷洒消毒能显著提高对蚕具隐蔽部位病原杀灭效果。

二、养蚕期中的消毒防病

养蚕期中既要消毒，又要防止污染。养蚕过程中除蚕卵或蚕本身带病传染和污染外，周围环境中的病原微生物可以通过各种途径传入蚕室。所以，单靠养蚕前的一次消毒是远远不够的，必须重视和加强养蚕期中的消毒防病工作。

（一）隔离淘汰病蚕，进行蚕体、蚕座消毒，防止蚕座内传染

病蚕一般都表现为体躯瘦小、迟眠迟起，其排泄物或脱出物会有大量病原体，成为蚕病传染的主要来源。因此，平时要细致观察，加强眠起处理，蚕就眠前，要严格做好提青、分批工作。对体质虚弱、发育迟缓的蚕进行隔离饲养或淘汰，以消除蚕座传染的机会。定期用石灰粉或防僵粉等做蚕体、蚕座消毒，对预防蚕病的发生和蔓延有着极为重要的作用。新鲜石灰粉进行蚕座消毒有三个作用：一是石灰与病蚕粪便、体液接触后，可杀死表面的部分病原体，特别是对病毒的杀灭作用；二是隔离蚕体与病蚕或病原菌的接触，防止蚕座感染，隔离残桑有止桑的作用；三是干燥蚕座，创造有益于蚕生理的环境及抑制病原细菌或真菌的生长繁殖。在石灰粉或陶土粉中添加了药物的防僵粉可显著提高对僵病防治的效果。

（二）建立经常性的防病卫生制度

饲养人员的操作与活动有可能成为病原体扩散和传播的媒介，因此，必须建立和严格执行经常性的防病卫生制度。必须要做到以下几个方面。

1）饲养人员在切桑、给桑前或除沙后要洗手，进出蚕室、贮桑室必须换鞋，蚕室或养蚕大棚进出口处放石灰，进出时踩踏石灰消毒鞋底。

2）除沙后经清扫或消毒地面后再给桑，每次除沙后的蚕网要进行消毒，避免蚕座间交

叉感染，未经消毒的蚕具禁止带入蚕室使用。

3）加强蚕室的通风换气及蚕座的除沙管理，防止蚕座蒸热。

4）贮桑室及用具要保持清洁，采叶、运叶与装运蚕沙的用具不可混用，每天清扫残桑剩叶，每隔一定时间（2～3d）用消毒药剂消毒地面。

5）蚕沙要及时清理，如作家畜或鱼的饲料用，应规定恰当堆放场所集中处理，作肥料的则应充分发酵腐熟后才能施用，勿将新蚕沙施于桑园。

6）病蚕及其尸体要放入消毒缸内。缸内盛石灰粉或2%有效氯漂白粉液或其他消毒药液，浸渍1～2d后埋于土中。不能随便乱丢或喂家畜、家禽。

三、蚕期结束后的消毒

养蚕、采茧结束后，病蚕尸体、烂茧、蚕粪和蔟具等有大量病原存在，要集中力量及时清理消毒，防止病原的扩散和污染。

1）及时清除死蚕、下茧、残桑、蚕沙等。

2）采茧后要将所有的蚕室、桑室、蔟室、蚕具、蔟具等用消毒药液喷洒消毒后再进行打扫清洗。

3）将废弃的旧蔟具和废弃物集中烧毁或集中堆肥，继续使用的蚕具集中用1%～2%石灰浆或1%有效氯的漂白粉液喷洒消毒，方格蔟以火焰快速燎烤，然后集中保管。

4）用过的室外育的棚架等，可根据情况进行拆除清洗，也可用消毒药液消毒。土坑内的蚕沙彻底清除消毒或可犁翻加土覆盖，堆沤后当作肥料。

5）小蚕具如鹅毛、蚕网、蚕蔟等可煮沸消毒，每批蚕饲养后均需消毒。用过的尼龙薄膜等可浸渍消毒。

四、防治桑园害虫、避免交叉感染

桑树害虫不仅直接为害桑叶，而且感染疾病的桑虫粪便及尸体可污染桑叶而引起蚕发病。桑树害虫中发生的细菌病、真菌病、病毒病及家蚕微粒子病等的病原体也可以传染给家蚕。因此，及时消灭桑园害虫，不仅可以减少桑叶的损失，还可以控制桑园害虫与家蚕之间的互相感染。尽量不用虫口叶喂蚕，如需使用被桑虫污染的桑叶养蚕，可用0.3%有效氯漂白粉液喷洒进行叶面消毒。

在农林业广泛应用微生物农药防治害虫，如我国用白僵菌防治松毛虫，用苏云金杆菌及其变种如杀螟杆菌、青虫菌等防治水稻螟虫、玉米螟、棉铃虫等20多种农林业害虫，如处理不当会引起家蚕的僵病及细菌性中毒病的发生。因此，在桑园内及桑园周边不施用微生物农药，也是预防蚕病的一个重要环节。

第二节　加强饲养管理、增强蚕的体质

蚕的生理状态与蚕病的发生有密切的关系。蚕的抗病力强弱，一方面受遗传基因的支配，另一方面又受饲育条件的影响。"养好小蚕一半收"，这是我国劳动人民千百年养蚕实践中总结出来的一条宝贵经验。从防病角度来看，也是有充分科学根据的。小蚕对病毒的抵抗力最弱，少量病毒即会引起感染发病。即使小蚕感染个体不多，但由于蚕座混育感染而造成大蚕期暴发蚕病，在养蚕生产中是屡见不鲜的。因此，选择抗性品种，改善饲养条件，加强技术

管理，预防微量农药及工厂废气中毒等措施来增强蚕的体质，是预防蚕病的重要环节。

一、做好养蚕布局和规划

根据全国各蚕区的气候条件、桑树生长情况、劳动力情况等的不同及结合蚕的生理特点，对全年的养蚕布局、养蚕形式及配套设施要做全面的安排。

（一）推行大、小蚕分养，积极推广小蚕共育

大、小蚕的生长发育对最适温湿度和营养的要求是不同的。小蚕饲养做到专人、专室、专具、专用桑园，实现标准化饲养，可精细调节蚕室小气候环境，满足小蚕生长发育最适条件，杜绝病原微生物的感染，对小蚕发育齐一健壮，提高蚕的抗病和抗逆性有保障。在规模化蚕区及多批次养蚕的蚕区应积极推广小蚕共育，可调度留足养蚕批次之间的间隔时间进行消毒，做到专室专具及大、小蚕分养，这是预防蚕病的一项重要且有效的措施。

（二）养蚕批次的布局和规划

根据气候特点，长江流域蚕区及云南蚕区等开春桑叶发芽的时间比较迟，因此，一般春季开始养蚕时间迟。晚秋低温来得早，因此夏、秋蚕批次多，要根据气候及桑叶情况合理分批饲养。在华南蚕区春蚕饲养早、全年连续多次养蚕，特别是6～8月气温高，桑叶多，养蚕批次密，如布局不合理则容易造成蚕病流行。因此，全年养蚕次数、催青收蚁的日期应根据当地气候特点、桑树生长情况、劳力及配套设施等进行规划，各期蚕要有时间间隔，以便消毒和治虫。

（三）养蚕形式及配套设施的规划

目前农村对大蚕的养蚕形式有蚕箔育、蚕台育和地蚕育等，多数蚕区对大蚕的主要养蚕形式是蚕台育（包括活动蚕台育和固定蚕台育），规模化养蚕应配套养蚕大棚，防止蚕头过密，保障通风换气；在高海拔地区及春、秋季易遭受低温影响的蚕区不宜安排地蚕育，因为易使蚕座冷浸，也会影响蚕的抗病性。

二、选用良种

种质是关系到蚕抵抗力强弱的重要因素之一，选育和推广抗病力强、优质、高产的蚕品种，是夺取蚕茧丰收的基础。目前，通过抗病品种的选育工作，发现蚕品种中对僵病、病毒病都有一些抗病力的品系，如对浓核病，有全抗、高抗和易感的品种。在抗逆性方面，抗高温多湿的品种，往往具有较强的抗病力，但一般表现为丝量较低，因此在生产上要根据养蚕季节的特点和饲养水平，适用合适的饲养品种。由于各地自然条件的差异及不同蚕品种的特性不同，在蚕品种的推广使用前有必要开展区域适应性试验。

三、蚕种的标准化催青及保护

蚕卵催青保护不当，对提高稚蚕抵抗性有直接影响。因此，催青期要求严格按照标准温度、湿度保护，注意催青后的通风换气，避免接触过高温度。夏秋季应在早晚气温较低时运送蚕种，不在日中高温时运种；运输途中，要严防蚕种堆积发热、日光直射、风吹雨淋或接触有害气体和农药。

四、良桑饱食

桑叶是蚕的营养来源，是保证蚕体健康的基本条件。从桑叶数量及质量上满足蚕的需要可以增强抗病力。

首先，要做好小蚕的用桑，应建立小蚕专用桑园。小蚕桑园要重视施有机肥、氮磷钾适量配合，不能偏施磷肥。饲养过程中，要精选适熟桑叶饲喂，确保良桑饱食，保持蚕座上的桑叶新鲜。

其次，要根据气候环境条件，调节好大蚕用桑。大蚕用桑根据环境条件做相应调节，在高温干旱季节，日间可用湿叶喂蚕，早上露水未干时可采叶；而雨水较多的时候尽量不采湿叶，在高温多湿的环境下，要减少给桑量而适当增加给桑次数，多撒石灰等干燥材料，加强通风排湿，可以减少蚕病的发生。

五、加强眠起处理

蚕入眠后抵抗力差，起蚕时又因眠中消耗而未能得到补充，体质也比较虚弱。如果眠期处理不当，将会影响蚕的抗病性。因此，首先要求饱食入眠；入眠后要保持蚕座干燥，防止高温、多湿和蒸热；饲食前应进行蚕体、蚕座消毒，使用适熟良桑及时饲食，对发育不齐的迟眠蚕应进行分批隔离或淘汰，防止病蚕传染。

六、调节气象环境

温湿度和气流是蚕生活所必需的因素。大、小蚕对温湿度的要求不同。小蚕对高温多湿抵抗力较强，而大蚕则较弱。反之，小蚕对低温、干燥的抵抗力弱，而大蚕则较强。因此，小蚕要防低温、干燥，大蚕要防高温、多湿。但过高过低的温度对大、小蚕都是非常不利的，此外，通风条件差、空气不洁、桑叶及蚕座蒸热等，都容易导致蚕病发生与蔓延。

春蚕期气温低，必须加温补湿。但大蚕期常因处于低温（20℃）多湿的环境，容易发生僵病，则应注意加温排湿工作。

夏秋蚕期高温、多湿、闷热或者高温干燥，再加上叶质差，容易诱发病毒病，因此，此时应以降温排湿为重点。高温多湿时重点在防止蚕座蒸热，高温干燥时要注意防止桑叶凋萎而造成蚕饥饿。

晚秋蚕期气温较低，早晚要注意加温，并预防病毒病和僵病的发生。

七、防止蚕的农药及废气中毒

农药的种类很多，工厂等场所排出的废气对蚕均有危害，导致急性中毒或微量中毒。因此，桑园使用农药防治虫害，要注意农药的类型、农药的残效期及与蚕期的间隔时间；防范农林业使用农药防治害虫时对桑园的污染；监测养蚕区域出现的工业废气，远离污染源，保持安全距离等。

蚕的微量中毒会影响蚕的体质和抗病性，如果养蚕环境中有一定病原微生物数量的存在和感染，容易诱发蚕的病毒病及细菌病的暴发。

八、防除蚕的敌害

蚕的敌害很多，如蚂蚁、蜈蚣、老鼠、蟾蜍、蝥螨及麻雀等，对蚕都有一定的伤害。它们直接吞食蚕或者传染蚕病。可用毒杀或捕捉的方法加以防除。大棚等室外饲育方式特别容易受到蚂蚁的危害，可用整巢诱杀的灭蚁清或灭蚁灵置于蚁路上诱杀，也可用神奇药笔在蚂蚁的必经之路涂画以作隔离，但均不能与蚕直接接触，人接触过这些药物也应彻底洗净，以免引起蚕中毒。

第三节　及时发现病蚕、正确诊断病情

在养蚕过程中应加强对蚕发育状况的观察，以便及时发现蚕病的征兆，把蚕病消灭于萌芽状态。通过对蚕群体及个体活动状态的健康性诊断，以掌握病情，及时发现蚕病，做好防治工作。

一、加强对蚕发育的观察、防范蚕病的发生和蔓延

（一）注意观察青头蚕、迟眠蚕

从大批量饲养的蚕群体中不容易发现患病的征兆，一般先从发育迟的青头蚕或迟眠蚕中开始观察。

青头蚕和迟眠蚕不一定是病蚕，但病蚕个体都先在青头蚕和迟眠蚕中发现，如果青头蚕、迟眠蚕没有出现发病征兆，说明整批蚕比较健康，如果这些蚕中已发现病情，应该引起注意，并进一步分析诊断属何病，同时加强对大批蚕进行观察，及时采取措施加以防治。

在群体中出现极少数病蚕时，应剔除病蚕并进行蚕体、蚕座消毒，如病蚕数量较多，要隔离、淘汰，并针对蚕病的种类进一步采取有效措施。

（二）观察蚕的发育及眠起状态

蚕种孵化齐一，是蚕体质强壮的标志，收蚁时，如孵化不齐，蚁蚕大小不匀，头大尾小，吐丝多，向蚕座四周乱爬等，说明体质有问题，要检查分析原因。

饲育过程中注意观察蚕的活动状态。健蚕身体一般比较结实，眠起齐一，眠时头胸部昂起。如果眠起不齐，久久不能入眠，入眠后软弱无力，头胸部平伏，尾部细小，或出现半蜕皮、不蜕皮蚕等，这些都是体弱或发病的征兆，应加强观察。如果发现蚕体肥大，发育经过仍齐一，但病蚕不断发生，可能是受叶质的影响。在高温多湿条件下，给予日照不足或偏施氮肥的桑叶时，容易发生以上情况。

（三）食桑及活动性

饲育中应注意蚕食桑的快慢及活动性。健蚕一般食欲正常，活动性强。发现蚕食欲减退，如在正常给桑的情况下，蚕座剩桑多，蚕行动呆滞，头胸部昂起，蛰伏于蚕座或残桑中，或给桑后爬上桑叶面静止不动，则多属体质虚弱或发病的征兆。

（四）蚕粪的形状和硬度

不同时期的蚕粪，保持一定的形状和硬度，除熟蚕外，健蚕排出的蚕粪有固定的形状而且比较坚实。若发现蚕粪形状异常，如排软粪而黏结于尾部，或者排念珠状粪及污液都是发病的症状。检视时可拾取蚕粪，观察其软硬、色泽及形状加以判断，可及时发现病情，采取

相应措施，加以防治。

二、正确诊断

抽取发育迟缓或出现可疑症状者进行检查，例如，青头蚕、迟眠、迟起蚕、半蜕皮蚕，以及次茧内的死蛹、裸蛹、秃蛾、拳翅蛾等。蚕病的诊断可用肉眼鉴定、显微镜检查、生物试验鉴定及实验室诊断等。

（一）肉眼鉴定

肉眼诊断主要观察群体发育及蚕的行动、体形、体色、体态、病斑、脉搏、吐液、排粪等外观的症状。同时，对血液、消化管、丝腺等组织器官的病变进行观察。为了提高肉眼诊断的准确性，应关注各种蚕病的特异性病征及病变。例如，体色乳白、体躯肿胀、行动狂躁、血液乳白呈脓汁状者，可诊断为血液型脓病；胸部透明，排出带有乳白色黏液的蚕粪，中肠后半部出现乳白色横皱者，可诊断为中肠型脓病；如出现空头的症状，体色发黄发亮，中肠充满黄褐色污液者，可大体诊断为病毒性软化病；尸体头部向前伸出，手触略有弹性，不久渐次变僵者，可诊断为僵病；丝腺有乳白色脓疱状小点者，可诊断为家蚕微粒子病；胸部膨大，苦闷、吐液，体躯缩短，痉挛，倒卧于蚕座者，可诊断为中毒症。对于一些病蚕的肉眼诊断未能确定者，可做显微镜检查。

（二）显微镜检查

显微镜检查，通常检查粪便、消化液、血液及消化管壁等组织。为了准确诊断，要结合症状及病原体互相验证。检查的次序，要尽量保持病蚕的完好，依次检查蚕粪、消化液及血液后再解剖蚕体，检查内部组织器官。

1. 粪便检查　取病蚕粪加水研磨，以上清液制成临时标本，用显微镜（450～600 倍）观察，可直接检出病原微生物。如见大量多角体，可诊断为脓病；如见椭圆形的淡绿色、折光性强的孢子，可诊断为家蚕微粒子病。

2. 消化液检查　取有病态代表性的蚕，用手挤压其胸部取出消化液，制成临时标本，进行镜检。如见有多角体者，可确诊为质型多角体病。

3. 血液检查　用针穿刺或剪开尾角取蚕血液，制成临时标本。如血液浑浊，镜检有多角体者，可诊断为核型多角体病；见有豆荚状或长圆筒形的芽生孢子存在时，可诊断为绿僵病、白僵病或其他僵病；见有淡绿色、折光性强的椭圆形孢子者，即可诊断为家蚕微粒子病；细菌性败血病蚕在未死前采血液镜检，可见大量细菌存在，但尸体腐败后则不宜做显微镜检查。

4. 组织及尸体检查　上述检查仍未能确诊时，可进行组织病变或尸体检查。例如，质型多角体病可取中肠后部少许组织做成压片，可直接镜检到大量多角体，如病毒性软化病可检查中肠 A、B 型球状体等。如怀疑是细菌性中毒病，则应把病蚕尸体培养 24h 后镜检，在检液中发现大量含有伴孢晶体的孢子囊或游离的伴孢晶体和芽孢，可诊断为本病。对尸体的检查，要观察其形态、软硬、变色情况，结合显微镜检查病原微生物。

（三）生物试验鉴定

如对病毒性软化病及胃肠性软化病的鉴别，可通过病蚕中肠提取液添食于蚁蚕，检查其致病的结果，作为诊断的依据。细菌性中毒病的病原菌及毒素也可以通过生物试验来帮助确诊，但被检样本必须要培养 48h 后做蚕的添食试验方可获满意结果。

（四）实验室诊断

1. 染色技术和显微技术 光学显微镜已发展了暗视野、相差和荧光等特殊用途的显微镜，电子显微镜的放大倍数已由光学显微镜的 1000 倍左右提高到 120 万倍，新的染色方法（如核酸特异染色、锇酸染色、荧光染色）与显微技术的结合发展，使之不仅能够观察病原体的外部形态，还能观察到寄主细胞及病原体的内部超微结构，从而拓宽了观察范围，提高了观察精度。

2. 免疫学诊断技术 该技术的原理是将家蚕的病原微生物在鼠、兔等动物体内免疫或进行单克隆，获得抗血清或抗体后用于检测和诊断蚕的病原体，如免疫电泳、凝集反应、免疫生物酶技术、荧光抗体法、单克隆抗体法等。

3. 分子生物学技术 在诊断、鉴定工作中发展了许多特定的快速鉴定技术，如核酸探针技术和 DNA 扩增技术等，这些技术具有灵敏度高和特异性强的特点。

（1）核酸探针技术 核酸探针是指带有标记的特异 DNA 片段，当采用已知病原基因作探针时，也叫作基因探针。经过变性处理后，在适当条件下，该片段可以与待检样品中与其互补的 DNA 杂交。由于探针 DNA 具有特异性，如果能杂交，就表明该样品中存在目标病原体。标记是指在探针 DNA 片段中掺入放射性同位素或生物素等化合物，在杂交后，标记物可以通过放射自显影或酶促反应，将杂交分子显示出来。

（2）DNA 聚合酶链反应（PCR） PCR 技术是一种模拟生物体天然 DNA 复制的过程，在体外通过 DNA 聚合酶将特定目的基因的 DNA 不失真地大量扩增的技术，其特异性依赖于与靶序列互补的寡核苷酸引物。经扩增后的 PCR 产物可以用凝胶电泳检测，也可以用斑点杂交、Southern 印迹杂交方法或通过荧光 PCR 技术等检测。在病毒病的预知检查、家蚕微粒子的鉴定等方面已有研究开发。

第四节 查明病因、及时处理、控制流行

一、病因分析

发现蚕病后，除对蚕病的种类进行正确诊断外，还必须迅速查明发病原因，切断传染或污染源及传播途径，控制蚕病发生流行。要正确判断蚕病发生的原因，必须充分掌握材料，了解附近发生蚕病情况，以及历史上发生蚕病的规律，结合养蚕生产技术的特点进行综合分析，以找出确切的原因。

二、应急处理

（一）传染性蚕病发生的控制措施

1. 隔离发病批次、做好病蚕和蚕沙的消毒工作 把同室的发病批次与健康批次严格隔离，分室饲养。用过的蚕具应严格消毒。已隔离的发病批次，应立即加网除沙，淘汰病蚕。如发病严重，应将整批蚕进行及时淘汰处理，以免病原扩散；病蚕的粪便是重要的传染来源，应堆制成肥料，充分发酵内腐熟后才能施用，被病蚕污染的蚕具、蚕网、防干纸等，必须充分洗涤、消毒才能使用。

2. 加强对未发病蚕群的管理、进行蚕体和蚕座消毒　　对隔离出来的未发病蚕及健蚕，应给予更好的饲养管理，包括桑叶质量、温湿度及气流等的管理，增强蚕的体质；及时发现、淘汰弱小蚕，对于病毒病应加强用新鲜石灰粉进行蚕体、蚕座消毒；对于僵病，应增加防僵药剂的使用次数，可与防僵熏烟剂交替使用，直至控制僵病的蔓延。

3. 药物添食　　若发生了细菌病，视细菌病的种类可添食沙星类或大环内酯类抗生素等，如诺氟沙星、硫氰酸红霉素可分别防治蚕的细菌性肠道病及黑胸败血病，每龄一次或定时添食，大蚕期增加添食次数，可有效减少或推迟细菌病的发生。病重时可连续添食 3 次，每次间隔 8h，但在环境湿度大时要慎用。

（二）非传染性蚕病发生的控制措施

发生非传染性蚕病时不要轻易将蚕倒掉，应视危害情况处理。对蚕蝇蛆病可用灭蚕蝇添食或喷体防治，可控制蝇蛆病的危害；对虱螨病的防治应切实寻找螨源，及时加以清除，对被害蚕用杀虱灵等进行驱螨；中毒症对蚕的危害比较严重，常见的多为农药中毒，处理方法为加网除沙，淘汰已严重中毒的蚕，将爬上蚕网的蚕放置于空气流通的地方，喂以新鲜桑叶，以及实施相应的急救措施。无论蚕是发生了农药中毒，还是发生了工厂废气中毒，中毒后要切实找出毒源，并加以切断或消除。

三、蚕病发生流行的预警

蚕病发生后应急处理是为了减少蚕病发生的损失，控制疾病发生后的持续性流行；而蚕病发生前的预警则是防患于未然，控制下一季养蚕疾病的暴发流行，使蚕病不发生或少发生。

蚕病预警就是在蚕区对蚕病发生可能的养蚕周边环境、气候进行有效的监测，向蚕农发出预报，采取及时有效措施，预防蚕病暴发。例如，长期低温或阴雨可能导致血液型脓病或僵病发生，应及时向蚕农发出预报，采取措施，可有效避免蚕病发生；在蚕区，需要飞机喷药防治森林害虫时，必须提前发布飞防预案，使蚕农养蚕避开飞防影响时间，防止蚕区大面积发生农药中毒。在蚕种预知检查中，一旦发现家蚕微粒子病，应及时果断淘汰带病批次。

预警机制要实现，需要建立一支技术反应队伍，有条件地区可应用农业物联网信息平台建立智能信息系统，做到实时监测，定期发布，在制度上保证蚕区的蚕病大发生前有人适时监控，发现问题有人提出对策并监督落实，从而保证蚕区不发生灾害性蚕病。

本章主要参考文献

华南农学院. 1980. 蚕病学. 北京：农业出版社.

浙江大学. 2001. 家蚕病理学. 北京：中国农业出版社.

附录 1　致死中量等指标的计算方法

在家蚕病理学试验中，为了衡量家蚕对病原微生物的抵抗力（感受性）、病原微生物对家蚕的致病力（毒力）及化学物质对蚕的毒性等，常用致死中量（LD_{50}）和感染中量（ID_{50}）等指标来表示。

在计量病原微生物时，可用光学显微镜和细菌（或血细胞）计数板来进行计量。但这种计量法只能计量一些光学显微镜可见的病原微生物和计量其形态学的数量，而对病毒粒子的数量和活性病原微生物的数量无法计量。所以，也常用 LD_{50}、ID_{50} 和半数有效量（ED_{50}）等来表示病毒的滴度或感染价。在计量病毒时，也可用半数组织培养感染计量（$TCID_{50}$）法，通过将经 10 倍阶段稀释的病毒液接种组织培养，测定致细胞病变效应（CPE）的培养数来计算。或者用空斑法，在单层细胞培养（或悬浮培养细胞）中测定经感染后的噬菌斑形成单位（PFU）或病灶形成单位（FFU）。

计算这些指标常用的方法有 Reed-Muench 法、Karber 法和概率单位法。现以附表 1 为数据源，以 LD_{50} 的计算方法为例介绍如下。

附表 1　10 倍阶段稀释的 IFV 病毒液添食家蚕后的发病情况

病毒稀释度	10^{-2}	10^{-3}	10^{-4}	10^{-5}	10^{-6}	10^{-7}	10^{-8}	10^{-9}
供试头数	30	30	30	30	30	30	30	30
感病死亡头数	30	30	30	30	30	18	6	0

1. Reed-Muench 法　　该法的 LD_{50} 计算步骤如附表 2 所示。

附表 2　LD_{50} 的计算步骤

病毒稀释度	10^{-6}	10^{-7}	10^{-8}	10^{-9}
死亡头数	30	18	6	0
存活头数	0	12	24	30
死亡率	30/30	18/30	6/30	0/30
累计死亡头数	54	24	6	0
累计存活头数	0	12	36	66
累计死亡率	54/54	24/36	6/42	0/66
累计死亡百分率	100%	66.7%	14.3%	0%

$$比距 = \frac{50\%上面的死亡百分率 - 50}{50\%上面的死亡百分率 - 50\%下面的死亡百分率} = \frac{66.7 - 50}{66.7 - 14.3} \approx 0.3$$

死亡百分率在 50% 上面的稀释度的对数为 $\log 10^{-7} = -7$

比距×稀释因子（指试验因子被稀释的梯度）的对数为 $0.3 \times \log 10^{-1} = 0.3 \times (-1.0) = -0.3$

$$LD_{50} = 10^{-7.3} \ (\log LD_{50} = -7.3 \ 或 -\log LD_{50} = 7.3)$$

此方法也适用于非 10 倍阶段稀释的试验，如 2 倍阶段稀释的情况下，设累计死亡百分率 60% 的稀释度为 1/16，而稀释度为 1/32 的死亡百分率等于 0，则计算如下：

$$比距 = \frac{60 - 50}{60 - 0} \approx 0.2$$

$$\log 1/16 = \log 1 - \log 16 = 0 - 1.2041 = -1.2041$$

$LD_{50} = 1.2041 + 比距 \times 稀释因子的对数 = 1.2041 + 0.2 \times \log 2^{-1} = 1.2041 + 0.0602 = 1.2643$

2. Karber 法　该方法是根据实测的死亡率曲线为"S"形曲线，而其中点即 50% 死亡的部位呈左右对称的关系而推导 LD_{50}：

$$\log LD_{50} = L - d(S - 0.5)$$

式中，L 为试验中死亡率百分之百的最低稀释度的对数；d 为组距；S 为死亡率之和。

以附表 2 为数据源，其 $L = -6$，$d = 1$，$S = 30/30 + 18/30 + 6/30 + 0/30 = 1.8$。

$$LD_{50} = 10^{-7.3} \ [\log LD_{50} = -6 - 1 \times (1.8 - 0.5) = -7.3]$$

同一试验的 LD_{50}、ID_{50}、ED_{50}、LC_{50} 等之间有一定的比例关系，但各自的数值不同。

3. 概率单位法（Probit）　Probit 模型是一种线性模型，特点是服从正态分布。Probit 回归模型也称概率单位回归，反映的是自变量累积标准正态分布函数的逆函数或反函数。可直接用 SPSS 软件进行 Probit 分析。操作顺序：数据输入→分析→回归→Probit→数据输出→取概率为 0.5 时的数据为 LD_{50}（附表 3 和附表 4）。

附表 3　单元计数和残差

数字	病毒稀释度的对数	主体数	观测的响应	期望的响应	残差	概率
1	−6	30	30	29.273	0.727	0.976
2	−7	30	18	20.421	−2.421	0.681
3	−8	30	6	4.517	1.483	0.151
4	−9	30	0	0.167	−0.167	0.006

附表 4　概率和置信限度

概率	病毒剂量的95%置信限度		
	估计	下限	上限
0.010	−8.859	−9.588	−8.453
0.020	−8.678	−9.331	−8.309
0.030	−8.563	−9.169	−8.216
0.040	−8.477	−9.047	−8.146
0.050	−8.406	−8.949	−8.089
0.060	−8.346	−8.866	−8.040
0.070	−8.294	−8.793	−7.997
0.080	−8.247	−8.727	−7.958
0.090	−8.204	−8.668	−7.923
0.100	−8.165	−8.614	−7.890
0.150	−8.002	−8.392	−7.751
0.200	−7.872	−8.220	−7.637

概率	病毒剂量的95%置信限度		
	估计	下限	上限
0.250	−7.761	−8.075	−7.536
0.300	−7.661	−7.947	−7.443
0.350	−7.569	−7.833	−7.352
0.400	−7.481	−7.728	−7.263
0.450	−7.396	−7.630	−7.174
0.500	−7.312	−7.537	−7.082
0.550	−7.229	−7.447	−6.987
0.600	−7.144	−7.360	−6.886
0.650	−7.056	−7.273	−6.779
0.700	−6.964	−7.185	−6.662
0.750	−6.864	−7.093	−6.534
0.800	−6.753	−6.994	−6.387
0.850	−6.623	−6.882	−6.213
0.900	−6.460	−6.744	−5.989
0.910	−6.421	−6.712	−5.935
0.920	−6.378	−6.676	−5.876
0.930	−6.331	−6.638	−5.810
0.940	−6.278	−6.595	−5.737
0.950	−6.219	−6.546	−5.653
0.960	−6.148	−6.489	−5.555
0.970	−6.062	−6.419	−5.433
0.980	−5.947	−6.327	−5.270
0.990	−5.765	−6.184	−5.013

根据附表4得到 $LD_{50}=10^{-7.3}$。

附录2　一、二、三类动物疫病病种名录

中华人民共和国农业农村部公告第573号

发布时间：2022年06月29日

一类动物疫病（11种）

口蹄疫、猪水疱病、非洲猪瘟、尼帕病毒性脑炎、非洲马瘟、牛海绵状脑病、牛瘟、牛传染性胸膜肺炎、痒病、小反刍兽疫、高致病性禽流感

二类动物疫病（37种）

多种动物共患病（7种）：狂犬病、布鲁氏菌病、炭疽、蓝舌病、日本脑炎、棘球蚴病、日本血吸虫病

牛病（3 种）：牛结节性皮肤病、牛传染性鼻气管炎（传染性脓疱外阴阴道炎）、牛结核病

绵羊和山羊病（2 种）：绵羊痘和山羊痘、山羊传染性胸膜肺炎

马病（2 种）：马传染性贫血、马鼻疽

猪病（3 种）：猪瘟、猪繁殖与呼吸综合征、猪流行性腹泻

禽病（3 种）：新城疫、鸭瘟、小鹅瘟

兔病（1 种）：兔出血症

蜜蜂病（2 种）：美洲蜜蜂幼虫腐臭病、欧洲蜜蜂幼虫腐臭病

鱼类病（11 种）：鲤春病毒血症、草鱼出血病、传染性脾肾坏死病、锦鲤疱疹病毒病、刺激隐核虫病、淡水鱼细菌性败血症、病毒性神经坏死病、传染性造血器官坏死病、流行性溃疡综合征、鲫造血器官坏死病、鲤浮肿病

甲壳类病（3 种）：白斑综合征、十足目虹彩病毒病、虾肝肠胞虫病

三类动物疫病（126 种）

多种动物共患病（25 种）：伪狂犬病、轮状病毒感染、产气荚膜梭菌病、大肠杆菌病、巴氏杆菌病、沙门氏菌病、李氏杆菌病、链球菌病、溶血性曼氏杆菌病、副结核病、类鼻疽、支原体病、衣原体病、附红细胞体病、Q 热、钩端螺旋体病、东毕吸虫病、华支睾吸虫病、囊尾蚴病、片形吸虫病、旋毛虫病、血矛线虫病、弓形虫病、伊氏锥虫病、隐孢子虫病

牛病（10 种）：牛病毒性腹泻、牛恶性卡他热、地方流行性牛白血病、牛流行热、牛冠状病毒感染、牛赤羽病、牛生殖道弯曲杆菌病、毛滴虫病、牛梨形虫病、牛无浆体病

绵羊和山羊病（7 种）：山羊关节炎/脑炎、梅迪-维斯纳病、绵羊肺腺瘤病、羊传染性脓疱皮炎、干酪性淋巴结炎、羊梨形虫病、羊无浆体病

马病（8 种）：马流行性淋巴管炎、马流感、马腺疫、马鼻肺炎、马病毒性动脉炎、马传染性子宫炎、马媾疫、马梨形虫病

猪病（13 种）：猪细小病毒感染、猪丹毒、猪传染性胸膜肺炎、猪波氏菌病、猪圆环病毒病、格拉瑟病、猪传染性胃肠炎、猪流感、猪丁型冠状病毒感染、猪塞内卡病毒感染、仔猪红痢、猪痢疾、猪增生性肠病

禽病（21 种）：禽传染性喉气管炎、禽传染性支气管炎、禽白血病、传染性法氏囊病、马立克病、禽痘、鸭病毒性肝炎、鸭浆膜炎、鸡球虫病、低致病性禽流感、禽网状内皮组织增殖病、鸡病毒性关节炎、禽传染性脑脊髓炎、鸡传染性鼻炎、禽坦布苏病毒感染、禽腺病毒感染、鸡传染性贫血、禽偏肺病毒感染、鸡红螨病、鸡坏死性肠炎、鸭呼肠孤病毒感染

兔病（2 种）：兔波氏菌病、兔球虫病

蚕、蜂病（8 种）：蚕多角体病、蚕白僵病、蚕微粒子病、蜂螨病、瓦螨病、亮热厉螨病、蜜蜂孢子虫病、白垩病

犬猫等动物病（10 种）：水貂阿留申病、水貂病毒性肠炎、犬瘟热、犬细小病毒病、犬传染性肝炎、猫泛白细胞减少症、猫嵌杯病毒感染、猫传染性腹膜炎、犬巴贝斯虫病、利什曼原虫病

鱼类病（11 种）：真鲷虹彩病毒病、传染性胰脏坏死病、牙鲆弹状病毒病、鱼爱德华氏菌病、链球菌病、细菌性肾病、杀鲑气单胞菌病、小瓜虫病、粘孢子虫病、三代虫病、指环虫病

甲壳类病（5种）：黄头病、桃拉综合征、传染性皮下和造血组织坏死病、急性肝胰腺坏死病、河蟹螺原体病

贝类病（3种）：鲍疱疹病毒病、奥尔森派琴虫病、牡蛎疱疹病毒病

两栖与爬行类病（3种）：两栖类蛙虹彩病毒病、鳖鳃腺炎病、蛙脑膜炎败血症

附录3　桑蚕一代杂交种检验规程（家蚕微粒子病检验方案）

附表5　桑蚕一代杂交种母蛾家蚕微粒子病检疫抽样装盒规定与合格标准表（散卵种）

制种批		第一样本（盒）	第二样本（盒）	抽样率（%）	允许病蛾集团数（个）	
毛种数（盒）	母蛾数（蛾）				第一样本 C_1	第一、二样本 C_2
25 以下	1 000 以下	全部	—	100.0	—	0
26～50	1 001～2 000	全部	—	100.0	—	2
51～75	2 001～3 000	32	32	86.0	0	4
76～100	3 001～4 000	43	43	86.0	1	6
101～150	4 001～6 000	48	48	72.0	1	7
151～250	6 001～10 000	61	61	61.0	2	9
251～500	10 001～20 000	67	67	40.0	2	10
501～1 000	20 001～40 000	74	74	22.2	2	11
1 001～1 500	40 001～60 000	81	81	12.2	3	12
1 501～2 000	60 001～80 000	85	85	8.5	3	13
2 001～2 500	80 001～100 000	89	89	6.7	3	14
2 501～3 000	100 001～120 000	94	94	5.6	4	15
3 001～3 500	120 001～140 000	98	98	4.9	4	16
3 501～4 000	140 001～160 000	102	102	4.4	4	17
4 001～4 500	160 001～180 000	107	107	4.0	5	18
4 501～5 000	180 001～200 000	111	111	3.7	5	19
5 001～5 500	200 001～220 000	115	115	3.5	5	20
5 501～6 000	220 001～240 000	120	120	3.3	6	21
6 001～6 500	240 001～260 000	128	128	3.2	7	23
6 501～7 000	260 001～280 000	140	140	3.2	8	26
7 001～7 500	280 001～300 000	148	148	3.2	9	28
7 501～8 000	300 001～320 000	157	157	3.1	10	30
8 001～8 500	320 001～340 000	165	165	3.1	11	32
8 501～9 000	340 001～360 000	174	174	3.1	12	34
9 001～9 500	360 001～380 000	185	185	3.1	13	37

注：毛种按每40蛾折合1张蚕种，每蛾盒装30蛾；先检第一样本，检出的病蛾数 $\leq C_1$ 为合格，$> C_2$ 为不合格；第一样本当病蛾数 $> C_1$ 而 $\leq C_2$ 时需检第二样本，第一和第二样本合计的病蛾集团数 $\leq C_2$ 为合格，$> C_2$ 为不合格

附录 4　常用农药的残效期

农药名称*	化学名称	剂型	稀释倍数	安全间隔天数或注意事项
敌百虫	O,O-二甲基-（2,2,2-三氯-1-羟基乙基）磷酸酯	90%结晶	1 000 2 000	20～15
敌敌畏	2,2-二氯乙烯基二甲基磷酸酯	60%乳剂 80%乳剂	1 000 2 000	3～5
辛硫磷	O,O-二乙基-O-苯乙腈酮肟硫代磷酸酯	50%乳剂	1 500 3 000	3～5
杀螟松	O,O-二甲基-4-硝基-间-甲苯基硫代磷酸酯	50%乳剂	1 000	13
甲胺磷	O,S-二甲基胺基硫代磷酸酯	50%乳剂	1 000	30
乐果	O,O-二甲基-5-（N-甲基氨基甲酰甲基）二硫代磷酸酯	40%乳剂 20%乳剂	1 500	3～5
氧化乐果	O,O-二甲基-5-（N-甲基氨基甲酰甲基）硫代磷酸酯	40%乳剂	1 000～2 000 500～1 000	7
马拉松	S-1,2-二（乙氧基羰基）乙基-O,O-二甲基	50%乳剂	1 000	3
对硫磷	O,O-二乙基-O-（对-硝基苯基）硫代磷酸酯	50%乳剂	5 000	16
亚胺硫磷	O,O-二乙基-S-（磷苯二甲酰亚胺基甲基）二硫代磷酸酯	25%乳剂	1 000 500	9 18
杀虫双	2-N,N-二甲胺基-1,3-双硫代硫酸钠基丙烷	25%乳剂	500 2 000～4 000	>100 蚕区禁用
杀虫脒	N,N-二甲基-N-（2-甲基-4-氯苯基）甲脒盐酸盐	—	—	蚕区禁用
杀灭菊酯	（R,S）-2-（4-氯苯基）-3-甲基丁酸-α-氰基-3-苯氧基苄酯	20%乳剂	8 000 10 000	秋蚕结束后用 >100
溴氰菊酯	α-氰基-苯氧基苄基（1R,3R）-3-（2,2-二溴乙烯基）-2,2-二甲基环丙烷羧酸	2.5%乳剂	10 000	同上
氯氰菊酯	顺,反-（±）-3-（2,2-二氯乙烯基）-2,2-二甲基环丙烷羧酸-α-氰基-3-3 苯氧基苄酯	20%乳剂 10%乳剂	>10 000	同上
鱼藤精	鱼藤酮 $C_{23}H_{22}O_6$	2.5%乳剂	800	7～21
三氯杀螨醇	4-氯-α-4-氯苯基-α-（三氯甲基）苯甲醇	20%乳剂	2 000	7
克螨特	2-（4-异丁基苯氧基）环己基丙-2-炔基亚硫酸酯	73%乳剂	3 000	10

*表中部分农药已被农业农村部禁用；表中暂未列入近年来新开发推广的一些农药，这些新型农药残效期较长，多为高效低毒型，对家蚕主要表现为慢性中毒影响，例如，氯虫酰胺，残效期 20～40d；阿维菌素，单剂残效期 7～15d，复配剂残效期 30～50d；吡虫啉，残效期 25d 以上；灭幼脲，残效期 30d 以上；吡丙醚，残效期 47d 以上

彩　插

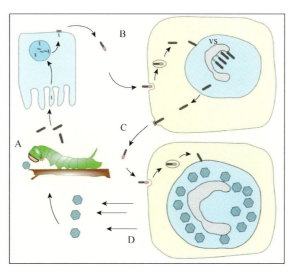

图1　杆状病毒（NPV）全身性感染的生活周期（多角体→ODV→BV→多角体）（Rohrmann，2011）

A～D表示病毒感染的过程和周期；VS表示病毒形成基质

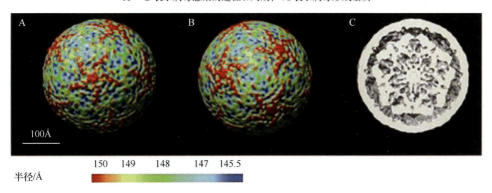

图2　家蚕传染性软化病病毒BmIFV的衣壳三维重构密度图（Xie et al.，2009）

A. 从5次对称轴处观察的粒子；B. 从3次对称轴处观察的粒子；C. 衣壳的截面图

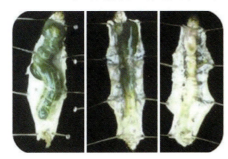

图3　质形多角体病病蚕的中肠病变

左一为健蚕，右一右二为病蚕

图4　家蚕浓核病病蚕的中肠病变

左侧两头为病蚕，右侧两头为健蚕

图5　蚕的败血病［黑胸败血病（左图）、灵菌败血病（中图）和青头败血病（右图）］

图6　灵菌败血病［感染产灵菌红素菌株的病征（左一）与感染色素缺陷突变株的病征（其余4头）］

图7　白僵病蚕的病征［从左到右依次为发病初特征、病斑（箭头示）、气生菌丝穿过体壁的位置（箭头示）及尸体表面的白色分生孢子被］

图8　绿僵病蚕的病征（从左到右依次为病斑、气生菌丝及绿色分生孢子被）

曲霉病病蚕

曲霉病病蛹　　　　　　　　　　　　　赤僵病病蚕

黑僵病病蚕

酵母菌病病蚕

草僵病病蚕

黄僵病病蚕　　　　　　　　　　　　　镰刀菌病病蚕

图9　曲霉病及其他真菌病病蚕的病征

辛硫磷中毒症状　　　　　　　　　　　吡虫啉急性中毒症状

溴氰菊酯急性中毒症状　　　　　　　　阿维菌素急性中毒症状

四氯虫酰胺急性中毒症状　　　　　　　鱼藤酮急性中毒症状

灭幼脲中毒症状　　　　　　　　　　　氟化物中毒症状

图10　部分农药中毒蚕的症状及氟化物中毒蚕的症状